高等院校计算机技术与应用系列规划教材

计算机应用基础
（Windows 7＋Office 2010）

主　编　曹淑艳

副主编　杨尚群　乔　红

编著者　李降龙　李　辉

ZHEJIANG UNIVERSITY PRESS
浙江大学出版社

内容简介

本书结合财经管理类高校调研结果，以《高等学校文科类专业大学计算机教学基本要求（2011 年版）》为指南，紧密围绕《基本要求》中提出的教学目标和知识点，以财经类专业学生为主要教学对象而编写。本书以计算机发展与全球信息化为切入点，从经济发展的视角介绍计算机的原理、互联网应用、经济管理中文档处理、数据分析和展示、多媒体应用等。书中所选例题、习题与实验尽量与学生专业相关，并且全部的习题都配有答案（授课教师可联系出版社索取）、实验都配有操作步骤指导及操作结果。

图书在版编目（CIP）数据

计算机应用基础：Windows 7＋Office 2010 / 曹淑艳主编.
—杭州：浙江大学出版社，2014.9
ISBN 978-7-308-13542-9

Ⅰ.①计⋯ Ⅱ.①曹⋯ Ⅲ.①Windows 操作系统—高
高等学校—教材 ②办公自动化—应用软件—高等学校—教材
Ⅳ.①TP316.7②TP317.1

中国版本图书馆 CIP 数据核字（2014）第 158037 号

计算机应用基础(Windows 7＋Office 2010)

曹淑艳 主编

策 划	希 言	
责任编辑	吴昌雷	
封面设计	刘依群	
出版发行	浙江大学出版社	
	（杭州市天目山路 148 号 邮政编码 310007）	
	（网址：http://www.zjupress.com）	
排 版	杭州中大图文设计有限公司	
印 刷	富阳市育才印刷有限公司	
开 本	787mm×1092mm 1/16	
印 张	29.5	
字 数	723 千	
版 印 次	2014 年 9 月第 1 版 2014 年 9 月第 1 次印刷	
书 号	ISBN 978-7-308-13542-9	
定 价	49.00 元	

序　言

在人类进入信息社会的 21 世纪,信息作为重要的开发性资源,与材料、能源共同构成了社会物质生活的三大资源。信息产业的发展水平已成为衡量一个国家现代化水平与综合国力的重要标志。随着各行各业信息化进程的不断加速,计算机应用技术作为信息产业基石的地位和作用得到普遍重视。一方面,高等教育中,以计算机技术为核心的信息技术已成为很多专业课教学内容的有机组成部分,计算机应用能力成为衡量大学生业务素质与能力的标志之一;另一方面,初等教育中信息技术课程的普及,使高校新生的计算机基本知识起点有所提高。因此,高校中的计算机基础教学课程如何有别于计算机专业课程,体现分层、分类的特点,突出不同专业对计算机应用需求的多样性,已成为高校计算机基础教学改革的重要内容。

浙江大学出版社及时把握时机,根据 2005 年教育部"非计算机专业计算机基础课程指导分委员会"发布的"关于进一步加强高等学校计算机基础教学的几点意见"以及"高等学校非计算机专业计算机基础课程教学基本要求",针对"大学计算机基础"、"计算机程序设计基础"、"计算机硬件技术基础"、"数据库技术及应用"、"多媒体技术及应用"、"网络技术与应用"六门核心课程,组织编写了大学计算机基础教学的系列教材。

该系列教材编委会由国内计算机领域的院士与知名专家、教授组成,并且邀请了部分全国知名的计算机教育领域专家担任主审。浙江大学计算机学院各专业课程负责人、知名教授与博导牵头,组织有丰富教学经验和教材编写经验的教师参与了对教材大纲以及教材的编写工作。

该系列教材注重基本概念的介绍,在教材的整体框架设计上强调针对不同专业群体,体现不同专业类别的需求,突出计算机基础教学的应用性。同时,充分考虑了不同层次学校在人才培养目标上的差异,针对各门课程设计了面向不同对象的教材。除主教材外,还配有必要的配套实验教材、问题解答。教材内容丰富,体例新颖,通俗易懂,反映了作者们对大学计算机基础教学的最新探索与研究成果。

希望该系列教材的出版能有力地推动高校计算机基础教学课程内容的改革与发展,推动大学计算机基础教学的探索和创新,为计算机基础教学带来新的活力。

中国工程院院士
中国科学院计算技术研究所所长
浙江大学计算机学院院长

前　　言

　　根据教育部高等教育司组织制定的《高等学校文科类专业大学计算机教学基本要求(2011 年版)》(简称《基本要求》)以及文科计算机教指分委正在组织制订的文科大学生计算机知识中所提出的大学生计算机基础教育的目标和任务,结合近年来信息技术的发展,我们对本书(第 2 版)进行了版本升级修订。

　　本书共分 7 章,第 1 章以计算机发展与信息化社会为切入点,探讨了计算机发展对经济发展的影响,引出了计算机的组成与数据在计算机中的表示,并对计算机使用过程中的病毒进行了解析,同时还对企业使用计算机、互联网所涉及的知识产权问题进行了探讨;第 2 章讨论了计算机网络与 Internet,包括网络技术、Internet 应用等相关信息技术。介绍文件传输服务、远程访问、信息查询与下载、家用宽带路由器、云计算、移动通信技术与 3G、社交网络、二维码与手机购物等与 Internet 相关的概念与操作;第 3 章从用户应用角度出发,突出 Windows 7 的特色和亮点,介绍操作系统 Windows 7 的基本使用,主要内容有文件管理,Windows 7 系统设置、安全管理等;第 4 章介绍文字处理 Office Word 2010 的使用,包括字符格式设置,段落格式设置,表格编辑功能,绘制图形和处理图片,页面设置,模板使用,长文档的编排,邮件合并等,并新增了 Word 文档与 PDF 格式文件的转换内容;第 5 章介绍电子表格 Excel 2010,包括基础知识与基本操作,公式与函数应用,工作簿与工作表,图表与打印输出,数据处理与管理,数据分析,宏的建立等高级应用;第 6 章介绍 PowerPoint 2010 的功能与使用;第 7 章在软件工具升级的基础上介绍多媒体知识与应用,包括多媒体的基础知识及基本概念,图形图像的处理,Photoshop 图像处理软件的使用,声音的处理,动画的基本概念以及二维动画制作软件 Flash 的使用等。

　　本书附有 11 个实验,分别是:实验 1 Windows 基本操作,实验 2 Word 文字编辑与排版,实验 3 Word 表格及图文混排,实验 4 Excel 基础操作与图表,实验 5 Excel 函数,实验 6 数据处理与管理,实验 7 Excel 数据分析 1,实验 8 Excel 数据分析 2,实验 9 PowerPoint 演示文稿,实验 10 图像处理,实验 11 二维动画的制作。

　　本书第 2 版 2010 年荣获北京市精品教材,正在申报"十二五"国家级规划教材。此次版本升级在保持第 2 版特色基础上的又一改进是吸收微软培训专家参与内容讨论和编写,既有一线教师多年教学经验的积累,也能更加体现开发者初衷。本书前言由曹淑艳组织,全部作者共同完成。各位作者的分工如下:第 1、3 章及实验 1 由曹淑艳编写,第 2、6 章及实验 9 由杨尚群编写,第 4 章及实验 2 和 3 由李辉编写,第 6 章及实验 4～8 由乔红编写,第 7 章及实验 10～11 由李降龙编写。本书仍由曹淑艳主编,杨尚群、乔红任副主编。

　　本书适用于大学财经类专业计算机基础课教学,对企业正在从事财务、经营、管理和决策的人员了解计算机基础知识、办公软件及多媒体应用也有很高的参考价值。

　　信息技术发展迅猛,在本书编写过程中,作者借鉴了一些出版物、软件公司用户指南和网上信息,已在文后的参考文献中列出,在此谨向各位专家、学者表示由衷的感谢。在该版的修订过程中,得到了对外经济贸易大学计算机应用基础授课教师的大力支持,他们对本书以前的版本提出了很好的建设性的意见和建议,已经被吸收到本书中。本书撰写过程中仍得到了王晓波、佟强、李慧明、吴梅梅、滕凌、刘敏等老师的协助,部分信息学院研究生(康俊杰、李昊彤、陈华琦、赵恬)参与了书稿文字审阅等工作,在此一并表示感谢。

　　感谢新老读者对本书的关注,并再次欢迎同行和读者批评指正。

编　者

2014 年 3 月

目　　录

第 1 章

计算机基础

1.1 计算机发展与信息化社会

计算机的发展引发了经济管理领域的变革,将人类带入信息社会。本章从计算机发展与全球信息化关系入手,探讨计算机信息系统的发展、计算机的特点、分类与应用,进而对计算机系统的组成、工作原理、数据在计算机中的表示与存储进行介绍,对经济管理领域使用较多的微型机的维护、计算机病毒防治以及和企业发展有直接影响的相关软件知识产权保护进行简介。

1.1.1 计算机发展使人类进入信息时代

微电子技术与微型机的发展普及、冯·诺依曼(von Neumann)的"存储程序"原理的运用,为信息技术的发展奠定了良好的基础。

1946 年,第一台电子数字计算机 ENIAC 在美国问世,这也是第一代"电子管"计算机。虽然它提高了运算的速度,为当时的军事计算做出了很大贡献,并堪称计算机之首,但除了体积大、耗能高、工作稳定性差之外,还有一个致命弱点就是指令程序必须靠手工逐条输入,因此大大限制了计算机的能力及发展。随后,参与这项研制工作的世界著名数学家冯·诺依曼提出了电子计算机内部存储程序的思想,确立了电子计算机由输入、输出、存储、运算和控制五个部件组成的基本结构;并与美国宾西法尼亚大学的摩尔电工小组合作,设计了人类第一台具有内部存储程序功能的电子离散变量自动计算机 EDVAC,由此开创了计算机时代的新纪元,使计算机真正成为高速、自动化的信息处理工具。直至今天,冯·诺依曼的计算机原理与结构,仍然广泛用于各种类型的计算机中。

1947 年,美国 AT&T 公司贝尔实验室的两位科学家制成了第一只晶体管,随后在20 世纪 50 年代诞生了晶体管电子计算机。由于晶体管比电子管体积小得多,并且具有导通截止速度快、可靠性高、稳定性强等优点,所以第二代计算机立即替代了第一代计算机而迅速发展起来。1952 年,美国雷达研究所的科学家达默提出了"将电子设备制作在一个没有引线的固体半导体板块中"的集成技术设想,从而给微电子的发展带来了一次质的飞跃。1958 年,美国德州仪器公司制成了第一批集成电路,继而把集成电路的工艺用于第三代中小型计算机的制作中。1971 年,美国 Intel 公司的霍夫大胆构想,将计算机的线路加以改进,把中央处理器的全部功能集成到一块芯片上,这就是世界上第一台微处理器,也是第四代超大规模集成电路计算机的雏形。由于超大规模集成电路这一高度集成技术的出现,它可以将计算机核心部件制造在一块可以容纳上千万个晶体管的极小的芯片上,使计算机微型化成为可能。在短短的 30 年里,微型机芯片由 Intel 4004 发展到酷睿系列,经历了六个时代。尤其是近十几年来,微处理器和微型机的发展日新月异,几乎每隔一两年,其芯片的集成度和性能就提高一倍,价格也大幅度降低;每隔几个月,就会有新产品相继问世。不仅从功能和性能上可以与大、中、小型机相媲美,而且在外观上也优于其他类型的计算机,目前已出现了膝上型、掌上型、口袋式、笔记本式等便于携带的微型机。微型机具有体积小、价格低廉、可靠性强、使用方便等特点,加之软件功能不断完善而迅速地得到了推广和普及,使各个行业的基本业务信息处理由手工逐渐转为计算机处理。微型机的发展和普及极大地拓宽了计算机的应用领域,既减轻了人们的脑体力劳动,提高了工作生活效率,又满足了信息社会人类对信息的高质量要求,使人类生活进入到全新的信息时代,因此有人把微型机的发展称为时代发展的里程碑。

1.1.2　计算机信息系统发展促进经济管理进步

人类社会的每一阶段都有其特定的技术用来对信息进行处理,各阶段所使用的处理技术和手段是不同的。在社会经济信息系统中,人是最原始的、也是最基本的"信息处理机"。最初,人是通过其自身的各种感觉器官收集外界的数据,靠手势、语言来传递信息;而信息的存储与加工则是靠个人的头脑。随着社会和技术的发展,人们逐渐发明创造出各种物理设备来提高信息处理的能力与效率。从古代人类使用的结绳记事、烽火台、驿站,到后来的算盘、计算尺、电报电话、录音机、录像机及电子计算机,人类在不断地改进信息处理的技术和工具,以适应社会发展中日益增多的信息处理的需要。

以计算机为核心,由人、规章制度、计算机的软硬件等组成的,具有收集、传递、存储、加工、提供信息功能的系统,构成了计算机信息系统。

1.计算机信息系统发展阶段

计算机信息系统的建立并非一个简单的信息加工技术手段的更换问题,它是个社会经济体制、管理技术水平以及科学技术由低向高发展的重要标志。在西方国家,计算机信息系统的发展过程大致经历了四个阶段。

(1)电子数据处理(EDP)阶段

这一阶段大约在 20 世纪 40～50 年代。在这个阶段计算机只是作为一种自动和高速的运算工具,用来进行统计运算和简单的业务信息处理,以其自动高速的特点来应付各行业中需要及时处理的大量数据,如企业中销售额的统计查询、财务汇总报表等。EDP 阶段以单项数据处理为主。

(2)管理信息系统(MIS)阶段

这一阶段大约在 20 世纪 60～70 年代。由于计算机软、硬件技术的发展,不仅为信息的查找、检索提供方便,提高了信息处理的效率;而且,使数据间的重复、冗余减少,使一个部门的数据被更多的部门使用,从而减少了数据间的不协调。特别是 20 世纪 60 年代末数据库系统出现后,管理信息系统逐渐得到充实和完善。这时电子计算机不再只是一种运算工具,而且是一种事务管理的工具,它使得信息处理过程、方法和信息的结构都发生了变化。在 MIS 阶段,信息系统应用进入了多功能、多层次、综合性的应用阶段。

(3)决策支持(DSS)阶段

这一阶段大约在 20 世纪 70～80 年代,为了克服管理信息系统所存在的局限性,适应市场竞争和提高企业效益的需要,人们更加重视系统对环境变化的适应性,更加注重市场预测和组织内部资源的优化利用。特别是在运筹学、数理统计、人工智能、计算机模拟、图形显示等新方法、新技术的推动下,从 70 年代后开始出现了注重模型、面向未来、着眼于决策的决策支持系统。所谓决策支持系统就是有效地结合人的智能、信息技术和软件(信息处理技术和管理科学模型),并通过密切的交互对话以解决复杂的问题。决策支持系统是社会经济发展必需的产物,也是系统科学、管理科学、计算机科学和行为科学等学科相互作用和相互渗透的结果。DSS 阶段解决的主要是面向高层管理,大范围的决策问题以及非结构化信息的处理。

(4)MIS 的网络化、DSS 的多元化发展阶段

20 世纪 90 年代网络技术的发展使得管理信息系统的形式发生了很大的变化。当前的 MIS 系统大多是基于网络的,这些系统除了它传统的功能外,还包括了诸如即时库存管理、电子数据交换、电子订货系统、电子转账系统、信用卡服务、商业增值服务网络等。

网络技术同样推动了 DSS 的多元化发展。目前 DSS 出现了多种形式,比较典型的有:智能化决策支持系统(IDSS)和智能—交互—集成化决策支持系统(3IDSS)。智能决策支持系统是决策支持系统(DSS)与人工智能(AI)相结合的产物,其设计思想着重研究把 AI 的知识推理技术和 DSS 的基本功能模块有机地结合起来。智能—交互—集成化决策支持系统(3IDSS)是一种新型的、面向决策者、面向决策过程的综合性决策支持系统,主要应用于区域性经济社会发展战略研究、大型企业生产经营决策等领域的决策活动。

(5)大数据(Big Data)阶段

大数据(Big data),又称巨量信息,指的是所涉及的信息量规模巨大到无法通过目前主流软件工具,在合理时间内达到撷取、管理、处理、并整理成为帮助企业经营决策更积极目的的资讯。

"大数据"的概念早在 20 世纪 80 年代由美国人提出。麦肯锡在报告中指出,数据已经渗透到每一个行业和业务职能领域,逐渐成为重要的生产因素;而人们对于海量数据的运用将预示着新一波生产率增长和消费者盈余浪潮的到来。《著云台》分析师团队认为,大数据通常用来形容一个公司创造的大量非结构化和半结构化数据,这些数据在下载到关系型数据库用于分析时会花费过多时间和金钱。大数据分析常和云计算联系到一起,因为实时的大型数据集分析需要像 MapReduce 一样的框架来向数十、数百或甚至数千的

电脑分配工作。

大数据的特点有四个层面:第一,数据量巨大。从 TB 级别,跃升到 PB 级别。第二,数据类型繁多。如网络日志、视频、图片、地理位置信息等等。第三,价值密度低。以视频为例,连续不间断监控过程中,可能有用的数据仅仅有一两秒。第四,处理速度快。数据处理遵循"1 秒定律",可从各种类型的数据中快速获得高价值的信息。最后这一点也是和传统的数据挖掘技术有着本质的不同。业界将大数据的特点归纳为 4 个"V",即 Volume,Variety,Value,Velocity。

大数据需要特殊的技术来有效处理数据。适用于大数据的技术,包括大规模并行处理(MPP)数据库,数据挖掘,分布式文件系统,分布式数据库,云计算平台,互联网和可扩展存储系统。

大数据应用领域非常广泛,同时大数据增加了对信息管理专家的需求,当前人们比以往任何时候都与数据或信息交互。思科公司预计,到 2014 年,全球互联网流量将达到每年 767 艾字节。

2. 计算机与"信息高速公路"

1991 年,美国当时的参议员、后来的副总统戈尔提出了"信息高速公路"计划,该计划将美国所有信息库及信息网络联成一个全国性的大网络,再把大网络连接到所有的机构和家庭,让各种各样的信息都能在大网络里交互传输。这引起了世界各发达国家、新兴工业国家和地区的极大震动,一些国家和地区纷纷提出了自己的发展信息高速公路计划的设想。

那么,什么是信息高速公路呢? 信息高速公路是指在政府、研究机构、大学、企业以及家庭之间,建立可以交流各种信息的大容量、高速率的通信网络。它可以让各种各样的信息四通八达,将每个人都连在一起,并能提供任何电子通信。信息高速公路之"路",是指铺设由光纤组成的光缆;信息高速公路上行驶之"车",是海量的多媒体信息。其目的是提供远距的银行业务、纳税、聊天、游戏、电视会议、可视电话、网络购物、居家办公、医疗诊断、远程教育等多种服务,使社会能更有效地交流信息,为发展经济创造有利条件。所以说,信息高速公路就是建立一个能提供大量信息的,由通信网络、多媒体数据库以及计算机组成的一体化高速网络,实现信息资源的高度共享。

1995 年 2 月在七国集团信息社会部长级会议上,大家对建设和发展全球信息高速公路的意义取得了共识:信息高速公路将对科技、文化、经济以至国际关系带来了不可估量的影响。美国微软公司前总裁比尔·盖茨说:未来的信息高速公路将提供各种信息服务,我们会通过各种平易近人的设备与计算机网络连接,人们赚钱、投资、付款、交友、学习等日常生活方式几乎都将改写。

3. 计算机推动知识经济的崛起

知识经济(或称信息经济)就是在充分知识化的社会中以信息智力资源的占有、投入和配置,致使产品的生产、分配(传播)和消费(使用)成为最重要因素的经济。知识经济与工业经济相比,除前者依赖于知识的程度高于后者,以及知识在经济增长中的作用和价值大于后者外,最本质的不同是:信息和知识本身成为知识经济中的一种最积极、最重要的投入要素。

美国针对发展中国家提出的《国家知识评估大纲》中认为:近几年来,由于计算机等科学技术的发展,世界经济运行方式发生了根本变化。电子工业的革命、计算机的普及、全球网络的出现,以及生物技术、材料科学和电子工程等领域的发展,创造出以往根本不可想象的新产品、新服务、新兴行业和新的就业机会。年轻的 IT 工程师、科技园区的技术产品"孵化器"以及日渐红火的电子商务……这就是当今人们所称的知识经济。在信息化和知识经济的推动下,当今世界的知识信息、科学技术、思想文化和创意设计如同其他商品一样,遍布各行各业和每个家庭,已经成为人类社会日常生活的基本需求。计算机与电子通信网络技术所带来的全球经济信息化发展,证明了科学技术的发展所带来的知识和信息已成为当代经济和社会发展的决定性因素。信息技术快速全面地渗入了知识活动的全过程,触发知识的生产、传播和使用的各个重要环节的深刻变革,使得人类社会进入了前所未有的知识总量在质与量、深度与广度、内涵与外延等方面全方位迅速扩张的时期。"科学技术是第一生产力"已成为现实,全球由于信息技术和知识而创造的产值已远远超过工业经济时代成千上万倍。人类已经开始自觉地积极利用信息、知识发展经济,一种以信息和知识为基础的经济结构正在逐步形成。

4. 信息化社会与计算机

构成信息化社会主要靠计算机技术、通信技术和网络技术这三大支柱。由现代传感技术和测量技术采集的信息,经过高性能计算机的处理、再生与存储,通过现代通信系统的传输和发送,利用先进的网络技术提供给全球的所有用户,实现信息资源的共享。

由于计算机的迅速发展,加速了信息化社会的发展。如今,计算机无处不在,已经成为人们生产和生活乃至学习的必备工具。计算机就在人们的身边,普遍应用在学习、工作和生活的各个领域。无论去办公室工作、去商店买东西、去银行存取款、去火车站购票、去食堂吃饭等,到处都有它的存在。

在信息化社会里,计算机的存在总是和信息的加工、处理、存储、检索、识别、控制和应用等分不开。可以说,没有计算机就没有信息化,没有计算机、通信和网络技术的综合利用,就没有日益发展的信息化社会,大数据时代的来临更加说明了这一点。

1.1.3　计算机的特点、分类与应用

1. 计算机的主要特点

运算速度快、计算精度高、具有"记忆"能力和逻辑判断能力是计算机的主要特点。

计算机的运算速度从每秒几千次发展到每秒千万亿次以上。例如,用早期的手摇计算机计算气象预报需要 1~2 个星期,现在用中型机或大型机只需要几分钟。用曙光3000 作为网络服务器,每天可实现几十亿次的页面点击,上千万封电子邮件的发送与接收,完成百万次事务等。计算机的运算速度快,提高了我们的工作效率,加快了科学技术

的发展。计算精度高是指用计算机计算的有效数字可以达到十几位、几十位、几百位,甚至上千位,不但满足了银行、商业等对数据精确处理的要求,也为尖端科学技术的发展提供了更精确的计算工具。计算机的重要组成部分"存储器"能存储大量的信息,例如能存储文字、图形、图像和声音,能存储用于计算过程的程序,以及运行程序的原始数据、计算的中间结果和最后结果。计算机不但能进行算术运算,而且还能进行逻辑运算,即具有逻辑判断功能。计算机可以根据给定的条件进行判断,以此来决定下一步要做的事情。此外,计算机还具有在程序的控制下自动工作的能力以及可靠性和通用性等特点。

2.计算机的分类

目前计算机可分为个人计算机、工作站、小型计算机、中型计算机、大型计算机、巨型计算机和高性能计算机,如表1.1所示。

表 1.1　计算机的分类

类别	特点	用途
个人(微型)计算机	体积小、功耗低、结构简单、使用方便	家庭、办公室
工作站	配有高分辨率的大屏幕显示器、绘图仪、扫描器和数字化仪等	计算机辅助设计(CAD)技术及专用
小型计算机	规模较小,价格相对较便宜	早期用于科研院所
中型计算机	规模和价格介于小型机和大型机之间	小型机和大型机之间
大型计算机	规模较大,价格昂贵,一台主机可带上百台用户	金融业、大型商业、科研机构
巨型计算机	速度快、性能高、体积大、耗资多	国防与科技
高性能计算机	超级计算机 超级服务器	科学工程计算及专门的设计 数值计算、事务处理、数据库应用、网络应用与服务 气象观测、石油勘探、航空航天、信息安全和生命科学

3.计算机的应用

早期的计算机主要用于科学计算。随着计算机的发展,计算机的应用已经渗透到各个领域,如应用于过程控制(实时控制)、计算机辅助设计(CAD)、计算机辅助教学(CAI)和计算机辅助测试(CAT)、计算机辅助制造(CAM)、多媒体技术应用等诸多领域。在经济管理领域的应用主要体现在以下几个方面。

(1)信息处理和管理

目前计算机广泛应用于信息处理和管理。例如文字处理、数据处理、统计报表、情报检索、图书资料管理、档案管理、生物信息处理、网络信息服务等,并广泛应用于办公自动化、银行业务、股市、商业、企业信息管理、联网订票系统和 Internet 等。

（2）电子商务

电子商务是指通过计算机网络以电子数据信息流通的方式在全世界范围内进行并完成的各种商务活动、交易活动、金融活动和相关的综合服务活动。电子商务活动有企业与消费者之间的电子商务（B2C）、企业与企业之间的电子商务（B2B）、企业与政府之间的电子商务（B2G）、消费者之间的电子商务（C2C）。

（3）人工智能

人工智能是指使计算机具有"模拟"人的思维和行为等能力。人工智能研究的领域有模式识别、自动定理证明、自动程序设计、专家系统、智能机器人、博弈、自然语言的生成与理解等，其中最具有代表性的两个领域是专家系统和智能机器人。专家系统是具有某个专门知识的计算机软件系统，它综合了某个领域专家们的知识和经验，使它具有较强的咨询能力。智能机器人的研究已经有很大的进展，目前已经研制出了具有一定的感知、环境辨别、语言理解、推理和归纳，模仿人完成一些动作的机器人。

（4）信息技术在新型企业中的应用

信息技术（Information Technology，IT）是指各种以计算机为基础的工具，人们用它来加工信息，并支持组织对信息的需求和信息处理的任务。IT 表面上来看包括键盘、鼠标、显示器、打印机、调制解调器、工资处理软件、文字处理软件和操作系统软件等。实质上是以计算机为核心的，加上相关联的硬件设备、软件系统而组成的计算机系统。那么企业又是如何利用 IT 的呢？主要采用以下三种方式运用信息技术：

- 用 IT 支持信息处理任务；
- 把 IT 作为创新的必要条件；
- IT 用于缩短时间和空间。

1.2　计算机系统组成和工作原理

计算机系统由硬件系统和软件系统组成。硬件系统也称机器系统，软件也称程序系统。计算机硬件系统和软件系统的关系如图 1.1 所示。

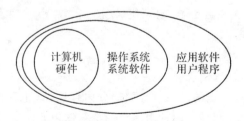

图 1.1　计算机硬件与软件的关系

计算机硬件是计算机物理设备的总称，它由各种电子元器件和电子线路组成，是我们能看到的设备实体。如果一台计算机只有硬件，那么可以说它是一台精密的、不会做任何工作的"死的"电子设备,一台只有硬件设备的计算机通常称为"裸机"。

计算机软件是在计算机硬件设备上运行的各种程序及必需的数据的总称。计算机能按我们的要求完成工作,实际上是按照事先存储在计算机内的程序(软件),在程序的控制下一步一步地完成的。软件必须在计算机硬件系统下工作,硬件和软件缺一不可。

1.2.1　计算机硬件系统组成

计算机硬件系统主要由五个部分组成:运算器、控制器、存储器、输入设备和输出设备。其中运算器和控制器统称为中央处理器,简称CPU(Central Processing Unit,中央处理单元)。主机包括 CPU 和内存,外部设备包括输入设备、输出设备和外存储器等,如图1.2 所示。

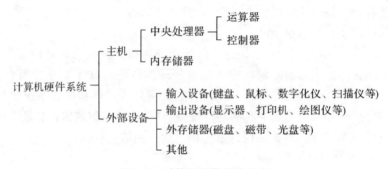

图 1.2　计算机硬件系统组成

1. 输入设备

输入设备是把待输入计算机的信息转换成能被计算机处理的数据形式的设备。常用的输入设备有键盘、鼠标、磁盘驱动器、光驱、模/数转换设备、磁带输入机、数字化仪、扫描仪、手写板、触摸屏和麦克等。

2. 输出设备

输出设备是把计算机输出的信息转换成外界能接收的表现形式的设备。常用的输出设备有显示器、打印机、磁盘驱动器、刻录机、绘图仪、数/模转换设备、扬声器、静电印刷机等。

3. 存储器

存储器是存放程序和数据的设备。存储器分内存储器(主存储器,简称内存)和外存储器(辅存储器,简称外存)两种。内存由一个一个存储单元组成,每一个单元都有唯一的地址,中央处理器通过地址访问存储单元的内容。

4. 运算器

运算器又称算术逻辑单元(Arithmetic Logic Unit,ALU)。它是计算机对数据进行加工和处理的设备,用它不但可以完成算术运算(加、减、乘和除),而且可以完成关系和逻辑运算(比较大小、是否相等、与、或、非等)。

5. 控制器

控制器能指挥和控制全机协调一致地工作。如逐条读取事先存放在内存中的程序指令,对指令进行译码,发出相应控制信号。控制器主要由程序计数器、指令存储器、指令译码器等组成。

1. 2. 2　计算机的基本工作原理

计算机的基本工作原理是依据冯·诺依曼提出的"内部程序存储"工作原理,即程序放在内存储器中,控制器从内存取出指令,经过指令译码(分析指令),向全机各个部件发出相应的控制信号(执行指令)。图 1.3 标出了计算机各设备之间的数据流和控制信号。

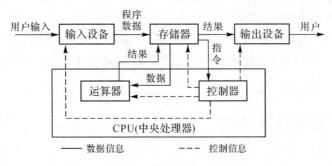

图 1.3　计算机基本硬件构成

控制信号也可以比喻为"握手"信号,一个人伸出手告诉对方要传递信息,另一个人伸出手告诉对方已经准备好可以接收信息。例如,如果控制器从内存取出的是"输入"指令,控制器向输入设备发出控制信号,将输入设备上的数据送入数据线,同时向内存发出控制信号通知内存接收数据。如果控制器从内存取出的是"取数"指令,控制器向内存发出控制信号,将内存数据送入数据线,同时通知 CPU 接收数据。如果控制器从内存取出的是完成某种"计算"的指令,控制器向运算器发出控制信号,完成相应的计算。如果控制器从内存取出的是"存数"指令,控制器向 CPU 发出控制信号,将 CPU 的数据送入数据线,同时通知内存接收数据。如果控制器从内存取出的是"输出"指令,控制器向内存发出控制信号,将内存数据送入数据线,同时通知输出设备接收数据。

下面举例说明计算"2+3=5"的过程。

设从内存 2000H 单元开始存放程序,从 3000H 单元开始存放操作数和结果。具体过程如表 1.2 所示。

表 1.2　计算机加法实现过程

地址	汇编指令	功能
2000H:	MOV AL,(3000H)	"取数"指令,将内存 3000H 单元的 2 → CPU 中寄存器 AL

续表

地址	汇编指令	功能
2002H:	MOV BL,(3001H)	"取数"指令,将内存3001H单元的3→CPU中寄存器BL
2004H:	ADD AL,BL	"计算"指令,在CPU完成AL与BL内容相加→AL
2006H:	MOV (3002H),AL	"存数"指令,CPU中AL的内容→内存3002H单元
	...	
	END	
3000H:	2	
3001H:	3	
3002H:	5	计算结果

其中 AL 和 BL 是 CPU 中暂时存放数据的 8 位寄存器。控制器从内存取出一条指令(控制器中程序计数器 PC 会自动加 1,为取下一条指令做好了准备),然后分析指令和执行指令,不需要人干预,自动完成。

目前,我们使用的计算机都固化了一些通用的输入输出设备的驱动和管理程序,而且开机后,用户是在系统软件运行后的环境下开始工作,这样大大地方便了用户。

1.3　微型计算机硬件系统

目前微型计算机(简称微机)应用非常普及,本节就微机硬件系统进行专门介绍。

1.3.1　微机硬件系统的基本组成

微机的结构多采用总线结构,如图 1.4 所示。微机内部传输的信息分为 3 种:数据信息、地址信息和控制信息。各部件之间传送信息的通路叫总线,分别称为数据总线、地址总线和控制总线。

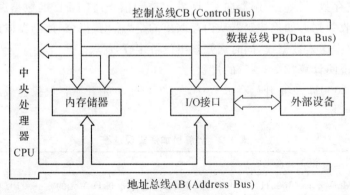

图 1.4　微型计算机结构

1. 微处理器(CPU)

微机上的 CPU 是一个高集成度的大规模集成电路芯片,它包括运算器、控制器、寄存器组、内部总线等。寄存器用于暂时存放参与运算的数据、计算结果和结果状态等。CPU 芯片中还有高速缓冲存储器(Cache),用于解决快速 CPU 与内存之间速度不匹配问题。目前计算机大多采用双核处理器(Dual Core Processor)。

“双核”的概念最早是由 IBM、HP、Sun 等支持 RISC 架构的高端服务器厂商提出的,主要运用于服务器上,而台式机上的应用则是在 Intel 和 AMD 的推广下得以普及。双核就是 2 个核心,核心(Die)又称为内核,是 CPU 最重要的组成部分。CPU 中心那块隆起的芯片就是核心,是由单晶硅以一定的生产工艺制造出来的,CPU 所有的计算、接受/存储命令、处理数据都由核心执行。各种 CPU 核心都具有固定的逻辑结构,一级缓存、二级缓存、执行单元、指令级单元和总线接口等逻辑单元都会有科学的布局。

2. 内存储器(主存储器,简称内存)

微机的内存用于存放正在运行的程序和正在使用的数据。内存由单元组成,一个单元能存放一个 8 位的二进制数,可反复读取单元中的数据。只有向单元中存入新的数据,原有数据才会被覆盖。CPU 访问内存时,首先给出要访问的内存单元地址,然后将数据存入所指定的单元或从指定的单元读出数据(参照“2+3=5”的运算过程)。

二进制的“位”用“bit”表示,一个 8 位的二进制数称为一个字节,字节用“B”(Byte)表示,1024 字节可以写成 1024B。

存储器的容量以字节为单位,一般用 B、KB、MB、GB 和 TB 表示,并且 1024B=1KB;1024KB=1MB;1024MB=1GB;1024GB=1TB。

微机的内存主要由只读存储器 ROM(Read Only Memory)和随机存储器 RAM(Random Access Memory)组成。

(1)只读存储器(ROM)

ROM 的特点是只能读出信息,不能写入信息,断电后 ROM 中信息不会丢失。在计算机出厂时由厂家向 ROM 中存放(固化)程序和数据,如引导程序、ASCII 码点阵字符等。

(2)随机存储器(RAM)

RAM 也称为随机读写存储器,是人们通常所说的内存(内存条),断电后 RAM 中信息丢失。RAM 中信息是开机后装入的系统程序、应用程序以及用户向机内输入的文字、图形等内容,如果用户要永久保留输入的内容,必须将其存入能永久保留信息的外存储器上。

(3)高速缓冲存储器(Cache)

Cache 是高速小容量存储器,在逻辑上位于 CPU 与内存之间,其作用是加快 CPU 与 RAM 之间的数据交换速率。它的技术机理是:将当前急需执行及频繁执行的程序段和要处理的数据复制到更接近于 CPU 的 Cache 中,CPU 读写时,首先访问 Cache。因而 Cache 就像是内存与 CPU 之间的“转接站”。由于 Cache 的处理速度可以和 CPU 媲美,所以计算机系统的处理速度可显著提高。

Cache 与内存之间的信息调度、传送是硬件自动完成的，程序员和用户感觉不到 Cache 的存在。目前，采用 Cache 技术的计算机已相当普遍，有的计算机还采用多级 Cache，以进一步提高系统的性能。为了提高计算机的整体性能，在计算机的其他设备上也安装有 Cache。

3. 外存储器（辅助存储器，简称外存）

微机的外存与内存比较，外存容量较大、速度较慢、价格较低，能永久保留信息。外存用于存放暂时不用的程序和数据。CPU 不能直接访问外存，当需要外存的信息时，再从外存调入内存。

目前微机上使用的外存储器有硬盘、光盘和 U 盘，它们用于长期存放用户使用的各种软件和数据。

（1）硬盘

硬盘由多个同样大小的圆形盘片组成，它们共有一个轴心。硬盘一般都固定安装在主机箱内。目前微机上配制的硬盘容量为 60～120G 或更大。硬盘的转数越高存取速度越快，一般常用的有 5400 转和 7200 转等。

一台微机可以安装一个或一个以上的固定硬盘，硬盘被封装在硬盘驱动器内，盘符约定从字母"C"开始，如果硬盘的容量比较大，最好将硬盘划分成多个分区，分区的编号依次为 C、D……Z，称为盘符，用户通过盘符访问硬盘。每一分区可看成一个逻辑硬盘。一般 C 盘存放系统文件和常用软件，如 Windows、Office 和一些常用的应用软件等。D 盘存放用户的应用软件和一些文件。而把从网络下载的文件和游戏等分别放在其他的盘上。

为了使用方便，还可以配备移动硬盘。移动硬盘是一个便携式的大容量的存储器，也可以划分为多个分区。

硬盘与其他外存相比，容量大，存取速度快。常用的系统软件、工具软件和用户的程序与数据都放在大容量的硬盘上，需要时调入内存（图 1.5 所示为笔记本电脑硬盘）。

图 1.5 笔记本电脑硬盘

（2）快闪存储器（U 盘）

快闪存储器（Flash Memory）是一种新型非易失性半导体存储器,通常称为 U 盘,容量一般以 GB 为单位。U 盘是近几年使用较广泛的便携式外存储器,它既继承了 RAM 存储器速度快的优点,又具备了 ROM 的非易失性,即在无电源状态仍能保持片内信息,不需要特殊的高电压就可实现片内信息的擦除和重写。

当前的计算机都配有 USB 接口,在 Windows 7 操作系统下,无须驱动程序（有些大容量的 U 盘自带驱动程序）,通过 USB 接口即插即用,使用非常方便。在开机或关机的状态下,均可以将 U 盘插入电脑的 USB 接口。U 盘插好后,在"任务栏"显示图标,在资源管理器中可以看到系统为 U 盘分配的盘符。为了保证数据安全,从 USB 口取下 U 盘之前,首先确认已经关闭 U 盘上所有打开的文件,然后单击"任务栏"上的图标,选择"弹出…",当系统显示"U 盘已安全拔出"后再取下 U 盘。

USB 接口的传输率有:USB 1.1 为 12Mbps,USB 2.0 为 480Mbps,USB 3.0 为 5.0Gbps。

（3）光盘

目前在微机上常用的光盘有只读光盘、一次性写入光盘和可读写光盘。

只读光盘 CD-ROM（Compact Disk Read Only Memory）上的信息是由厂家写入的,用户只能读出光盘上信息,不能写入信息。一般 CD-ROM 多用于存放系统软件、应用软件以及信息量比较大的各种文字、声音、图像、动画等多媒体信息。

一次性写入光盘 CD-R 与 CD-ROM 的性能一样,不同的是 CD-R 的内容不是由厂家写入的,而是由用户根据自己的需要,用刻录机（具有刻录光盘功能的光盘驱动器）将信息写（刻）在光盘上,并且永久保留在光盘上。允许一次刻录或分多次刻录,多次刻录的内容会依次存放在光盘上。

可读写光盘 CD-RW 与 CD-R 的性能一样,不同的是 CD-RW 可以反复用刻录机写入或擦除光盘上的信息,价格要比一次性写入光盘 CD-R 贵一些。

目前计算机配置的光驱一般具有 DVD 读取和 CD-RW 刻录功能。

4. 输入/输出设备

目前微机配置的常用输入设备有键盘、鼠标、磁盘驱动器、CD-ROM 光盘驱动器和 CD-RW 刻录机、麦克、扫描仪和摄像头等。

（1）键盘

键盘是计算机的重要输入设备,常用的键盘除了有 101 键、102 键外,有的键盘在此基础上增加了一些功能键,使用起来更方便。无论是哪一种键盘基本上分 4 个区,有主键盘区、功能键区、编辑键区和数字键区。

（2）鼠标

鼠标是目前较常用的输入设备,常用的鼠标有机械鼠标和光电鼠标等。可以通过在平面上移动鼠标或滚动鼠标滚球,使显示器上的鼠标指针做相应的移动。

（3）磁盘驱动器

磁盘驱动器能将磁盘上的信息传送到计算机,也能将计算机的信息传送到磁盘上,因此磁盘驱动器是输入输出设备,常用的有硬盘驱动器、光盘驱动器等。

(4)显示器

显示器是输出设备,有两种类型:CRT 和 LCD。除笔记本电脑外,随着近几年液晶显示器价格大幅下降,台式电脑大多数也配备 LCD,即液晶显示器。

(5)打印机

打印机是输出设备,目前主流打印机为激光打印机。打印机通过并行口或 USB 口与主机连接后,还必须按打印机的厂家和型号安装相应的打印机驱动程序。除了打印机厂家提供的打印机驱动程序外,Windows 自带了许多主流打印机的驱动程序,安装打印机驱动程序后便可以使用打印机。

1.3.2　微型计算机的主要性能指标

微机的性能可以从字长、CPU 主频、内存等几个指标进行衡量。

字长是指计算机能直接处理的二进制数据的位数。字长越长,速度越快。目前微型计算机的字长一般是 32 位、64 位。

CPU 主频越快,指令执行和运算速度就越快。CPU 是微机的核心,是区分微机档次的一个重要指标。例如"Intel 酷睿 i5 处理器 3470T2.9GHz",表示英特尔酷睿处理器第三代低耗版,其中"2.9GHz"是主频频率,单位为"GHz"。

衡量内存储器的指标有存取速度和存储容量。CPU 直接存/取内存的数据,因此内存的好坏直接影响系统的运行速度和性能。存取时间是指 CPU 对内存完成一次存或取数据所需要的时间。目前市场上占主流的 DDR Ⅱ 内存频率可达 667 MHz、800MHz,DDRⅢ可达 1333MHz、1600MHz。内存容量的大小直接影响系统的运行速度。内存(和外存)的大小至少要比软件要求的最低配置高一些,其运行速度才理想。目前,微型计算机配置的内存在 4～12GB 之间(外存在 320GB～2TB 之间)。一般来说,内存(或外存)应该是越大越好。

1.3.3　多媒体计算机硬件系统

1. 多媒体与多媒体技术

在计算机信息领域中,媒体泛指一切信息载体,有两种具体含义:一种指信息的存储实体,如磁盘、磁带、光盘等存储设备,另一种指信息的表现形式,概括为声(音)、文(字)、图(静止图像和动态视频)、形(波形、图形、动画)、数(各种采集或生成的数据)5 类。多媒体技术中的"媒体"更多的是指后者。

多媒体技术是一种把数字、文字、声音、视频、图形、图像和动画等表现信息的媒体结合在一起,并通过计算机进行综合处理和控制,将多媒体各个要素进行有机组合,完成一系列随机性交互式操作的技术。多媒体信息的处理包括多媒体信息的录入、压缩、存储、解压缩、变换、传输、播放和显示等。

2. 多媒体计算机硬件系统的组成

多媒体计算机系统是在计算机系统基础上增加多媒体硬件系统和多媒体软件系统。一台具有多媒体功能的计算机,至少要配有声卡、显卡和 CD-ROM。

声卡:声卡具有对声音的数字化、压缩、存储、解压和回放等快速处理的功能。一般声卡中配有一定的 RAM 存储器。

显卡:显卡提供各种视频设备的接口和集成能力,具有对图像的数字化信息进行快速处理的功能。具有视频转换功能的显卡,可以将数字和模拟信息进行转换,提供了各种视频设备的接口和集成能力。

CD-ROM:用于存放大量的多媒体信息,如文字、图像、声音和动画等。

为了用计算机进行录音和播放声音,通常要配置麦克风(话筒)录制声音信息,配置音箱播放声音。在计算机主机上一般都有标准的接口用于连接麦克风和音箱。

除了具备以上多媒体硬件以外,要实现多媒体功能,还要有支持多媒体设备的操作系统,如 Windows 7 等。

1.4 数据在计算机中的表示与存储

计算机能处理数字、字符、文字、图形、图像和声音等信息。无论哪一种信息,必须转成二进制数据的形式后,才能在计算机中存储和处理。二进制数据有 0 和 1 共两个数字。采用二进制的主要原因是具有 2 个稳定状态的电子元器件比较多,易于用二进制数表示;二进制运算应用逻辑代数,降低硬件成本,运算法则简单。在我们日常生活中习惯使用十进制数及其运算,二进制的数据既不便书写也不易记忆。因此,人们常常用书写起来比较容易的八进制或十六进制数来描述机内的二进制数。二进制数与八进制数和十六进制数之间的转换非常容易,下面介绍计算机中常用数制及常用数制之间的转换。

1.4.1 计算机中常用数制及它们之间的转换

1. 十进制数(Decimal)

人们日常生活中使用的十进制数由 $0,1,2,\cdots,9$ 共十个不同的数码表示。十进制的加法运算为"逢十进一",减法运算为"借一当十"。为了区别不同的进制数,可以在十进制数后面加"D"("D"是 Decimal 的第一个字母),例如十进制数 5030,写成 5030、5030D 或 $(5030)_{10}$。

对于任意一个十进制数 A,若 A 的整数部分为 $A_{n-1}A_{n-2}\cdots A_1A_0$;小数部分为 $A_{-1}A_{-2}\cdots A_{-m}$,其中 n 和 m 分别代表 A 的整数和小数部分的位数,则 A 可以表示为:

$$A = A_{n-1}A_{n-2}\cdots A_1A_0.A_{-1}\cdots A_{-m}$$

$$= A_{n-1} \times 10^{n-1} + A_{n-2} \times 10^{n-2} + \cdots + A_1 \times 10^1 + A_0 \times 10^0 + A_{-1} \times 10^{-1} + \cdots + A_{-m} \times 10^{-m}$$

其中 10 是计数制的基数，10^i 是第 i 位的"权"。

例如：

$$3826 = 3000 + 800 + 20 + 6 = 3 \times 10^3 + 8 \times 10^2 + 2 \times 10^1 + 6 \times 10^0$$

$$541.79 = 500 + 40 + 1 + 0.7 + 0.09 = 5 \times 10^2 + 4 \times 10^1 + 1 \times 10^0 + 7 \times 10^{-1} + 9 \times 10^{-2}$$

2. 二进制数（Binary）

二进制数由 0,1 共两个不同的数码表示。二进制数 1011.11 可以用 $(1011.11)_2$ 或 1011.11B 来表示（"B"是"Binary"的第一个字母）。二进制数的加法运算为"逢二进一"，减法运算为"借一当二"。

任意一个二进制数 B 可以表示为：

$$B = B_{n-1}B_{n-2} \cdots B_1 B_0 B_{-1} \cdots B_{-m}$$

$$B_{n-1} \times 2^{n-1} + B_{n-2} \times 2^{n-2} + \cdots + B_1 \times 2^1 + B_0 \times 2^0 + B_{-1} \times 2^{-1} + \cdots + B_{-m} \times 2^{-m}$$

其中 2 为计数制的基数。

【例 1.1】 二进制的加法与减法。

$$(1011.011)_2 + (1001.1011)_2 = (10101.0001)_2$$

$$(1110.1)_2 - (1011.01)_2 = (11.01)_2$$

【例 1.2】 二进制数按"权"展开转换为十进制数。

$$(1010)_2 = 1 \times 2^3 + 0 \times 2^2 + 1 \times 2^1 + 0 \times 2^0 = (10)_{10}$$

$$(1011.11)_2 = 1 \times 2^3 + 0 \times 2^2 + 1 \times 2^1 + 1 \times 2^0 + 1 \times 2^{-1} + 1 \times 2^{-2} = (11.75)_{10}$$

3. 八进制数（Octal）

八进制数由 $0,1,2,\cdots,7$ 共八个不同的数码表示。八进制数 3721 可以用 $(3721)_8$ 或 3721O 来表示（"O"是"Octal"的第一个字母）。八进制数的加法运算为"逢八进一"，减法运算为"借一当八"。

任意一个八进制数 C 可以表示为：

$$C = C_{n-1}C_{n-2} \cdots C_1 C_{0.} C_{-1} \cdots C_{-m}$$

$$= C_{n-1} \times 8^{n-1} + C_{n-2} \times 8^{n-2} + \cdots + C_1 \times 8^1 + C_0 \times 8^0 + C_{-1} \times 8^{-1} + \cdots + C_{-m} \times 8^{-m}$$

其中 8 为计数制的基数。

【例 1.3】 八进制的加法与减法。

$$(37)_8 + (55)_8 = (114)_8 \qquad\qquad (10)_8 - (5)_8 = (3)_8$$

【例 1.4】 八进制数按"权"展开转换为十进制数。

$$(237.4) = 2 \times 8^2 + 3 \times 8^1 + 7 \times 8^0 + 4 \times 8^{-1} = (159.5)_{10}$$

4. 十六进制数（Hexadecimal）

十六进制数由 $0,1,2,\cdots,9,A,B,C,D,E,F$ 共十六个不同的数码和字母表示。十六进制数 3A1B 可以用 $(3A1B)_{16}$ 或 3A1BH 来表示（"H"是"Hexadecimal"的第一个字母）。十六进制数的加法运算为"逢十六进一"，减法运算为"借一当十六"。

任意一个十六进制数 D 可以表示为：

$$D = D_{n-1}D_{n-2}\cdots D_1 D_{0.} D_{-1} \cdots D_{-m}$$

$$= D_{n-1} \times 16^{n-1} + D_{n-2} \times 16^{n-2} + \cdots + D_1 \times 16^1 + D_0 \times 16^0 + D_{-1} \times 16^{-1} + \cdots + D_{-m} \times 16^{-m}$$

其中 16 为计数制的基数。

【例 1.5】 十六进制数的加法与减法。

$$(19)_{16} + (A3)_{16} = (BC)_{16} \qquad\qquad (20)_{16} - (5)_{16} = (1B)_{16}$$

【例 1.6】 十六进制数按"权"展开转换为十进制数。

$$(4B)_{16} = 4 \times 16^1 + 11 \times 16^0 = (75)_{10}$$

5. 非十进制数转换成十进制数

总结前面介绍的几种数制，它们都有一个固定的基数 R，在加法运算中"逢 R 进一"，减法运算中"借一当 R"。它们的每一个数位 i，对应一个固定的值 R_i，R_i 称为该位的"权"。事实上，对于任意一个 R 进制数转换成十进制数，都是按位"权"展开后相加。因此，对于任意 R 进制数 T 转换成十进制数可表示为：

$$T = T_{n-1}T_{n-2}\cdots T_1 T_{0.} T_{-1} \cdots T_{-m}$$

$$T_{n-1} \times R^{n-1} + T_{n-2} \times R^{n-2} + \cdots + T_1 \times R^1 + T_0 \times R^0 + T_{-1} \times R^{-1} + \cdots + T_{-m} \times R^{-m}$$

具体实现可参照例 1.2、例 1.4 和例 1.6。

6. 十进制数转换成二进制、八进制和十六进制

下面重点介绍十进制数转换为二进制数的方法，用同样的方法可以实现十进制数转换为八进制和十六进制数。

由于十进制的整数转为二进制整数与十进制小数转为二进制小数的方法截然不同，因此下面分别介绍。

（1）十进制整数转换成二进制整数

把十进制整数转换为二进制整数的方法是采用"除 2 取余"法。具体步骤是：把十进制整数除以 2 得一商和余数；再将所得的商除以 2，得到一个新的商和余数；这样不断地用 2 去除所得的商数，直到商等于 0 为止。每次相除所得的余数便是对应的二进制整数的各位数字。第一次得到的余数为最低有效位，最后一次得到的余数为最高有效位。即采用下述方法计算：

```
2 | 6
2 |_3___  余 0=B₀
2 |_1__   余 1=B₁
   0      余 1=B₂
```

【例 1.7】 十进制整数 44 转换成二进制整数。

方法如下：

$$
\begin{array}{r|l}
2 & 44 \\
2 & 22 \quad 余\ 0=B_0 \\
2 & 11 \quad 余\ 0=B_1 \\
2 & 5 \quad 余\ 1=B_2 \\
2 & 2 \quad 余\ 1=B_3 \\
2 & 1 \quad 余\ 0=B_4 \\
& 0 \quad 余\ 1=B_5 \\
\end{array}
$$

$(44)_{10}=(101100)_2$

（2）十进制小数转换成二进制小数

把十进制小数转换为二进制小数的方法是采用"乘 2 取整"法,计算方法如下列。

【例 1.8】　十进制小数 0.375 转换成二进制小数。

结果如下：

　　　　$0.375=(0.011)_2$

一个十进制数若有整数部分也有小数部分,转换成二进制数时,要分别转换。整数部分用"除 2 取余"法,小数部分用"乘 2 取整"法。

同理,十进制数转换成八进制数、十六进制数的方法分别是整数部分用"除 8 取余"法、"除 16 取余"法;小数部分用"乘 8 取整"法、"乘 16 取整"法。

7. 二进制、八进制、十六进制之间的转换

一个八进制数转换成二进制数的方法是"八进制数的每一位用三位二进制数表示"。

【例 1.9】　八进制数转换成二进制数。

$(472.1)_8=(\underline{100}\ \underline{111}\ \underline{010}.\ \underline{001})_2$　　　　　$(36.12)_8=(\underline{011}\ \underline{110}.\ \underline{001}\ \underline{010})_2$

反过来,一个二进制数转换成八进制数的方法是"从小数点起,向左、右每三位二进制数(不够三位用 0 补足三位)为一组,用相应的一位八进制数表示"。

【例 1.10】　二进制数转换成八进制数。

$(1101110.1)_2=(\underline{001}\ \underline{101}\ \underline{110}.\ \underline{100})_2=(156.4)_8$

$(10100111.01)_2=(\underline{010}\ \underline{100}\ \underline{111}.\ \underline{010})_2=(247.2)_8$

一个十六进制数转换成二进制数的方法是"十六进制数的每一位用四位二进制数表示"。

【例 1.11】　十六进制数转换成二进制数。

$(1B3.2)_{16}=(\underline{0001}\ \underline{1011}\ \underline{0011}.\ \underline{0010})_2$

$(5AF.4)_{16}=(\underline{0101}\ \underline{1010}\ \underline{1111}.\ \underline{0100})_2$

反过来,一个二进制数转换成十六进制数的方法是"从小数点起,向左、右每四位二进制数(不够四位用 0 补足四位)为一组,用相应的一位十六进制数表示"。

【例 1.12】　二进制数转换成十六进制数。

$(1101100.1)_2=(\underline{0110}\ \underline{1100}.\ \underline{1000})_2=(6C.8)_{16}$

$(10110100.101)_2=(\underline{1011}\ \underline{0100}.\ \underline{1010})_2=(B4.A)_{16}$

1.4.2 信息在计算机中的表示与编码

把十进制数转换成二进制后就可以在计算机中表示数据了。对于数值数据在计算机中的表示还有两个需要解决的问题,即数的正负符号和小数点位置的表示。计算机中通常以"0"表示正号,"1"表示负号,由此引入原码、反码和补码等编码方法。为了表示小数点位置,计算机中又引入了定点数和浮点数表示法。这些内容超出本书范围,有兴趣的读者可去查阅相关资料,下面重点讲述字符和汉字的编码。

1. 西文字符编码

如前所述,计算机中的信息都是用二进制编码表示的,用以表示字符的二进制编码称为字符编码。如果在键盘上按下字母"A"键,计算机真正接收的是"A"的二进制编码。键盘上每一个键都对应一个二进制编码。对字符的二进制编码有多种,最普遍使用的是美国信息交换标准码(American Standard Code for Information Interchange),简称ASCII码。它被国际标准化组织确认为国际标准交换码,有了统一的编码,便于不同的计算机之间数据通讯。

ASCII码共有128个字符的编码,其中有26个大、小写字母的编码,10个数字的编码,32个通用控制符的编码和34个专用符号的编码。128个不同的编码($2^7 = 128$)用7位二进制数就可以描述,而计算机中一个存储单元能存储8个二进制信息位,因此,一个ASCII码占用一个存储单元的低7位,最高位作为奇偶校验位(一般用"0"表示)。表1.3为7位ASCII编码表。

表 1.3 七位 ASCII 编码

16 进制高位 / 16 进制低位	0	1	2	3	4	5	6	7
0	NUL	DLE	SP	0	@	P	`	p
1	SOH	DC1	!	1	A	Q	a	q
2	STX	DC2	"	2	B	R	b	r
3	ETX	DC3	#	3	C	S	c	s
4	EOT	DC4	$	4	D	T	d	t
5	ENQ	NAK	%	5	E	U	e	u
6	ACK	SYN	&	6	F	V	f	v
7	BEL	ETB	'	7	G	W	g	w
8	BS	CAN	(	8	H	X	h	x
9	HT	EM	)	9	I	Y	i	y
A	LF	SUB	*	:	J	Z	j	z
B	VT	ESC	+	;	K	[	k	{

续表

16 进制低位 ＼ 16 进制高位	0	1	2	3	4	5	6	7
C	FF	FS	,	<	L	\	l	|
D	CR	GS	—	=	M	]	m	}
E	SO	RS	.	>	N	ˆ	n	~
F	SI	US	/	?	O	_	o	DEL

在键盘键入字母"A",计算机接收"A"的 ASCII 码(十六进制"41"、二进制"01000001"、八进制"101")后,很容易找到"A"的字形码,在显示器显示"A"的字形码,而存储的是"A"的 ASCII 码。

在英文输入方式下,输入的字符存储占用一个字节,显示和打印占一个字符的位置,即半个汉字位置,称半角字符。

在汉字输入方式下,输入的字符分半角字符和全角字符。默认输入的字符为半角字符(即 ASCII 字符)。全角字符存储占用两个字节,显示占一个汉字位置,每一种汉字系统都为使用者提供了输入半角字符和全角字符的功能。

扩展的 ASCII 码使用 8 位二进制位表示一个字符的编码,可表示 $2^8 = 256$ 个不同字符的编码。

2. 汉字编码

汉字的编码一般有四种,汉字的输入码、交换码、内码和输出码。

(1)汉字输入码

为将汉字输入计算机而编制的代码称为汉字输入码,也叫外码。目前汉字主要是经标准键盘输入计算机的,所以汉字输入码都是由键盘上的字符或数字组合而成。汉字输入码是按照某种规则把汉字的音、形、义有关的要素变成数字、字母或键位名称。如常用的微软拼音输入法输入"人",就要先输入代码"ren",它是以音为主,以《汉语拼音方案》为基本编码元素,对同音字要增加定字编码,或用计算机把同音字全部显示出来后再选择定字的方法。目前流行的汉字的输入码的编码方案有几十种方法。如以形为主的五笔字型码、以数字为主的电报码和区位码、以音为主的微软拼音输入、智能 ABC 输入、紫光拼音输入等。

(2)国标码(国家标准汉字交换码)

国标码是我国标准信息交换汉字编码。标准号为"GB2312-80"的国标码(简称 GB码)规定了信息交换用的汉字编码基本集,是用于计算机之间进行信息交换的统一编码。GB 码收集了汉字和图形符号共 7445 个,其中汉字 6763 个(根据汉字使用频率,将汉字按两级存放,一级汉字 3755 个,按汉语拼音字母顺序排列;二级汉字 3008 个,按部首顺序排列),图形符号 682 个。

标准号 GB18030-2000(简称 GBK 码)是 GB2312-80 的扩充,共有 2.7 万多个汉字,Windows 95 以上版本均支持 GBK 码。

每一个汉字的国标码用 2 个字节表示,第一个字节表示区码,第二个字节表示位码。有些汉字系统允许使用国标区位码输入汉字,要求区码和位码各用两个十六进制数字表示。

另外,BIG5 字库是港澳台地区普遍使用的《通用汉字标准交换码》(标准号为CNS11643),其中有 13000 多个繁体汉字。

(3)汉字内码

汉字内码是为在计算机内部对汉字进行存储、处理和传输而编制的汉字代码,也叫内部码,简称内码。

当我们将一个汉字用汉字的外码(如拼音码、五笔字型码等)输入计算机后,就通过汉字系统转换为内码,然后才能在机器内流动、处理和存储。每一个汉字的外码可以有多种,但是内码只有一个。目前对应于国标码一个汉字的内码也用 2 个字节存储,并把每个字节的最高二进制位置“1”作为汉字内码的标识,以免与单字节的 ASCII 码产生歧义。如果用十六进制来表示,就是把汉字国标码的每个字节上加一个 80H(即二进制数10000000)。所以汉字国标码与其内码有下列关系:

汉字的内码＝汉字的国标码＋8080H

例如,已知“中”字的国标码为“5650H”,根据上述公式得:

“中”字的内码＝“中”字的国标码 5650H＋8080H＝D6D0H。

(4)汉字的输出码

显示和打印的汉字是汉字的字形,称为汉字的输出码、字形码或字模。每一个汉字是一个方块字。常见的汉字输出字体有位图字体(点阵字体)和矢量字体。位图字体是用二进制矩阵来表示一个汉字。例如,用 32×32 点阵表示一个汉字形,表示一个汉字每行有32 个点,一共有 32 行。如果每一个点用一位二进制数“0”或“1”表示暗或亮,则一个 32×32 点阵的汉字字形占用(32×32)/8＝128 个存储单元。一个汉字系统的所有汉字字形码组成汉字的字库。矢量字体是用数学曲线来描述的。字体中包含了符号边界上的关键点,连线的导数信息等。矢量字体的特点是可以无限放大或缩小。

1.4.3　信息在计算机中的组织方式

在计算机内部,信息或数据是以文件进行存储的。文件是一组相关信息的集合,例如程序、数据、声音、图形和动画等。这些信息存放在计算机系统的外部存储介质上,如硬盘、光盘等。

为了便于管理,任何一个文件都有一个名字,称为文件名。文件名由主文件名和扩展名组成,两者之间用“.”分隔。主文件名主要用于区分不同的文件,扩展名用于区分文件的不同类型。文件名长度<255 个字符。例如文件名“ABC.docx”,其中“ABC”为主文件名,“docx”为扩展名。从表 1.4 可以查到扩展名为“docx”的文件是 Word 文档文件。

主文件名允许使用字母(大小写等同)、数字、汉字或字符。

不允许出现的字符有:/ : * ?"<>|。

文件的扩展名有特殊的含义,不要随意更改文件的扩展名。表 1.4 给出了常用的文件扩展名以及它们的含义、打开方式。

表 1.4　文件扩展名表

扩展名	含义	打开方式
.docx,.dotx	Word 文档文件、模板文件	Microsoft Word 2010
.xlsx,.xltx	Excel 文档文件、模板文件	Microsoft Excel 2010
.pptx,.potx,.ppsx	PowerPoint 演示文稿文件、模板文件、放映文件	Microsoft PowerPoint 2010
.txt	纯文本格式文件	记事本、Microsoft Word 2010
.bat	批处理文件	记事本
.rtf	富文本格式文件	写字板、Microsoft Word
.bak	备份文件	记事本、Microsoft Word
.tmp	临时文件	
.hlp	帮助文件	
.rec	记录器文件	
.ini	配置文件	
.zip,.rar	压缩文件	
.drv	设备驱动程序文件	
.exe	可执行文件	
.clp	剪贴板剪贴文件	剪贴板查看程序
.sys	系统文件	
.wav	波形声音文件	Windows Media Player
.voc	语音文件	Windows Media Player
.mid	MIDI 声音文件	Windows Media Player
.avi,mpg	多媒体文件(视频文件)	Windows Media Player
.asf,.wmv	media 文件(音频/视频)	Windows Media Player
.mp3	MP3 文件	Windows Media Player
.jpe,.jpeg,.jpg	Jpeg 图像文件	ACDSee
.gif	多帧图像文件	ACDSee
.tif	TIFF 格式图形文件	ACDSee
.mix	PhotoDraw 图片文件	PhotoDraw
.psd	Photoshop 图片文件	Photoshop
.bmp	图像格式文件(位图图像)	ACDSee、画图
.pdf	Acrobat reader 文件	Acrobat reader
.cov	传真首页文件	
.mov	Quicktime 文件	Quicktime
.rm,rmvb,.ra	Realplayer 文件	Microsoft Realplayer

1.5 计算机软件系统

计算机的软件系统由系统软件和应用软件组成,如图 1.6 所示。软件是指能在计算机上运行的各种程序。简单地说,程序是一组有序的命令或语句的集合。严格地说,程序是计算任务的处理对象和处理规则的描述。计算任务指以计算机为处理工具的任务;处理对象指数据(数字、文字、图像、声音等);处理规则一般指处理动作和步骤。编制计算机软件的语言最早出现的是计算机低级语言,用低级语言编写的程序是由指令和数据组成;后来出现了计算机高级语言,用高级语言编写的程序是由一组说明、语句及数据组成。程序装入计算机,计算机执行程序实现各种功能。

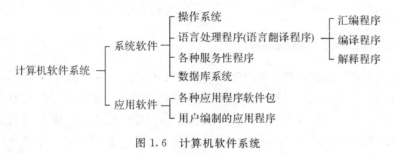

图 1.6 计算机软件系统

系统软件的典型代表是操作系统、各种语言的翻译程序(也称语言处理程序,如汇编程序、解释程序和编译程序等)、网络程序、服务程序(故障检测程序、诊断程序、监控管理程序和编辑程序等),它们界于硬件和应用软件之间,一般在购买计算机时由厂家提供。系统软件主要用于管理计算机系统资源以及作为软件开发的工具等。

应用软件是针对计算机的用户而编制的解决实际问题的计算机程序。随着计算机的普及和发展,软件的分类已经不是很严格,有些常用的应用软件已经成为计算机必备的工具。目前常用的大众应用软件有办公软件 Office、WPS 等,浏览器软件:Internet Explorer(简称 IE)、Firefox(火狐)等。

随着 Internet 的发展和社会的进步,我们可以从 Internet 下载一些免费的公用软件。这种软件由开发者或所有者捐赠给公众,是可以免费复制和传播的软件。对于程序开发者,在 Internet 上还可以得到自由软件。这类软件一般提供源代码,没有版权,允许他人对原始程序进行局部修改并重新发布。而共享软件是一种在购买前可以进行实验性使用,如果试用期以后仍希望继续使用该软件,可以向软件商购买(缴付注册费)。共享软件是有版权的软件,可以理解为"先试用后买"软件。这类软件不提供源程序,属于商业软件的一种形式。

本节对在计算机上广泛应用的计算机语言以及软件系统典型代表——操作系统进行介绍。

1.5.1　计算机语言

计算机语言是用于编写计算机程序的语言,也称程序设计语言。它是根据相应的规则由相应的符号构成的符号串的集合。按语言对计算机的依赖程度划分,计算机语言可分为低级语言和高级语言。低级语言包括机器语言和汇编语言,是面向机器的语言。高级语言的表示方法更接近于人类语言,在一定程度上与具体的机器无关。按语言的应用领域可分为科学计算语言、系统程序语言、查询和命令语言以及商用语言等。

1. 机器语言(Machine Language)

机器语言是由数码形式的计算机基本指令集构成。每条指令由 0 或 1 二进制数码组成。它可以直接由计算机执行。特点是与具体的计算机有关,功效高。但是使用烦琐、复杂、费时和易出错。

2. 汇编语言(Assembly Language)

汇编语言是将机器语言符号化的低级程序设计语言。它用直观和形象的符号、英文单词字头或汉语拼音字头代替烦琐的、用数码表示的机器指令。汇编指令与机器指令一般是一一对应的。汇编语言的特点是依赖于具体的机器,但是比机器语言易读、易检查和修改。

计算机不能直接识别和执行用汇编语言编写的程序。汇编语言程序必须经过符号翻译程序(即汇编程序,由厂家提供)译为机器语言程序(目标程序,在 DOS/Windows 系统下生成的可执行程序文件的扩展名为.exe 或.com),计算机才能执行。汇编示意图如图1.7(1)所示。

3. 高级语言(High-Level Language)

高级语言是接近于自然语言表现形式的程序设计语言。计算机不能直接执行用高级语言编写的程序。因此高级语言必须"翻译"成计算机能直接执行的机器指令,才能被执行。这就如同即使我们不懂英语和法语,只要配有相应的语言翻译也可以与美国人和法国人进行语言交流一样。一般高级语言的一条语句经过翻译后,要对应若干条机器指令。如表 1.5 所示。

高级语言与汇编语言有很大的不同。高级语言的特点是在一定程度上与具体计算机系统无关,具有易于理解、易学、易用和易维护等优点。只要不同的计算机系统配备了翻译,能将标准的高级语言编写的程序翻译成本系统的机器语言程序,就可以实现高级语言在不同的计算机系统上运行。

表 1.5　计算机语言程序

机器语言程序	汇编语言程序	高级语言程序
00000000001111100000000100000011	MOV AL,03H	AL=3+4
00000010110001100000001100000100	ADD AL,04H	

高级语言的翻译程序基于实现的途径,分为编译和解释两种。

编译方法:将高级语言编写的程序(源程序)"翻译"成等价的机器语言程序(目标程序)所用的翻译程序称为编译程序。这种翻译的方法称为编译方法。其特点是翻译后生成能直接执行的机器语言程序(目标程序)。在 DOS 或 Windows 系统下生成的可执行程序文件的扩展名一般为.exe。如图 1.7(2)所示。

解释方法:将高级语言编写的程序(源程序)逐条翻译,翻译一条执行一条,直到翻译完也执行完,所用的翻译程序称为解释程序。这种翻译方法称为解释的方法。其特点是不生成目标程序。如图 1.7(3)所示。

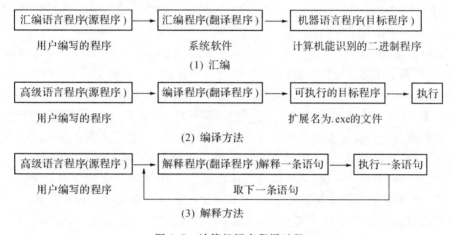

图 1.7　计算机语言翻译过程

目前国际流行的高级语言种类很多,流行较为广泛的有:用于教学、科研、数据处理和系统软件开发的结构化程序设计语言 Pascal 和 C(编译方法)、面向对象的程序设计语言 C++(从 C 发展而来的)和 Visual Basic、新型的跨平台分布式程序设计语言 Java(半编译、半解释)等。

许多高级语言的集成环境,既包含编译程序,也包含解释程序。程序设计者在调试程序时,用解释的方法"单步"执行程序,以便跟踪程序的执行过程。在程序调试成功后,再用编译的方法将程序翻译成目标程序,以便将可执行文件提供给用户。

1.5.2　计算机操作系统

1. 操作系统的概念

操作系统是用户和计算机之间的接口,用户通过操作系统提供的平台使用计算机。操作系统是控制和管理计算机系统的资源,合理组织计算机工作流程以及方便用户使用的大型系统软件,它控制和管理的硬件和软件资源主要有 CPU、存储器、输入/输出设备和信息。针对这四个主要资源的管理,操作系统由处理机管理、存储器管理、设备管理和信息管理等功能模块组成。但不同种类和不同用途的操作系统在管理上有所侧重和区别。

2. 操作系统的分类

从提供给用户的界面来分类,有命令行(字符)界面和图形界面操作系统;从能同时支持的用户数来分类,有单用户和多用户操作系统;从能同时运行的任务数来分类,有单任务和多任务操作系统;从功能来分类,有批处理、分时、实时处理以及网络操作系统等。

3. 常用的操作系统

DOS(Disk Operation System)是单用户、单任务、命令行(也称字符)界面操作系统。DOS 管理的对象主要是磁盘文件,因此称为磁盘操作系统。目前在微型机上的 DOS 基本上被 Windows 操作系统代替。

Windows 是既有单用户也有多用户、多任务、图形界面的操作系统。Windows 可处理图像、声音和文字等多媒体信息,目前被广泛应用在微型计算机上。

Unix 是多用户分时操作系统,是重点行业和关键事务领域的可靠平台,它作为高端的解决方案,可与 Windows NT/2000 协同工作,处理 IT 事务。Unix 具有良好的结构,已被迅速移植到各种具有不同处理能力的机器上,并在这些机器上提供了公共的执行环境。从 PC、小型机到中型机甚至超级计算机都可运行 Unix 系统。同时由于 Unix 的可靠性、可移植性和易维护性,越来越多的人开始致力于 Unix 环境下的应用和开发。

Linux 操作系统由芬兰大学生 Linus Torvalds 于 1991 年发布。它是类似 Unix 的多用户操作系统,具有 Unix 的全部功能。Linux 是一个开放的自由软件,用户不用支付费用就可以使用它,并可根据自己的需要对它进行修改。Linux 操作系统具有可靠的稳定性、便捷的扩展性,可在多种硬件架构上运行。全球许多顶尖超级计算机使用的就是 Linux 操作系统。

1.6　微机组装与维护

对于大学生和计算机爱好者来说,自己组装微机,既是一次很好的实践机会,也很经济实用。本节就计算机的组装、维护进行简单介绍。

1.6.1　自己组装微型机

如果自己组装一台微型机(DIY,Do It Yourself),考虑购买的配件有:主板、CPU、内存、显卡、显示器、硬盘、光驱、软驱、主机箱与电源、键盘、鼠标等。如果是多媒体计算机还要配置声卡、麦克风、音箱等。如果连接局域网,要购买网卡。如果用电脑上互联网,要配置 Modem(内置或外置),或申请 ISDN(需安装 PC 适配器)、ADSL 或专线等。

在组装电脑时,要仔细安装 CPU 和内存条,如果用力过大,会导致 CPU 和内存条的损坏;主板上 CPU 插座的一个角比其他三个角少一个插孔(见图 1.8),它与 CPU 的"脚"

对应。安装 CPU 时先拉起插座的手柄,将 CPU 按正确方向放进插座,使每个"脚"插入到相应的孔里,然后按下手柄,再安装 CPU 风扇。安装内存条时,内存条要与插槽对齐,用力均匀插入插槽内。显卡和声卡(一般主板都有集成声卡)等可以用同样的方法分别插在扩展槽上。主板上的器件安装好后,将主板、光驱、硬盘(可能需要跳线)和软驱等用螺丝钉固定在机箱上,连接它们之间的连线。最后将显示器、鼠标、键盘、音箱和麦克风等插在主机箱后面的接口处。

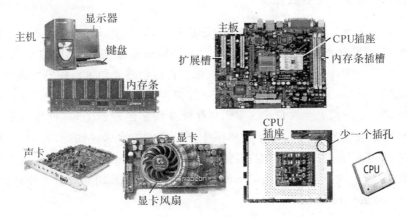

图 1.8　微机配件

1.6.2　微机系统维护

1.微机硬件系统维护

在使用微机时,需要注意以下几点。

(1)微机应避免强磁干扰,保持清洁。计算机若长期不用,最好定期加电除湿。

(2)室内温度最好为 15～30℃。温度过低,读/写数据易发生错误;温度过高,器件易受损,尤其是笔记本电脑的 CPU 靠近底面,最好放置在散热好的台面上。

(3)室内相对湿度最好为 40%～60%。湿度过大,器件受潮易生锈;太干燥,易产生静电。

(4)电源为 220V、50Hz 交流电。要求电压一定要稳定。如果电压不稳,要配置和使用稳压电源。为防止突然断电丢失正在操作的数据,最好配置不间断电源 UPS。

(5)取下 U 盘或移动硬盘前最好正常卸载。

(6)搬动台式计算机前要先切断电源,然后再拔下各设备之间的连线(不要带电拔和插电源连线)。搬动时一定要轻抬、轻放。

2.微机软件系统维护

计算机使用上一段时间后可能会感觉越来越慢,这一方面是安装程序越来越多,另一方面可能有病毒侵入,所以软件系统维护相当重要。微机软件系统维护工具很多,在

Windows 7 下可以利用控制面板上的"操作中心"、"备份和还原"、"恢复"等进行维护，也可以利用 Windows 7 系统维护工具 EnhanceMySe7en。安装系统维护软件也可以帮助用户维护系统，如 360 安全卫士、反病毒（间谍）软件。软件系统维护还包括检查驱动器中的错误、对驱动器中的文件进行碎片整理、备份驱动器中的文件等。此外在使用计算机时，要养成正确退出系统的习惯。

3. 虚拟光驱及虚拟光驱软件

虚拟光驱是一种模拟 CD-ROM 工作的工具软件，可以生成和电脑上所安装的光驱一模一样的虚拟光驱，把游戏盘或者电影盘中的文件做成镜像文件，用虚拟光驱运行，达到不需要放入光盘就能看电影或者玩游戏的效果。普通物理光驱可以做的事虚拟光驱一样可以做到，虚拟光驱的工作原理是先虚拟出一部或多部虚拟光驱后，将光盘上的应用软件和资料压缩成一个虚拟光驱文件（＊. VCD）存放在指定的硬盘上，并产生一个虚拟光驱图标后告知操作系统，可以将此虚拟光驱视作光驱里的光盘来使用。用户日后要启动此应用程序时，不必将光盘放在光驱中，只需在虚拟光驱里加载光盘镜像，虚拟光盘立即装入虚拟光驱中运行，快速方便，免除了不能读光盘的故障。常用的虚拟光驱软件有：Daemon Tools、Alcohol 120％等。

1.7　计算机病毒与防治

20 世纪 60 年代，被称为计算机之父的数学家冯·诺依曼在其遗著《计算机与人脑》中，详细论述了程序能够在内存中进行繁殖活动的理论。1981 年 11 月美国的费德·科恩研制出一种在运行过程中具有自身繁殖能力、能够探查程序的运行过程、破坏计算机软硬件系统资源、使系统不能正常运行的破坏性程序，并在全美计算机安全会议上正式定义这种程序为计算机病毒，同时对计算机病毒的传染性进行了演示。

1.7.1　计算机病毒及特点

1. 计算机病毒

计算机病毒的出现和发展是计算机软件技术发展的必然结果。计算机病毒是具有自身复制功能，使计算机不能正常工作的人为制造的程序。它通过各种途径传播到计算机系统中进行复制和破坏活动，严重的将导致计算机系统瘫痪。

计算机病毒与生物病毒有许多类似的地方，计算机一旦染上了"病毒"就有可能无法正常工作。当带有病毒的文件从一台计算机传送到另一台计算机时，病毒会随同文件一起蔓延，传染给其他的计算机。计算机病毒和生物病毒最明显的区别是，如果计算机不小心染上了"病毒"，那一定是被"传染"的，计算机本身不会自动生成"病毒"。在计算机出现了非正常的工作现象时,首先考虑计算机可能染上了"病毒"。

自从 1972 年在 Arpanet 网络上出现首例计算机病毒"Creeper"(藤蔓)以来,在世界各地相继出现各种各样的计算机病毒。例如"巴基斯坦"病毒(1986 年在 IBM PC 计算机上出现的首例病毒)、Windows 病毒(1992 年)、Ghosballa 病毒(感染.com 文件和扇区)、4096 病毒、以色列病毒、Vienna 病毒、CIH 病毒、C 盘杀手 THUS、Minizip、Kriz 等。

1998 年流行的 CIH 病毒对计算机具有极大的破坏性。它破坏硬盘数据,从硬盘主引导区开始依次往硬盘写入垃圾数据,直到硬盘数据全部被破坏为止。它有十多个变种,其中 V1.2 版本的 CIH 病毒发作日期为每年的 4 月 26 日;V1.3 版本的发作日期为每年的 6 月 26 日;V1.4 版本的发作日期为每月的 26 日。

2003 年 8 月在 Internet 上广泛传播的"冲击波"病毒,利用 DCOM RPC 缓冲区漏洞攻击 Windows 系统,使系统操作异常,不停地重新启动,甚至导致系统崩溃。

2. 计算机病毒的特点

(1)破坏性

计算机病毒破坏计算机的软件系统资源,表现在:使应用程序无法正常运行或计算机无法正常工作(瘫痪)、存储在磁盘上的文件丢失或面目全非、抢占 CPU、内存和磁盘资源等。

(2)传染性

计算机病毒具有自身复制功能,能将自己的备份嵌入其他程序,从而使计算机病毒"蔓延"。

(3)隐蔽性

计算机病毒程序一般是一个非常小的程序,潜伏在其他程序文件中,不易被发现。

(4)潜伏性与激发性

计算机病毒能长期潜伏在文件中,不会因为长时间不使用而自动消失。计算机病毒种类很多,有的病毒进入计算机后立即发作,破坏计算机的软件资源或使计算机无法正常工作;有的病毒并不一定立即发作,具有可激发性,只有在具备了一定的外部条件下它才发作。例如由病毒设计者规定的发作日期、时间、特定的文件或使用了特定的命令等,一旦条件具备即可发作,同样会带来灾难性的后果。

1.7.2　计算机病毒的分类与危害

按病毒的寄生方式分类,计算机病毒可分为文件型病毒、操作系统型病毒(也称引导型病毒)和复合型病毒。

文件型病毒:一般有源码病毒、入侵病毒、外壳病毒和宏病毒等。这类病毒的主要特征是,入侵的对象为各类文件。文件型病毒大多入侵和破坏可执行文件,也有一些会破坏非执行文件(如数据文件、文档文件等)。

操作系统型病毒:入侵对象为磁盘的引导区。在启动计算机引导系统的过程中,计算机病毒先被执行并驻留内存,从而控制计算机系统。在计算机工作期间,操作系统病毒一直隐藏在内存中,并随时能将病毒传染给磁盘或连接在网络上的其他计算机。

复合型病毒:指具有文件型病毒和引导型病毒寄生方式的计算机病毒。这种病毒既感染磁盘的引导区,又感染可执行文件。

按计算机病毒的破坏性分类,可分为良性病毒和恶性病毒。

良性病毒:指不彻底破坏计算机系统和数据,但会大量占用 CPU 时间,增加系统开销,降低系统工作效率的一类计算机病毒。这种病毒多数是恶作剧者的产物,目的不是为了破坏系统和数据。例如,通过修改磁盘的容量或"制造出"一些坏扇区使磁盘空间减少,或通过抢占 CPU 时间使计算机的运行速度降低等。

恶性病毒:指破坏计算机系统或数据,造成计算机系统的瘫痪的一类计算机病毒。例如通过破坏磁盘上的文件分配表使磁盘上的文件丢失。

1.7.3　计算机病毒的来源与防治

1.计算机病毒的来源

目前,计算机病毒的来源主要是通过计算机网络、移动硬盘、U 盘和盗版光盘。尤其在最近几年里,主要通过 Internet 传播计算机病毒。从 Internet 下载的信息、文件或邮件时,很可能同时将病毒带到本地计算机上,并且很可能使系统立即处在瘫痪状态。如果移动硬盘或 U 盘在没有加写保护的情况下,在一台有病毒的计算机上使用后,移动硬盘和 U 盘也有可能染上病毒。如果制作光盘的计算机系统染有病毒,在制作中会自动将病毒写入光盘。对于只读光盘(CD-ROM)上的病毒是无法删除的。

黑客是危害计算机系统的另一源头。"黑客"指利用通讯软件,通过网络非法进入他人的计算机系统,截取或篡改数据,危害信息安全的电脑入侵者或入侵行为。

在全世界,"黑客"事件不断发生,在我国已经破获多起黑客事件。例如,在 1998 年上海某信托投资公司证券营业部发生"黑客"入侵案。

"黑客程序"可以像计算机病毒一样隐藏在计算机系统中。如果"黑客程序"隐藏在计算机系统中,则"黑客程序"可以与"黑客"里应外合,使"黑客"攻击计算机系统变得更加容易。目前已经发现的黑客程序有:BO(Back Orifice)、Netbus、Netspy、Backdoor 等。

如果网络用户收到来历不明的 E-mail,不小心执行了附带的"黑客程序",该用户的计算机系统的注册表信息就会被偷偷修改,"黑客程序"也会悄悄地隐藏在系统中。当用户运行 Windows 时,黑客程序会驻留在内存,一旦该计算机联入网络,外界的"黑客"就可以监控该计算机系统,从而对该计算机系统"为所欲为"。

2.计算机病毒的防治

为了防止计算机系统被病毒攻击而无法正常启动,应准备系统启动盘。如果是品牌机,厂家会提供系统启动盘或恢复盘。如果是用户自己装配的,最好制作系统启动盘,以便在系统染上病毒无法正常启动时,用系统盘启动,然后再用杀毒软件杀毒。

如果使用外来的 U 盘,最好在使用前用查毒软件进行检查。另外要购买正版的光盘。不要随意从网络下载软件或接收来历不明的邮件。如果下载软件或接收邮件,特别是可执行文件,最好将其放置在非引导区磁盘的一个指定文件夹里,以便对它进行检测。

对特定日期发作的病毒,可以通过修改系统时间躲过病毒发作。但是最好的办法还是彻底清除。

如果计算机染上了病毒,文件被破坏了,最好立即关闭系统。如果继续使用,会使更多的文件遭受破坏。最好重新启动计算机系统,并用杀毒软件进行查杀病毒。一般的杀毒软件都具有清除/删除病毒的功能。清除病毒是指把病毒从原有的文件中清除掉,恢复原有文件的内容;删除是指把整个文件全删除掉。经过杀毒后,被破坏的文件有可能恢复成正常的文件。

目前,杀毒软件是防治计算机病毒的主要工具。较流行的杀毒软件产品有:瑞星杀毒软件、卡巴斯基反病毒软件、腾讯电脑管家、360杀毒、诺顿反病毒软件、金山毒霸、江民杀毒软件、ESET NOD32、USBKiller 等。

"防火墙"是指具有病毒警戒功能的程序。准备连接 Internet 时,一定要启动"防火墙"。"防火墙"能连续不断地监视计算机是否有病毒入侵,一旦发现病毒就立即显示提示,并清除病毒。采用这种方法会占用一些系统资源,因此会感到存取文件、从网络下载文件或接收邮件等要花费更长的时间。

1.8　知识产权保护

"知识产权"最早出现在 1986 年的《中华人民共和国民法通则》中,并被作为我国正式的法律用语。知识经济的出现和知识产权制度密切相关,知识产权制度激励了知识产业的创新,保护了知识产业的财富,同时,还规范了市场竞争的秩序。

1.8.1　知识产权概述

1. 知识产权的概念

知识产权又称为智慧财产权,由英文 Intellectual Property 翻译而来。通常认为,知识产权是人们对其智力创造的成果所享有的民事权利。随着世界经济产权组织的成立和有关知识产权国际公约的订立,知识产权成为世界各国对智力成果权的通用名词。

传统的知识产权可分为"工业产权"和"著作权"两类,少数智力成果可以同时成为这两类知识产权保护的客体。例如,计算机软件和实用艺术品属著作权保护范围,同时权利人还可以通过申请发明专利和外观设计专利获得专利权,即计算机软件和实用艺术品也受到工业产权的保护。

世界各国通过法律形式对知识产权的保护也主要集中在专利权、商标权、版权和商业秘密几个方面,和信息技术相关的有软件著作权和网络域名所有权等。

2. 知识产权的特征与分类

关于知识产权的特征有不同的观点。有些专家认为具有无形性、专有性、地域性、时间性、可复制性 5 项特征;还有些专家认为具有专有性、地域性、时间性、国家授予性 4 项特征。

知识产权的分类主要有两种:一种是把知识产权分为著作权和工业产权;另一种是把知识产权分为创造性治理成果和工商业标记权。

1.8.2 和计算机系统相关联的侵权问题

1. 网络中的著作权保护

当前涉及网络的著作权问题是比较突出的,这与计算机信息网络本身的技术特点有关。从技术上看,互联网络只是以二进制数编码对大量可识别信息的存储与交换的平台(当然还包括对二进制数的运算等)。这些信息在这样一个"空间"中不断交换,在"人机接口"上,最突出的是必须能够为人所识别,否则这些信息的内容是毫无意义的。这些信息的表现形式是人可识别的各种符号,包括文字、声音、图像等,与以往不同的是在互联网络上所有的人可识别的符号全部"数字化"了。这些被"数字化"了的符号,只是承载的介质或载体不同,实质上与符号"物化"到纸张上没有区别。这样,互联网络的技术特征与著作权的客体——表达——又一次重合在一起。著作权法保护的对象——思想的表达与符号化了的信息完全是一致的,从技术的角度,可以看作是著作权的客体——表达在新介质上的延伸。这就是涉及网络的著作权纠纷比较多、也比较容易产生的原因。以往的争论是对这种"数字化"后的表达是否是著作权的客体的延伸进行的。

网络中著作权保护问题体现在:

(1)网络服务商对著作权法的侵权问题。

(2)链接标志带来的著作权侵权问题。

(3)链接指向的内容可能引发的著作权侵权问题。

(4)网上数据库侵权问题。

2. 域名纠纷

当域名纠纷遍及美洲(主要是美国)、欧洲、亚洲以及其他国家时,该战火也燃及到了中国。发生于".cn"域名下的第一个国内域名纠纷是广东科龙(容声)集团有限公司"kelon.com.cn"域名案。该案中,原告科龙公司于 1992 年元月取得"kelon"商标专用权,并于同年起将该商标用于其所生产销售的家电产品上。1997 年下半年,科龙公司向中国互联网络信息中心(CNNIC)申请以"kelon"注册商标作为域名登记时,发现被告吴永安已于 1997 年 9 月以"永安制衣厂"的名义申请注册了该域名,被告的行为使原告无法使用其商标"kelon"注册同一域名。1997 年底,原告与被告曾就有关"kelon"域名注册事宜进行过商谈。1998 年元月,被告要求原告为该域名补偿 5 万元,原告不同意遂起诉至人民法院,诉讼被告的抢注行为违反了反不正当竞争法、商标法,侵犯其商标权,要求确认被告注册域名属恶意侵权行为,被告应停止以 CNNIC 域名方式侵犯原告的合法权利及承担诉讼费用。被告未到庭应诉。经向 CNNIC 查询,永安制衣厂注册的"kelon"域名的网页自注册之日起至诉讼时止一直空白。1999 年 3 月 5 日,被告申请撤销"kelon.com.cn"域名;1999 年 3 月 5 日 CNNIC 完成永安制衣厂"kelon.com.cn"域名的注销工作;1999 年 3 月 29 日,科龙公司获得"kelon.com.cn"域名,原告以被告自动停止了侵权行为为由撤诉。至此,中国首起域名纠纷以被告主动撤销域名,原告撤诉告终。

自该案之后,中国境内的域名纠纷便接二连三地出现。随着电子商务的发展,域名纠纷会越来越多。

随着互联网技术的日渐成熟,以电子数据交换方式的交易逐渐成为 21 世纪的主要经济贸易方式之一。在这虚拟的世界之中,也存在着和现实的世界一样的违法犯罪和投机取巧行为。代表社会发展先进技术方向的贸易过程电子化的电子商务活动中,不可避免地存在着与传统的知识产权法律保护问题的冲突。正如托德·迪金森所说的:"在世界经济发展的今天,知识产权的作用越来越重要,并成为经济发展的重要基础。新兴技术如信息产业尤其需要知识产权的保护"。因此,正确理解电子商务活动与知识产权保护的关系,在发展电子商务活动的同时加大对知识产权的保护,已经是知识经济时代刻不容缓的问题。

1.8.3 软件与知识产权保护

1. 商业软件

商业软件是指那些需要付费才能使用的软件,包括通用软件和专用软件。通用软件在软件中的地位类似于小汽车在机器设备中的地位,小汽车虽然在整个机器设备的总产值中所占不多,但使用广泛,影响巨大。Windows,Word 属于通用软件,是供普通计算机用户使用的。专用软件是软件业的重要组成部分,指专门为了完成某项工作而编写的软件,类似于那些专门的机器设备,比如专门为某银行编写的数据库软件,为某工厂编写的生产控制软件。

商业软件在某种意义上,也是软件版权保护的产物。如果没有软件的版权保护,就不会发展出我们今天所见的庞大的软件产业。现实中,软件业发达的国家也正是那些软件版权保护有力的国家。而在那些软件版权没有得到有效保护的国家,软件业往往仍然停留在个人的,小作坊的生产阶段,主要靠计算家爱好者的个人兴趣和热情支撑,根本无法与大型的,工业化的软件生产进行竞争。

2. 共享软件

共享软件是指复制品可以通过网络在线服务,BBS(电子公告板)或者由一个用户传给另一个用户等途径自由传播的软件。这种软件的使用说明通常以文本文件的形式同程序一起提供。共享软件的主要特点是:

(1)主要通过国际互联网,BBS 等远程手段进行传播。

(2)针对主流操作系统的不足,对其功能进行完善,补充和扩展。

(3)价格一般不会太昂贵。

共享软件是软件的一种新的类别,不同于传统的商业软件,其特殊性在于销售方式的变化和使用程度的提高。共享软件一般都是通用软件,供广大计算机用户使用,功能也多针对个人用户而设计。共享软件是以"先使用后付费"的方式销售的共享版权的软件。编写者把编写完成的软件通过网络等渠道散发,供人免费试用。试用期间,或者提供全部功能,或者提供部分功能。如果使用者对软件的功能感到满意,可以按照软件中的说明通过某种渠道向软件编写者付费,这被称为"注册"。这种注册费用一般不会很高。总体水平上低于商业软件的售价。经过注册,使用者就拥有了对软件的正式使用权。为了促使人们注册,共享软件的编写者一般采用以下方法:在试用版中只提供部分的功能;在使用中设置某种干扰,如不时出现一个要求注册的对话框等;设置使用期限,逾期仍未注册则软件自动删除或无效。

共享软件作为一种新的商业模式已经在一些国家取得了成功,培育出了一些著名的共享软件,如用来压缩文件的 WinZip 软件,用来看图片的 ACDSee 软件。很多共享软件的作者通过使用者注册已经获得了巨额收入,还有一些成功的共享软件获得了商业投资,转变成商业软件。

但是在有些国家,由于受盗版软件的影响,计算机使用者一般倾向于不给共享软件注册付费。因此,共享软件成长的空间十分有限。许多共享软件的作者由于没有获得收益而停止了对软件的继续升级,一些原本很有发展前途的共享软件逐渐没落,这是十分可惜的。

3. 自由软件

自由软件的使用者具有使用、复制、散布、研究、改写、再利用该软件的自由,更精确地说,它赋予使用者四种自由:

(1)不论目的为何,有使用该软件的自由。

(2)有研究该软件如何运作的自由,并且得以改写该软件来符合使用者自身的需求;取得该软件之源代码为达成此目的之前提。

(3)有重新散布该软件的自由。

(4)有改善再利用该软件的自由,并且可以发表改写版供公众使用,使其他用户受惠。

如果一软件的使用者具有上述四种权利,则该软件可以被称为"自由软件"。也就是说,使用者必须能够自由地,以不收费或是收取合理的散布费用的方式,在任何时间再散布该软件的原版或是改写在任何地方给任何人使用。如果使用者不必问任何人或是支付任何的许可费用从事这些行为,就表示他/她拥有自由软件所赋予的自由权利。使用者也应该有自由改写软件的权利,并且可以将这些软件再利用在工作上或者娱乐上。使用该软件的自由权适用于任何人,任何组织,任何电脑系统,任何工作性质,不用特别向软件作者或是其他特别的人或单位报备。

习题 1

一、选择题

1. 计算机中的随机存储器是指 （　　）

　　A. RAM　　　　　　B. ROM　　　　　　C. EPROM　　　　　D. CDROM

2. 在内存中，每个基本单元都被赋予唯一的序号，这个序号称为 （　　）

　　A. 字节　　　　　　B. 编号　　　　　　C. 编码　　　　　　D. 地址

3. 所谓"裸机"是指 （　　）

　　A. 单片机　　　　　　　　　　　B. 单板机

　　C. 没安装任何软件的计算机　　　D. 只安装操作系统的计算机

4. 用拼音法输入汉字"中国"，拼音是"zhongguo"。那么，"中国"两个字的内码占字
　 节数是 （　　）

　　A. 2　　　　　　　　B. 4　　　　　　　　C. 8　　　　　　　　D. 16

5. 字符的 ASCII 编码，在机器中表示为 （　　）

　　A. 8 位二进制代码，最右边一位是 1　　B. 8 位二进制代码，最右边一位是 0

　　C. 8 位二进制代码，最左边一位是 1　　D. 8 位二进制代码，最左边一位是 0

6. 在微型计算机中，应用最为广泛的字符编码是 （　　）

　　A. BCD 码　　　　　B. EBCDIC 码　　　C. ASCII 码　　　　D. BINARY 码

7. 不属于操作系统功能的是 （　　）

　　A. 处理机管理　　　B. 信息管理　　　　C. 远程设备管理　　D. 存储器管理

8. 下列说法中错误的是 （　　）

　　A. 简单地说，指令就是给计算机下达的一道命令

　　B. 一般而言，汇编指令和机器指令并非一一对应

　　C. 指令是一组二进制代码，规定由计算机执行程序的操作

　　D. 为解决某一问题而设计的一系列指令就是程序

9. 存取时间是指 （　　）

　　A. CPU 对内存完成一次存或取数据所需要的时间

　　B. CPU 对内存完成一整段数据的存或取所需的时间

　　C. 电脑执行指令的时间

　　D. 以上答案都不对

10. 微型计算机硬件系统中最核心的部件是 （　　）

　　A. 主板　　　　　　B. 中央处理器　　　C. 输入/输出设备　D. 内存储器

11. 在下列存储器中，断电后信息将会丢失的是 （　　）

　　A. ROM　　　　　　B. RAM　　　　　　C. CD-ROM　　　　D. HARD-DISK

12. 计算机系统包括 （　　）

　　A. 主机和外设　　　　　　　　　B. 硬件系统和软件系统

　　C. 运算器和存储器　　　　　　　D. 输入系统和输出系统

13. 在下列关于计算机发展的说法中,错误的是 （   ）

    A. 计算机功能越来越强,使用越来越困难

    B. 计算机的处理速度不断提高,体积不断缩小

    C. 计算机的功能逐步趋向智能化

    D. 计算机与通信相结合,计算机网络越来越普及

14. 在计算机应用中,"计算机辅助设计"的英文缩写为 （   ）

    A. CAD   B. CAM   C. CAE   D. CAT

15. 在计算机应用中,"计算机辅助制造"的英文缩写为 （   ）

    A. CAD   B. CAM   C. CAE   D. CAT

16. 存储器的容量的单位是 （   ）

    A. 字节   B. B   C. KB   D. MB

17. 下列设备中,属于输入设备的是 （   ）

    A. 显示器   B. 打印机   C. 键盘   D. 以上都是

18. 在"半角"方式下输入一个英文字母"W",它的内码将占用 （   ）

    A. 1 个字节   B. 2 个字节   C. 3 个字节   D. 4 个字节

19. 在下列设备中,属于输出设备的是 （   ）

    A. 扫描仪   B. 显示器   C. 光笔   D. 触摸屏

20. 操作系统是 （   ）

    A. 软件与硬件的接口   B. 计算机与用户的接口

    C. 主机与外设的接口   D. 高级语言与机器语言的接口

21. 在微型计算机中,控制器的基本功能是 （   ）

    A. 实现算术运算和逻辑运算   B. 存储各种控制信息

    C. 保持各种控制状态   D. 向全机各个部件发出相应的控制信号

22. 下列属于计算机硬件系统中的主机是 （   ）

    A. 外存储器   B. 内存   C. 输入设备   D. 输出设备

23. 下列属于外存储器的是 （   ）

    A. 硬盘   B. 光盘   C. U 盘   D. 以上都是

24. 计算机软件通常分为 （   ）

    A. 高级软件和一般软件   B. 管理软件和控制软件

    C. 系统软件和应用软件   D. 专业软件和大众软件

25. 下列更接近于人类语言的计算机语言是 （   ）

    A. 机器语言   B. 汇编语言   C. 高级语言   D. 系统程序语言

26. 计算机病毒是指 （   ）

    A. 带细菌的磁盘   B. 以损坏的磁盘

    C. 计算机的程序已被破坏   D. 以危害计算机系统为目的的特殊程序

27. 下列叙述中正确的是 （   ）

    A. 计算机病毒只感染可执行文件

    B. 计算机病毒只感染文本文件

C.计算机病毒只能通过软件复制的方式进行传播

D.计算机病毒可以通过网络或读写磁盘等方式进行传播

28.下列不属于文件病毒的是　　　　　　　　　　　　　　　　　　　　　（　　　）

A.源码病毒　　　　　B.入侵病毒　　　　C.外壳病毒　　　　D.复合病毒

29.计算机病毒的特点有　　　　　　　　　　　　　　　　　　　　　　　（　　　）

A.破坏性　　　　　　B.传染性　　　　　C.隐蔽性　　　　　D.变异性

30.下列不属于网络中著作权保护问题的是　　　　　　　　　　　　　　　（　　　）

A.网络服务商对著作权法的侵权问题　　B.链接标志带来的著作权侵权问题

C.网页嵌入式广告侵权问题　　　　　　D.网上数据库侵权问题

二、填空题

1.请进行下列数值的转换：

(1)(101101101101.110)$_B$＝(　　　　　)$_D$＝(　　　　　)$_O$

(2)(111001001111.011)$_B$＝(　　　　　)$_D$＝(　　　　　)$_H$

(3)(1234)$_O$＝(　　　　　)$_D$＝(　　　　　)$_B$

(4)(6D8)$_H$＝(　　　　　)$_D$＝(　　　　　)$_O$

2.以电子计算机为核心的信息技术的真正发展,得益于微电子技术与(　　　　　)的发展普及,以及冯·诺依曼的"(　　　　　)"原理的运用。

3.(　　　　　)年,第一台电子数字计算机 ENIAC 在美国问世,这也是第一代"(　　　　　)"计算机。

4.微型机具有(　　　　　)、(　　　　　)、可靠性强、使用方便等特点。

5.计算机信息系统的发展过程经历了(　　　　　)、(　　　　　)和(　　　　　)三个阶段。

6.信息高速公路是指在政府、研究机构、大学、企业以及家庭之间,建立可以交流各种信息的大容量、高速率的(　　　　　)。

7.知识经济与工业经济相比最本质的不同是:(　　　　　)和(　　　　　)本身成为知识经济中最积极、最重要的投入要素。

三、简答题

1.简述计算机硬件系统的基本组成,画出计算机工作流程示意图。

2.简述计算机软件系统的分类及其功能。

3.计算机的性能主要通过哪些指标来表示?

4.简述计算机各种存储设备(内存、硬盘、光盘、U 盘)的特点。

5.显示器的性能通过哪些指标来表示?

6.简述计算机程序设计语言(机器语言、汇编语言、高级语言)的优缺点。

7.简述计算机高级程序语言的两种工作方式(解释方式和编译方式)的区别。

8.请说明计算机中指令、指令系统、程序三者的关系。

9.如果要组装一台微机,你需要准备哪些组件?

10.微型计算机中的输入输出设备各有哪些?请分别列出来。

11.简述计算机病毒对计算机的危害。

12.请列出表示计算机存储容量的 B、KB、MB、GB、TB 之间的关系。

第 2 章

计算机网络知识

近些年计算机互联网得到了快速的发展，计算机网络改变了政府的管理模式、金融运作方式、商品交易模式、生产模式和消费模式等。计算机网络不但快速推动经济发展，也对人们的工作和生活产生着极大的影响。

本章主要介绍计算机网络和数据通信的基本知识、国际互联网以及如何接收/发送电子邮件和进行信息查询等。

2.1 计算机网络基础知识

计算机网络是将具有独立功能的多台计算机（系统）通过通信设备和线路连接起来，在网络通信软件的支持下，实现信息交流、资源共享和协同工作的系统。

2.1.1 计算机网络的特点与分类

1. 计算机网络的主要特点

（1）数据通信和集中处理

计算机网络能实现数据信息的快速传输和集中处理。计算机与计算机（或终端）能快速可靠地相互传输数据和程序等信息，并根据需要对信息进行分散、分级或集中管理和处理。数据信息的集中处理是指把分散在各地的计算机设备中的信息集中起来进行综合分析处理，并把结果传送回各地的计算机中。

（2）资源共享

计算机网络系统的资源包括计算机硬件设备、软件和数据等。在网络上可以实现设备共享、应用程序共享和文档共享。连接在计算机网络上的计算机均可以全部或部分地使用网络上的资源，例如大容量磁盘存储器、数据库、应用软件及某些特殊的外部设备等。通过硬件的连接和软件的有效管理，在网络中可最大限度地发挥计算机系统资源的能力。

（3）分布式信息处理

分布式操作系统能非常合理地管理网络系统资源。当某台计算机的任务很重时，分布式系统能通过网络将某个任务或任务的一部分传送给比较空闲的计算机去处理。分布式处理使网络上的计算机均衡负载，互相协作工作，能快速完成任务。

（4）提高计算机系统的可靠性和可用性

在计算机网络中，如果某台计算机发生故障，可由另一台计算机代为处理。计算机网络上的计算机可以互为备用设备，提高了数据处理和存储的安全性。

2. 计算机网络的分类

（1）按通信距离分类

局域网 LAN(Local Area Network)。覆盖范围为一个办公室、一个建筑物或一群建筑物，例如办公室或实验室网（十米级）、建筑物网（百米级）和校园网（千米级）等，局域网是一个封闭的网络。局域网一般由服务器、客户机、通信设备、网络操作系统和通信协议组成。

无线局域网（Wireless LAN）是在建筑物和公共区域内一种固定局域网的延伸和补充。无线局域网通过无线方式发送和接收数据，减少了对固定线路的依赖。无线局域网主要用于需要数据服务，但缺乏有线数据接入条件的环境。如会议中心、展览中心、机场和酒店等。无线局域网系统包括：电脑终端配置的无线局域网卡和一些接入控制设备等。

广域网 WAN(Wide Area Network)也称远程网，覆盖范围为一个国家、横跨几个洲或全球，例如国家网（千公里级）或洲际网（万公里级）。

国际互联网（Internet 因特网）。Internet 是将世界各地的各种网络通过电话线、光缆、微波或卫星连接在一起组成的一个全球最大规模的计算机网络。每一个 Internet 网络成员都是自愿加入，并承担相应的各种网络费用。

（2）按网络的使用目的和结构分类

按使用目的分类：资源共享网络、数据处理网络、数据传输网络等。

按网络结构分类：星形、环形、总线形、树形、网状形等。

2.1.2　计算机网络模式与拓扑结构

1. 计算机网络模式

（1）对等网络模式

对等网络模式的特点是没有专用服务器，所有的计算机都可以当用户机使用（见图2.1中的"对等网"）。建立对等网络，需要每台计算机安装一个网卡，用集线器或路由器等连接设备将各台计算机连接起来，形成一个局域网。对等网络模式适用于家庭的 2 台或 2 台以上的计算机互联，可实现多台计算机之间互相传输文件、共享打印机、共享文件夹或用一个账号同时上 Internet 等。

(2)客户机/服务器模式

客户机是用户使用的计算机,用户通过客户机与网络上的其他计算机和服务器交换信息,共享网络资源等。服务器是为网络上客户机提供资源的主机,一般是高档的计算机或专用服务器,不能作为用户机使用。服务器能处理分组的发送和接收数据以及对网络接口的处理等。要求服务器要有大容量的硬盘、较强的计算能力和快速访问能力(多CPU)等。

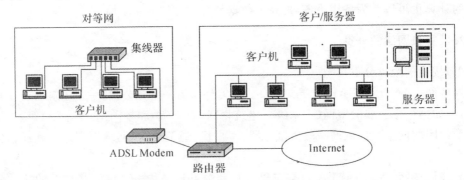

图 2.1　对等网、客户/服务器网络拓扑结构

客户机/服务器模式(C/S,Client/Server):是两层结构的系统。第一层是在客户机系统上结合了表示与业务逻辑;第二层是通过网络结合了数据库服务器。CS 模式主要由客户应用程序、服务器管理程序和中间件三个部分组成。这种体系结构可以利用两端硬件环境的优势,将任务合理分配到客户机端和服务器端,降低系统的通讯开销,但是需要针对不同的操作系统开发不同版本的软件,代价较高。

浏览器/服务器模式(B/S,Browser/Server):实际上也是一种客户机/服务器模式,只不过它的客户端是浏览器,为了区别于传统的 C/S 模式,才将其称为 B/S 模式。B/S 模式以 Web 技术为基础,把传统 C/S 模式中的服务器部分分解为一个数据服务器与一个或多个应用服务器(Web 服务器),构成一个三层结构的客户服务器体系。在 B/S 模式下,用户工作界面是 WWW 浏览器,在浏览器端分配很少的任务,主要任务在服务器端完成。B/S 模式简化了系统的开发和维护。

C/S 和 B/S 是目前开发模式技术架构的两大主流技术,它们各自都有长处和不足,因此都有一定的市场份额和客户群。

2.计算机网络拓扑结构

计算机网络拓扑结构是指用点和线来描述网络中节点(计算机)与通信线路之间的几何关系,突出描述各节点之间的关系。拓扑结构忽略了节点的大小和形状,忽略节点间的通信线路的距离等。计算机网络拓扑结构是描述计算机网络中通信子网的构型。计算机网路的结构主要有以下几种(见图 2.2)。

(1)星形拓扑结构

每个节点与中央机单独连接,各个节点可共享中央机资源,是点对点传输结构。优点是网络中任何一个节点出现故障都不影响全网,易于检测故障。缺点是每一个节点都要

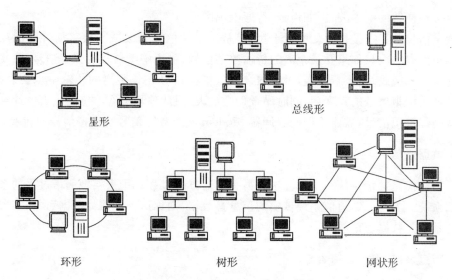

图 2.2　计算机网络拓扑结构

与中央机连接,需要大量的电缆,线路利用率低,每个节点都依赖中央机,一旦中央机出现故障就会影响到全网。

　　(2)环形拓扑结构

　　所有节点连接成一个环状(单环或双环结构),单环只能进行单向通信,是点对点传输结构。优点是所需的电缆最短,各个节点处在同一个等级,易于实现分布式处理。缺点是有一个节点出现故障,就会影响全网工作。

　　(3)树形拓扑结构

　　所有节点按层次连接,可以看作是星形结构的扩展。通信主要在上下节点之间进行,是点对点的传输结构。优点是易于管理、扩张和故障隔离。缺点与星形拓扑结构相同。树形结构适合于金融业务处理系统。

　　(4)总线拓扑结构

　　所有节点都连接到一个公共的通信线路,各个节点发送信息没有固定方向,是广播式传输结构。优点是电缆短、易于增加和删除节点。缺点是故障诊断困难。总线结构常用于办公自动化。

　　(5)网状拓扑结构

　　所有节点之间的连接是任意的,连接灵活,节点间可有多路线连接。优点是可靠性好,安全性高。缺点是结构复杂。网状结构适合大范围金融业务网络。

2.1.3　数据通信基础知识

1. 数据信号和模拟信号

在通信系统中,数字信号是用恒定的正电压表示二进制 1,负电压表示二进制的 0。

模拟信号是连续的电磁波，例如声音、普通电视图像等。

数字信号的特点是很少受噪音干扰，但是比模拟信号易衰减。数字信号只能在一个有限的距离内传输。如果要长距离的传输数字信号，可用中继器接收数字信号，恢复数字信号为 1 或 0 模式，再重新发送，可克服衰减。模拟信号在长距离的传输中也会衰减，用放大器增大模拟信号的强度后，同时噪音也会放大，因此信号会有一定的失真。计算机不能直接处理模拟信号，需要用调制解调器 Modem 实现数字信号与模拟信号的转换。

2. 数据通信

数据通信是把信息从一个地方送到另一个地方的过程。用来实现通信过程的系统称为通信系统。如果一个通信系统传输的信息是数据，则称这种通信为数据通信，实现这种通信的系统是数据通信系统。

3. 带宽、传输率和信道容量

（1）带宽

是传送信号的频率宽度，即信号所含谐波的最高频率与最低频率之差就是这个信号所拥有的频率范围，叫做信号的频带宽度，简称带宽。单位为 Hz、kHz、MHz 和 GHz。

（2）数据传输率

是单位时间内传输的二进制位数，例如数据的传输率为 1024bps（bit per second）表示每秒传输 1024 个二进制位，也可表示为 1kbps。信道的最大数据传输率受信道的带宽限制。

（3）通信信道

电信号通过信道从信源传送到信宿。根据分类的不同，信道的构成也有所不同。计算机网络上的设备之间的数据链路称为通信信道、通信线路或通信链路。通信信道可以由电话线路、电报线路、卫星、激光、同轴电缆、微波、光纤等传输设备构成。

（4）信道共享

信道可以是电信号的一个特定频率区域，称为频带；也可以是信号的一个特定时间片段，称为帧。信道共享就是将一个信道给多个用户同时使用并保证互不干扰，例如采用多路复用技术实现信道共享，可以提高信道资源的利用率。

（5）信道容量

信道容量是指信道能传输信息的最大能力。信道容量通常用数据传输速率来表示，单位是位/秒。信道容量与数据的传输率两者不同，前者表示信道上的最大数据传输速率，是信道传输数据能力的极限，而后者则表示实际的数据传输速率。如果单位时间内传输的信息量越大，信道的传输能力就越强，信道容量也就越大。提高信道的带宽就能提高信道的传输能力。

4. 串行和并行数据通信

（1）串行数据通信

串行数据通信一次只传输一个二进制位。由于串行传输比较经济，因此网络普遍采用串行传输方式(传输速率用 bps 表示)。按信号传输方向分为单工通信、半双工通信和全双工通信。

- 单工通信:向一个固定方向传输。
- 半双工通信:可以双向传送,但是不能同时进行。
- 全双工通信:可以同时双向传送。

(2)并行数据通信

并行数据通信一般一次传输一个字节。同时从一个设备传送到另一个设备。例如计算机内的硬盘、软驱和光驱都是用扁平带状并行线与主板相连。打印机可以用扁平线与主机的并行口 LPT 连接。目前并行传输只用于近距离的数据传输。

5. 基带传输和频带传输

(1)基带传输

基带传输直接传输数字信号相对应的电信号。将全部的传输介质带宽分配给一个单独的信道。基带传输不需要调制解调器,多用于局域网。

(2)频带传输(宽带传输)

频带传输将基带信号转换成便于传输的频带信号(数字信号转为模拟信号称为"调制"),再传输,在接收端将频带信号转换成基带信号(模拟信号转为数字信号称为"解调")。宽带电缆的频谱可分为多个频道,分别传输各种不同的信号。频带传输多用于传输多媒体信号和远距离的传输。

6. 多路复用技术

多路复用技术是把多个信号组合在一个物理信道上进行传输。事实上,人们总是希望计算机网络传输介质的可用带宽大于信号所需的宽度.好处是可节省电缆。多路复用技术又分为频分多路复用和时分多路复用,如图 2.3 所示。

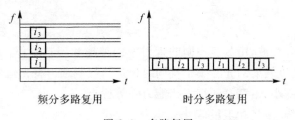

频分多路复用　　　　　　　时分多路复用

图 2.3　多路复用

(1)频分多路复用

频分多路复用利用物理信道的可用宽度超过一个信号带宽的特性,将物理信道带宽分割为多个子信道(各子信道之间略留一个保护带隔离每一个子信道),每一个子信道可传输一路信号。在使用该技术之前,需要将要传输的多个信号进行调制,再搬移到不同的频段上,使它们占用不同的子信道进行传输。

(2)时分多路复用

时分多路复用利用物理信道的位传输率超过传输数字所需的数据传输率的特性,以信道传输时间作为分割对象,将信道传输时间分割成许多时间片,分给多个要传输的信号,然后按时间片轮流传输各个信号。

2.2　计算机网络系统的组成

计算机网络系统由网络软件系统和网络硬件系统组成。网络软件通常由网络操作系统、网络协议、各种通信软件、应用软件和信息资源等组成。网络硬件通常由服务器、客户机、网络传输设备和网络连接设备等组成。

2.2.1　计算机网络设备

1.传输设备

传输介质分有线介质和无线介质。有线传输介质有双绞线、同轴电缆和光导纤维。如果信息的发送端和接收端很难铺设有线介质,可以选择无线介质微波、红外线、激光或卫星等。

（1）双绞线

双绞线是较常用的传输介质,其特点是价格低,但传输速度较低,可传输模拟信号和数字信号。

（2）同轴电缆

同轴电缆与双绞线一样由2个导体组成,但结构不同。同轴电缆允许在较宽的频率内工作,因此可提供更高的传输率。从抗干扰和价格上来看,同轴电缆介于双绞线和光导纤维之间。

（3）光导纤维

光导纤维能传导光波,由具有不同的折射率的玻璃和塑料制作。利用光折射使光沿光纤传送(以不同角度发射的光互不干扰同时传送),接收端再将光信号转为电脉冲信号。光纤具有光信号衰减小、带宽高和抗干扰能力强等优点。

（4）微波、红外线、激光和卫星信号

微波、红外线、激光和卫星信号是通过大气传输的电磁波。它们共同的特点是要有一个"视线"通路。例如电视和空调的遥控器是采用红外线技术传输信息,在使用时我们会感到红外线具有较强的方向性。广播电台和电视台的信号通过发射塔和高山上的微波发射站(接收、放大和发射)传送到全国各地。

2.网络连接设备

（1）网卡（网络适配器）

网卡是计算机与通信线路相连的网络接口卡。用于局域网络的计算机之间的连接。

手提电脑一般已经有内置的网卡。台式机的网卡一般需要自己购买。

(2)中继器

中继器是信号再生放大设备。如果局域网的通信线路过长,信号会衰减。中继器用于一个局域网内或两个相同类型的局域网的数字信号的放大。

(3)集线器(HUB)

集线器具有信号再生放大和管理多路通信的功能,是一个有多个接口的中继器,用于局域网内各计算机的互联。集线器使用星形布线,如果一个工作站出现问题,不会影响整个网络的正常运行。当集线器的端口不够用时,可通过堆叠或级联两种扩展方式增加端口数。集线器按带宽分类有 10Mbps、100Mbps 和 10/100Mbps。其中 10Mbps 是指该集线器中的所有端口只能提供 10Mbps 的带宽;10/100Mbps 是指该集线器可以在 10Mbps 和 100Mbps 之间进行切换。

(4)路由器

路由器是实现网络与网络连接的关键设备,有多个输入端口和输出端口。如果两个跨越不同区域的网络需要互相通信,则需要在两个网络中分别安装一台路由器,如图 2.4 所示。一个网络发往另一个网络的数据被路由器接收后,通过线路发送到另一个网络中去。如果是网络内部计算机之间的通信,则路由器不做数据转发。路由器具有存储、转发、路由选择、过滤和隔离的功能。通过路由器可选择最佳的数据转发路径,可连接相同或不同类型的网络的设备,相当于大型网络中的不同网段的中继设备(例如广域网之间、广域网和局域网之间的连接)。

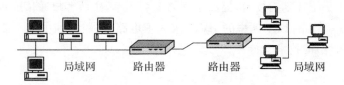

图 2.4 不同的局域网络连接

(5)交换机

交换机具有集线器、中继器和路由选择功能,同时具有存储和一定的过滤隔离信息的作用,用于连接不同类型的局域网。交换式技术的发展经历了从网桥、多端口网桥到交换机的过程,交换机已经是组成网络的核心设备。从广义上来划分,交换机有广域网交换机和局域网交换机。广域网交换机主要应用于电信领域,提供通信的基础平台。而局域网交换机将局域网络分成小的冲突网域,为每个工作站提供更高的带宽。从应用领域来划分,交换机有主干交换机、企业交换机、分段交换机、工作组交换机、端口交换机、网络交换机、台式交换机等。从规模应用上来划分,可分为企业级交换机(支持 500 个信息点以上大型企业)、部门级交换机(支持 300 个信息点以下中型企业)和工作组交换机(支持 100 个信息点以内)等。从使用的网络技术来划分,局域网交换机可分为以太网交换机、令牌环交换机、FDDI 交换机、ATM 交换机和快速以太网交换机等。

3. 网络服务器

局域网服务器：打印服务器、终端服务器、磁盘服务器和文件服务器等。

Internet 服务器：域名服务器、通信服务器、数据库服务器、邮件服务器等。

2.2.2　数据通信技术

1. DDN 数字数据网

DDN 由数字传输通道（光纤、数字微波、卫星）和数字交叉连接设备组成。DDN 网络能实现用户之间的连接以及用户到数据网络 Internet 或分组交换网等的连接。DDN 专线的主要特点是传输质量高、实时性好、安全性好，能够实现一线多用，可供客户组建专网或连接 Internet 网络。例如客户可用 DDN 专线进行内部语音、数据、会议电视的通信。目前开放的 DDN 专线包括本地、国内长途和国际（含港、澳、台）长途等。

2. 帧中继 FR（FrameRelay）专线

帧中继技术的发展基于分组交换技术、数字线路以及客户端连接设备的不断完善。帧中继网络能实现用户之间数据通信以及用户到数据网络 Internet 或分组交换网等的连接。客户可通过局域网的路由器、FRAD 设备或计算机标准接口接入帧中继网络。FR主要特点是采用了统计复用技术，提高了网络的利用率，减低客户通信成本。帧中继网络可以为客户提供 2Mbps 以下速率的 PVC（永久虚电路）电路。帧中继不能承诺对实时性业务（如语音、图像）的技术支持。

3. FR-VPN

FR-VPN 提供虚拟专用网服务的公用交换平台，采用帧中继技术实现企业分支机构间广域连接。主要特点是可靠性高，为用户提供多层网络故障保护。支持多用户共享网络，能够充分合理地利用网络资源，降低成本，节省用户通信费用等。

4. ATM（Asynchronous Transfer Mode）异步传输方式

异步传输方式 ATM 是在分组交换基础上发展起来的，是用于宽带综合业务数字网的一种交换技术。它是以定长信元作为高速通信信息的载体，能提供高速和小延迟的异步传输。可以处理多种类型的网络流量，例如语音、数据、图文传真、可视电话和视频图像等，是宽带高速通信的主要模式。适用于不同的带宽要求和多样的业务要求。

5. 数据交换技术

从交换技术的发展历史看，数据交换经历了线路交换、报文交换、分组交换和综合业务数字交换的发展过程。

（1）线路交换

线路交换的通信方式类似于打电话（建立链路、数据传输、释放链路）建立专线，要求双方均处在空闲状态。例如，计算机终端之间通信时，一方发起呼叫，独占一条物理线路。当交换机完成接续，对方收到发送端的信号，双方即可进行通信。在整个通信过程中双方一直占用该电路。特点是：实时性好，交换设备成本较低。缺点是：信道独占，线路利用率低，当通信量大时，可能封锁；不同类型的终端设备之间不能通信。因此，"线路交换"主要用于信息量大，长报文，经常使用的固定用户之间的通信。

（2）报文交换

报文交换不建立专线，以"存储—转发"方式在网内传输数据。首先将用户发送的报文存储在通信网络上的交换机（具有接收、暂存报文的功能）中，当输出电路空闲时，再将报文传送到下一个交换机，直到报文送到接收端为止。优点是：线路使用率高（多个报文分时享用一个交换机到另一个交换机的通道），当通信量大时仍然能发送和接收报文。缺点是：不能满足实时或交互式的通信要求；网络传输时延大；占用大量的交换机内存和外存。"报文交换"适用于传输的报文较短、实时性要求较低的网络用户之间的通信，如公用电报网。

（3）分组交换

分组交换也称包交换，结合了报文交换和电路交换的优点。它将用户传送的报文数据按一定长度分割为许多小段的数据，每一小段数据为一个分组。在每个分组的前面加上一个分组头作为标识，用以指明该分组发往何地址。分组交换采用动态复用的技术，可在一条物理线路上提供多条逻辑信道，同时传送多个数据分组，极大地提高线路的利用率。节点交换机之间采用差错校验与重发的功能。用户发送端的数据分组后，发送到交换机，然后由交换机根据每个分组的地址标志，将它们转发到接收端，再去掉分组头将各数据字段按顺序重新装配成完整的报文。进行分组交换的通信网称为分组交换网。

分组交换的特点是：可靠性高、线路使用率高、可靠性高、可分多路通信。分组交换网络按时长、信息量计费，与传输距离无关，特别适合那些非实时性，而通信量不大的用户。分组交换网一般由分组交换机、网络管理中心、远程集中器、分组装拆设备、分组终端/非分组终端和传输线路等基本设备组成。

2.2.3　计算机网络软件

1. 网络操作系统

计算机网络是通过通信介质将各个独立的计算机连接起来的系统。每个被连接起来的计算机都拥有自己独立的操作系统。为了使计算机网络系统能协调地工作，必须有一个建立在各种独立操作系统之上的网络操作系统，使每个网络用户能依靠网络操作系统享用网络系统的资源。网络操作系统决定了网络的性能，特别是开放性、安全性和可靠性。目前流行的网络操作系统主要有 Unix、Windows NT、Netware、OS/2 Wrap、Linux 等几种，其中 Windows NT、Unix、Linux 占有网络服务器市场的大部分份额。

(1)Window NT

Window NT Server 是美国微软公司开发的一种简单、易用的 32 位/64 位多任务网络操作系统,它继承了 Windows 的友好图形界面,融合了桌面 Windows 操作系统和网络 LAN Manager 操作系统的技术精华。可形成客户/服务器结构的 Microsoft 网络体系。用 Windows NT 可方便地建立计算机局域网络,开发和使用图形界面的应用系统,也便于利用国家公共数据网进行扩展,以至形成较大范围的广域网络。32 位 Window 操作系统最多可以处理 4GB 的内存,64 位 Window 操作系统可以处理高达 128GB 的内存。

(2)Netware

Novell 公司的 Netware 网络操作系统是目前世界上应用广泛的多任务局域网络操作系统。Netware 采用客户机/服务器结构,IPX/SPX 通信协议。Netware 具有集中管理、可靠性高、安全性和开放性好、网络共享效率高以及支持多种操作系统等特点,可以连接异种机型和异种操作系统。连接的计算机可以是微机、小型机或大型机;可以建立多种拓扑结构形式的网络,例如总线形、星形、环形和网状形等。可与其他各种网络连接成为广域网。Netware 网络操作系统的安全机制有记账安全、口令安全、目录安全、文件安全和网间安全等,可有效控制用户权限并管理共享资源,支持 TCP/IP、OSI(开放系统互联)等协议和标准。

(3)Unix 操作系统

Unix 操作系统是当前网络服务器、数据库服务器采用最广泛的操作系统。该系统网络功能完善,系统运行稳定,具有可靠性、可移植性和易维护性,特别适合大规模应用系统的需求。Unix 是重点行业和关键事务领域的可靠平台,可与 WindowsNT/2000 协同工作,处理 IT 事务。Unix 具有良好的结构,已被迅速移植到各种具有不同处理能力的机器上,并在这些机器上提供了公共的执行环境。从 PC、小型机到中型机,甚至超级计算机都能运行 Unix 系统。

(4)Linux 操作系统

Linux 操作系统与 Unix 类似,具有 Unix 的全部功能。Linux 是一个开放的自由软件,用户不用支付费用便可以使用,并可根据自己的需要对 Linux 进行修改。Linux 具有可靠性、稳定性和可扩展性,可在多种硬件架构上运行。全球许多顶尖超级计算机使用的都是 Linux 操作系统。Linux 操作系统是适合 Internet 网络的一种操作系统。由于 Linux 操作系统是一种免费的操作系统,而且基于 Linux 系统有大量的免费网络服务软件,因此大多数硬件厂商的计算机支持 Linux 操作系统。Linux 以其优异的性能、高可靠性,逐渐成为 Internet 网上最流行的操作系统。

2. 网络协议

网络协议是为了使计算机之间能进行信息交换。协议通常由三部分组成:一是语义部分,用于决定双方对话的类型;二是语法部分,用于决定双方对话的格式;三是变换规则,用于决定通信双方的应答关系。

(1)OSI 模型

OSI(Open System Interconnection)是网络协议的框架。由于不同体系的计算机网络之间的"沟通"很复杂,因此 OSI 把复杂问题分解成一些简单的问题来解决,然后再将它们复合起来。OSI 模型将计算机网络体系结构的通信协议规定为七层:应用层、表示层、会话层、传输层、网络层、数据链路层和物理层等,并且规定每层处理的任务和接口标准。其中用户应用程序为最高层(应用层),通信线路为最低层(物理层)。上一层可以调用下一层,而与再下一层不发生关系。

　　(2)TCP/IP 网络协议

　　TCP/IP(Transmission Control Protocol/Internet protocol)网络协议是为美国 ARPA 网设计的,目的是使不同厂家生产的计算机能在共同网络环境下运行。TCP/IP 后来发展成为网际互联网 Internet 的标准,要求 Internet 上的计算机均采用 TCP/IP 协议。TCP 是传输控制协议,IP 协议又称互联网协议。TCP/IP 采用四层模型:应用层、传输层、网际层和网络接口层。

2.3　国际互联网 Internet

　　Internet(互联网)是通过 TCP/IP 协议将世界各地的计算机和各种计算机网络连接的统称。

2.3.1　Internet 的基本服务与用途

　　通过 Internet 网络可以开展各种服务和应用。目前的业务范围有网上银行、远程医疗、在线教育、网上订票、旅游服务、图书馆、博物馆、人才中介、工商税务、虚拟专网、虚拟主机、电子商务、ISP 承载个人服务、个人主页、电子邮件、Internet 电话、聊天室、新闻订阅、文艺娱乐、投资理财和网络购物等。Internet 与局域网之间的关系,如图 2.5 所示。基于互联网信息传输和发布等特点,Internet 提供的服务和用途主要有以下几种。

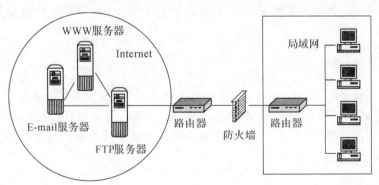

图 2.5　Internet 与局域网

1. 信息浏览与查询

通过 Internet 可以实时看到世界各地的新闻、天气预报和世界重大事件等。Internet 是第一个全球性图书馆，提供许多电子杂志、电子图书和各种信息。一些政府部门、研究机构也将它们的数据库对外开放，网络用户可以查询使用这些信息。

2. 电子邮件服务（Mail Service）

电子邮件（E-mail）是通过计算机网络传送的邮件。用户通过电子信箱可以与 Internet 上的用户进行 E-mail 通信。另外也可以通过 E-mail 方式参与网上的一些讨论，发布个人信息或获取感兴趣的信息。邮件的内容可以是文本文件或多媒体文件等。电子邮件具有快速、省钱和方便的特点。

在 Internet 上有许许多多的 E-mail 服务器，用来存放和管理用户的邮件。每一个电子邮箱的地址在全世界是唯一的。无论你在世界的任何地方，只要能连接 Internet，便可以打开自己的邮箱收取和发送电子邮件。电子邮箱地址的格式：

用户名@电子邮件服务器名

例如 E-mail 地址：

student1@126.com

其中用户名区分大小写。

大多数邮件服务器发送邮件用传输协议 SMTP（Simple Mail Transfer Protocol），接收邮件用邮局协议 POP3（Post Office Protocol Version3）。

3. 文件传输服务 FTP（File Transfer Protocol）

文件传输服务是指一台计算机上的文件通过 Internet 传送到另一台计算机上。FTP（文件传送协议）是在多种计算机系统之间传送文件的协议。用 FTP 可传输各种文件，FTP 还提供登录、目录查询、文件操作等功能。允许将本地的文件直接发送到另一台计算机上（上传 Upload），也可以从另一台计算机获取一些文件（下载 Download），这种传输服务具有快速、安全和可靠等特点。使用匿名（Anonymous）FTP，可以免费获取软件资源。

4. 远程登录（Telnet）

远程计算机是指在 Internet 上的另一台计算机系统，该计算机系统所在的物理位置可以是很近，就在一个办公楼；或者很远，在另外一个国家。我们可以用 Internet 网络登录到一台远程的计算机，直接使用该计算机中的计算机系统资源。最常见的 BBS 论坛使用的就是 Telnet 服务。

5. 电子商务

在借助 Internet 实现商品买卖、资金流转和物品流通等的电子商务活动中，企业与企业之间的电子商务（Business to Business）简称 B to B；企业与政府之间的电子商务（Business to Government)简称 B to G;消费者之间的电子商务(Customer to Customer)简称 C to C;企业与消费者之间的电子商务(Business to Customer)简称 B to C。在 Internet 上有很多面向个人消费的电子商城,销售图书、电子设备、日用消费品、新闻中心、在线咨询和远程教育等,为消费者提供各种服务,极大地方便了人们的生活。例如 Internet 上的虚拟商店和虚拟企业提供了各种商品,消费者在家里通过电脑选购和订购商品后,再由专人送到用户手中。使消费者足不出户便可以买到需要的商品。

6. 信息交流及其他

Internet 有大量的信息研讨小组,讨论主题有时事、政治、经济、文化、社会、医疗、娱乐到家庭等,网络用户从中可获得帮助及各种针对性信息。

(1)电子公告板 BBS(Bulletin Board Service 公告牌服务)

BBS 是 Internet 上提供的一个发表信息的公共电子界面,每个用户都可以在上面发布信息或提出看法。大部分 BBS 由教育机构、研究机构或商业机构管理。在 BBS 中,人们之间的交流打破了空间和时间的限制,你可以在任何时候进入 BBS 与世界各地的网友探讨问题,获得帮助或向他人提供信息。进入一个 BBS 站点,一般要在对方主机上进行登录,只有对方主机确认身份后才能进入。大多数 BBS 允许"过客"进入。一个 BBS 站点可以开多个聊天室,一般可以在窗口看到同一个聊天室的网友发送的交谈信息。

(2)新闻群组

一个新闻组是一个电子讨论组。它是一种专题讨论性质的服务,每一个组有一个名字反映该组谈论的内容。可以在一个新闻组里与遍及全球的用户共享信息以及提出对某些问题的看法。每个新闻组中都有一些与专题有关的文章。在新闻组可以回复阅读过的文章或发表(投递)自己的文章供其他人阅读。

(3)名录服务

名录服务分为白页服务和黄页服务。白页服务用于查找人名或机构的 E-mail 地址。黄页服务用于查找为网络用户提供各种服务的主机 IP 地址。

(4)电子政务

与电子商务类似,政府部门的服务质量直接关系着整个社会的效率和进步,因此越来越多的国家开始利用 Internet 进行政府信息发布和提供服务。

(5)网络会议

利用 Internet 召开会议,已经成为当前普遍采用的一种方式。使用网络召开会议方便、快捷,既节省时间又能节省大量的出差费用。

(6)远程教学、远程医疗

远程教学和远程医疗是用 Internet 进行教学、医疗活动。远程教学是利用宽带多媒体网,进行远距离的教育。异地的师生间可以进行实时交互式双向声频和视频通信等。远程医疗是利用宽带多媒体网,实现网上医疗诊断和医疗信息资源的共享。如在异地间传送病历、X 光片等资料图像。

(7)网络电话(IP 电话)

IP 电话是一种利用因特网技术或局域网的 IP 技术实现的新型电话通讯。IP 电话是通过把发送方的话音信号经过数字处理、压缩编码,然后在网络上传输。在接收方再解压,把数字信号还原成话音。基本过程是声电转换、量化采样、封包、传输、去抖动、拆包和电声转换等。随着网络技术的发展,IP电话传输的质量在不断地提高。

计算机网络的应用已经遍及人类社会生活的各个领域。在服务业中,人们通过网络系统,坐在家里就可预订去全世界各地的飞机票、火车票、船票、预订客房等。在金融业,通过远程通信可了解全世界各地证券、股市行情,在任何地方的银行存取货币等。在企业管理中,可通过网络信息系统对企业生产、销售、财务、储运和固定资产等各方面进行管理。

2.3.2　Internet 基本知识与接入方式

1. Internet 基本知识

(1)WWW

WWW(World Wide Web 全球宽域网)简称 Web,中文名字为"万维网"。WWW 是一个主从结构的分布式超媒体系统。它解决了远程信息服务中的文字显示、数据连接以及图像传递的问题,使得 WWW 成为 Internet 上最为流行的信息传播方式。WWW 是将网络中提供的数据作为超文本向用户提供。超文本是文档中含有用关键字(词)的方式与其他位置的文本或文档的链接。在浏览超文本文档时,选中关键词就可以进入与该关键词相链接的另一位置或文档。另一个文档可以在同一台计算机上,也可以在 Internet 上的另一台服务器上。

WWW 服务器支持超文本检索,它基于客户机/服务器模式。WWW 服务器提供基于 HTTP(超文本传输协议)的用户环境,为用户提供的数据文件是用 HTML(超文本标记语言)描述的。用户的浏览器将接收到的 HTML 文件,自动转换为便于用户浏览的格式显示在屏幕上。WWW 服务器与用户之间的超媒体链接,采用统一资源地址 URL 方式表示。当用户访问某个 WWW 服务器的某个页面时,只要在浏览器中输入该页面的 URL,便可以浏览该页面。它提供一个图形化用户界面,人们只要通过使用简单的方法,就可以很迅速方便地查阅 Internet 上的信息。这些信息之间的链接构成了一个庞大的信息网。当我们与 Web 连接后,就可以用相同的方式访问全球任何地方的信息,而不用支付额外的"长距离"连接费用。WWW 浏览已经成为人们主要的信息查询方式。

(2)超文本传输协议 HTTP

HTTP(Hyper Text Tranfer Protocol)是浏览器与 Web 服务器之间相互通信的协议,是基于 TCP/IP 协议之上的应用层的协议。为了确保浏览器与服务器之间的操作,HTTP 定义了浏览器发送到服务器的请求格式和服务器返回的应答格式。

(3)超文本标记语言 HTML

HTML(Hyper Text Mark-up Language)是编写 Web 页面(网页)的语言。用 HT-ML 编写页面的特点是可以包含指向其他页面的链接,可以把存放在一台计算机的文本或图形与另一台计算机的文本或图形方便地联系在一起,形成有机的整体。这样用户可以通过一个页面中的链接访问同一服务器的其他页面或其他服务器中的页面。另外

HTML 编写的网页可以把声音、图像等多媒体信息与文本信息组织在一起。HTML 文档由文本、格式代码和到其他文档的链接组成。

（4）统一资源定位器 URL

URL(Uniform Resource Locator)是用来表示 Internet 上文档的类型以及其所在的网络地址（通常称为网址）。URL 的用途是用统一的方式指明 Internet 上信息资源的位置。URL 包括三部分：传输协议、服务器地址和服务器上定位文档的文件路径。URL 不仅用于 HTTP 协议，还可用于 FTP、Telnet 等协议。URL 标准书写格式及举例如下：

传输协议：//信息资源地址/文件路径

例如：http:// www.pbc.gov.cn

（5）主页

主页（Home Page）是用户与任何一个 Web 服务器连接后所见到的第一页。主页通常包括 Web 网站所代表的企业或团体的基本信息，用于对企业或团体进行综合性介绍，它是进入该 Web 站和访问其所提供的各类信息资源的引导页。访问者可以通过主页上所提供的分类链接，方便地访问感兴趣的内容。

（6）浏览器

浏览器是用来浏览网页的应用程序。主要用途是帮助用户浏览、阅读和查找 Web 站点的信息资源。在 Internet 上的网页都必须经过浏览器的解释才能被最终用户看到。浏览器的主要作用是将服务器提供的网页按照事先制定的协议（HTTP）进行翻译并显示出来。这样用户才能看懂网页要表达的含义。网页可以包含文本、图形、音频和视频等。目前使用最多的浏览器是 Microsoft 公司的 Internet Explorer（简称 IE）和 Netscape 公司的 Navigator。

（7）IP 地址、域名与域名系统

连接到 Internet 上的每台计算机必须至少分配一个全球唯一的地址，称为 IP 地址。它像电话一样用数字编码。IP 地址格式是由圆点分隔的 4 个十进制数字（32 位二进制数字）组成，每个十进制数字在 0～255 之间，IP 地址 202.108.250.249，但这样的数字难于记忆。为了便于记住 IP 地址，我们上网访问资源时，都是用"域名"来代替 IP 地址。例如，访问"百度"网站输入网址 http://www.baidu.com 等同于输入 http://202.108.250.249

域名系统（DNS）能将"域名"解析为 IP 地址，然后在网络间通过 IP 地址进行互访。例如 baidu.com 就是一个域名。域名与 IP 地址一一对应。大多数的服务器能自动将域名翻译成 IP 地址，域名的命名规则是：

主机名.机构名.单位性质或地区代码.国家名

域名命名规则中还规定：

- 单位性质：com（公司、企业等）、net（网络服务机构）、org（非营利机构）、edu（教育机构）、nom（个人）等。

- 地区代码：bj（北京）、sh（上海）、tj（天津）等。

- 国家代码：cn（中国）、jp（日本）等。

（8）企业内部网（Intranet）

Intranet 是与 Internet 使用同样技术的企业内部互联网络。它通常是一个企业或组织的内部网，为内部成员提供信息的共享和交流等服务。通过 TCP/IP 协议，使用者可以在企业局域网内使用 Intranet，也可以通过防火墙和路由器从远程对企业内部网进行访问。Intranet 的信息服务主要包括电子邮件、协同信息处理、访问企业内部数据库等。

（9）ISP

ISP（Internet Server Provider）是 Internet 服务提供商，使用 Internet 首先需要选择 ISP。ISP 最基本的服务是因特网的接入服务。选择 ISP 要注意以下几点：

- 接入方式：普通 Modem、ISDN、ADSL 或专线等其他的接入方式。
- 支持的通信线路（速率等）、出口带宽、从何处连入 Internet。
- ISP 的位置、安全性和可靠性。
- ISP 收费标准：开户费、上网费、电话费、计时费、包月或包年费用等。
- 接入账号和密码等。

如果使用普通 Modem 或 ISDN 上网，需要购买上网计费卡（提供上网账号和密码）。上网计费卡有计时卡、包月卡和年卡等多种。有的卡虽然很便宜，但是由于入网的速度和提供的线路数量有限，在拨号时很难与 Internet 连接，有时即使拨上去了，也可能会经常掉线，因此选择 ISP 非常重要。

2. 接入 Internet 的方式

目前主要有以下几种 Internet 接入方式：

（1）普通 Modem

普通 Modem 主要面向家庭，接入的传速率最大为 56Kbps。拨号上网是通过公用的电话网 PSTN（Published Switched Telephone Network，公用电话交换网）接入 Internet。电话网非常普及，用户终端设备 Modem 很便宜，只要家里电脑安装内置或外置的 Modem，把电话线接入 Modem 就可以直接上网。随着宽带的发展和普及，这种窄带接入方式将被淘汰。

（2）ISDN

ISDN（Integrated Services Digital Network）是综合业务数字网的简称，由综合数字电话网（IDN）发展而来的。ISDN 也称"一线通"业务，就是在一条电话线上同时进行两路不同方式的通信，即一条电话线上提供两个信道。ISDN 主要面向家庭，接入的传速率为 64～128Kbps。目前我国的 ISDN 线路主要为 2B＋D 模式，即提供了 2 个基本数字 B 信道（带宽为 64Kbps），1 个控制数字信道（16Kbps），ISDN 允许两个 B 信道捆绑同时使用，如图 2.6 所示。使用的方式有以下几种：

方式 1：一台电脑用两个信道上网可实现 128Kbps。

方式 2：用一个信道 64Kbps 上网，另一个信道接/打电话。

方式 3：两部电话分别用两个信道接/打电话，相当于两部电话。ISDN 是一个全数字的网络，不论原始信号是话音、文字、数据还是图像只要可以转换成数字信号，都能在 ISDN 网络中进行传输。在传统的电话网络中，实现了网络内部的数字化，但是在用户到电话局之间采用的仍是模拟传输。ISDN 传输的数字信号质量好，可靠性高，不像模拟信号在传输过程中那样受静电和噪音干扰，数据通信误码少。

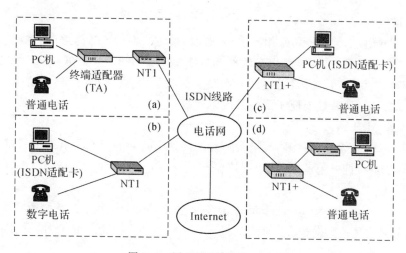

图 2.6 用 ISDN 接入 Internet

（3）ADSL

ADSL（Asymmetrical Digital Subscriber Line，非对称数字用户环路）是运行在原有普通电话线上的一种新的高速宽带技术。目前 ADSL 技术的国际标准主要是 ITU-T 的 G.992.1（全速 ADSL）和 G.992.2（G.Lite）。全速 ADSL 的上行速率最高可达到 6Mbps，下行速率最高可达到 640Kbps。G.lite 的上行速率最高可达到 1.5Mbps，下行速率最高可达到 512Kbps。虽然技术上有最高速率指标，但是实际开通的速率与具体的线路条件和用户选择的资费有关。例如北京地区采用的是支持上行速率 512Kbps～1Mbps，下行速率 1～8Mbps。在 ADSL 接入方式中，每个用户都有单独的一条线路与 ADSL 局端相连，它的结构可以看作是星形结构，每个用户独享数据传输带宽。用户端设备一般包括：一条电话线、ADSL Modem、内置以太网卡。连接拓扑结构如图 2.7 所示。ADSL 上网速度较快，如果安装一个集线器，可以实现多台电脑同时高速上网。

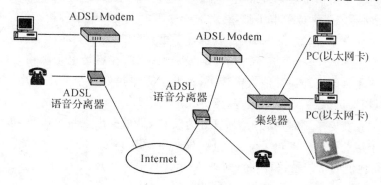

图 2.7 ADSL 接入 Internet

（4）DDN

DDN（Digital Data Network）提供了高速度、高质量的通信环境，通信速率可根据用户的需要在 N×64Kbps（N=1～32）之间进行选择，主要面向单位或集团企业等。DDN 的收费一般采用包月或计流量的方式。

（5）局域网 LAN

LAN 是利用以太网技术，采用光缆＋双绞线的方式对社区进行综合布线。即从社区机房到住户单元楼用光缆，楼内用双绞线布线方式。采用 LAN 方式接入可以充分利用小区局域网的资源优势，为居民提供 10M 以上的共享带宽。以太网具有技术成熟、成本低、结构简单、稳定性好以及便于网络升级等优点。

（6）Cable-Modem

Cable-Modem（线缆调制解调器）是一种超高速 Modem，它利用有线电视（CATV）的某个传输频带进行调制解调，实现数据传输。

（7）LMDS

LMDS（Local Multipoint Distribution Service，本地多点分配接入系统）是用高速固定无线接入技术，解决高速数据和话音业务的接入，是用于社区宽带接入的一种无线接入技术。

2.3.3　电子邮箱使用

1. 概述

电子邮箱是网络公司在 Internet 邮件服务器的硬盘上为用户分配的一块存储区。该存储区域用于存放用户的邮件。电子邮箱的地址标识邮箱在服务器上的位置，称为 E-mail 地址。

用户有了 E-mail 地址和密码，就可以在 Internet 上发送和接收电子邮件。电子邮件可以包含文字、声音、图像文件和各种程序等。E-mail 是 Internet 上使用最广泛的一种服务。

2. 申请电子邮箱

许多网络公司不但提供收费的电子邮箱，也提供免费的电子邮箱。例如 Hotmail、Yahoo、sina、网易等提供免费电子邮箱，263、sina 等提供收费电子邮箱。许多收费电子邮箱的缴费方式很简单，例如 263 邮箱可以选择手机自动扣除的方法缴费。

在全世界范围内，每一个电子邮箱的地址是唯一的，在申请电子邮箱时，所申请的电子邮箱的用户名可能已经被其他人申请了，因此事先要想好几个名字备用。电子邮箱的用户名，可以用字母、数字或下划线等（区分大小写字母）。

网易 126 免费电子邮箱的容量大、打开速度快，且很少出现垃圾邮件，安全性也比较好。下面以申请免费的 126 电子邮箱为例，说明申请电子邮箱的操作过程。

126 邮箱地址的格式是：**用户名@126.com**。其中@与英文单词"at"发音相同，俗称"a 圈"或"圈 a"，126.com 是存放邮件的主机域名。

用户登录 Internet 后，申请 126 电子邮箱的操作步骤是：

（1）双击 Windows 桌面的浏览器 Internet Explorer 或单击任务栏上 IE 图标 。

（2）在地址栏输入：www.126.com，打开 126 主页，如图 2.8 所示。

（3）单击"注册"按钮，打开"注册电子邮箱"页面，可以选择注册手机或字母邮箱，如图 2.9 所示。

图 2.8　126 主页 *　　　　　　　　　　图 2.9　注册 126 电子邮箱 *

（4）如果选择注册字母邮箱，输入电子邮箱的用户名。例如在用户名处输入：beijing-students，输入打开邮箱时的密码、验证码。其中"验证码"是为了防止恶意申请电子邮箱而随机生成的，按右侧提示的验证码输入即可。

（5）如果想了解"服务条约"和"隐私权相关政策"，单击对应的文字。最后单击"立即注册"。

申请电子邮箱后，就可以用这个邮箱发送邮件和接收邮件。例如申请的电子邮箱用户名为 beijingstudents，则电子邮箱的地址是 beijingstudents @126.com。现在可以将你申请的电子邮箱地址告诉那些打算给你发邮件的人了。

申请电子邮箱后，"网易邮件中心"会自动给每一个新邮箱发送一个邮件。

3. 打开电子邮箱

（1）概述

Windows 提供了接收、阅读和发送电子邮件的工具 Outlook Express（简称 OE）。用 OE 可以批量接收和发送邮件，使用非常方便。除了 OE 以外，还有其他一些比较好的邮件专用工具，例如 Foxmail 等。前几年上网费用比较高，大多数人用 OE 接收发送邮件。但是现在用 OE 的人比过去减少了许多，主要有两个原因。一个原因是 Internet 上出现了专门通过 OE 传播的计算机病毒，即如果用 OE 收发电子邮件，计算机有感染计算机病毒的可能。另一个原因是邮箱中可能有垃圾邮件和来历不明的邮件，用 OE 收邮件也会同时将它们收到本地计算机。现在的上网费用与以前比较已经降低了许多，因此许多人采用上网打开邮箱的方法接收、阅读和发送电子邮件。这种方法的好处是可以有选择地打开、阅读和保存邮件，对来历不明的邮件可立即从邮箱中删除，既简单又实用，下面以 126 邮箱为例介绍电子邮箱的使用。

在电子邮箱中一般有多个文件夹存放不同的电子邮件，例如：

• "收件箱"：自动存放接收的邮件。

———————

　　*　电子邮箱页面更新很快，可能你打开的网页与本教材提供的图有所不同，但主要的内容和功能大体相同。

- "已发送"(或发件箱):存放已发送的邮件的备份(如果选择保存邮件备份)。
- "草稿箱":用于存放还没有完成的邮件。
- "已删除"(其他 2 个文件夹):存放做了删除标记的文件,没有真正删除,可以恢复为正常文件。

(2)打开电子邮箱

① 打开浏览器 IE(单击任务栏上 ),在地址栏输入邮箱服务器的主页地址。例如在地址栏输入 www.126.com 打开 126 主页,如图 2.8 所示。

② 输入用户名、密码,单击"登录邮箱"按钮。登录后,显示邮箱页面,如图 2.10 所示。

图 2.10　126 邮箱页面

4.创建和发送电子邮件

如果希望将本地计算机中的"文件"随同邮件一起发送到某个电子邮箱中,或者接收其他人发给你的含有独立"文件"的邮件,就要用到"附件"。电子邮件中的"附件"是指与邮件同时传送的各种计算机文件。"附件"中可携带多个文件。不同的电子邮箱服务器允许"附件"的文件个数与大小的限制有所不同,这个限制会导致因为文件过大而无法发送/接收带附件的邮件。如果对文件个数有限制,可以通过多次发送邮件来解决,即每个邮件带指定范围内的附件数量。如果对文件的大小有限制,不但与发送邮箱有关,也与接收的邮箱有关。因此在发送带有较大"附件"的邮件时,不仅要考虑自己邮件服务器的限制,也要考虑收件人邮件服务器的限制。解决的办法时,先用压缩软件将大的文件,压缩为多个小文件,再发送。接收方收到邮件后,将附件下载到一个文件夹下,再解压,可以恢复原文件。

下面以 126 邮箱为例说明如何发送带有"附件"的电子邮件。

打开 126 电子邮箱后,单击"写邮件"按钮后,一般要做以下操作:

①单击"写信",在"收件人"框输入接收邮件的邮箱地址。如果同时发给多个人,可用逗号分隔地址,也可单击"添加抄送"加入到"抄送"中。

②在"主题"框输入邮件的说明性标题。由于主题会出现在收件人的收件箱目录中,因此主题应告诉收件人,该邮件的目的和内容提示信息,使收件人通过主题便知道邮件的具体内容。

③在页面下边的空白区可写入邮件的内容,以便对方打开邮件立即看到,如图 2.11 所示。

图 2.11　写邮件、发送邮件

④如果要向对方同时发送"文件",单击"添加附件"按钮,再单击"浏览"按钮,在本地计算机的文件夹选中要发送的文件。如果要发送多个文件,再单击"继续添加附件"按钮,与添加第一个文件的操作一样。

⑤单击"发送"按钮,将当前的邮件发送到指定的邮箱。

5. 接收和阅读电子邮件

电子邮箱都具有自动接收电子邮件的功能,每天 24 小时邮件服务器都在工作。不论在任何时间、任何地点,只要能上网就可以打开自己的邮箱,查看邮箱是否收到邮件,还可以写邮件和发送邮件等。

打开邮箱后,在"收件夹"可以看到邮箱中收到的邮件。一般会在"收件夹"自动标记邮件为"未读邮件"/"已读邮件"、邮件发送者的邮箱地址、主题、邮件的大小、邮件是否有附件、接收日期和时间等。下面仍然以 126 邮箱为例,说明接收和阅读电子邮件的方法。

(1)查看收件箱:单击"收件箱",右侧显示收件箱中的邮件列表。在该列表中可看到邮件发件人的姓名、主题、邮箱地址、主题、是否带有"附件"(如果有附件,可看到"曲别针"图形)、发件日期和时间、邮件的大小。

(2)查看邮件内容:单击列表中要查看的邮件,可以看到该邮件的文字内容以及附件。

(3)下载附件:若邮件带有附件,附件在邮件内容的下面。鼠标向下拖动右侧的滚动条,会看到"附件"文件列表,如图 2.12 所示。可以选择"打包下载"将所有的附件都下载并放在一个文件包中,或者单击文件列表中的图标,再选择"下载"或"打开"。

图 2.12　收邮件附件

2.3.4　信息浏览、查询与下载

在 Internet 上人们通过浏览器浏览"网页"信息，"网页"在信息传输和使用中起到载体作用。能熟练地在 Internet 上获取信息资源已经成为当前非常重要的技能之一。比较流行的有：IE、360、Google、搜狗、QQ、百度等浏览器。下面介绍 Windows 自带的浏览器 IE 浏览器。

1. IE 浏览器的组成

IE 是 Windows 自带的浏览器，很多人习惯用 IE 浏览器。单击蓝色的 图标，打开 IE 浏览器（本例子打开的是 Internet Explorer 11），如图 2.13 所示。

用 Internet Explorer 11 打开新的网页，可以在新的窗口打开或者在新的选项卡打开，有关设置见下面的选项卡设置。创建新的选项卡操作是：单击地址栏右侧最右侧的"新建选项卡"按钮，则新建一个选项卡，可以在该选项卡输入网址。

在 IE 浏览器右上角的 3 个按钮分别是：

主页：通常用于存放经常用的网站地址。可以在 IE 浏览器的设置里改变主页网站地址。

收藏夹：用于收藏网页。

工具：含打印、文件操作、缩放、安全、Internet 选项等，如图 2.13 所示。

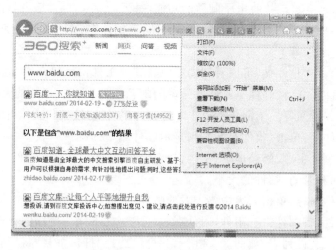

图 2.13　IE 浏览器

2. IE 浏览器的设置

打开 IE 后，单击"工具"按钮，选择"Internet 选项"，在"Internet 选项"对话框（见图 2.14）可做以下设置。

（1）设置 IE 默认主页

如果希望打开 IE 后，立即打开某个网站的主页，在"常规"卡的"主页"地址栏输入网址或先打开要设置默认主页的网站，然后在该对话框单击"使用当前页"即可，如图 2.14 所示。

（2）选项卡设置

用 Internet Explorer 11 打开新的网页时，可以选择在新的窗口打开或者在当前窗口的新的选项卡打开，但是必须之前要根据自己的使用习惯进行设置。有关更多的设置，见图 2.15 的"选项卡浏览设置"对话框。

单击"选项卡"按钮，打开"选项卡浏览设置"对话框。在该对话框可以根据自己的需要选择。

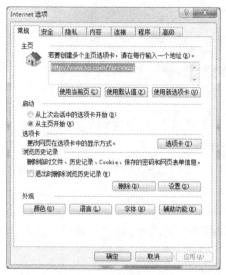

图 2.14　Internet"常规"选项卡

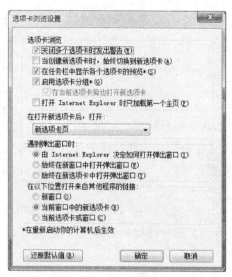

图 2.15　"选项卡浏览设置"对话框

另外，还可以选择退出时是否删除浏览历史记录或手动删除，设置浏览网页的文字、背景、访问过的链接和未访问过的链接的颜色和字体等。

3. 网页的保存、收藏与脱机浏览

我们在计算机上看到的网页，实际上已经下载到本地计算机中。将当前浏览的网页保存到本地计算机有两种方法，一种是保存，另一种是收藏。

（1）保存网页与脱机浏览

保存网页是为了今后能脱机浏览，即断开与 Internet 的连接后浏览网页。保存网页的操作如下：

① 打开要保存的网页。

② 单击右上角的"工具"按钮。

③ 选择"文件"→"另存为"，选择要存放的文件夹，单击"确定"。

采用上述方法保存网页的扩展名是 html。可以在 Word 或 IE 中打开。如果在 Word 中打开，选择打开文件的类型为"html"即可。如果在 IE 打开，在地址栏输入路径和文件名即可。

（2）收藏网页

用收藏夹保存网页或网址，是为了连接 Internet 后能从收藏夹中快速打开网页。用收藏

夹可以保存浏览的网址、网页以及该网页的下级链接页面。收藏网页或网址的操作如下：

①打开要收藏的网页，单击右上角的"收藏夹"按钮。

②单击"添加到收藏夹"弹出"添加收藏"对话框，如图 2.16 所示。

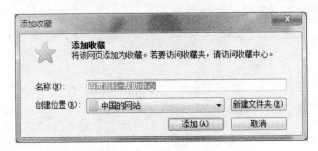

图 2.16　添加到收藏夹

③确定网页存放在收藏夹目录的位置。如果要将该网页存放到已有的文件夹中，单击"创建位置"，然后在列表中选择指定的文件夹；如果要将该网页存放到新建的文件夹，单击"新建文件夹"，然后输入文件夹名（例如输入"百度百科"），单击"创建"。

④单击"添加"按钮。

（3）管理收藏夹

收藏夹的管理包括创建文件夹、重新命名收藏夹中的网址、移动和删除网址等。操作如下：

①单击右上角的"收藏夹"按钮。

②右击要管理的项目，如图 2.17 所示。在弹出的列表中可以选择：打开、新建文件夹、删除、重命名等。

图 2.17　管理收藏夹

(4)重新访问曾经访问过的网站

用"收藏夹"访问曾经访问过的网站。单击右上角"收藏夹"按钮,显示收藏过的网页的网址。如果已经与 Internet 连接,选择其中的网址,便立即打开该网址的网页。

4. 信息检索与查询的方法

(1)搜索引擎简介

"搜索引擎"是 Internet 上查找准确信息的软件工具,它可代替用户进行检索。搜索引擎根据输入的查询串,对信息按一定算法和策略进行匹配,最终将匹配结果反馈给用户。利用搜索引擎进行检索的优点是:省时省力、检索速度快、范围广,能及时获取新增信息。缺点是:搜索软件的智能化程度不是很高,造成检索结果的准确性不是很理想,与人们的需求有一定的差距。

目前在 Internet 上,有许多搜索引擎,而且还在不断地出现新的搜索引擎。这些搜索引擎各有千秋,只有亲自使用才能选择适合自己使用的工具。目前我国用户经常使用的综合性搜索引擎站点有:

- 搜狐:www. sohu. com;　　　　　　网易:www. 163. com;
- Yahoo(英文):www. yahoo. com;　　Yahoo(中文):www. yahoo. com. cn 等。
- 新浪:www. sina. com. cn;

常用的专用的搜索引擎有:

- Google:www. google. com;　　　　百度:www. baidu. com;
- 网易搜索:search. 163. com;　　　　北极星:www. beijixing. com. cn;
- 21CN:search. 21cn. com 等。

(2)用搜索引擎检索和查找信息

搜索引擎除了提供基本的关键词搜索外,还提供布尔逻辑检索、词组检索、截词等功能。

在输入要搜索的关键词之前,最好先确定要搜索的是"网页"、"图片"或"新闻"等(见图 2.18 和图 2.19)。然后在搜索框内输入需要查询的内容,单击"搜索"按钮。

图 2.18　"Google"搜索引擎

图 2.19　"百度"搜索引擎

　　例如在图 2.18 中,用 Google 查找有关计算机的打印机的信息,输入要搜索的关键词"计算机　打印机",单击"Google 搜索"按钮,会列出与计算机的打印机相关的词条。关键词之间用空格分隔。如果输入的是"计算机打印机"则只是查找包含这六个字的相关信息。

　　例如在图 2.19 用百度搜索有关计算机的 CPU 和主板的图片信息,选中"图片",输入:"计算机　CPU　主板"。

　　当显示查找到的词条条目后,单击词条条目,便打开包含该词条的网页。

　　(3)通过"链接"访问页面

　　浏览 Internet 上的网页,可通过网页的"超级链接文字"或"超级链接图片",从一个网页跳转到另一个网页。跳转到的目标网页可能是远在另一个国家的网络服务器的网站上。"超级链接文字"通常用醒目的文字或在文字下面加下划线来标识。当鼠标指针移到"超级链接文字"或"超级链接图片"上,鼠标指针形状会变成小手形状 ,这时如果单击鼠标,被链接的页面会被下载到当前计算机并成为当前页,因此,只要我们看到感兴趣的文字,先将鼠标指针移到文字上,如果鼠标指针变成 ,单击鼠标便进入我们感兴趣的页面。

5. 下载图片、文字资料

　　(1)下载图片

　　下载图片是指将网页上的图片复制到当前计算机 Word 文档中、图形图片处理软件中或以图片文件的形式保存在硬盘上。将当前所看到的网页上的图片下载,可按以下方法保存图片。

　　方法 1:

　　①鼠标指针移到图片上,右击选择"图片另存为"。

　　②选择要存放的文件夹,输入文件名,保存。

　　如果右击后,不能选择"图片另存为",使用下面的方法。

　　方法 2:拷贝屏幕信息为图片。

　　● 按【PrintScreen】键:将整个屏幕显示的内容以图形的方式保存到"剪贴板"。

　　●【Alt】＋【PrintScreen】:将当前窗口显示的内容以图形的方式保存到"剪贴板"。

　　然后再进入 Word 或图形工具,将"剪贴板"的内容"粘贴"到 Word 或图形工具内,再进行编辑。

　　方法 3:单击带有"下载图片"字样的超级链接文字,选择存放图片的文件夹。

　　(2)下载文字资料

　　下载当前所看到的网页上的文字资料,并保存到 Word 文档中,可按以下操作进行:

　　按住鼠标左键拖动鼠标选定要保存的文字,然后将鼠标指针移到选定区,右击选择"复制",在 Word 中将光标定位到要插入文本的位置,右击选择"粘贴"。

6. 下载各种软件

　　随着 Internet 的发展和社会的进步,在 Internet 出现一些免费的公用软件。这种软件由开发者或所有者捐赠给公众,可以免费复制和传播。在 Internet 常出现以下两种类型的软件。

(1)自由软件:这类软件一般提供源代码,没有版权,允许他人对原始程序进行局部修改并重新发布。

(2)共享软件:是一种在购买前可以进行实验性使用,如果试用期以后仍希望继续使用该软件,可以向软件商购买(缴付注册费)。共享软件是有版权的软件,可以理解为"先试用后买"软件。这类软件不提供源程序,属于商业软件的一种形式。

如果还没有找到要下载的软件,可以用"搜索引擎"进行查找。在"搜索引擎"的搜索文本框输入要下载的软件名、空格和"下载",再搜索。如果找到要下载的软件,单击"下载",然后确定保存的文件夹即可。

2.3.5 社交网络、二维码与手机购物

1. 社交网络与网络社区

互联网是计算机之间的联网,通过计算机网络进行社交活动越来越普及。从最初的 E-mail 实现远程的邮件传输到 BBS、消息把网络社交推进了一步,实现点对面的交流。社交网络即社交网络服务(SNS,Social Network Service),其主要作用是为一群兴趣相同的人、社会活动圈内的人等创建的在线社区,为用户提供各种联系、交流的交互通路。网络社区包括 BBS、公告栏、博客、微博、微信等形式的网上交流空间。

2. 二维码

二维码是用特定的几何图形按一定规律在平面的二维方向上分布的黑白相间的图形构成,这些图形记录了数据符号信息。通过图像输入设备或光电扫描设备识别二维码图形实现信息处理。一维码只能在一个方向上存储信息,而二维码可以在水平和垂直两个方向上存储信息。一维码只能由数字和字母组成,而二维码能存储汉字、数字和图片等信息,因此二维码的应用领域更广泛。目前的二维码的用途主要表现在信息获取、手机支付、广告推送、购物、产品防伪、信息传递、会员管理、网站跳转等。

3. 手机购物

手机购物是指利用手机上网实现网购的过程,属于移动互联网电子商务。随着智能手机的普及和应用,手机购物已经由单一的 WAP 转换为单个的客户端模式,使手机购物更加便捷。智能手机二维码购物已经成为一种时尚的生活方式。

习题 2

一、选择题

1. 下列有关计算机网络的说法中正确的是：　　　　　　　　　　　　　　　（　　）

　　A. 2 台或 2 台以上的计算机互连是计算机网络

　　B. 多用户计算机系统是计算机网络

　　C. 至少 3 台计算机互连是计算机网络

　　D. 在一间办公室中的计算机互连不能叫计算机网络

2. 计算机网络最突出的优点是：　　　　　　　　　　　　　　　　　　　　（　　）

　　A. 运算速度快　　　　B. 运算精度高　　　　C. 存储容量大　　　　D. 资源共享

3. 在计算机的局域网中，需要有：　　　　　　　　　　　　　　　　　　　（　　）

　　A. 网络软件　　　　　　　　　　　　　B. 网络硬件设备

　　C. 网络硬件设备和网络软件　　　　　　D. 网络操作系统

4. 计算机局域网的英文缩写名称是：　　　　　　　　　　　　　　　　　　（　　）

　　A. WAN　　　　　　B. LAN　　　　　　C. MAN　　　　　　D. SAN

5. 用通信线路将文件服务器和计算机等设备在物理上连接起来的形式称为：（　　）

　　A. 网络的总线结构　　　　　　　　　　B. 网络的控制结构

　　C. 网络的顺序结构　　　　　　　　　　D. 网络的拓扑结构

6. 下列属于计算机网络基本拓扑结构的是：　　　　　　　　　　　　　　　（　　）

　　A. 层次形　　　　　　B. 总线形　　　　　C. 交换形　　　　　D. 分组形

7. 下列不属于网络拓扑结构形式的是：　　　　　　　　　　　　　　　　　（　　）

　　A. 星形　　　　　　　B. 环形　　　　　　C. 总线　　　　　　D. 分支

8. 在计算机网络中，数据传输的速度单位用：　　　　　　　　　　　　　　（　　）

　　A. 频率(即 Hz)　　　　　　　　　　　B. 每秒传输多少字节

　　C. 每秒传输多少二进制位(即 bps)　　　D. 每秒传输多少个字

9. 若数据通信中采用半双工通信方式，数据传输的方向为：　　　　　　　　（　　）

　　A. 同时双向传输　　　　　　　　　　　B. 可以双向传输，但不能同时进行

　　C. 一个固定方向传输　　　　　　　　　D. 一个方向上传输，但是不是固定

10. 将一个信道按频率划分为多个子信道，每个子信道上传输一路信号的多路复用技

　　术称为：　　　　　　　　　　　　　　　　　　　　　　　　　　　　（　　）

　　A. 频分多路复用　　B. 时分多路复用　　C. 空分复用　　　D. 波分多路复用

11. 下列不属于计算机网络有线传输媒体的是：　　　　　　　　　　　　　　（　　）

　　A. 双绞线　　　　　　B. 激光　　　　　　C. 光纤　　　　　　D. 同轴电缆

12. 在局域网中将多台计算机相互连接的 Hub 中文含义是：　　　　　　　　（　　）

　　A. 网卡　　　　　　　B. 路由器　　　　　C. 集线器　　　　　D. 调制解调器

13. 下列属于计算机网络协议的是：　　　　　　　　　　　　　　　　　　　（　　）

　　A. TCP/IP　　　　　　B. .NET　　　　　　C. .COM　　　　　　D. WWW

14. TCP/IP 协议的含义是：　　　　　　　　　　　　　　　　　　（　　）

　　A. 局域网传输协议　　　　　　　　　　　B. 拨号入网传输协议

　　C. OSI 网络协议　　　　　　　　　　　　D. 传输控制协议和互联网协议

15. WWW 是万维网，它的英文全称是：　　　　　　　　　　　　　（　　）

　　A. World Wide Web　　　　　　　　　　B. Word Wide Web

　　C. Word While Wide　　　　　　　　　　D. World Wide While

16. 访问 Internet 网站时看到的第一个网页称为：　　　　　　　　（　　）

　　A. 域名　　　　　　　B. 主页　　　　　　C. 浏览器　　　　　D. 服务器

17. 域名是 Internet 服务提供商（ISP）的计算机名，若域名后缀为.gov，表示该网站所

　　属类别是：　　　　　　　　　　　　　　　　　　　　　　　　　（　　）

　　A. 个人网站　　　　　B. 军事机构　　　　C. 政府机构　　　　D. 商业公司

18. 电子邮件地址的格式为　　　　　　　　　　　　　　　　　　　（　　）

　　A. 计算机名@网络名　　　　　　　　　　B. 用户名@网络名

　　C. 用户名@电子邮件服务器名　　　　　　D. 电子邮件服务器名@用户名

19. 下列不属于 Internet 的基本服务的是：　　　　　　　　　　　（　　）

　　A. 电子邮件　　　　　B. 文件传输　　　　C. 远程登录　　　　D. 实时监测控制

20. FTP 的中文含义是：　　　　　　　　　　　　　　　　　　　（　　）

　　A. 网际协议　　　　　B. 域名服务协议　　C. 文件传输协议　　D. 邮件传输协议

21. 不属于 Internet 接入方式的是：　　　　　　　　　　　　　　（　　）

　　A. ISP　　　　　　　B. DDN　　　　　　C. ADSL　　　　　　D. ISDN

22. 关于 Modem 的说法正确的是：　　　　　　　　　　　　　　　（　　）

　　A. Modem 不支持将模拟信号转为数字信号

　　B. Modem 不支持将数字信号转为模拟信号

　　C. Modem 是集线器

　　D. Modem 是调制解调器

23. 申请免费的电子邮箱时，有时需要输入 ISP 随机生成的"验证码"，该验证码用于：（　　）

　　A. 今后用户打开电子邮箱　　　　　　　　B. 防止恶意申请电子邮箱

　　C. 验证服务器系统是否有存储空间　　　　D. 验证用户是否有合法身份

24. 用于接收和发送电子邮件的工具是：　　　　　　　　　　　　（　　）

　　A. Outlook Express　　　　　　　　　　B. Internet Explorer

　　C. WinRAR　　　　　　　　　　　　　　D. MSN Explorer

25. Internet 电子邮件不包括：　　　　　　　　　　　　　　　　（　　）

　　A. 主题　　　　　　　B. 内容　　　　　　C. 附件　　　　　　D. 用户的计算机名

26. 若希望通过电子邮件将本地计算机上的图片文件发送给其他人，则：　（　　）

　　A. 应该将文件放在"主题"中　　　　　　B. 应该将文件放在空白的内容区中

　　C. 应该将文件放在"附件"中　　　　　　D. 不能实现

27. 发送电子邮件后，以下关于电子邮件的叙述正确的是：　　　　（　　）

　　A. 电子邮件会存储到收件人的计算机上

B.电子邮件会存储到收件人电子邮箱的服务器上

C.电子邮件一定会存储到发件人电子邮箱的服务器上

D.电子邮件存储在线路上

28.大多数电子邮箱提供商用"曲别针"表示收到的电子邮件中包含：（　　）

　　A.附件　　　　　　　B.主题　　　　　　　C.图片　　　　　　　D.文字信息

29.Internet Explorer 简称 IE,是：（　　）

　　A.系统软件　　　　　　　　　　　B.文件传输软件

　　C.电子邮件服务软件　　　　　　　D.应用软件

30.下列有关 IE 浏览器的叙述,不正确的是：（　　）

　　A.单击左上角的"后退"按钮,回到刚刚浏览过的网页

　　B.单击左上角"前进"按钮,是"后退"的反操作

　　C.单击"选项卡"列表作右侧的"选项卡",会打开默认的网页

　　D.单击地址栏右侧"刷新"按钮,重新下载当前页面

二、判断题

1.计算机的分布式信息处理是指通过计算机网络将某个任务或任务的一部分传送给比较空闲的计算机去处理。（　　）

2.计算机能直接处理模拟信号。（　　）

3.计算机的数据传输率是指单位时间内传输的二进制数据的字节数。（　　）

4.在数据通信中,信号传输方向为"全双工通信"是指双向传送,能同时进行。（　　）

5.串行数据通信是指一次只传输一个字节。（　　）

6.在数据通信中,"多路复用技术"是指把多个信号组合在一个物理信道上进行传输。（　　）

7.若希望将计算机连接到局域网络上,计算机要配备网卡(网络适配器)。（　　）

8.DDN 业务与传统模拟电话专线不一样,传输数字信号。（　　）

9.Unix 是用于计算机网络的应用软件。（　　）

10. Internet 又称广域网。（　　）

三、思考题

1.计算机网络的主要特点有哪些？

2.计算机网络中常用的有线介质和无线传输介质有哪些？简述它们的特点。

3.什么是网络拓扑结构？计算机网络的拓扑结构分为哪几种类型？

4.简述数据通信中的带宽、传输速率与信道容量的含义。

5.简述数字信号与模拟信号的特点。

6.目前,Internet 提供的服务主要有哪些？

7.解释 WWW、IP、TCP/IP、HTTP、URL、FTP、BBS 的含义。

8.什么是搜索引擎？你是如何在 Internet 上搜索图片和文字资料的？

9.简述电子邮箱中"附件"的用途。如何使用"附件"？

10.如何同时给多个人发送邮件？

第 3 章

Windows 7 操作系统

操作系统是计算机系统必不可缺的一个软件,学习使用计算机首先是从学习使用操作系统开始。Windows 操作系统是微型计算机中使用范围非常广的操作系统。有关操作系统的概念详见第一章相关内容,本章主要介绍 Windows 7 的使用,包括 Windows 7 的基本概念、文件管理、系统设置和系统安全管理等。

3.1 Windows 7 基本概念

本书主要介绍 Windows 7 图形操作系统。由于大多数学生在中学阶段就接触过计算机,本节将对 Windows 7 的主要功能和基本操作进行阐述。

3.1.1 Windows 简介

Windows 是美国微软(Microsoft)公司研制开发的视窗化图形操作系统。它采用了计算机程序设计中面向对象的技术,将操作系统的用户界面从使用字符命令到使用图标、菜单、窗口、对话框这些对象,经历了操作系统从黑白到彩色、视窗命运从黑暗到光明的过程。

1. Windows 发展及产品系列

1970 年,美国 Xerox 公司开始从事图形用户接口和面向对象技术的研究;1981 年,推出世界上第一个商用的 GUI(图形用户接口)系统;1983 年,Apple Computer 公司推出两个 GUI 系统 Apple Lisa 和 Apple Macintosh;1985 年,Microsoft 公司推出 Windows 1.0 版;1990 年,推出 Windows 3.0 并在商业上取得惊人的成功,奠定了 Microsoft 在操作系统上的垄断地位。2009 年,继 Windows XP 后 Microsoft 公司推出 Windows 7,并逐步成为目前主流操作系统

Windows 7 系列操作系统产品有:

- Windows 7 旗舰版(Windows 7 Ultimate)

- Windows 7 企业版(Windows 7 Enterprise)
- Windows 7 专业版(Windows 7 Professional)
- Windows 7 家庭高级版(Windows 7 Home Premium)
- Windows 7 家庭普通版(Windows 7 Home Basic)

Windows 7 旗舰版:拥有 Windows 所有功能的最佳消费者版本,含有商业功能,但不支持企业专用批量激活功能,供电脑爱好者使用。

Windows 7 企业版:针对专职 IT 人员的企业使用的最佳版本,主要供企业用户使用。

Windows 7 专业版:针对小型企业、家庭办公或有特别计算需求的用户所设计的高质量的版本,主要供企业用户使用。

Windows 7 家庭高级版:针对个人消费者的主流操作系统。主要供个人消费者使用。

Windows 7 家庭普通版:针对经济型用户,是中低端电脑的入门级操作系统。主要供个人消费者使用。

2. Windows 7 主要三种版本功能对比

Windows 7 企业版、专业版和家庭高级版是较常用的 3 种版本,表 3.1 给出家庭高级版与专业版功能对比。

表 3.1　Windows 7 家庭高级版与专业版功能对比

关键功能	家庭高级版	专业版
增强的桌面导航使用用户处理日常事务更方便	✓	✓
更快速容易地打开应用程序和找到最常用的文档	✓	✓
使用家庭组,方便地组建一个家庭网络并在电脑之间方便地共享打印机	✓	✓
提供 Windows XP 模式运行 Windows XP 下开发的应用软件		✓
通过"域加入"功能更容易和安全地接入企业网络		✓
在家庭或公司网络上使用"备份"功能可以恢复用户数据		✓
离线文件夹		✓
位置感知打印		✓
远程桌面主机		✓
加密文件系统		✓
通过 KMS 进行"批量激活"		✓

Windows 7 企业版享有七大独有功能,可以很好地帮助大中型企业实现高效、安全、简化的 IT 管理,表 3.2 给出企业版优于专业版的功能。

表 3.2　Windows 7 企业版优于专业版的功能

重要优点	独有功能	企业版	专业版
保持高效工作	DirectAccess	✓	
	Branch Cache™	✓	
更安全更可控	BitLocker™ BitLocker To Go™	✓	
	AppLocker™	✓	

续表

重要优点	独有功能	企业版	专业版
	多语言界面	✔	
简化部署和管理	企业搜索范围	✔	
	虚拟桌面架构	✔	

3. Windows 7 安装、启动与退出

（1）安装

Windows 7 操作系统的安装可以有以下 3 种方式：全新安装、升级安装和多系统共享安装。全新安装，即在没有操作系统的计算机上的安装方式。目前用户购买计算机后，一般商家都预安装好 Windows 7 操作系统。升级安装会覆盖原有的操作系统，将 Windows 系列的低版本操作系统升级为 Windows 7。多系统共享安装是在保留原有的操作系统的同时再安装 Windows 7 操作系统，两个或更多系统共存，互不干扰。

（2）启动

一台计算机安装好操作系统后，打开电源，计算机会自动进入系统启动程序。如果 Windows 不能正常启动或启动后无法正常工作，可以考虑先进入安全模式。在安全模式下，Windows 系统只运行最基本的文件，例如 VGA 监视器、无网络连接、Microsoft 鼠标驱动程序、基本视频、默认系统服务以及启动 Windows 所需的最低设备驱动程序等。如果是因为计算机染上病毒无法正常启动，可以在安全模式下运行杀病毒软件。如果改变了系统的设置或安装新的软件后，系统仍无法正常工作，也可以在安全模式下改变计算机的设置或删除引起问题的软件。

（3）退出

Windows 7 是一个多任务的操作系统，通常前台和后台会同时运行多个程序，如果用鼠标左键单击 开始按钮，选择"　关闭　"，则 Windows 7 会给出提示："还需要关闭 X 个程序"，在窗口底部也给出"强制关机"和"取消"两个按钮供选择；将鼠标移到"　关机　"按钮旁，则会出现"切换用户"、"注销"、"锁定"、"重新启动"、"睡眠"供选择。

3.1.2　Windows 桌面组成

"桌面"即为整个屏幕，也就是显示窗口、图标、菜单和对话框的屏幕工作区域，桌面上的元素包括桌面图标、"开始"菜单、任务栏。"开始"菜单和任务栏在默认情况下出现在桌面最下端的一个较小矩形条状区域。

"开始"菜单是用户选择任务进行操作的途径之一。用户打开"开始"菜单可以访问计算机上最有用的和最常用的任务。

任务栏包括四个区域，从左至右依次为："开始"菜单按钮、快速启动区域、任务栏区域和通知区域。

由于 Windows 7 的窗口、菜单和对话框与早期版本没有大的区别，这里不再赘述，需要了解的读者可参考早期版本教材，本书主要讲解 Windows 7 的特色和亮点。

3.2　Windows 文件管理

对文件管理可以利用桌面的"计算机"图标，也可以利用"资源管理器"。本节主要针对日常办公中经常遇到的文档管理进行讲解。

3.2.1　资源管理器简介

"资源管理器"与"计算机"都是管理文件的工具。从 WindowsXP 开始，将"资源管理器"和"计算机（XP 中称为"我的电脑"）"这两种管理工具之间的差别缩小，下面以"资源管理器"为例进行介绍。

1. 启动资源管理器

启动资源管理器常用的方法有以下几种：

方法 1：鼠标右击"开始"按钮，在弹出的快捷菜单上选择"打开 Windows 资源管理器"即可。

方法 2：双击"桌面"上"计算机"，即可进入。

"资源管理器"窗口分左、右两个窗格，如图 3.1 所示，左窗格可以选择显示"文件夹"树信息，右窗格显示当前"文件夹"的内容。用鼠标拖动左、右窗格之间的分隔线可改变两个窗格的大小。窗口上方显示当前文件夹的名字和"搜索"键入栏。

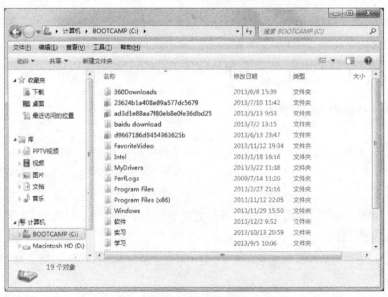

图 3.1　资源管理器

2. "资源管理器"的组成及功能

"资源管理器"菜单栏中的菜单有文件、编辑、查看、工具和帮助,状态栏处于窗口下方,命令列表是动态的,即在不同的状态下命令列表有所不同。

用"资源管理器"和"计算机"可以显示计算机上的驱动器、文件夹和文件的分层结构,可以搜索、打开、复制、移动和重新命名文件(夹)等。如果当前计算机连接在局域网上,还可以查看"网上邻居"(映像到当前计算机上的所有网络驱动器名称等)、共享网上的资源以及管理网上的资源等。

3.2.2　快速打开或管理常用文件(夹)或程序

日常工作或学习中,总有很多文档要处理,很多程序要打开,Windows 7 有如下解决方案。

1. 任务栏缩略图

将鼠标滑动到任务栏的图标上,无论是网页、文件夹、程序窗口……都会以缩略图的形式一字排开,当鼠标在其中的一个缩略图上暂停,该窗口会突出显示,确定要找的窗口,这样就可以很容易找到所需要的窗口,如图 3.2 所示。

图 3.2　窗口下方的任务栏缩略图

通过缩略图可直接关闭窗口：只要将鼠标移动到相关缩略图上，单击关闭按钮就可以了，如图 3.3 所示。

图 3.3   利用任务栏缩略图关闭窗口

针对特定程序任务栏缩略图还有更加方便的功能，比如：任务栏缩略图中可以实时播放 Media Player 中的视频，还能直接控制影音文件的播放、暂停、前进、后退，如图 3.4 所示。

图 3.4   控制影音文件

2. 任务栏日常工作锁定

在 Windows 7 中，用户可以很方便地把常用的程序锁定到屏幕下方的任务栏上，以后每次打开电脑，这个程序的图标都会在任务栏的固定位置出现，随时可以轻松调用。

方法 1：单击"开始"菜单，在程序列表里找到想要锁定的程序，在该程序图标上一直按住鼠标左键，将图标从开始菜单拖拽到任务栏，看到出现"附到任务栏"字样时，松开鼠标左键，该程序即被锁定到任务栏，如图 3.5 所示。

方法 2：单击"开始"菜单，在程序列表里找到想要锁定的程序，单击启动程序。将鼠标移动到任务栏该程序的图标上，右击，在弹出的菜单中选择"将此程序锁定到任务栏"，如图 3.6 所示。

图 3.5　程序锁定到任务栏 1　　　　　　　图 3.6　程序锁定到任务栏 2

3. 跳转列表

Windows 7 提供的跳转列表(jump list)功能不仅可以将常用的文件锁定在跳转列表顶端,方便随时调用,而且还可以迅速找到最近使用的文件,无需按照保存路径一步步单击查找。

(1)打开跳转列表

打开跳转列表的方法有如下两种:

方法 1:右击任务栏上的程序图标,就会弹出 Windows 7 特有的跳转列表。在跳转列表中会列出最近使用的文档,针对该程序可以执行的常用任务,还可以把常用的文件锁定在列表里,如图 3.7 所示。

方法 2:在"开始"菜单中单击程序右侧的小箭头,也可以弹出相应程序的跳转列表,如图 3.8 所示。

图 3.7　打开跳转列表的方法 1　　　　　　图 3.8　打开跳转列表的方法 2

(2)锁定常用文件

锁定常用文件方法也有两种：

方法 1：将鼠标移至跳转列表中相应锁定的文件名上，单击右侧出现的图钉按钮"锁定到此列表"，就可以将其固定在跳转列表顶端了，如图 3.9 所示。

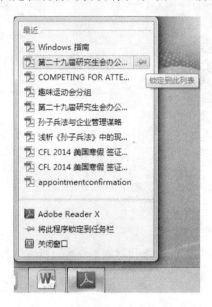

图 3.9　锁定常用文件方法 1

方法 2：用鼠标按住桌面上方文件夹中的常用文件，一直拖拽到任务栏上，然后放开鼠标，Windows 7 就会自动将该文件所属的程序锁定在任务栏，并将此文件锁定在该程序的跳转列表顶部，如图 3.10 所示。

图 3.10　锁定常用文件方法 2

　　想要取消已经锁定的内容,只要打开该程序的跳转列表,在顶端"已固定"区域中,将鼠标移至想取消锁定的文件名上,单击右侧出现的图钉按钮"从此列表解锁",该文件就会从跳转列表的固定项中移除,如图 3.11 所示。

　　跳转列表的其他功能还包括新建文件、将程序锁定在任务栏、关闭所有窗口,见图 3.12 下方三行。

　　①新建文件:直接创建或打开一个新的工作窗口,比如:单击图 3.12 下方的"Microsoft Office Word 2010",将直接创建一个新的 Word 文档。

　　②将程序锁定在任务栏:单击图 3.12 下方的"将此程序锁定到任务栏",可将常用程序直接锁定在任务栏上,这样每次打开电脑,这个程序都会在任务栏出现。

　　③关闭所有窗口:单击图 3.12 下方的第三行"关闭所有窗口"可以将该程序已经打开的缩影窗口统统关掉,不用再一个窗口一个窗口地关闭。

　　此外,不同情形下定制的跳转列表可以帮助用户进行快捷操作和管理。

　　①管理常用文件夹:常用文件夹也可以通过资源管理器(Windows 7 中默认锁定在任务栏)的跳转列表进行方便的管理,如图 3.13 所示。

　　　　图 3.11　取消锁定　　　　　图 3.12　关闭所有窗口　　　图 3:13　管理常用文件夹

　　②启动隐私模式:IE 8 定制的跳转列表除了可以快速进入常去的网站,还可以方便地启动隐私浏览(InPrivate 浏览)模式,如图 3.14 所示。

　　③播放上次的音乐列表:Windows Media Player 定制的跳转列表可以快速播放上次的音乐列表,如图 3.15 所示。

图 3.14　启动隐私模式

图 3.15　播放上次的音乐列表

4. 文件预览

Windows 7 的文件预览可以实现"透视眼"功能。无需打开文档，只要用鼠标单击选择相应的文件，无论是 Office 文档，还是视频、照片都可以在预览窗格内实时预览，直观又快速，如图 3.16 所示。

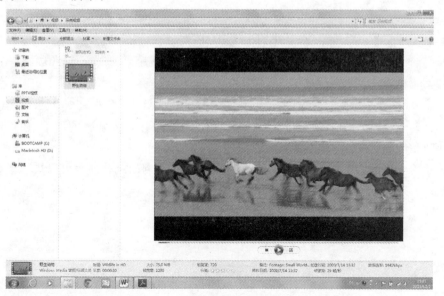

图 3.16　文件预览

在任意文件夹下单击右上角的预览窗格按钮,或用快捷键【Alt】+【P】即可开启(或关闭)预览窗格功能(注:此功能需要文件格式的支持)。

5. 文件(夹)管理新功能——库

用 Windows 7 中的一个新概念"库"就可以把存放在电脑中不同位置的文件夹关联到一起。文件夹关联到库中不会占用额外的存储空间,就像桌面的快捷方式,为用户提供一个方便查找的路径。同时关联以后用户无需记住所有存放的文件夹的详细位置,随时就可轻松查看管理文件。

添加选中的文件夹到库中有如下两种方法:

方法 1:从库的位置中添加文件夹。打开任务栏中的 Windows 资源管理器,就可以看到不同的库了。默认情况下,有四个不同类型的库(见图 3.17)。用户可以根据文件夹不同的类型来选择需要关联的库。

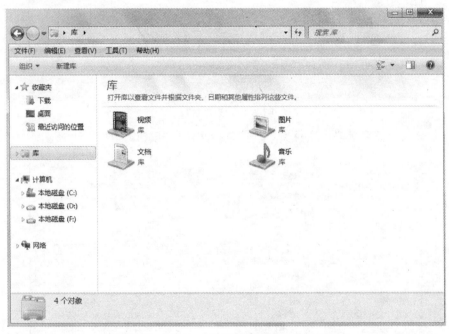

图 3.17　Windows 7 资源管理器中的四个库

例如,用户希望将 D 盘中存放工作文档的文件夹关联到文档库中,可以先打开"文档库",再单击文档库名称下方的"2 个位置"(位置的数量以本库内已经关联的文件夹数来决定),会弹出一个新窗口(见图 3.18)。窗口中列出了目前该库中已经关联的文件夹及其路径。单击右侧的"添加"按钮,进入如图 3.19 所示的窗口。

图 3.18　添加窗口

选中 D 盘中需要关联的文件夹，单击"包括文件夹"按钮，如图 3.19 所示。

图 3.19　选中要关联的文件夹

自动回到库位置的窗口，可以发现文件夹已经被关联至文档库中，单击"确定"（见图 3.20）即可。

图 3.20　确定关联

　　方法 2：用户还可以直接打开需要关联的文件夹，单击资源管理器左上方的"包含到库中"，在下拉菜单中选择具体的库就可以了。

　　除去默认的四个库以外，用户还可以自行创建新库。只需要在库的目录下单击窗口左上方的"创建新库"（见图 3.21），或是在库的目录下右击，在菜单中选择"新建"，再单击"库"，这样就可以添加新库了（见图 3.22）。如果用户希望删除已经关联到库中的文件

图 3.21　创建新库 1

夹,可以在资源管理器其名称上(如:公用文档)右击,在下拉菜单中选择"从库中删除位置"(见图 3.23)。此操作只是删除该文件夹与库的关联,所以不必担心原文件夹和其中的文件丢失。

图 3.22　创建新库 2

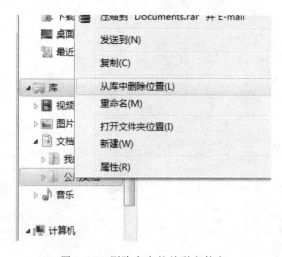

图 3.23　删除库中的关联文件夹

6.快捷窗口操作

Windows 7 通过引入一些炫丽个性的新功能,为用户提供全新的,更具有灵活性的方法实现电脑操作。比如,以更直观、更酷的方式来查看窗口;通过富有特色的鼠标拖拽功能和 Aero 效果,让窗口智能缩放等。

(1)3D 窗口显示

Windows 7 通过三维窗口显示效果让用户对当前所打开的程序和文件一览无遗,随时切换到所需窗口,如图 3.24 所示。

操作 1:通过快捷键【Windows】+【Tab】即可开启 3D 窗口显示功能。

①按住【Windows】键,不断按下【Tab】键,即可不断切换至下一窗口;

②松开【Windows】键,即可回到最前端的窗口。

操作 2:通过快捷键【Windows】+【Ctrl】+【Tab】,可以实现 3D 窗口显示效果并锁定画面,即使松开"Windows"键也可保持 3D 显示效果(此方法可用于截屏)。

注意:此功能在 Windows 7 家庭普通版以外的版本中均可实现。

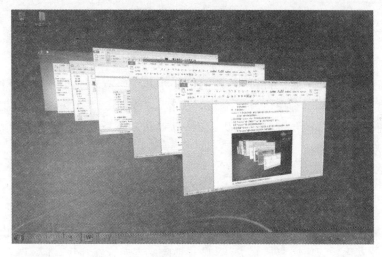

图 3.24　3D 窗口显示

(2)晃晃窗口整洁桌面

当在桌面上同时显示了若干个窗口时,利用 Windows 7 Aero 晃动功能,可以使屏幕上的其他所有窗口都会最小化到任务栏,屏幕瞬间变清爽,如图 3.25 所示。

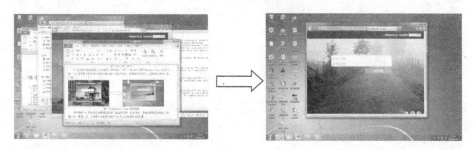

图 3.25　Windows 7 Aero 晃动功能

具体操作为:用鼠标点住要保留的那个窗口的顶端,左右晃动,其他的所有窗口就会立刻最小化。再晃一下,已经最小化的那些窗口又会马上出现在原来的位置。

(3)Aero 桌面透视

利用 Windows 7 Aero 桌面透视功能,可以完全不用理会当前屏幕上打开的诸多窗口,一键轻松透视,快速查看桌面。

Windows 7 将"显示桌面"按钮独立设置在任务栏的最右侧(右下角灰色的矩形按钮),只需将鼠标移动到该按钮上,所有已经打开的窗口就会变透明,无需任何单击就可查看桌面(见图 3.26)。而当鼠标挪开时,所有窗口就会自动恢复原状。要切换到桌面,只需单击该按钮。

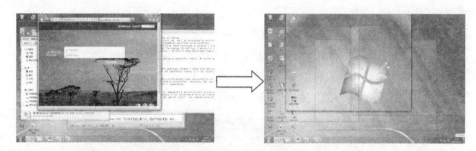

图 3.26　Windows 7 Aero 桌面透视

Aero 桌面透视快捷键:【Windows】＋【D】,可以将所有窗口最小化,轻松切换到桌面;再次按下这两个键,所有窗口就又会恢复如初。"Windows＋空格",可以将所有窗口透明化,快速显示桌面;松开键盘,窗口又会恢复如初。注意:此功能在除 Windows 7 家庭普通版以外的版本中均可实现。

(4)智能化窗口缩放

利用 Windows 7 智能窗口缩放功能,通过简单的鼠标拖拽实现窗口放大和两个窗口的并排显示,轻松进行校对和编辑。

①窗口最大化:用鼠标点住窗口顶端,拖动窗口轻轻碰一下屏幕顶端并松开鼠标,窗口就会瞬间最大化。若想恢复原来大小,只需再向反方向轻拖窗口,如图 3.27 所示。

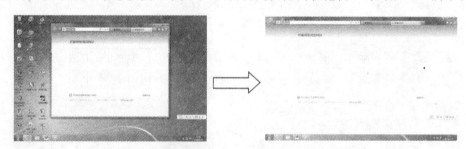

图 3.27　Windows 7 窗口最大化

②窗口并排显示:用鼠标点住窗口顶端,拖动窗口轻松向屏幕左侧一碰并松开鼠标,窗口就会立刻在左侧半屏显示。若想恢复原来大小,只需再向反方向轻拖窗口,如图 3.28 所示。

图 3.28　Windows 7 窗口并排显示

(5)快捷键

表 3.3 为窗口、桌面及其他操作常用快捷键,供用户使用参考。Windows 7 还提供任务栏快捷键,有兴趣的用户可参阅 Windows 7 使用指南。

表 3.3　常用快捷键

窗口/桌面快捷键		其他功能快捷键	
Windows＋↑/↓	最大化/最小化窗口	Windows＋P	打开"外接显示"设置面板
Windows＋←	窗口贴向桌面左侧	Windows＋＋	打开放大镜工具,放大内容
Windows＋Shift＋←/→	跨显示器左/右移窗口	Windows＋－	使用放大镜放大后缩小内容
Windows＋空格	透明化所有窗口查看桌面	Windows＋X	打开"移动中心"设置面板
Windows＋D	最小化所有窗口查看桌面	Windows＋E	打开资源管理器
Windows＋Home	突出显示当前窗口	Alt＋P	显示或关闭文件预览框

3.2.3　磁盘文件管理与工具

1. 文件多选功能

通过设置在文件前增加勾选框,就可以对多个文件进行勾选操作,方便对文件进行复制和选择。

在"开始"菜单中(或桌面上)打开"计算机"界面,单击"工具"打开菜单并选择"文件夹选项",如图 3.29 所示。

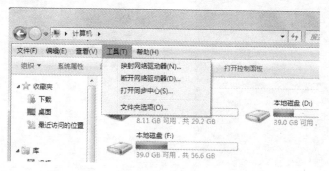

图 3.29　在"工具"菜单中选择"文件夹选项"

选择"查看",在选择列表中选择"使用复选框以选择项"并勾选,单击"应用"或"确定",如图 3.30 所示。勾选所需要的任意位置的文档,如图 3.31 为勾选文档库中的文件夹。

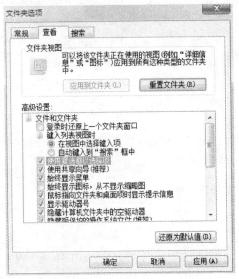

图 3.30 "文件夹选项"卡

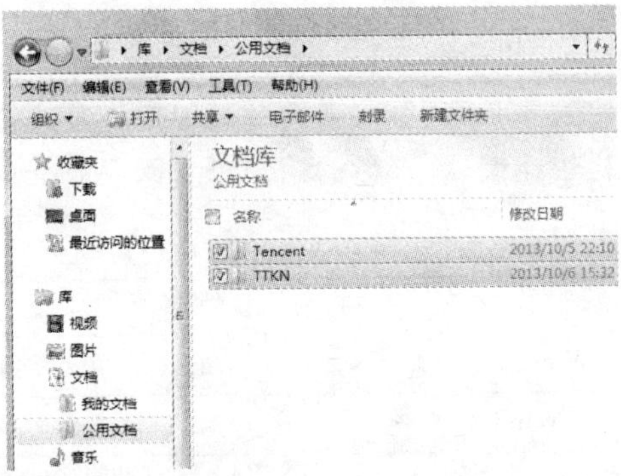

图 3.31 勾选文档库中的文件夹

不仅文件夹的文档可以添加复选框,桌面上任意位置的文件也可以同时进行勾选操作,如图 3.32 所示。

2. 快速查看磁盘使用情况

在 Windows 7 中,通过蓝色汞柱方式呈现的磁盘使用状况查询方式,可以使用户更加直观、便捷地了解每个磁盘区域的使用空间和剩余空间状态,见图 3.29 中的本地磁盘(D:)和本地磁盘(F:)。

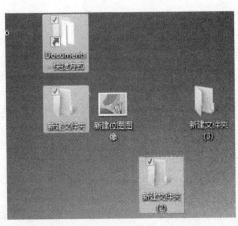

图 3.32 勾选桌面上的文件夹

图 3.33 文件重命名

3. 文件快速重命名

在 Windows 7 中,当用户针对某个文件进行重命名操作的时候,系统会自动过滤每个文件的后缀,只将文件后缀之前所有的文字选中,避免重复操作或因文件后缀被删除而导致文件无法读取的情况产生,如图 3.33 所示。

4. 文件快速搜索

Windows 7 提供无处不在的即时搜索功能,无论是程序、文档、邮件、音乐、照片,甚至是控制面板里的系统设置,只要在搜索框中输入对应关键字,即可快速找到,无需再花费大量的时间去查看若干个文件夹和子文件夹。

(1)"开始"菜单搜索

单击"开始"按钮,在底部的搜索框内输入关键词,电脑中符合条件的搜索结果会按分类即时出现。用户可以单击其中的一项分类,查看该分类下的所有搜索结果,或单击"查看更多结果",如图 3.34 所示。

图 3.34　开始菜单搜索结果

(2)文件夹搜索

如果要针对某一个特定的文件夹进行搜索,只要在文件夹右上方的搜索框中输入关键词,有关的搜索结果会马上被筛选出来,并且关键词会被高亮显示,如图 3.35 所示。

图 3.35　搜索结果显示

当在文件夹搜索框中输入关键词时,在搜索框的下方会出现可添加的搜索筛选器(见图 3.36),如:种类、修改日期、大小等,单击所需筛选器(如单击修改日期,则出现图 3.37 所示的界面),就可以查找到更精确的搜索结果。

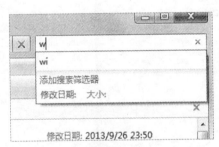

图 3.36　文件夹搜索框中键入出现　　　　　图 3.37　添加"修改日期"搜索筛选器
　　　　"添加搜索筛选器"

如果没有想要的搜索结果,还可以尝试在库、计算机、其他自定义搜索位置或 Interent 中重新搜索。

用户还可以为经常要搜索的文件夹建立索引,加快搜索效率。方法如下:

① 单击"开始"按钮,然后单击"控制面板",打开"索引选项"。在搜索框中,键入索引选项,然后单击"索引选项"。

② 单击"修改"。

　　③ 若要添加或删除位置,请在"更改所选位置"列表中选中或清除其复选框,然后单击"确定",见图 3.38。

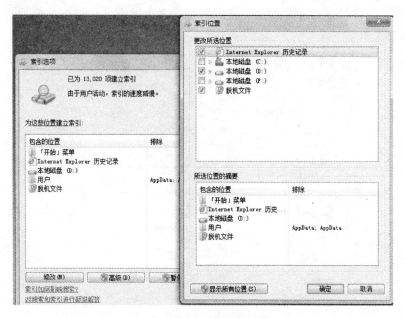

图 3.38　为搜索文件夹建立索引

　　如果在列表中没有看到计算机上的索引位置,请单击"显示所有位置"。如果系统提示你输入管理员密码或进行确认,请键入该密码或提供确认。

　　注意:如果希望包括某个文件夹但不包含其全部子文件夹,请单击该文件夹,然后清除不希望建立索引的任何子文件夹旁边的复选框。所清除的文件夹将出现在"所选位置的摘要"列表的"排除"列中。

　　(3)控制面板搜索

　　如果不知道某个系统设置在哪里,可以直接在控制面板右上方的搜索框中输入关键字进行搜索,如图 3.39 所示。

图 3.39　控制面板搜索

　　隐身的"向上"返回按钮：在 Windows 7 中用户将不用再反复单击"向上"按钮来一步步进行返回操作，在打开窗口中的地址栏里就可以看到文件的路径（见图 3.40，单击本地磁盘（C:）后即出现目录），只需要点击返回的目录名称就直接快速返回到之前的任何一个目录，如图 3.40 所示。

图 3.40　"向上"返回操作

5. 桌面小工具

　　Windows 7 提供了丰富的桌面小工具，除了词典、日历、计算器，还有股票行情、天气预报等日常常用工具，用户还可以根据个人的爱好和需要将功能安置到桌面上，便于随时访问。

　　①在桌面空白处右击，在菜单中单击"小工具"，即可打开小工具窗口，如图 3.41 所示。

　　②在窗口中选择需要的小工具，鼠标双击或者直接拖动到桌面上松开。用鼠标点中桌面的小工具并拖动它，就可以将小工具摆放在桌面的任意位置，让桌面更显个性。还可以单击小工具窗口右下角的"联机获取更多小工具"，在微软的官方网站上免费下载更多小工具，如图 3.42 所示。

图 3.41　右击桌面选定"小工具"

图 3.42　小工具窗口

6. Windows 移动中心

　　"Windows 移动中心"针对移动办公的特点,将显示器亮度、声音、电源、无线连接、投影仪及同步等常用设备集中在一起,方便快捷地在同一界面上进行设置。

　　使用快捷键【Windows】+【X】即可打开 Windows 移动中心的设置面板。

　　在 Windows 7 移动中心(见图 3.43),不仅可以方便地查看并设置显示器亮度、声音、电池状态和无线网络状态,而且还可以进行 PPT 演示之前的设置。在未进行 PPT 设置之前,PPT 演示过程中可能会不时有"在线信息","系统更新信息"或"个人即时对话信息"在演示过程中弹出。PPT 演示之前的设置方法如下:

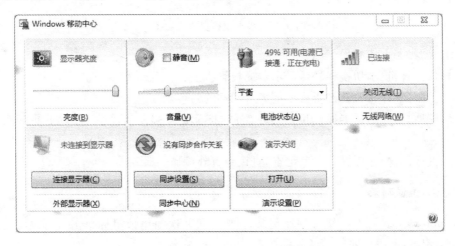

图 3.43　Windows 移动中心设置面板

　　①打开"移动中心",可以看到演示设置默认为"演示关闭"状态,如图 3.43 所示。

　　②单击"打开"按钮。将演示设置中的关闭状态更改为"演示中"状态,如图 3.44 所示。

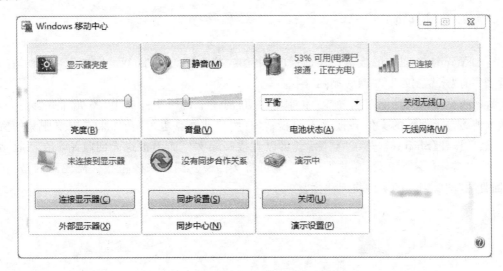

图 3.44　演示设置关闭状态更改为"演示中"

设置结束之后,演示 PPT 的时候将不会再有即时信息提示框弹出。

注意:此功能只有在笔记本设备上才可以使用。

7. 快速切换投影

按下【Windows】+【P】键,即可在多种投影仪方式中随意切换,如图 3.45 所示。

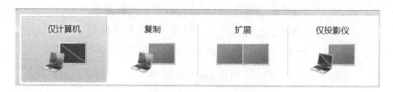

图 3.45   多种投影仪方式切换

不同的投影方式有如下四种:

(1)仅计算机:不切换到外接显示器或投影机上。

(2)复制:在计算机和投影机上都显示同样的内容。

(3)扩展:增加笔记本显示屏的显示空间,把笔记本显示屏变大,可以放更多窗口在桌面。

(4)仅投影仪:你可以合上笔记本,直接查看外接显示器。

8. ISO 镜像刻录

Windows 7 支持 ISO 镜像快速刻录,只要通过几次简单地鼠标单击就可以实现进行 ISO 镜像刻录,无需再安装刻录软件。

①选择需要刻录的 ISO 文件,右击,在弹出的菜单中选择"刻录光盘映像"。

②在"Windows 光盘映像刻录机"窗口中选择刻录光盘的驱动器,并在光驱中放置一张光盘,单击"刻录",系统将会自动进行操作。

3.2.4   回收站

和 Windows 以前的版本一样,回收站中存放被删除的文件,Windiws 7 对回收站的管理仍有"恢复删除"和"彻底删除"两种。

回收站中的文件保存在硬盘(本地或移动)的一个特殊文件夹中,关机后不会消失。从本地磁盘上删除的文件会被放入回收站(有些移动硬盘也可)。如果右击要删除的文件,然后按住【Shift】键,单击"删除"就可以直接删除文件而不被送入回收站。在回收站中,右击需要恢复的文件,单击"还原",即可将文件恢复到原来的位置。需注意的是:在"回收站"彻底删除的文件将无法恢复。

3.3　Windows 系统设置

1. 设备和打印机

利用"设备和打印机"界面,用户可以一站式访问所有连接的设备和无线设备并与其进行交互。使用 USB、蓝牙或 Wi-Fi 可以将设备连接到电脑,简单的"向导"指导用户完成安装。

无论以何种方式连接设备,Windows 7 都可识别该设备,并且尝试自动下载、安装该设备所需的任何驱动程序。大多数设备可直接使用而无需安装任何其他软件。设备连接后,将显示在"设备和打印机"文件夹中,用户可以访问需要执行的主要任务,如自定义鼠标或 Web 摄像头设置。具体步骤如下:

①单击"开始"按钮,选择右侧菜单中的"设备和打印机",打开"设备和打印机"界面。

②"设备和打印机"界面将以实物缩略图的方式显示 USB 设备、移动设备、数码产品、打印机、相关硬件等,可以方便地了解硬件设备状态,如图 3.46 所示。

③在很多情况下,设备将显示为实际设备的一个图片。右击设备图片,会弹出该设备的管理菜单,在该菜单中可以进行相应的设置。

图 3.46　设备和打印机窗口

2. 网络和共享中心

"网络和共享中心"是将与网络相关的设置集中在一起的窗口式管理界面,所有正在连接的网络属性、新的网络连接、家庭组以及共享选项等各种设置都可以在这里完成。这对于在外出差或办公的用户来说,设置网络连接就变得更加简单便捷。

①点击右下角通知区域的网络图标,在弹出菜单中单击"打开网络和共享中心",如图3.47 所示。

②进入"网络和共享中心"界面,查看网络连接状态,或设置新的网络连接。

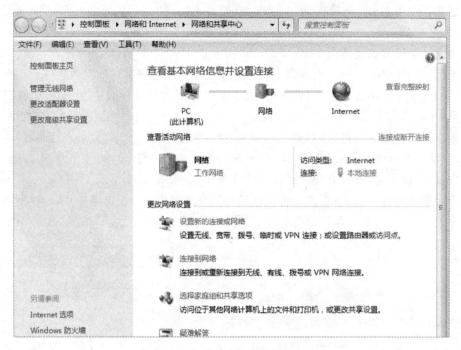

图 3.47　网络和共享中心

3. 用户账户控制

Windows 7 的用户账户控制(UAC)有助于防止对计算机进行未经授权的更改,它能够在软件想要对于系统进行更改时"通知"用户,并使用户有机会来阻止这种情况。当用户尝试执行需要管理权限的某些操作(例如,安装软件或更改影响其他用户的设置)时,Windows 将要求操作者具备相应的权限。这有助于防止恶意软件被安装到计算机上,最大程度地减少了对 Windows 设置进行更改。

在 Windows 7 中,UAC 更为人性化,只有较少的操作系统应用程序和任务需要提升权限,用户对许可提示行为具有更大的控制权,从而减少对用户的干扰。

①通过控制面板,单击"用户账户",然后单击"更改用户账户控制设置",打开如图3.48 所示的对话框。

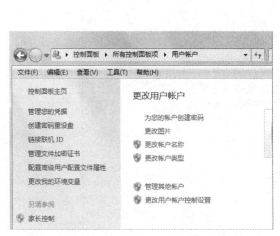

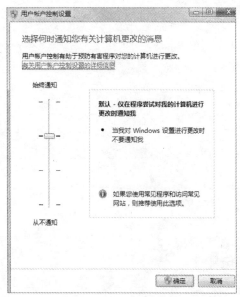

图 3.48　用户账户对话框　　　　　　　　图 3.49　UAC 设置窗口

②在 UAC 设置窗口中,可通过鼠标滑动选择不同安全级别。一般来说,选择默认值就可以。

注意:当电脑在用户不知情的情况下被安装恶意程序或被篡改设置的时候,就会有安全提示框弹出,提醒用户进行再次确认。而用户通过调整 UAC 通知频率,提示框的弹出次数就会有所改变,即可以控制动不动有窗口弹出,又能够提供足够有效的安全提示。

4. 位置感知打印

因为办公网络环境的变化,外出办公人员常常使用笔记本等移动设备办公,往往需要设置和选择不同相应环境下的打印机。通过 Windows 7 的位置感知打印功能,用户可以在连接到不同网络时,系统自动选择相应默认的打印机。所以,在办公室时,Windows 7 自动使用办公室的打印机,而在家里时,Windows 7 将会自动选择使用家里的打印机。

①在"开始"菜单上单击"设备和打印机",打开"设备和打印机"界面,如图 3.46 所示。

②单击一台打印机,然后在工具栏上单击"管理默认的打印机",进入"管理默认的打印机"对话框。

③在"管理默认的打印机"对话框(见图 3.50)中单击"更改网络后更改默认打印机",在"选择网络"列表中,单击当前所属网络,同时在"选择打印机"列表中,单击对应的默认打印机并单击"添加"。对于设置好的打印机,当处于相应网络环境时,就可以看到当前系统默认的打印机设置已经以绿色✓标记显示。

④如果"不"希望 Windows 在位置移动后更改默认打印机设置,请在"管理默认打印机"对话框中单击"始终将同一打印机用作我的默认打印机",然后单击"确定"。

如果希望"管理默认打印机"对话框中显示一个无线网络,则需要成功连接到该无线网络至少一次。

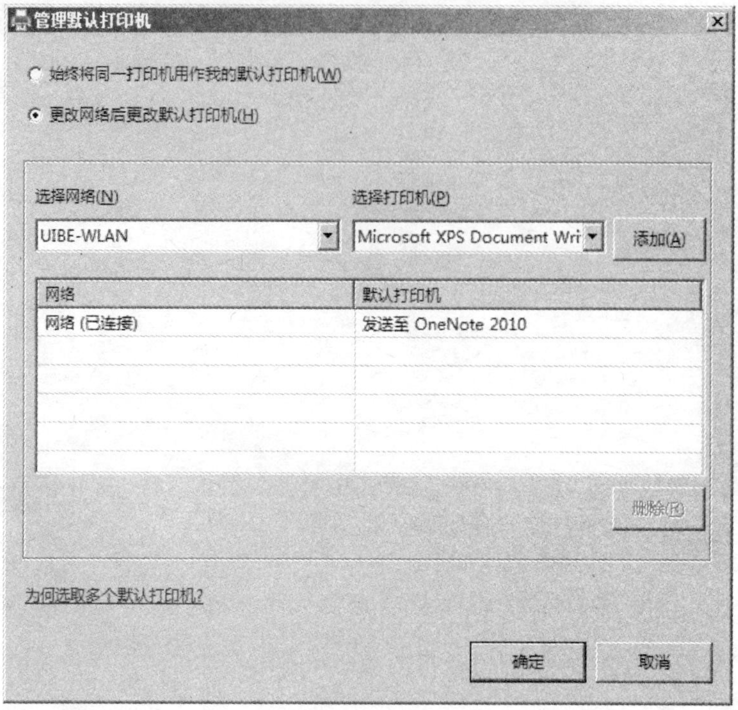

图 3.50　管理默认打印机对话框

3.4　Windows 系统安全管理

3.4.1　加密和保护

1. 文件(夹)加密和保护

商业信息和数据的安全对于企业来说是至关重要的。在日常的工作中,人们经常会遇到各种关于数据安全的问题,例如:设备丢失、误操作、系统损坏等,这些都可能导致信息的泄露和丢失,让企业遭受损失。但是如果通过对文件以及硬盘设备加密则可以避免这些问题的发生。

对文件和文件夹进行加密的步骤如下:

①选中需要加密的文件或文件夹,右击选择"属性",然后选择右下角的"高级"选择,在弹出的对话框中勾选"加密内容以便保护数据"选项,最后单击"确定",如图 3.51 所示。

②单击"应用"按钮,然后在弹出的对话框中勾选"只加密文件"或"加密文件及其文件夹",最后单击"确定"按钮,如图 3.52 所示。

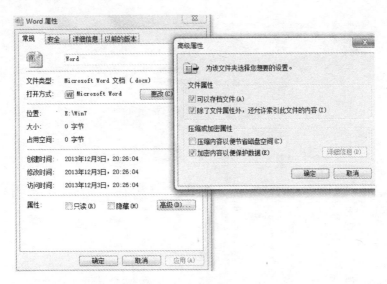

图 3.51　文件属性中选"高级属性"

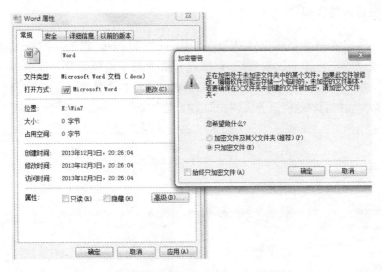

图 3.52　应用确定后出现"加密警告"

③对于已经加密过的文件或文件夹,文件名会显示为绿色,表示加密成功,当切换其他的用户名登录该电脑或将已加密文件拷贝到其他的电脑后,则无法查阅该文件,如图3.53 所示。

④备份 EFS 密钥。当第一次使用文件加密功能,系统会提示备份密钥(见图 3.54),如果遇到系统重装,则需要通过该密钥来打开加密的文件,因此 EFS 密钥的备份非常重要,建议备份文件加密证书和密钥。

文件加密功能可以防止别人查看受保护的文件或文件夹,如果要解除加密。则只需对"加密内容以便保护数据"选项解除勾选即可。Windows 7 专业版及以上的版本可以支持 EFS 功能。

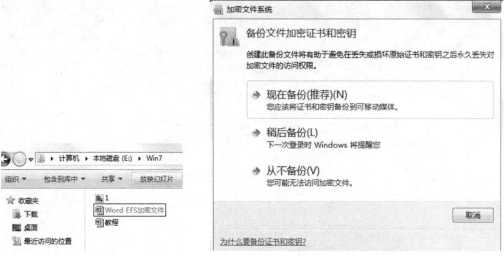

图 3.53　加密完成　　　　　　　　　　图 3.54　备份 EFS 密钥

2. 本地磁盘加密和保护

Windows 7 企业版和旗舰版可以支持 BitLocker 功能,受到 BitLocker 保护的设备可以确保只有授权的用户才能读取数据;即使计算机中的本地硬盘被单独取出,也无法在其他的计算机上读取。这样就可以更好、更有效地保护硬盘中的数据。具体操作步骤如下:

①选择需要加密的本地硬盘分区,右击,选择"启用 BitLocker(B)"功能,如图 3.55 所示。

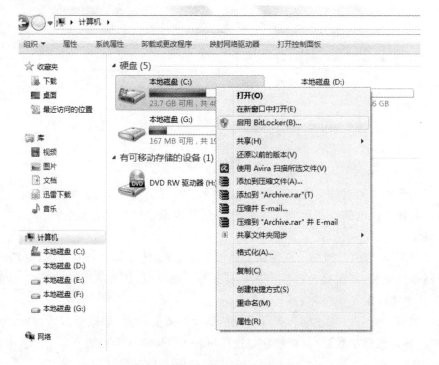

图 3.55　选择需要加密的硬盘并启用 BitLocker(B)

②在弹出的对话框(见图3.56)里面勾选"使用密码解锁驱动器",然后输入自定义密码,再单击下一步。

图3.56　BitLocker对话框1

③在弹出的对话框(见图3.57)中,选择"将恢复密钥保存到文件",然后选择密钥保存的位置,再次点击下一步,启动BitLocker加密。

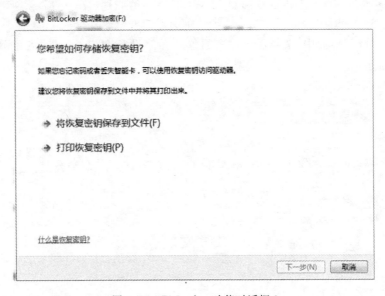

图3.57　BitLocker功能对话框2

④加密成功后,再次读取该硬盘分区时,系统将会提示用户输入用户名和密码(见图3.58)。

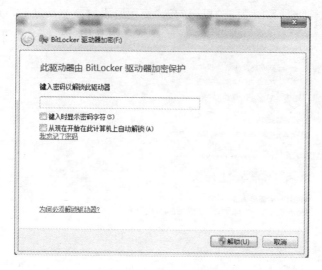

图 3.58　BitLocker 对话框 3

3. 移动磁盘加密和保护

Windows 7 中的 BitLocker To Go 功能将 BitLocker 加密功能延伸到了移动存储设备，即使设备丢失或被盗，也能很好地保护这些数据的安全。Windows 7 中的移动磁盘加密功能可以允许拥有授权的用户在运行 Windows XP SP3 或 Vista SP2 的计算机上查看该移动设备上的信息，但无法进行编辑。需要注意的是：只有 Windows 7 企业版和旗舰版可以支持 BitLocker To Go 功能。具体操作步骤如下：

①在"计算机"界面中，选择需要加密的移动存储设备，右击，选择"启用 BitLocker"，如图 3.59 所示。

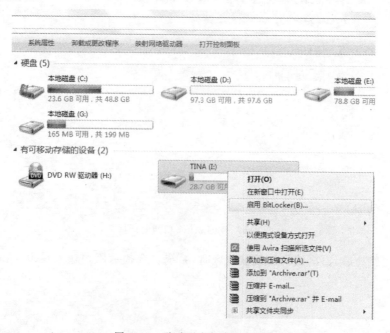

图 3.59　移动磁盘加密和保护

②在弹出的对话框里面勾选"使用密码解锁驱动器",然后输入自定义密码,再单击下一步(类似图 3.56)。

③同样类似于 BitLocker 功能,在弹出的对话框中,选择"将恢复密钥保存到文件",然后选择密钥保存的位置,再次单击下一步,启动 BitLocker 加密(类似图 3.57)。

④加密成功后,再次读取该移动设备时,系统将会提示输入用户名和密码(类似图 3.58)。

3.4.2　系统安全与恢复

1. Windows 7 操作中心

"操作中心"是 Windows 7 新增的功能,在一个界面中集中管理有助于保持计算机顺畅运行的任务和通知。Windows 7 的"操作中心"主要由两大部分组成,分别是"安全监控中心"和"日常维护中心"。

Windows 7 操作中心的"安全"功能区加强了对病毒和恶意软件的查杀和监控,"维护"功能区则集成了系统更新、错误报告、设置备份三个组件,更加方便了用户的操作。同时,用户还可以通过更改操作中心的设置(见图 3.60),帮助检查计算机中多个与安全和维护相关的项,提升计算机的总体性能。

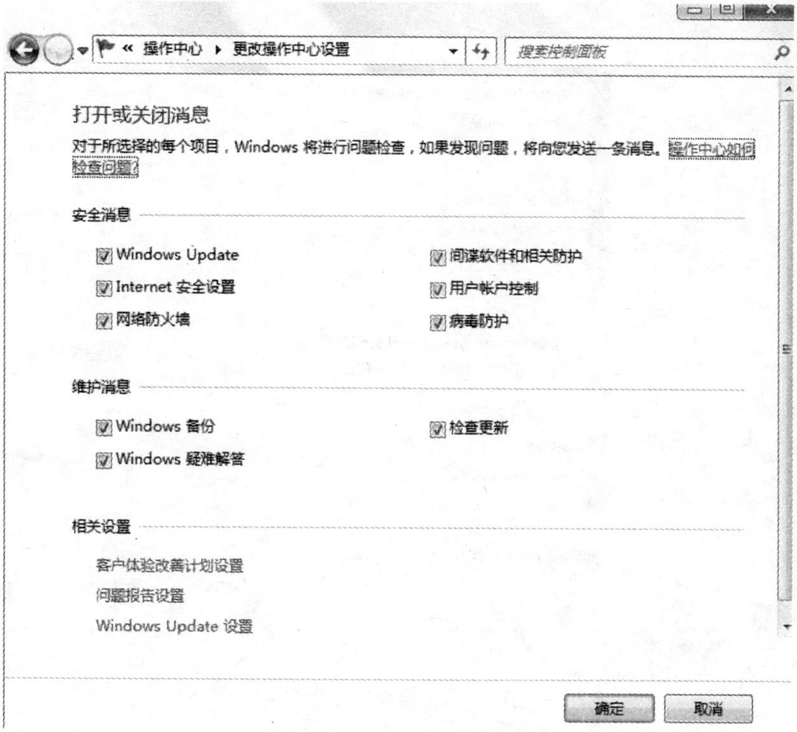

图 3.60　操作中心设置更改

①如果系统确实存在问题，在屏幕右下角可以看到一个带有红色⊗号的旗状图标。

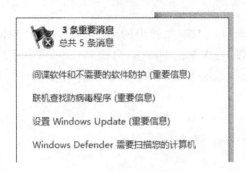

图 3.61　系统出现问题图标

②单击旗状图标，打开"操作中心"，可以在窗口的最顶端看到类似"操作中心已检测到一个或多个文件供您审核"这样的提示。同时，会提示用户如何改进系统安全。操作中心列出了需要用户注意的有关安全性和维护设置的重要消息。操作中心的红色项目标记为"重要"，表示应立即解决的重要问题，例如需要更新的、过时的防病毒程序。黄色项目是应考虑解决的、建议的任务，如建议的维护任务等，如图 3.62 所示。

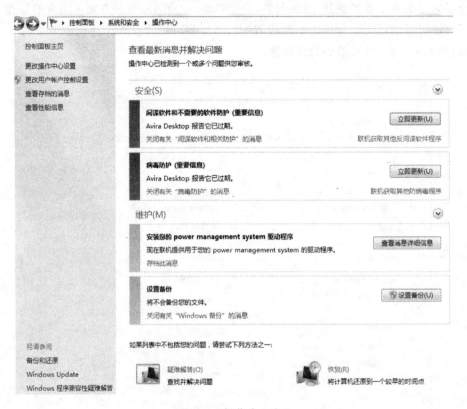

图 3.62　操作中心窗口

2. 数据备份和还原

在平常的使用过程中,计算机用户不可避免地会遇到各种问题,比如:硬件损坏或由于误操作而删除有用的文件,由于程序安装不当而引起的系统崩溃等,无论什么原因,当电脑无法正常运行时,都需要快速恢复出现问题之前的数据文档或系统,让计算机恢复正常运行。

①初次备份时,在控制面板打开"备份和还原"选项,单击右侧"设置备份"按钮,如图3.63 所示。

图 3.63　备份和还原

②选择备份文件存放的位置(建议将备份文件存贮在单独的外接硬盘中,这样能够更好地保护备份文件),选择需要备份的文件夹或操作系统本身,然后按照对话框中的提示进行操作即可,如图 3.64 所示。

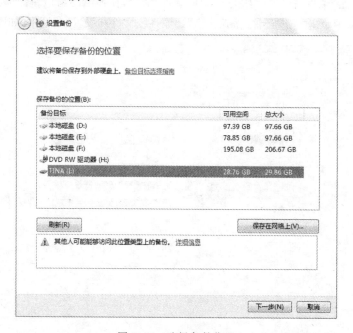

图 3.64　选择备份位置

③当需要恢复备份时,可以在"备份与还原"对话框中点击"还原我的文件"进行恢复;也可以直接双击事先备份在移动存储设备中的文件,恢复损坏的文件或系统,如图3.65所示。

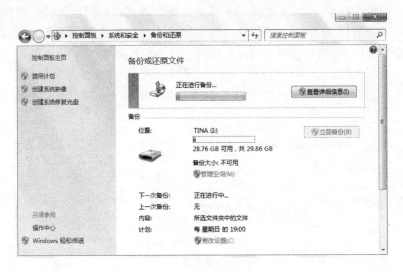

图 3.65　备份

3. Windows 7 系统还原

Windows 7 的系统还原功能可以使电脑的系统文件和程序恢复到以前正常工作的某个时刻,保证系统的顺畅运行。但需要注意的是:由于 Windows 7 只默认开启系统盘的保护,如果用户需对其他盘区(D\E\F 等)进行保护,则需通过控制面板中的系统,打开"系统保护"进行设置。

①打开"开始"菜单,右击"计算机",选择"属性"命令,在弹出的窗口左侧单击"系统保护",接着在弹出窗口中单击"系统还原"按钮进入"还原系统文件和设置"对话框(如图3.66所示)。

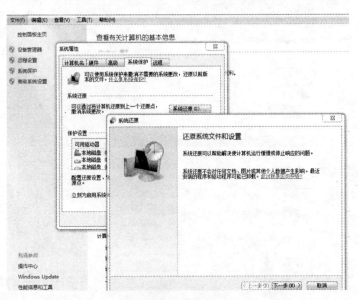

图 3.66　系统还原

②在图 3.66 中单击下一步,进入图 3.67 所示界面,可以选择还原点,将计算机系统还原到所选事件之前的状态。

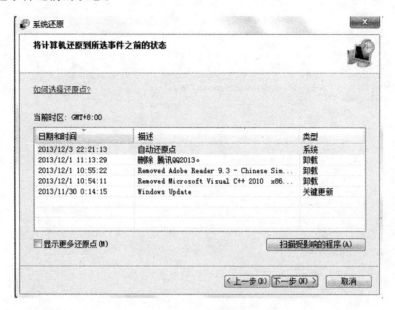

图 3.67　还原位置

撤销系统还原所做更改的步骤如下:

① 单击打开"系统还原"。如果系统提示您输入管理员密码或进行确认,请键入该密码或提供确认。

② 单击"撤销系统还原",然后单击"下一步"。

③ 单击"完成"。

3.4.3　网络监控与防范

1. Windows 7 防火墙

Windows 7 的防火墙能够检查来自网络的信息,起到内外双向防护的作用,一方面有助于防止黑客或恶意软件(如蠕虫病毒)的入侵,另一方面能够阻止本地计算机在未知情况下向其他计算机发送恶意数据,或向外部发送方向连接请求。

启动"开始"菜单,依次单击"控制面板"、"系统和安全"和"Windows 防火墙"选项,进入 Windows 防火墙控制界面,如图 3.68 所示。

在用户第一次连接某个网络时,Windows 7 会要求用户选择一个网络模式,这是因为在不同的网络模式下,防火墙的安全规则不同,从而可以为不同的网络环境提供量身定制的保护。同时也可以根据自己的需求进行自定义设置。

在 Windows 7 中,有三种网络模式可供选择:公共网络、家庭网络或者工作网络,如图 3.69 所示。

图 3.68　防火墙状态

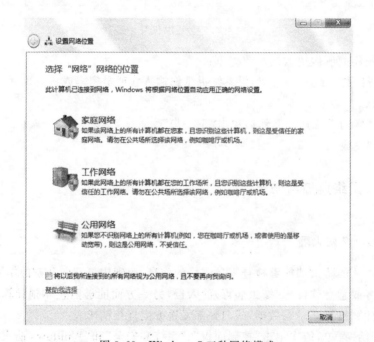

图 3.69　Windows 7 三种网络模式

　　①如果选择"家庭网络",可以建立一个称为"家庭组"的小型域环境。在这种情况下,"网络发现"功能是自动开启的,"家庭组"成员在网络中就能够看到彼此,并访问彼此分享的一些数据和文件。

　　②如果选择"工作网络","网络发现"功能在默认情况下是开启的,但是将无法创建或者加入"家庭组"。如果将计算机加入到"Windows 域"中,防火墙会自动将当前网络视为

域网络。

　　③当在机场、酒店或者咖啡馆等位置连接到公共网络,或者使用移动宽带网络时,应该选择"公共网络"模式。此时,"网络发现"功能会默认为关闭,这样网络中的其他计算机就无法看到你的计算机或进行访问。

　　对于所有网络模式,在默认情况下,Windows 7 防火墙都会阻止陌生应用软件的连接。Windows 7 允许用户为每种网络模式进行自定义设置,如图 3.70 所示。

　　①"阻止所有传入连接,包括位于允许程序列表中的程序":在这个选项中选择系统默认设置即可,否则可能会影响允许到程序列表里的程序的使用。

　　②"Windows 防火墙阻止新程序时通知我":对于这一选项,建议用户进行勾选,这样当用户以后安装新应用软件时系统就会做出选择提示。

　　③如果希望关闭 Windows 防火墙,只需要在图 3.70 所示的界面选择"关闭 Windows 防火墙(不推荐)"选项,然后单击确定即可。

图 3.70　Windows 防火墙设置

2. Windows 7 实时监控(Windows Defender)

　　Windows Defender 是用户防御木马与恶意软件的第一道防线,它可以实时监控清除可疑软件,有效防止恶意软件在用户不知情的情况下安装到计算机上,或避免因使用CD、USB 等其他移动存储设备而感染病毒。

　　在 Windows 7 中,Windows Defender 与操作中心相整合,提供了更简便的提醒方式与更多的扫描选项,并提升了用户体验;同时,对整体系统性能的影响更小,提供持续性的实时监控,并轻松清除所有可疑软件。

　　可以利用 Windows Defender 设置"定期计划扫描",具体步骤如下:

①单击"开始"按钮,打开"控制面板",找到并打开"Windows Defender",进入 Windows Defender 操作界面。

②在 Windows Defender 界面单击"工具",然后单击"选项",进入图 3.71 所示的界面。

图 3.71　Windows Defender"选项"对话框

③在"自动扫描"下,选择"自动扫描计算机(推荐)"复选框,然后选择频率、时间和要运行的扫描类型。

④选中"扫描前检查更新的定义"复选框,以便确保 Windows Defender 定义为最新。

⑤若要在扫描后自动删除间谍软件或其他可能不需要的软件,请选中"扫描过程中将默认操作应用到检测到的项目"复选框。

⑥在"默认操作"下,选中要应用到每个 Windows Defender 警报的操作,然后单击"保存"。如果系统提示您输入管理员密码或进行确认,请键入密码或提供确认。

利用 Windows Defender 进行手动扫描时只需单击"扫描"选项旁边的小三角下拉图标,在下拉菜单中有三种扫描方式可供选择:

• 快速扫描:对最有可能感染恶意软件和间谍软件的区域和模块进行检测和扫描。注意包括:注册表、操作系统文件夹、用户配置文件等。

• 完全扫描:检测硬盘上的所有文件和应用程序。

• 自定义扫描:自行选择需要扫描的路径,即具体的驱动器或文件夹。

习题 3

一、选择题

1. Windows 操作系统是一个　　　　　　　　　　　　　　　　　　　　　　（　　）

　　A. 单用户多任务操作系统　　　　　　　　B. 单用户单任务操作系统

　　C. 多用户单任务操作系统　　　　　　　　D. 多用户多任务操作系统

2. 在 Windows 中，窗口可以移动和改变大小，而对话框　　　　　　　　　　（　　）

　　A. 既不能移动，也不能改变大小　　　　　B. 仅可以移动，不能改变大小

　　C. 仅可以改变大小，不能移动　　　　　　D. 既能移动，也能改变大小

3. 在资源管理器中，文件夹树中的某个文件夹左边有白色三角形符号，表示　（　　）

　　A. 该文件夹含有子文件夹且子文件夹未展开

　　B. 该文件夹含有隐藏文件

　　C. 该文件夹含有子文件夹且子文件夹已经展开

　　D. 该文件夹含有系统文件

4. 在下列有关 Windows 菜单命令的说法中，不正确的是　　　　　　　　　（　　）

　　A. 带省略号"…"的命令执行后会弹出一个对话框

　　B. 命令前有符号"√"表示该命令有效

　　C. 当鼠标指向带符号"▶"的命令时，会弹出下级子菜单

　　D. 命令名呈暗淡的颜色，表示相应的程序被破坏

5. 在 Windows 7 的各个版本中，支持的功能最多的是　　　　　　　　　　（　　）

　　A. 家庭普通版　　　B. 家庭高级版　　　C. 专业　　　　　D. 旗舰版

6. 在 Windows 中，要将当前活动窗口的全部内容拷入剪贴板，应该使用　　（　　）

　　A.【PrintScreen】　　　　　　　　　　B.【Alt】+【PrintScreen】

　　C.【Ctrl】+【PrintScreen】　　　　　　D.【Ctrl】+【P】

7. Windows 的"回收站"是　　　　　　　　　　　　　　　　　　　　　　（　　）

　　A. 内存中的一块区域　　　　　　　　　　B. 硬盘上的一块区域

　　C. 光盘上的一块区域　　　　　　　　　　D. 高速缓存中的一块区域

8. 下列不属于跳转列表能实现的功能的是　　　　　　　　　　　　　　　　（　　）

　　A. 新建 Word 文档

　　B. Windows Media Player 的播放上次音乐列表

　　C. 加密文件

　　D. 关闭所有窗口

9. 在 Windows 7 操作系统中，将打开窗口拖动到屏幕顶端，窗口会　　　　（　　）

　　A. 关闭　　　　　　B. 消失　　　　　　C. 最大化　　　　D. 最小化

10. 在 Windows 7 操作系统中，显示桌面的快捷键是　　　　　　　　　　　（　　）

　　A.【Windows】+【D】　　　　　　　　　B.【Windows】+【P】

　　C.【Windows】+【Tab】　　　　　　　　D.【Alt】+【Tab】

11. 关于回收站叙述不正确的是   (   )

    A. 暂存所有被删除的对象   B. 回收站的内容占用硬盘空间

    C. 回收站的内容可以恢复   D. 回收站的内容占用内存空间

12. Windows 7 中,要使用文件预览功能,应使用的快捷键方式是   (   )

    A.【Ctrl】+【N】   B.【Ctrl】+【C】   C.【Alt】+【P】   D.【Alt】+【D】

13. 在 Windows 下,若要使用联机帮助,可用下列快捷键   (   )

    A.【F1】   B.【F2】   C.【F3】   D.【F4】

14. 在 Windows 7 中,选择什么快捷键即可打开 Windows 移动中心的设置面板

                                                                 (   )

    A.【Windows】+【z】   B.【Windows】+【x】

    C.【Windows】+【Tab】   D.【Alt】+【Tab】

15. 关于 Windows 7 中的"库",下列说法正确的是   (   )

    A. 文件夹关联到库中会占用额外的存储空间

    B. Windows 7 中有 4 个默认的库,且只能关联到这 4 个库中

    C. 在文档中,文档库下方的"2 个位置"表示库内以关联的文件夹数

    D. "从库中删除位置"会是原文件夹和其中的文件丢失

16. 在 Windows 中,用"创建快捷方式"创建的图标   (   )

    A. 可以是任何文件或文件夹   B. 只能是可执行程

    C. 只能是单个文件   D. 只能是程序文件和文档文件

17. Windows 允许   (   )

    A. 同时打印多个文件   B. 同时有多个活动窗口

    C. 同时打开多个对话框   D. 同时打开多个应用程序窗口

18. Windows 7 引入了一系列快捷窗口操作,其中不包括   (   )

    A. 3D 窗口显示   B. 双击窗口使桌面整洁

    C. Aero 桌面透视   D. 智能化窗口缩放

19. 在桌面上要移动任何 Windows 窗口,可用鼠标指针拖曳该窗口的   (   )

    A. 标题栏   B. 窗口的边框

    C. 滚动条   D. 窗口控制菜单框

20. 在 Windows 移动中心中,可以查看并设置的设备不包括   (   )

    A. 显示器亮度   B. 显示器睡眠时间   C. 同步中心   D. 无线网络

21. 在计算机和投影仪上都显示同样的内容,应选择下列哪种投影方式   (   )

    A. 仅计算机   B. 复制   C. 扩展   D. 仅投影仪

22. 下列说法不正确的是   (   )

    A. 单击窗口地址栏的目录可快速返回到之前的任何一个根目录

    B. Windows 7 中,通过蓝色汞柱方式呈现磁盘的使用空间状态

    C. 桌面上任意位置的文件可同时进行勾选操作

    D. 针对文件进行重命名操作时,要注意文件后缀的重新添加

23. 关于加密文件，下列说法中不正确的是   (   )

    A. 已加密的文件显示为绿色

    B. 系统重装后，需要通过第一次备份的密钥来打开加密文件

    C. 解除加密，只需对"加密内容以便保护数据"选项解除勾选即可

    D. Windows 7 各版本均支持 EFS 功能

24. 关于硬盘的加密和保护，下列说法中不正确的是   (   )

    A. 右击需要加密的硬盘区间，选择"启用 BitLocker"功能进行加密

    B. 加密成功后，再次读取硬盘分区时，系统会提示用户输入用户名和密码

    C. 收到 BitLocker 保护的硬盘只需单独取出，便可在其他的计算机上读取

    D. 只有 Windows 7 企业版和旗舰版可以支持 BitLocker 功能

25. 关于数据备份和还原，下列说法中不正确的是   (   )

    A. 初次备份时，在控制面板中打开"备份和还原"选项，单击右侧"设置备份"

    B. 建议将备份存贮在单独的外接硬盘中，这样能够更好地保护备份文件

    C. Windows 7 默认开启所有系统盘的系统保护，可打开"系统保护"更改设置

    D. 撤销系统还原需要以管理员密码进行确认

26. 在 UAC 设置窗口中，默认值为   (   )

    A. 仅在程序尝试对我的计算机进行更改时通知我

    B. 仅在程序尝试对我的计算机进行更改时通知我（不降低桌面亮度）

    C. 当我更改 Window 设置时通知我

    D. 程序试图安装软件时始终通知我

二、填空题

1. 在 Windows 中切换输入法可以按_____组合键。

2. 在 Windows 7 中，选择_____快捷键即可打开 Windows 移动中心的设置面板。

3. 用鼠标右击_____上的程序图标，就会弹出 Windows 7 特有的跳转列表。

4. 文件名显示为绿色，表示该文件为_____。

5. 在 Windows 中，如果菜单命令文字的后面有一个"▶"符号，表示选中该菜单命令后会_____。

6. 在 Windows 中，如果在菜单命令文字的前面有"√"符号，表示该菜单命令_____。

7. 在 Windows 中，如果在菜单命令文字的后面有"…"符号，表示选中该菜单命令_____。

8. 在 Windows 7 中，用户在已打开窗口中的_____里可以看到文件的路径，从而直接快速返回到之前的任何一个根目录。

9. 在 Windows 7 中，有三种网络模式可以选择：_____、_____和_____。

10. 打开"计算机"界面，使用键盘上的_____键可以打开窗口工具栏

11. 对硬盘分区或移动存储设备进行加密，右键选择_____。

12. 在 Windows 中单击鼠标_____键可以弹出快捷菜单。

13. Windows 7 的"操作中心"主要由_____和_____两大部分组成。

14.通过进入＿＿＿＿＿可查看网络连接或设置新的网络连接。

15.Windows 7有四个默认库,分别是视频、图片、＿＿＿＿＿和音乐。

三、简答题

1.在 Windows 中有哪几种方法实现切换窗口?

2.在 Windows 桌面上如何建立程序的快捷方式?

3.如何在"开始"菜单中添加和删除菜单项?

4.在"开始"菜单的"文档"列表中,显示的是什么文件?

5.在"开始"菜单的"程序"列表中,显示的是什么文件?

6.在 Windows 中,如何实现各种输入法之间的转换?

7.在 Windows 中,如何改变窗口外观?

8.桌面上的快捷方式图标与应用程序图标有什么不同?

9.如何设置新的连接和网络?

10.在 Windows 7 移动中心设置面板中,可以进行哪些常用设备的查看和设置?

11.对话框中的复选框和单选框在使用上有哪些不同?

12.简述 Windows 7 的用户账户控制(UAC)的作用。

13.在资源管理器中,如何选定连续排列的多个文件、不连续排列的多个文件?

14.在资源管理器中,如何用鼠标实现复制、移动和删除文件(夹)?

15.在资源管理器中,如何用剪贴板实现复制、移动和删除文件(夹)?

16.剪贴板中信息存放在什么存储介质上? 关机后信息还在吗?

17.回收站中的文件保存在什么存储介质上? 关机后回收站中的文件还在吗?

18. 从什么存储介质上删除的文件能够进入回收站? 怎样操作可以立即删除文件且不送入回收站?

19.如何恢复回收站中的文件? 可以将回收站的文件恢复到任何位置吗?

20.在资源管理器中,如何显示/隐藏菜单栏?

21.如何对文件及文件夹进行加密?

22.在 Windows 7 中有哪些文件快速搜索的方法?

23.在资源管理器中,如何打开文件预览?

24.如何对数据文档进行备份?

25.如何设置适应不同环境的位置感知打印机?

26.Windows 系统安全管理包括哪些内容?

27.如何将电脑的系统文件和程序恢复到以前正常工作的时刻?

第 4 章

文字处理 Word 2010

Microsoft 公司推出的 Word 应用程序凭借其友好的界面、方便的操作、完善的功能和易学易用等诸多优点已成为众多用户进行文档创建的主流软件。

4.1 Office 2010 简介

在 Microsoft Office 2010 中,提供了功能更为全面的文本和图形编辑工具,并同时采用了以结果为导向的全新用户界面,以此来帮助用户创建、共享更具专业水准的文档。全新的工具可以节省大量格式化文档所消耗的时间,从而使用户能够将更多的精力投入到内容的创建工作上。

4.1.1 Office 2010 简介

为了使用户更加容易地按照日常事务处理的流程和方式操作软件功能,Microsoft Office 2010 应用程序提供了一套以工作成果为导向的用户界面,让用户可以用最高效的方式完成日常工作。全新的用户界面覆盖所有 Microsoft Office 2010 的组件,包括 Word 2010、Excel 2010 以及 PowerPoint 2010 等。

1. 功能区与选项卡

传统的菜单和工具栏已被功能区所代替。功能区是一种全新的设计,它以选项卡的方式对命令进行分组和显示。同时,功能区上的选项卡在排列方式上与用户所要完成任务的顺序相一致,并且选项卡中命令的组合方式更加直观,大大提升应用程序的可操作性。

例如,在 Word 2010 功能区中拥有"开始"、"插入"、"页面布局"、"引用"、"邮件"和"审阅"等编辑文档的选项卡(如图 4.1 所示)。同样,在 Excel 2010 功能区中也拥有一组类似的选项卡(如图 4.2 所示)。这些选项卡可引导用户开展各种工作,简化对应用程序中多种功能的使用方式,并会直接根据用户正在执行的任务来显示相关命令。

图 4.1　Word 2010 中的功能区

图 4.2　Excel 2010 中的功能区

功能区显示的内容并不是一成不变的,Office 2010 会根据应用程序窗口的宽度自动调整在功能区中显示的内容。在当功能区较窄时,一些图标会相对缩小以节省空间,如果功能区进一步变窄,则某些命令分组就会只显示图标。

2. 上下文选项卡

有些选项卡只有在编辑、处理某些特定对象的时候才会在功能区中显示出来,以供用户使用。例如,在 Excel 2010 中,用于编辑图表的命令只有当工作表中存在图表并且用户选中该图表时才会显示出来,如图 4.3 所示。上下文选项卡仅在需要时显示,从而使用户能够更加轻松地根据正在进行的操作来获得和使用所需要的命令。这种工具不仅智能、灵活,同时也保证了用户界面的整洁性。

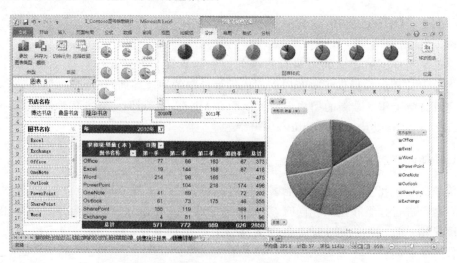

图 4.3　上下文选项卡

3. 实时预览

当用户将鼠标指针移动到相关的选项后,实时预览功能就会将指针所指的选项应用到当前所编辑的文档中来。这种全新的、动态的功能可以提高布局设置、编辑和格式化操作的执行效率,因此用户只需花费很少的时间就能获得优异的工作成果。

例如,当用户希望在 Word 文档中更改表格样式时,只需将鼠标在各个表格样式集选项上滑过,而无需执行单击操作进行确认,即可实时预览到该样式集对当前表格的影响,如图 4.4 所示,从而便于用户迅速做出最佳决定。

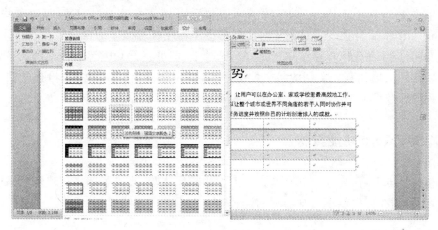

图 4.4 实时预览功能

4. 增强的屏幕提示

全新的用户界面在很大程度上提升了访问命令和工具相关信息的效率。同时,Microsoft Office 2010 还提供了比以往版本显示面积更大、容纳信息更多的屏幕提示。这些屏幕提示还可以直接从某个命令的显示位置快速访问其相关帮助信息。

当将鼠标指针移至某个命令时,就会弹出相应的屏幕提示(如图 4.5 所示),它所提供的信息对于想快速了解该功能的用户往往已经足够。如果用户想获得详细信息,可以利用该功能所提供的相关辅助信息的链接,直接从当前命令对其进行访问,而不必打开帮助窗口进行搜索了。

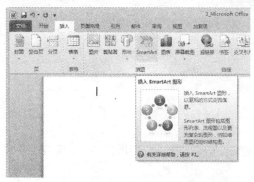

图 4.5 增强的屏幕提示

5. 快速访问工具栏

有些命令使用的相当频繁,例如保存、撤销等命令。此时就希望无论目前处于哪个选项卡下,用户都能够方便地执行这些命令,这就是快速访问工具栏存在的意义。快速访问工具栏位于 Office 2010 各应用程序标题栏的左侧,默认状态只包含了保存、撤销等 3 个基本的常用命令,用户可以根据自己的需要把一些常用命令添加到其中,以方便使用。

6. 后台视图

如果说 Microsoft Office 2010 功能区中包含了用于在文档中工作的命令集,那么 Microsoft Office 后台视图则是用于对文档或应用程序执行操作的命令集。

在 Office 2010 应用程序中单击“文件”选项卡,即可查看 Office 后台视图。在后台视图中可以管理文档和有关文档的相关数据,例如创建、保存和发送文档;检查文档中是否包含隐藏的元数据或个人信息;文档安全控制选项;应用程序自定义选项等。

4.1.2　Word 功能与特点

从整体特点上看,Word 2010 丰富了人性化功能体验,改进了用来创建专业品质文档的功能,为协同办公提供了更加简便的途径。

1. 全新的工作界面

Word 2010 界面较 Word 2007 相比变化不算很大,但是整体显得更加清爽、简洁,如图 4.6 所示。

图 4.6　Word 2010 工作界面

2. 增强的导航窗格

Word 2010 对导航窗格进行了进一步的增强,使之具有了标题样式判断、即时搜索等功能。

选中"导航窗格"复选框,即可在文档编辑区的左侧打开"导航"窗格。使用"导航"窗格,用户可以快速跳转到文档的不同章节,方便文档的整理和编辑,如图 4.7 所示。

图 4.7　打开"导航"窗格

利用"即时搜索"功能,可以方便地查找相关内容,符合条件的关键字会以高亮形式显示在文档中,并且,含有搜索关键字的章节标题也会在导航窗格中高亮显示,如图 4.8 所示。

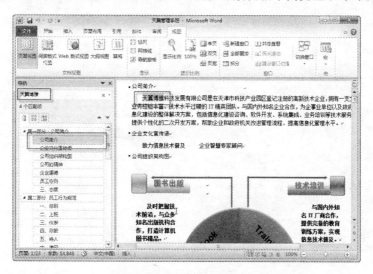

图 4.8　即时搜索

3. 更加丰富的 SmartArt

SmartArt 作为 Office 的一大特色功能,在 Word 2010 得到了进一步的丰富,增加了"图片"和"Office.com"的分类,如图 4.9 所示。利用该工具,可以轻松制作出各种精美的 SmartArt 图形效果。

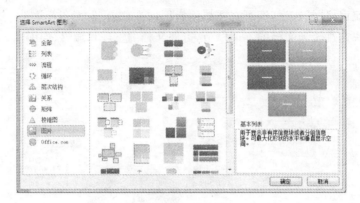

图 4.9   SmartArt

4. 多语言的翻译功能

在 Word 2010 中，不仅加入了全文在线翻译的功能，还添加了一个屏幕取词助手，可以像电子词典一样对屏幕取样词进行实时翻译。

选中"翻译屏幕提示"，即可开启屏幕取词功能。使用时不需选定，只要将鼠标放到需要翻译的字词上，便会显示查询结果，在取词框上还有播放、复制等功能，如图 4.10 所示。

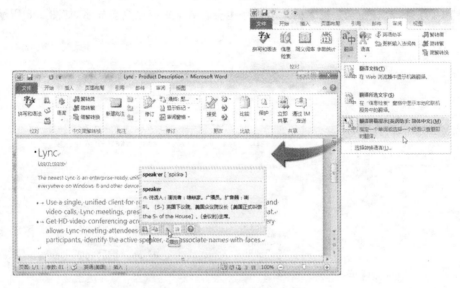

图 4.10   "翻译屏幕提示"功能

5. 轻松实现云存储与协同办公

用户可以轻松地将文档保存到 SharePoint 站点，可以与其他位置的其他工作组成员同时编辑同一个文档，如图 4.11 所示。

同时，利用 Microsoft SkyDrive 功能，用户还可以将文档保存在 Microsoft Live 账户的 SkyDrive 网络硬盘目录中，如图 4.12 所示。用户无论何时何地，都可以在任何计算机上使用该文档,或者与他人分享。

图 4.11　保存到 SharePoint

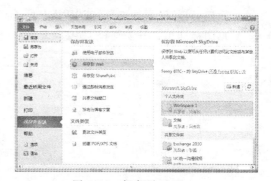
图 4.12　保存到 SkyDrive

4.1.3　Word 启动、退出与窗口

在本节中将讲述 Word 2010 的启动、关闭以及操作界面等内容。掌握了这些最基础的这内容,将有助于以后的学习。

1. 启动 Word 2010

关于 Word 2010 的启动方法,在此向用户介绍两种最常用的方法,分别是正常启动和使用已有的 Word 文档启动。

(1)利用"开始"菜单启动

执行"开始"→"所有程序"→"Microsoft Office"→"Microsoft Word 2010"命令,启动 Word 2010,如图 4.13 所示。

图 4.13　从"开始"菜单启动 Word 2010

(2)通过已有的 Word 文档启动

用户可以在"我的电脑"或"Windows 资源管理器"中找到需要打开的文档,然后双击该文档图标即可打开该文档,如图 4.14 所示。

图 4.14　通过已有 Word 文档启动

2. Word 2010 的窗口

当用户启动了 Word 2010 之后,就会看到 Word 2010 的使用窗口了。在窗口中主要包括标题栏、快速访问工具栏、选项卡、功能区、标尺、文档编辑区、状态窗口栏、对话框启动器、上下文选项卡和选项组等部分,如图 4.15 所示。

图 4.15　Word 2010 的窗口

下面就逐一介绍各个部分的情况:

● 标题栏:位于 Word 2010 界面的最顶端,主要用于显示当前文档的名称。

● 快速访问工具栏:可以在此放置一些最常用的命令。例如新建文件、保存、撤销、打印等命令。

● 选项卡与功能区:在 Word 2010 窗口上方的选项卡就是功能区的名称,当单击选项卡的名称时,会切换到与之相对应的功能区面板。

● 上下文选项卡:该选项卡中的所有命令都和当前用户操作的对象相关。

● 对话框启动器:单击该箭头,用户会看到与该选项组相关的更多选项。这些选项通常以 Word 早期版本中的对话框形式出现,如图 4.16 所示。

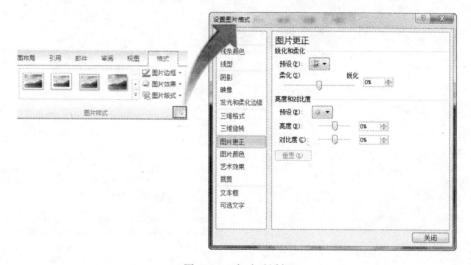

图 4.16 启动对话框

● 标尺:位于文档的左方和上方,用来察看文档工作区中正文、表格及图片等对象的高度和宽度。Word 中的标尺分为水平标尺和垂直标尺两种,使用标尺也可以用来设置制表位以及段落缩进。

● 状态栏:状态栏位于 Word 2010 界面的最底端,可以在其中找到关于当前文档的一些信息,最常用的是页码、当前光标在页中的位置、某些功能是处于禁止还是允许状态。

3. 退出 Word 2010

完成对文档的编辑处理,就可以退出 Word 了。退出 Word 2010 有以下几种方法:

①单击标题栏最右方的"关闭"按钮(×)。

②单击标题栏最左端的 Word 图标(W),打开如图 4.17 所示的菜单,然后执行"关闭"命令。

③双击标题栏最左端的 Word 图标(W)。

④使用组合键【Alt】+【F4】。

⑤执行"文件"→"退出"命令,如图 4.18 所示。

⑥在标题栏任意位置右击,在弹出的快捷菜单中执行"关闭"命令。

如果用户在退出 Word 2010 时,对文档的内容进行了修改而没有保存。此时 Word

2010 会自动弹出对话框提示用户保存文档,如图 4.19 所示。如果需要保存文档,可单击"保存"按钮;否则单击"不保存"按钮直接退出 Word,这时的文档是不会保存的;单击"取消"按钮则返回编辑界面中,取消退出操作。

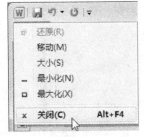

图 4.17　执行"关闭"命令　　　图 4.18　"退出"命令图　　　　4.19　　提示信息

4.2　Word 文档的基本操作

　　一直以来,Microsoft Word 都是最流行的字处理程序。作为 Office 套件的核心应用程序之一,Word 提供了许多易于使用的文档创建工具,同时也提供了丰富的功能,供创建复杂的文档使用,使简单的文档变得比只使用纯文本更具吸引力。

4.2.1　新建文档

用户可以在 Word 2010 中通过以下方式新建文档。

1.创建空白的新文档

如果要创建一个空白的 Word 文档,可以执行如下的操作步骤:
①单击 Windows 任务栏中的"开始"按钮,执行"所有程序"命令。
②在展开的程序列表中,执行"Microsoft Office"→"Microsoft Office Word 2010"命

令,启动 Word 2010 应用程序。

③系统会自动创建一个基于 Normal 模板的空白文档,用户可以直接在该文档中输入并编辑内容。

如果用户先前已经启动了 Word 2010 应用程序,在编辑文档的过程中,还需要创建一个新的空白文档,则可以通过"文件"选项卡的后台视图来实现,其操作步骤如下:

①在 Word 2010 程序中单击"文件"选项卡,在打开的后台视图中执行"新建"命令。

②在"可用模板"选项区中选择"空白文档"选项,如图 4.20 所示。

③单击"创建"按钮,即可创建出一个空白文档。

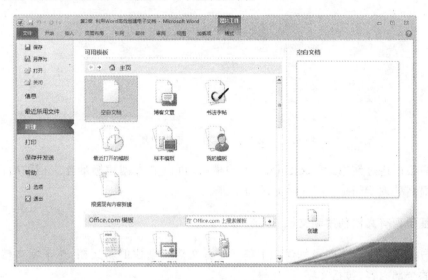

图 4.20　创建空白文档

2. 利用模板创建新文档

使用模板可以快速创建出外观精美、格式专业的文档,Word 2010 提供了多种模板,用户可以根据应用需要选用不同的模板,对于不熟悉 Word 2010 的初级用户而言,模板的使用能够有效减轻工作负担。

值得一提的是,Office 2010 已将 Microsoft Office Online 上的模板嵌入到了应用程序中,以使用户可以在新建文档时快速浏览并选择适用的模板使用。利用模板创建新文档的操作步骤如下:

①在 Word 2010 程序中单击"文件"选项卡,在打开的后台视图中执行"新建"命令。

②在"可用模板"选项区中选择"样本模板"选项,即可打开在计算机中已经安装的 Word 模板类型,选择需要的模板后,在窗口右侧将显示利用本模板创建的文档外观,如图 4.21 所示。

③单击"创建"按钮,即可快速创建出一个带有格式和内容的文档。

如果本机上已安装的模板不能满足用户工作的需要,还可以到微软网站的模板库中挑选所需的模板。在 Microsoft Office Online 上,用户可以浏览并下载近 40 个分类、上万

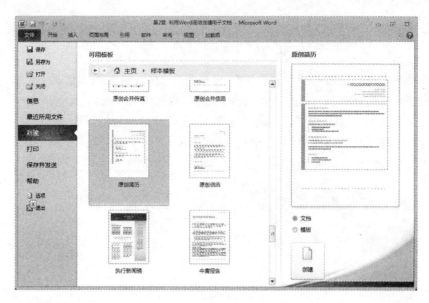

图 4.21   通过已安装的模板创建新文档

个文档模板。通过使用 Office Online 上的模板，可以节省创建标准化文档的时间，有助于用户提高处理 Office 文档的职业水准。

3. 基于现有文档创建新文档

用户按照以下步骤即可创建一个基于现有文档所创建的新文档，这个新文档将继承原文档的全部内容，包括文字、图片等。

①在 Word 2010 程序中单击"文件"选项卡，在打开的后台视图中执行"新建"命令。

②在"可用模板"选项区中选择"根据现有内容新建"选项，打开"根据现有文档新建"对话框，如图 4.22 所示。

图 4.22   "根据现有文档新建"对话框

4.2.2　打开文档

用户可以按照以下步骤打开文档。

①启动 Word 2010 应用程序，单击"文件"选项卡，在打开的 Office 后台视图中执行"打开"命令。

②在弹出的"打开"对话框中，选中要打开的文档，如图 4.23 所示。

图 4.23　打开文档

③单击"打开"按钮，即可在 Word 2010 窗口中打开指定的文档。

4.2.3　保存文档

保存文档不仅指的是一份文档在编辑结束时才将其保存，同时也指在编辑的过程中进行保存。因为文档的信息随着编辑工作的不断进行，也在不断地发生改变，必须时刻让 Word 有效地记录这些变化。

1. 手动保存新文档

在文档的编辑过程中，应及时对其进行保存，以避免由于一些意外情况导致文档内容丢失。手动保存文档的操作步骤如下：

①在 Word 2010 应用程序中，单击"文件"选项卡，在打开的 Office 后台视图中执行"保存"命令。

②打开"另存为"对话框，选择文档所要保存的位置，在"文件名"文本框中输入文档的名称，如图 4.24 所示。

③单击"保存"按钮，即可完成新文档的保存工作。

提示：单击快速访问工具栏中的"保存"按钮，或者按【Ctrl】＋【S】组合键也可以打开"另存为"对话框，保存新文档。

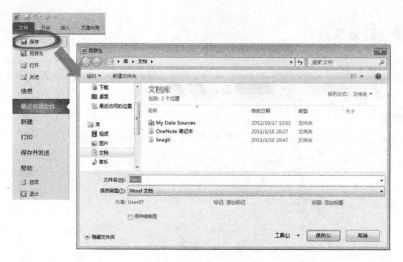

图 4.24　保存文档

2. 自动保存文档

"自动保存"是指 Word 会在一定时间内自动保存一次文档。这样的设计可以有效地防止用户在进行了大量工作之后,因没有保存而又发生意外(停电、死机等)而导致的文档内容大量丢失。虽然仍有可能因为一些意外情况而引起文档内容丢失,但损失可以降到最小。设置文档自动保存的操作步骤如下:

①在 Word 2010 应用程序中,单击"文件"选项卡,在打开的 Office 后台视图中执行"选项"命令。

②打开"Word 选项"对话框,切换到"保存"选项卡。

③在"保存文档"选项区域中,选中"保存自动恢复信息时间间隔"复选框,并指定具体分钟数(可输入从 1 到 120 的整数)。默认自动保存时间间隔是 10 分钟,如图 4.25 所示。

图 4.25　设置文档自动保存选项

④最后单击"确定"按钮,自动保存文档设置完毕。

4.2.4　移动光标、编辑文档

选定文档是编辑文档过程中最常用的步骤,有时用户只需改变一部分文档的内容,这时就必须选定对象了。所选的内容不仅包括文字,还包括表格、图片、图形等。所选的内容既可以是整篇文档,也可以是一个字符。

1.选定文档的方法

通常情况下用户都是用鼠标来选定文档的,对于小范围的文档内容很适合。对于较多的内容则可以配合滚动条或鼠标滚轮来选定。下面介绍的是各种鼠标的选定方法。

(1)双击选定:此方法适用于选定某个词或词组,例如用户想选中文档中"鼠标"这个词,那么可将鼠标光标移动到这个词上,然后双击鼠标即可。

(2)拖动鼠标选定:用户只需将鼠标光标停留在所要选定的内容的开始部分,然后按住鼠标左键拖动鼠标,直到所要选定部分的结尾处,即所有需要选定的内容都已成高亮状态后,松开鼠标即可。

(3)选定一行:将鼠标光标停留在该行的左侧,鼠标光标应该变为一个箭头。此时单击鼠标,即可选中那一行。

(4)选定多行:和上面的方法类似,当鼠标光标处于某行的左侧变成箭头时,按住鼠标左键同时上下移动鼠标,即可选定多行文本。

(5)选定一个段落:将鼠标光标停留在该段落的左侧,当鼠标光标变成箭头时,双击鼠标即可选定该段落。另外,还可以将鼠标光标放置在该段中任意处,单击鼠标左键 3 次,同样也可选定该段落。

(6)选定多个段落:将鼠标光标停留在该段落的左侧,当鼠标光标变成箭头时,双击鼠标并上下移动鼠标,即可选定多个段落。

(7)选定整篇文档:将鼠标光标停留在文档中任意正文的左侧,当鼠标光标变成箭头时,连续单击鼠标左键 3 次,即可选定整篇文档。

(8)垂直选定部分文档:该方法和拖动选法类似,只是在拖动过程中按住键盘上的【Alt】键即可。

2.编辑文档

Word 具有非常强大的文本编辑功能,在这一节中将会详细讲述文档编辑的内容。本节介绍的编辑文档的方法,所使用的范围是非常广泛的。无论用户是写一份个人简历、填写一份报表或是撰写论文,编辑文档都是必不可少的。使用这些编辑方法可以更快、更好地完成工作。

(1)插入文本

编辑文档的过程中经常会插入文本,例如在一段文字中忘记写了某些内容,这时就需要插入文本。文档中所插入的内容不限,可以是句子、词组,也可以是图片、表格等。除此之外还可以插入整个文档,具体的操作步骤如下。

①将光标放置在所要插入文本的位置,单击"插入"选项卡上"文本"选项组中的"对象"下三角按钮,在弹出的快捷菜单中执行"文件中的文字"命令,打开"插入文件"对话框。

②在"插入文件"对话框中选择要插入的文档,如图 4.26 所示。

③单击"插入"按钮,在光标所在的位置就会插入相应的文档内容了。

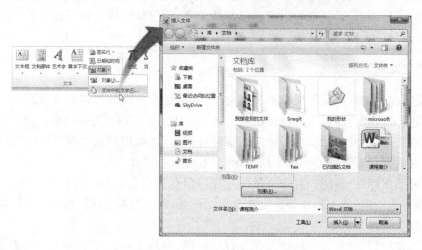

图 4.26 插入整篇文档

(2)复制文本

在文档编辑过程中,往往会遇到许多相同的内容。如果一次次的重复输入将会浪费大量的时间,同时还有可能在输入的过程中出现错误。这时使用复制功能不仅可以减轻劳动强度,也可以避免错误的发生。

首先介绍拖动鼠标复制文本的方法,操作步骤如下:

①选定要复制的文本。

②按住【Ctrl】键,同时用鼠标将选定的文本拖到要复制的位置,然后释放鼠标。也可先拖动文本到达需要复制的地方,再按住【Ctrl】键,注意在这一过程中鼠标指针尾部的小方框中会有一个"+",在出现了"+"后松开鼠标即可,如图 4.27 所示。

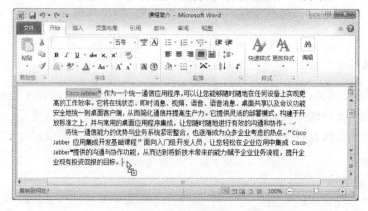

图 4.27 拖动鼠标复制文本

如果鼠标需要移动的距离比较长，或需要多次复制同一个文本时，可采用下面的方法进行复制：

①选定要复制的文本。

②单击"开始"选项卡上"剪贴板"选项组中的"复制"按钮（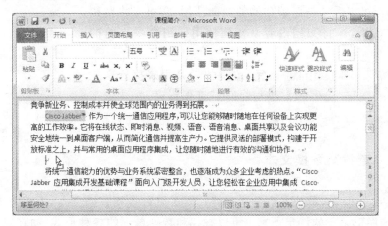复制）；或右击，从弹出的快捷菜单中执行"复制"命令；或按快捷键【Ctrl】+【C】键。

③把光标移动到要插入文本的位置，执行"粘贴"命令，这样文本就被复制到新的位置上了。

这种复制的方法不局限于同一文档内的复制，它同样适用于不同文档间的复制。

（3）移动文本

与文档的复制方法有些类似，Word 2010 同样提供了不同的方法来移动文本。这里先来介绍用鼠标移动文本，操作步骤如下：

①选定要移动的文本。

②将鼠标指针放在被选定的文本上，鼠标指针会变成了一个箭头。此时按住鼠标左键，鼠标箭头的旁边会有竖线，该竖线显示了文本移动后的位置，同时鼠标箭头的尾部会有一个小方框。拖动竖线到新的插入文本的位置，然后释放鼠标左键，被选取的文本就会移动到新的位置，如图 4.28 所示。

图 4.28　移动文字

移动文本的方法当然也不止鼠标移动一种方法，下面来介绍另一种方法：

①选定要移动的文本。

②单击"开始"选项卡上"剪贴板"选项组中的"剪切"按钮（剪切）；或右击，从弹出的快捷菜单中执行"剪切"命令；或按快捷键【Ctrl】+【X】键。

③把光标移动到要插入文本的位置，单击"开始"选项卡上"剪贴板"选项组中的"粘贴"按钮（　）；或右击，从弹出的快捷菜单中选择所需的粘贴选项；或按快捷键【Ctrl】+【V】键。这样，被选定的文本就被移动到新的位置了。

（4）删除文本

在 Word 删除文本是很容易的，如果在输入过程中删除单个文字，最简便的方法是使用键盘上的【Delete】键或者是【Backspace】键。这两个键的使用方法是不同的：【Delete】键将会删除光标所在处右面的内容,而【Backspace】键将会删除光标所在处左面的内容。

对于大段文本的删除,用户可以先选中所要删除的文本,然后再按【Delete】键。这种删除方法不仅适用于文本,也适用于图片删除。

(5)撤消操作

用撤消功能可以撤消一步或多步操作,是非常实用和体贴的一项功能。在编辑文本时,如果用户执行了误操作,撤消功能可以帮助用户将文档恢复到之前的状态。具体的操作步骤如下:

①在一篇 Word 文档中,误删除了一段文字。

②单击"快速访问工具栏"上的"撤消"按钮( ),这样刚才所删除的文字又全部都回来了。

③用户要撤销多步操作,可单击"撤消"按钮右边的下三角按钮,按照撤消列表中所列的从后向前的顺序逐级撤消已经进行的操作,如图 4.29 所示。

④单击"撤消"按钮,就可以撤消所选的所有操作。

(6)恢复操作

恢复功能可以看作是撤销功能的逆向使用,它可以将撤销的内容恢复出来,即将文档内容恢复到使用撤销命令之前的状态。

"快速访问工具栏"上的"恢复"按钮( )是用来执行恢复操作的,使用"恢复"操作的方法与"撤消"操作相同,在此就不再赘述了。

图 4.29　选定撤销步骤

4.2.5　查找与替换文本

Word 2010 有强大的查找和替换功能。既可以查找和替换文本(指定格式和诸如段落标记、域或图形之类的特定项),也可以查找和替换单词的各种形式(如在以 book 替换 make 的同时,也以 book 替换 made),而且还可以使用通配符简化查找(如要查找 book,可用 book)。当文档很长(如一篇数百页的报告),要查找和替换的内容很多时,用 Word 2010 中的查找和替换功能就很有必要了。用户只需告诉 Word 查找和替换的条件,Word 就会自动完成剩下的工作。

1.查找文本

查找文本功能可以帮助用户找到指定的文本以及这个文本所在的位置,也能帮助核对究竟有没有这些文本。具体的操作步骤如下:

①打开 Word 2010 文档窗口,在"开始"选项卡的"编辑"选项组中执行"查找"→"高级查找"命令,打开如图 4.30 所示的"查找和替换"对话框。

②在"查找内容"下拉列表框中,可以输入要查找的字符、单词或句子等。输入后,该

图 4.30　"查找和替换"对话框

对话框下部的"查找下一处"按钮就由灰色变成正常显示,表明该按钮可用。单击该按钮,Word 就从当前光标处开始查找用户所输入的文本,直到遇到第一次找到匹配该文本的地方时为止。这时光标停在找到的地方,如果用户还想继续查找,单击"查找下一处"按钮,Word 将接着这次找到的地方继续在文档中搜索,直到搜索完整篇文档为止。

③单击"更多"按钮,以显示更多的查找选项,如图 4.31 所示。

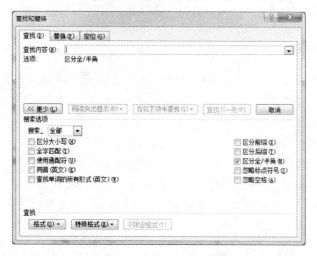

图 4.31　显示更多选项

下面介绍"搜索选项"区域中各个选项的功能:

● 搜索:该下拉列表中有 3 个选项,其中"向下"表示从当前光标处向下搜索直到文档结尾;"向上"表示从当前光标处向上搜索直到文档开头;"全部"表示从当前光标处向下搜索整个文档。

● 区分大小写:Word 查找到的文字必须同查找内容框中的输入文字大小写形式相同。通常,Word 将查找输入文字的各种大小写形式如大写、小写和大小写混合忽略,但如果选中此选项,Word 将只查找与输入项大小写完全匹配的文字。

● 全字匹配:如果输入的单词只是其他单词中的一部分,Word 在查找时将忽略它们。例如,如果选中了此选项,在搜索单词 car 时,将忽略 carpenter 或 scar 这样的单词。

● 使用通配符:让 Word 识别"＊"、"?"、"!"或其他通配符(通配符可替代文字中的一个或几个字符),而不是将通配符处理为普通文字。例如,如果搜索"sp＊ll",可以查找到如 Spell 和 Spill 这样的单词。

● 同音:该功能是拼写较差的用户的救命稻草。如果用户不会拼写需要查找的单词,可按读音进行拼写,将尝试用实际单词匹配读音。例如,如果选中了"同音"复选框,在搜索 by 时,Word 将查找到 buy。

● 查找单词的所有形式:让 Word 查找并选定输入单词的任何全字形式,如副词形式和复数形式。例如,如果查找 run,Word 将查找并选定 running 和 runs,但不会查找到 Brunswick。

● 区分前缀:查找与目标内容开头字符相同的单词。例如,如果选中了"区分前缀"复选框,在搜索 di 时,Word 将匹配所有以 di 开头的单词,同时防止匹配 di 出现在单词中其他位置的情况。

● 区分后缀:查找与目标内容结尾字符相同的单词。

● 区分全/半角:在查找目标时区分英文、字符或数字的全角、半角状态。

● 忽略标点符号:在查找目标内容时忽略标点符号。忽略的标点符号包括以下内容:逗号、分号、问号、感叹号、正斜线(/)、引号(单引号和双引号,直引号和弯引号)和破折号。

● 忽略空格:在查找目标内容时忽略空格。

2. 替换文本

用户使用"查找"功能,可以迅速找到特定文本或格式的位置。而若要将查找到的目标进行替换,就要使用"替换"命令。掌握了"查找"功能后,进行"替换"操作就很容易理解了。具体的操作步骤如下:

①要执行"替换"功能,只需使用【Ctrl】+【H】组合键,或在"开始"选项卡的"编辑"选项组中单击"替换"按钮,打开"查找和替换"对话框中的"替换"选项卡。

②单击"更多"按钮,则可显示"搜索选项"区域中的选项,如图 4.32 所示。

使用"替换"选项卡的方法与使用"查找"选项卡相似,在此不再赘述。

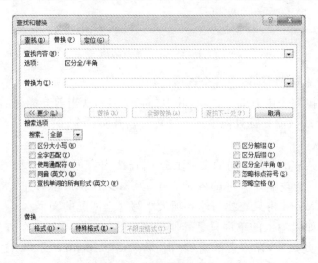

图 4.32 "替换"选项卡

4.2.6 自动图文集与自动更正

在日常工作中,用户可以根据自己的需要设置"自动图文集"和"自动更正",以简化工作,提高工作效率。

1. 自动图文集

Word 2010 提供了自动图文集的功能,帮助用户将企业文档所包含的企业标识、页眉、页脚、免责声明等固定的文档组成部分快速插入到当前文档中,进而优化文档的创作流程。具体的操作步骤如下:

①选中要保存到自动图文集中的内容。

②在"插入"选项卡"文本"选项组中,单击"文档部件"按钮,在自动图文集快捷菜单中选择"将所选内容保存到自动图文集库"按钮,如图 4.33 所示。

③在随后打开的"新建构建基块"对话框中输入标识的名称(如图 4.34 所示),单击"确定"按钮。这样用户便将文档的企业标识以自动图文集的形式进行存储。

如果希望插入企业标识,则可以直接输入标识的名称,按【F3】键,就可以快速地插入。通过此种方式可以减少大量的文档创建时间,也可以很好地避免潜在错误的发生。

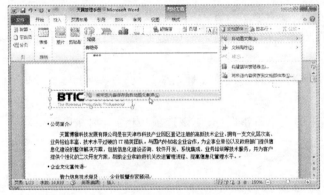

图 4.33 创建自动图文集 图 4.34 "新建构建基块"对话框

2. 自动更正

在 Word 2010 中可以使用"自动更正"功能将词组、字符等文本或图形替换成特定的词组、字符或图形,从而提高输入和拼写检查效率。用户可以根据实际需要设置自动更正选项,以便更好地使用自动更正功能。具体的步骤如下:

①打开 Word 2010 文档窗口,执行"文件"→"选项"命令,打开"Word 选项"对话框。

②切换到"校对"选项卡,单击"自动更正选项"按钮,打开"自动更正"对话框,如图 4.35 所示。

③在"自动更正"选项卡中可以设置自动更正选项。用户可以根据实际需要选取或取消相应选项的复选框,以启用或关闭相关选项。每种选项的含义如下:

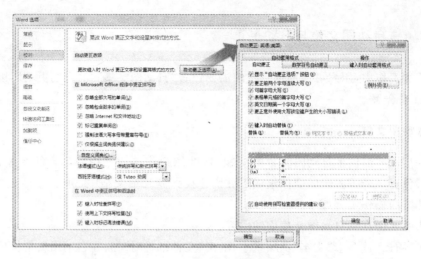

图 4.35　打开"自动更正"对话框

● 显示"自动更正选项"按钮：选中该选项，可在执行自动更正操作时显示"自动更正选项"按钮。

● 更正前两个字母连续大写：选中该选项，可以自动更正前两个字母大写、其余字母小写的单词为首字母大写，其余字母小写的形式。

● 句首字母大写：选中该选项，可以自动更正句首的小写字母为大写字母。

● 表格单元格的首字母大写：选中该选项，自动将表格中每个单元格的小写字母更正为大写字母。

● 英文日期第一字母大写：选中该选项，自动将英文日期单词的第一个小写字母更正为大写字母。

● 更正意外使用大写锁定键产生的大小写错误：选中该选项，自动识别并更正拼写中的大写错误。

4.2.7　文档视图、拆分窗口与多窗口操作

1. 文档视图

在 Word 2010 提供了 5 种视图模式供用户选择，这些视图模式包括"页面视图"、"阅读版式视图"、"Web 版式视图"、"大纲视图"和"草稿视图"。用户可以在"视图"选项卡中选择所需的"文档视图"模式；也可以在 Word 2010 文档窗口的右下方单击视图按钮选择视图，如图 4.36 所示。

● 页面视图：可以显示 Word 2010 文档的打印结果外观，主要包括页眉、页脚、图形对象、分栏设置、页面边距等元素，是最接近打印结果的页面视图。

● 阅读版式视图：以图书的分栏样式显示 Word 2010 文档，"文件"按钮、功能区等窗口元素被隐藏起来。在阅读版式视图中，用户还可以单击"工具"按钮选择各种阅读工具。

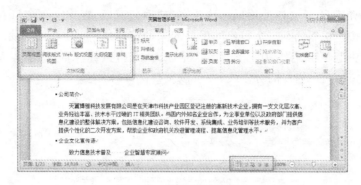

图 4.36　"页面视图"模式

● Web 版式视图：以网页形式显示 Word 2010 文档，Web 版式视图适用于发送电子邮件和创建网页。

● 大纲视图：主要用于设置 Word 2010 文档的设置和显示标题的层级结构，并可以方便地折叠和展开各种层级的文档。大纲视图广泛用于 Word 2010 长文档的快速浏览和设置中。

● 草稿视图：取消了页面边距、分栏、页眉页脚和图片等元素，仅显示标题和正文，是最节省计算机系统硬件资源的视图方式。

2. 拆分窗口与多窗口操作

拆分窗口和多窗口操作是 Word 最基本的窗口操作方式。拆分窗口是指将当前工作窗口拆分成 2 部分，在拆分而成的 2 部分窗口中同时显示一个文档的不同部分；多窗口操作是指将工作窗口分成几个各自独立的窗口，在这几个窗口中既可以同时显示一个文档，也可以同时显示不同的文档。

（1）拆分窗口

当需要在一个较长内容的文档中进行前后内容的对比、修改和校对等编辑工作时，翻来翻去，实在是不方便，此时可以使用 Word 2010"视图"选项卡"窗口"选项组中的"拆分"功能，将 Word 文档的整个窗口拆分为两个窗口，如图 4.37 所示。

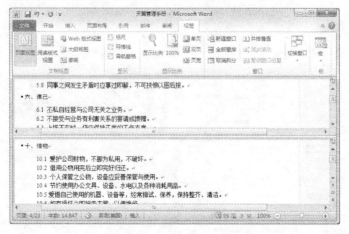

图 4.37　拆分窗口

　　在"页面视窗"下,还可以使用鼠标快速实现"拆分窗口"操作。在窗口右边滚动条上方与向上滚动按钮相邻处有一个很扁的折叠起来的滚动块(如图 4.38 所示)。将鼠标移到这个小滚动块上,当光标变为上下双箭头形状时,双击鼠标,即可快速实现窗口的拆分操作。用鼠标拖动两个窗口的分割线,还可以调整窗口的大小。

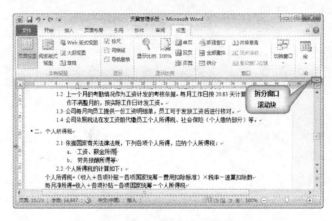

图 4.38　快速拆分窗口

(2)多窗口操作

　　Word 2010 具有多个文档窗口并排查看的功能,通过多窗口并排查看,可以对不同窗口中的内容进行比较。实现并排查看窗口的操作步骤如下:

　　①打开 2 个或 2 个以上的 Word 2010 文档窗口,在当前文档窗口中执行"视图"选项卡"窗口"选项组中的"并排查看"命令,打开"并排比较"对话框,如图 4.39 所示。

　　②选择一个准备进行并排比较的 Word 文档,然后单击"确定"按钮。

　　③在其中一个 Word 2010 文档的"窗口"选项组中,单击"同步滚动"按钮,则可以实现在滚动当前文档时另一个文档同时滚动,如图 4.40 所示。

图 4.39　"并排比较"对话框

图 4.40　同步滚动

4.3 文档格式的设置

使用 Word 编辑文档过程中,经常需要执行一些诸如设置和美化字体、文字或段落格式设置、插入项目符号、使用样式等基本操作。这些基本操作看似简单,但也包含很多技巧,熟练掌握这些技巧将能大幅提高工作效率。

4.3.1 文字的格式设置

如果想要让单调乏味的文档变得醒目美观,就需要对其格式进行多方面的设置,如字体、字号、字形、颜色、字符间距等。恰当的格式设置不仅有助于美化文档,还能够在很大程度上增强信息的传递力度,从而帮助用户更加轻松自如地阅读文档。

1. 设置字体和字号

如果用户在编辑文本的过程中通篇采用相同的字体和字号,那么文档就会变得毫无特色。下面就来介绍如何通过设置文本的字体和字号,以使文档变得美观大方、层次鲜明,操作步骤如下:

①在 Word 文档中选中要设置字体和字号的文本。

②在"开始"选项卡中的"字体"选项组中,单击"字体"下拉列表框右侧的下三角按钮,在随后弹出的列表框中,选择需要的字体选项(如"微软雅黑"),如图 4.41 所示。此时,被选中的文本就会以新的字体显示出来。

③在"开始"选项卡中的"字体"选项组中,单击"字号"下拉列表框右侧的下三角按钮,在随后弹出的列表框中,选择需要的字号,如图 4.42 所示。此时,被选中的文本就会以指定的字体大小显示出来。

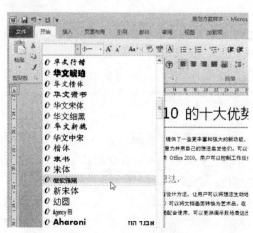

图 4.41 设置文本字体

图 4.42 设置文本字号

2. 设置字形

在 Word 2010 中,用户还可以对字形进行修饰,例如可以将粗体、斜体、下划线、删除线等多种效果应用于文本,从而使内容在显示上更为突出。

下面举例说明如何将文本设置为粗体,并为其添加下划线,操作步骤如下:

①首先,在 Word 文档中选中要设置字形的文本。

②在"开始"选项卡中的"字体"选项组中,单击"加粗"按钮(**B**),此时被选中的文本就显示为粗体了。

③然后,在"开始"选项卡中,单击"字体"选项组中的"下划线"按钮(**U**),为所选文本添加下划线。

④单击"下划线"按钮右侧下三角按钮,在弹出的下拉列表中执行"下划线颜色"命令,可进一步设置下划线的颜色。此外,用户还可以在弹出的下拉列表中为文本添加不同样式的下划线,如图 4.43 所示。

图 4.43　设置文本下划线

图 4.44　设置字体颜色

3. 设置字体颜色

单击"字体"选项组中"字体颜色"按钮旁边的下三角按钮,在弹出的下拉列表中选择自己喜欢的颜色即可,如图 4.44 所示。

如果系统提供的主题颜色和标准色不能满足用户的个性需求,可以在弹出的下拉列表中执行"其他颜色"命令,打开"颜色"对话框。然后在"标准"选项卡和"自定义"选项卡中选择合适的字体颜色,如图 4.45 所示。

另外,Word 2010 还为用户提供了一些其他字体效果,这些设置都在"字体"对话框中。用户可以通过在"开始"选项卡中,单击"字体"选项组中的"对话框启动器"按钮打开该对话框,在"字体"选项卡的"效果"选项区域中自行设置即可,如图 4.46 所示。

并且,用户还可以在"字体"对话框中,单击"文字效果"按钮,打开如图 4.47 所示的"设置文本效果格式"对话框,在该对话框中设置文本的填充方式、文本边框类型、轮廓样式以及其他特殊的文字效果。

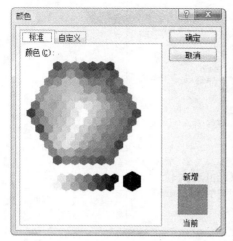 

图 4.45　"颜色"对话框的"标准"选项卡和"自定义"选项卡

图 4.46　设置字体其他效果　　　　　图 4.47　设置文本效果格式

提示:用户也可以在 Word 2010"开始"选项卡中,单击"字体"选项组中的"文本效果"按钮,为选中的文本套用文本效果格式或自定义文本效果格式。

4. 设置字符间距

Word 2010 允许用户对字符间距进行调整。在 Word 2010 功能区中的"开始"选项卡中,单击"字体"选项组中的"对话框启动器"按钮打开"字体"对话框。然后,切换到"高级"选项卡,如图 4.48 所示。

在该对话框中的"字符间距"选项区域中包括诸多选项设置,用户可以通过这些选项设置来轻松调整字符间距。

● 在"缩放"下拉列表框中,有多种字符缩放比例可供选择,用户也可以直接在下拉列表框中输入想要设定的缩放百分比数值(可不必输入"%")对文字进行横向缩放。

图 4.48　设置字符间距

● 在"间距"下拉列表框中,有"标准"、"加宽"和"紧缩"3 种字符间距可供选择。"加宽"方式将使字符间距比"标准"方式宽 1 磅,"紧缩"方式使字符间距比"标准"方式窄 1 磅。用户也可以在右边的"磅值"微调框中输入合适的字符间距。

● 在"位置"下拉列表框中,有"标准"、"提升"和"降低"3 种字符位置可选,用户也可以在"磅值"微调框中输入合适的字符位置来控制所选文本相对于基准线的位置。

●"为字体调整字间距"复选框用于调整文字或字母组合间的距离,以使文字看上去更加美观、均匀。用户可以在其右边的微调框中输入数值进行设置。

● 选中"如果定义了文档网格,则对齐到网格"复选框,Word 2010 将自动设置每行字符数,使其与"页面设置"对话框中设置的字符数相一致。

4.3.2　段落的格式设置

段落是指以特定符号作为结束标记的一段文本,用于标记段落的符号是不可打印的字符。在编排整篇文档时,合理的段落格式设置,可以使内容层次有致、结构鲜明,从而便于用户阅读。Word 2010 的段落排版命令总是适用于整个段落的,因此要对一个段落进行排版,可以将光标移到该段落的任何地方,但如果要对多个段落进行排版,则需要将这几个段落同时选中。

1.段落对齐方式

Word 2010 提供了 5 种段落对齐方式:文本左对齐、居中、文本右对齐、两端对齐和分散对齐。在"开始"选项卡中的"段落"选项组中可以看到与之相对应的按钮:"文本左对齐"按钮(▤)、"居中"按钮(▤)、"文本右对齐"按钮(▤)、"两端对齐"按钮(▤)和"分散对齐"按钮(▤),如图 4.49 所示。

2. 段落缩进

众所周知,文本的输入范围是整个页面除去页边距以外的部分。但有时为了美观,文本还要再向内缩进一段距离,这就是段落缩进。增加或减少缩进量时,改变的是文本和页边距之间的距离。默认状态下,段落左、右缩进量都是零。

在 Word 2010 功能区中的"开始"选项卡中,单击"段落"选项组中的"对话框启动器"按钮打开"段落"对话框,如图 4.50 所示。在"缩进"选项区域中即可对选中的段落详细设置缩进方式和缩进量。

图 4.49　段落对齐方式　　　　　　图 4.50　段落设置选项

● 首行缩进:就是每一个段落中第一行第一个字符的缩进空格位。中文段落普遍采用首行缩进两个字符。

● 悬挂缩进:是指段落的首行起始位置不变,其余各行一律缩进一定距离。这种缩进方式常用于如词汇表、项目列表等文档。

● 左缩进:是指整个段落都向右缩进一定距离,而右缩进一般是向左拖动,使段落的右端均向左移动一定距离。

此外,用户还可以通过在"开始"选项卡中单击"段落"选项组中的"减少缩进量"按钮(▤)和"增加缩进量"按钮(▤),来快速减少或增加段落的缩进量。要注意的是,这时的缩进是段落整体进行缩进,即左缩进。

3. 行距和段落间距

行距决定了段落中各行文字之间的垂直距离。"开始"选项卡上"段落"选项组中的

"行距"按钮(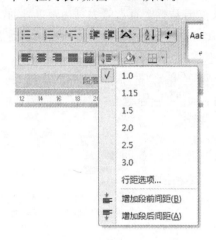)便可以用来设置行距(默认的设置是1倍行距)。单击"行距"按钮旁边的下三角按钮,就会弹出一个下拉列表,如图4.51所示。

图4.51 "行距"下拉列表

用户在这个下拉列表中可以选择所需要的行距,如果用户执行"行距选项"命令,将打开"段落"对话框的"缩进和间距"选项卡。在"间距"选项区域中的"行距"下拉列表框中,用户可以选择其他行距选项并可在"设置值"微调框中设置具体的数值。

段落间距是指段落与段落之间的距离。在某些情况下,为了满足排版的需要,会对段落之间的距离进行调整。用户可以通过以下3种方法来调整段落间距:

①执行"行距"下拉列表中的"增加段前间距"和"增加段后间距"命令,迅速调整段落间距。

②在"段落"对话框中的"间距"选项区域中,单击"段前"和"段后"微调框中的微调按钮,可以精确设置段落间距。

③打开"页面布局"选项卡,在"段落"选项组中,单击"段前"和"段后"微调框中的微调按钮同样可以完成段落间距的设置工作,如图4.52所示。

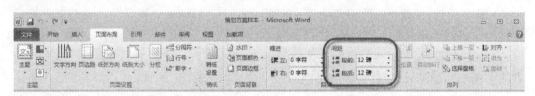

图4.52 在"页面布局"选项卡中设置段落间距

4.3.3 使用项目符号

项目符号是放在文本前以强调效果的点或其他符号。用户可以在输入文本时自动创建项目符号列表,也可以快速给现有文本添加项目符号。

1. 自动创建项目符号列表

在文档中输入文本的同时自动创建项目符号列表的方法十分简单，其具体操作步骤如下：

①在文档中需要应用项目符号列表的位置输入星号（＊），然后按键盘上的空格键或【Tab】键，即可开始应用项目符号列表。

②输入所需文本后，按【Enter】键，开始添加下一个列表项，Word 会自动插入下一个项目符号。

③要完成列表，可按两次【Enter】键或按一次【Backspace】键删除列表中最后一个项目符号即可。

提示：如果不想将文本转换为列表，可以单击出现的"自动更正选项"智能标记按钮，在弹出的下拉列表中执行"撤消自动编排项目符号"命令，如图 4.53 所示。

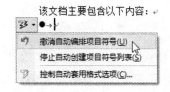

图 4.53　撤消自动编排项目符号的智能标记

2. 为原有文本添加项目符号

用户可以快速为现有文本添加项目符号，其具体操作步骤如下：

①在文档中选择要向其添加项目符号的文本。

②在"开始"选项卡"段落"选项组中，单击"项目符号"按钮旁边的下三角按钮（），在弹出的"项目符号库"下拉列表中提供了多种不同的项目符号样式，如图 4.54 所示。

③用户可以从中进行选择，此时文档中被选中的文本便会添加指定的项目符号。

如果用户希望定义新的项目符号，例如希望将某个图片作为项目符号来使用，可执行如下操作步骤：

①在文档中选择要向其添加新项目符号的文本。

②在"开始"选项卡"段落"选项组中，单击"项目符号"按钮旁边的下三角按钮（），在弹出的下拉列表中，执行"定义新项目符号"命令，打开如图 4.55 所示的"定义新项目符号"对话框。

③在"项目符号字符"选项区域中，单击"图片"按钮，在随后打开的"图片项目符号"对话框中选择一种满意的图片项目符号。

④单击"确定"按钮返回到"定义新项目符号"对话框，再单击"确定"按钮完成设置。此时所选文本就应用了指定的图片项目符号了。

图 4.54　项目符号库　　　　　　　图 4.55　"定义新项目符号"对话框

4.3.4　使用编号列表

在文本前添加编号有助于增强文本的层次感和逻辑性。创建编号列表与创建项目符号列表的操作过程相仿，同样可以在输入文本时自动创建编号列表，或者快速给现有文本添加编号。

快速给现有文本添加编号的操作步骤如下：

①在文档中选择要向其添加编号的文本。

②在"开始"选项卡"段落"选项组中，单击"编号"按钮旁边的下三角按钮（ ），在弹出的下拉列表中，提供了包含多种不同编号样式的编号库，如图 4.56 所示。

图 4.56　为文本添加编号

③用户可以从中进行选择，此时文档中被选中的文本便会立即添加指定的编号。

此外，为了使文档内容更具层次感和条理性，经常需要使用多级编号列表，用户可以从编号库中选择多级列表样式应用到文档中。

4.3.5 分栏、首字下沉与制表位

1. 文档内容的分栏处理

有时候用户会觉得文档一行中的文字太长，不便于阅读，此时就可以利用 Word 2010 提供的分栏功能将文本分为多栏排列，使版面生动地呈现出来。在文档中为内容创建多栏的操作步骤如下：

①选中需要进行分栏排版的文本，然后打开"页面布局"选项卡。

②在"页面设置"选项组中，单击"分栏"按钮，在弹出的下拉列表中，提供了"一栏"、"两栏"、"三栏"、"偏左"和"偏右"5 种预定义的分栏方式，用户可以从中进行选择以迅速实现分栏排版。

③如需对分栏进行更为具体的设置，可以在弹出的下拉列表中执行"更多分栏"命令。打开如图 4.57 所示的"分栏"对话框。在"栏数"微调框中设置所需的分栏数值；在"宽度和间距"选项区域中设置栏宽和栏间的距离。如果用户选中了"栏宽相等"复选框，则 Word 会在"宽度和间距"选项区域中自动计算栏宽，使各栏宽度相等；如果用户选中了"分隔线"复选框，则 Word 会在栏间插入分隔线，使得分栏界限更加清晰、明了。

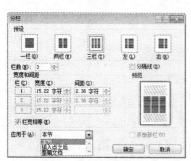

图 4.57 设置文档内容分栏

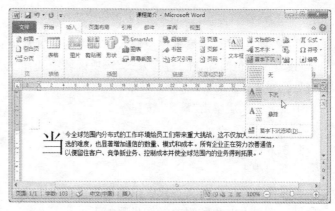

图 4.58 首字下沉效果

④最后，单击"确定"按钮即可完成分栏排版。

提示：如果用户要取消分栏布局，只需在"分栏"下拉列表中选择"一栏"选项即可。

2. 设置首字下沉效果

首字下沉效果的使用非常广泛，在报纸上、书籍、杂志上经常会看到首字下沉的效果。下面介绍设置首字下沉效果的操作步骤：

①在 Word 2010 中，打开"插入"选项卡。

②在"文本"选项组中,单击"首字下沉"按钮,在弹出的快捷菜单中有无、下沉、悬挂 3 种效果,执行"下沉"命令(如图 4.58 所示)即可实现首字下沉效果。

3. 制表位

在 Microsoft Word 2010 中通过设置制表位选项,以确定制表位的位置、对齐方式、前导符等类型。具体的操作步骤如下:

①打开 Word 2010 文档窗口,在"开始"选项卡的"段落"选项组中,单击"对话框启动器"按钮打开"段落"对话框。

②单击"制表位"按钮,打开"制表位"对话框,如图 4.59 所示。

图 4.59　首字下沉效果

③在"制表位位置"编辑框中输入制表位的位置数值;调整"默认制表位"编辑框的数值,以设置制表位间隔;在"对齐方式"选项区域中选择制表位的类型;在"前导符"区域选择前导符样式。

④设置完成后单击"确定"按钮。

4.3.6　边框与底纹

有时需要对指定的文本或者段落添加边框和底纹,以区别其他文档内容,或达到美化的效果。设置边框和底纹的操作步骤如下:

①打开 Word 2010 文档窗口,在"页面布局"选项卡的"页面设置"选项组中,单击"页边距"按钮,在弹出的快捷菜单中执行"自定义边距"命令,打开"页面设置"对话框。

②切换到"版式"选项卡,单击"边框"按钮,打开"边框和底纹"对话框,如图 4.60 所示。

③在该对话框中,可以设置所需的边框和底纹,设置完成后单击"确定"按钮即可。

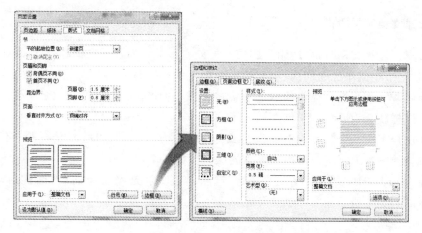

图 4.60　打开"边框和底纹"对话框

4.3.7　样式

样式是存储在 Word 中的段落或字符的一组格式化命令,利用它可以快捷地改变文本的外观。当应用样式的时候,只需一步操作就可以设定一系列的格式。例如,使用"标题 1"样式,即可将文档设置为 2 号字体、加粗、多倍行距等效果。

1. 样式的使用方法

如果要改变一个段落,可将插入点移动到该段落中,或选定段落中的任意文本,再使用样式;如果要改变连续多个段落的文本,则首先将这些段落选中,再使用样式。下面以改变一个段落的样式为例,介绍其具体的操作步骤:

①在 Word 2010 文档中,选中需要设置样式的段落。

②在"开始"选项卡的"样式"选项组中,单击"快速样式"按钮,从其弹出的下拉列表中选择所需的样式即可,如图 4.61 所示。

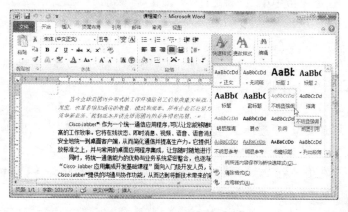

图 4.61　选择样式

2. 创建文档所需的样式

当编辑一篇长文档时,会使用到的样式可能会很多。如各章的标题样式、各小节的标题样式、各小节中的小标题样式、小标题中的第四级标题样式、图题、提示文字、程序代码等等。但是 Word 并没有提供给这些所需的样式,即便是有的样式也不能完全符合用户的要求。这样就必须要自己来创建样式了。

例如用户需要一个"2 级标题",其样式设置为:黑体、三号、加粗、2 倍行距、自动居中,并且通过快捷键"Alt+2"来调用。具体的操作步骤如下:

①在 Word 2010 文档中,单击"开始"选项卡"样式"选项组中的"对话框启动器"按钮,打开如图 4.62 所示的"样式"任务窗格。

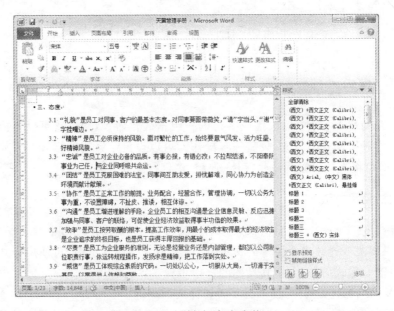

图 4.62　"样式"任务窗格

②在"样式"任务窗格中单击"新建样式"按钮(），打开"根据格式设置创建新样式"对话框,如图 4.63 所示。

③在"属性"选项区域的"名称"文本框中输入"2 级标题"作为新样式的名称;在"样式类型"下拉列表中选择"段落"(在此可选择"段落"或"字符","段落"表示确定将新样式应用于整个段落,"字符"表示将新样式应用于选定的字符);在"样式基于"下拉列表中选择"无样式"。

④如果在"样式类型"中选择了"段落",则在"后续段落样式"下拉框中选择或输入一个样式名称。这个样式是现在所设定的段落后面紧跟着的一个段落的样式。在此选择"正文",即当用户在用一个"二级标题"样式设定格式的段落结尾处按【Enter】键时,Word将把"正文"样式应用于下面一个段落。

⑤首先对字体进行设置,单击"格式"按钮,在其弹出的菜单中执行"字体"命令,打开如图 4.64 所示的"字体"对话框。将"中文字体"、"字形"和"字号"分别设置为"黑体"、"加

图 4.63　"根据格式设置创建新样式"对话框

粗"和"三号"。如果有必要还可以对字体颜色、字符间距等效果进行设置。设置完毕后单击"确定"按钮，返回"根据格式设置创建新样式"对话框。

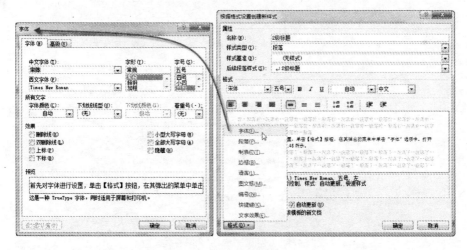

图 4.64　设置字体

⑥单击"格式"按钮，在其弹出的菜单中执行"段落"命令，打开如图 4.65 所示的"段落"对话框。将"对齐方式"选择为"居中"，"大纲级别"选择为"2 级"，"行距"选择为"2 倍行距"。单击"确定"按钮，返回"根据格式设置创建新样式"对话框。

⑦单击"格式"按钮，在其弹出的菜单中执行"快捷键"命令，打开如图 4.66 所示的"自定义键盘"对话框。将光标移动到"请按新快捷键"输入框中，然后在键盘上按下作为"2 级标题"的快捷键"Alt＋2"，再单击"指定"按钮，此时在"当前快捷键"选框中就会出现"Alt＋2"，单击"关闭"按钮关闭对话框，返回"根据格式设置创建新样式"对话框。

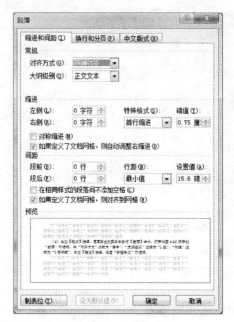
图 4.65　设置段落

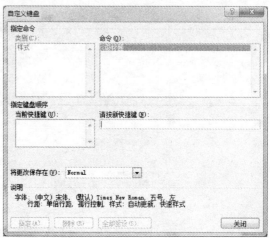
图 4.66　指定快捷键

⑧单击"确定"按钮,即可将该样式添加到"样式"任务窗格中,如图 4.67 所示。

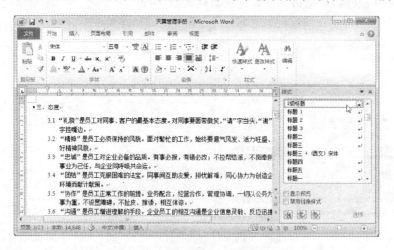
图 4.67　创建完成的"2 级标题"

4.4　表格与对象处理

　　作为文字处理软件,表格功能是必不可少的,Word 2010 在这方面的功能十分强大。与早先版本相比,Word 2010 中的表格有了很大的改变,增添了表格样式、实时预览等全新的功能与特性,最大限度地简化了表格的格式化操作,使用户可以更加轻松地创建出专业、美观的表格。

4.4.1 创建表格与编辑表格

在工作中用户会接触到各种各样的表格,例如申请表、取款单。还有用来处理大量数据的表格,如:积分表、成绩单、对阵图等。即便是在餐饮业中最常见的菜单,也是一种表格。表格的应用之广,可以说是无处不在。

1.使用即时预览创建表格

在 Word 2010 中,用户可以通过多种途径来创建精美别致的表格,而利用"表格"下拉列表插入表格的方法既简单又直观,并且可以让用户即时预览到表格在文档中的效果。其操作步骤如下:

①将鼠标指针定位在要插入表格的文档位置,然后在 Word 2010 的功能区中打开"插入"选项卡。

②在"表格"选项组中,单击"表格"按钮,在弹出的下拉列表中的"插入表格"区域,以滑动鼠标的方式指定表格的行数和列数。与此同时,用户可以在文档中实时预览到表格的大小变化,如图 4.68 所示。确定行列数目后,单击鼠标左键即可将指定行列数目的表格插入到文档中。

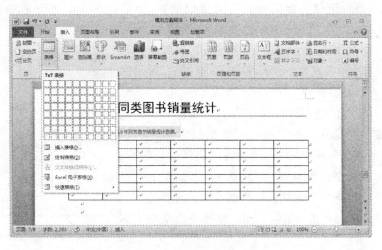

图 4.68 插入并预览表格

③此时,在 Word 2010 的功能区中会自动打开"表格工具"中的"设计"上下文选项卡。用户可以在表格中输入数据,然后在"表样式"选项组中的"表格样式库"中选择一种满意的表格样式,以快速完成表格格式化操作,如图 4.69 所示。

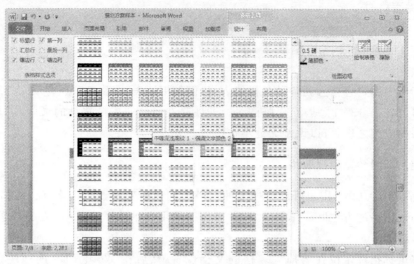

图 4.69 快速设置表格样式

2. 使用"插入表格"命令创建表格

在 Word 2010 中还可以使用"插入表格"命令来创建表格。该方法可以让用户在将表格插入文档之前选择表格尺寸和格式,其操作步骤如下:

①将鼠标指针定位在要插入表格的文档位置,然后在 Word 2010 的功能区中打开"插入"选项卡。

②在"表格"选项组中,单击"表格"按钮,在弹出的下拉列表中,执行"插入表格"命令,打开如图 4.70 所示的"插入表格"对话框。

③在"表格尺寸"选项区域中单击微调按钮分别指定表格的"列数"和"行数";在"'自动调整'操作"选项区域中根据实际需要选中相应的单选按钮,以调整表格尺寸;如果选中"为新表格记忆此尺寸"复选框,那么在下次打开"插入表格"对话框时,就默认保持此次的表格设置了。

④设置完毕后,单击"确定"按钮,即可将表格插入到文档中。

图 4.70 "插入表格"对话框

3. 手动绘制表格

如果要创建不规则的复杂表格,则可以采用手动绘制表格的方法。此方法使创建表格操作更具灵活性,操作步骤如下:

①将鼠标指针定位在要插入表格的文档位置,然后在 Word 2010 的功能区中打开"插入"选项卡。

②在"表格"选项组中,单击"表格"按钮,在弹出的下拉列表中,执行"绘制表格"命令。

③此时,鼠标指针会变为铅笔状,用户可以先绘制一个大矩形以定义表格的外边界。

然后在该矩形内根据实际需要绘制行线和列线。

④如果用户要擦除某条线,可以在"设计"上下文选项卡中,单击"绘制边框"选项组中的"擦除"按钮。此时鼠标指针会变为橡皮擦的形状,单击需要擦除的线条即可将其擦除。

⑤擦除线条后,再次单击"绘制边框"选项组中的"擦除"按钮,使其不再处于选中状态。这样,用户就可以继续在"设计"选项卡中设计表格的样式了。

提示: 在"表格工具"中的"设计"上下文选项卡上,用户可以在"绘图边框"选项组中的"笔样式"下拉列表框中选择为绘制边框应用不同的线型,在"笔划粗细"下拉列表框中选择为绘制边框应用不同的线条宽度,在"笔颜色"下拉列表中更改绘制边框的颜色。

4. 使用快速表格

"快速表格"是作为构建基块存储在库中的表格,可以随时被访问和重用。Word 2010 提供了一个"快速表格库",其中包含一组预先设计好格式的表格,用户可以从中选择以迅速创建表格。这样大大节省了用户创建表格的时间,同时减少了用户的工作量,使插入表格操作变得十分轻松。

使用快速表格创建表格的操作步骤如下:

①将鼠标指针定位在要插入表格的文档位置,然后在 Word 2010 的功能区中打开"插入"选项卡。

②在"表格"选项组中,单击"表格"按钮,在弹出的下拉列表中,执行"快速表格"命令,打开系统内置的"快速表格库",其中以图示化的方式为用户提供了许多不同的表格样式,如图 4.71 所示,用户可以根据实际需要进行选择。例如,单击"日历 3"快速表格。

图 4.71　快速表格库

③此时所选快速表格就会插入到文档中。另外,为了符合特定需要,用户可以用所需的数据替换表格中的占位符数据。

5.编辑表格

表格的创建是很容易的,但在实际工作中可能需要对最初创建的表格进行编辑。

(1)在表格中添加行

将插入点置于要添加位置的上一行或下一行中的任意一个单元格中,然后执行下列任一操作:

①在"布局"上下文选项卡中的"行和列"选项组中,根据需要选择"在上方插入"、"在下方插入"命令,如图4.72所示。

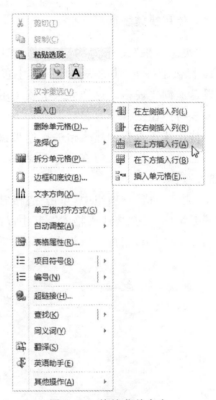

图 4.73　快捷菜单命令

图 4.72　快速添加行

②右击,从弹出的快捷菜单中执行"插入"→"在上方插入行"或"在下方插入行"命令,如图4.73所示。

③如果想在某一行下添加一新行,可先将插入点置于此行表格后的段落标记前,然后按【Enter】键。

④将光标置于表格右下角的最后一个单元格中,按【Tab】键可以在最下面增加一新行。

(2)在表格中添加列

将插入点置于要添加位置的左边一列或右边一列中的任意一个单元格中,然后执行下列任一操作:

①在"布局"上下文选项卡中的"行和列"选项组中,根据需要选择"在左侧插入"、"在

右侧插入"命令。

②右击,从弹出的快捷菜单中执行"插入"→"在左侧插入列"或"在右侧插入列"命令。

(3)删除表格行(或列)

如果只删除一行(或列),将插入点置于要删除行(或列)的任意一个单元格中;如果要删除连续多行(或列),则需先要选中这些行(或列)中的连续单元格,然后执行下列任一操作:

①在"布局"上下文选项卡中的"行和列"选项组中,单击"删除"按钮,在其弹出的快捷菜单中执行"删除行"(或"删除列")命令。

②右击,从弹出的快捷菜单中执行"删除单元格"命令,打开如图 4.74 所示的"删除单元格"对话框,根据需要选择所需要的删除操作。

图 4.74　"删除单元格"对话框

(4)移动和缩放

在 Word 2010 中表格就像图片一样可以进行移动和缩放。若要移动表格,需将鼠标指针移动到表格的左上角,此时表格左上角会出现一个带十字的小方框,在右下角会出现一个小方块。将鼠标光标移动到左上角的十字方块上,按住鼠标左键然后拖动,这样就可以移动表格了,如图 4.75 所示。

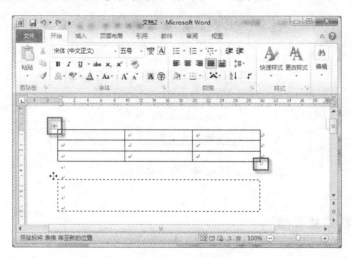

图 4.75　移动表格

缩放表格的方法也很简单,在图 4.75 中表格的右下方有一个小方块。将鼠标光标停留在上面,光标就会变成箭头的样式。此时按住鼠标左键,然后拖动鼠标,整个表格就会随之进行缩放了。

(5)合并或拆分表格中的单元格

合并或拆分单元格在设计表格的过程中是一项十分有用的功能。用户可以将表格中同一行或同一列中的两个或多个单元格合并为一个单元格,也可以将表格中的一个单元格拆分成多个单元格。

假设用户需要在水平方向上合并多个单元格，以创建横跨多个列的表格标题，可以按照如下操作步骤设置：

①将鼠标指针定位在要合并的第一个单元格中，然后按住鼠标左键进行拖动，以选择需要合并的所有单元格。

②在 Word 2010 的功能区中打开"表格工具"中的"布局"上下文选项卡。

③在"布局"选项卡上的"合并"选项组中，单击"合并单元格"按钮。

④这样，所选的多个单元格就被合并为一个单元格了。

如果用户想要将表格中的一个单元格拆分成多个单元格，可以按照如下操作步骤设置。

①将鼠标指针定位在要拆分的单个单元格中，或者选择多个要拆分的单元格。

②在 Word 2010 的功能区中打开"表格工具"中的"布局"上下文选项卡。

③在"布局"选项卡上的"合并"选项组中，单击"拆分单元格"按钮。

④打开"拆分单元格"对话框，如图 4.76 所示，通过单击微调按钮指定要将选定的单元格拆分成的列数和行数。

⑤单击"确定"按钮，即可按照指定要求实现单元格的拆分。

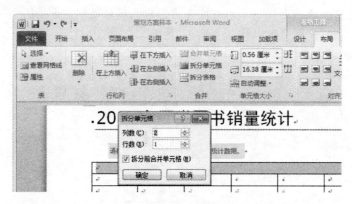

图 4.76　拆分单元格

4.4.2　格式化表格

通过对表格边框、底纹以及其中的文本格式进行美化，可使其更加美观。下面以使用"表格样式"格式化表格为例进行介绍。

表格样式是一组事先设置了表格边框、底纹、对齐方式等格式的表格模板，Word 2010 中提供了多种适用于不同用途的表格样式。用户可以借助这些表格样式快速格式化表格，具体的操作步骤如下：

①在 Word 2010 文档中，将光标置于 Word 表格任意单元格中。

②在"设计"上下文选项卡的"表格样式"选项组中，打开"表格样式"下拉列表，通过预览选择合适的表格样式，如图 4.77 所示。

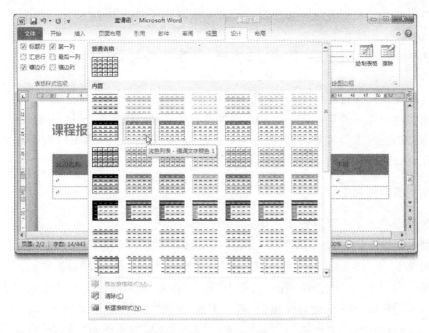

图 4.77　选择表格样式

4.4.3　文本与表格的转换

使用 Word 2010 用户可以轻松地将事先输入好的文本转换成表格。下面就举例说明如何利用"制表符"作为文字分隔的依据,从而轻松地将文本转换成表格。其操作步骤如下:

①首先在 Word 文档中输入文本,并在希望分隔的位置按【Tab】键,在希望开始新行的位置按【Enter】键。然后,选择要转换为表格的文本。

②在 Word 2010 的功能区中,打开"插入"选项卡,并单击"表格"选项组中的"表格"按钮。

③在弹出的下拉列表中,执行"文本转换成表格"命令。

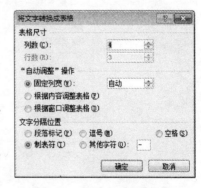

图 4.78　将文字转换为表格

④打开如图 4.78 所示的"将文字转换成表格"对话框,在"文字分隔位置"选项区域中,包括"段落标记"、"逗号"、"空格"、"制表符"和"其他字符"单选按钮。通常,Word 会根据用户在文档中输入的分隔符,默认选中相应的单选按钮,本例默认选中"制表符"单选按钮。同时,Word 会自动识别出表格的尺寸,本例为"4"列、"3"行。用户可根据实际需要,设置其他选项。确认无误后,单击"确定"按钮。

⑤这样,原先文档中的文本就被转换成表格了。用户可以再进一步设置表格的格式。

此外,用户还可以将某表格置于其他表格内,包含在其他表格内的表格称作嵌套表格。通过在单元格内单击,然后使用任何创建表格的方法就可以插入嵌套表格。当然,将现有表格复制和粘贴到其他表格中也是一种插入嵌套表格的方法。

4.4.4　图片、艺术字、图形、文本框、数字符号与公式

在实际文档处理过程中，用户往往需要在文档中插入一些图片或剪贴画来装饰文档，从而增强文档的视觉效果。Word 2010提供了图片效果的极大控制力，全新的图片效果，例如映像、发光、三维旋转等，将使图片更加靓丽夺目，同时，用户还可以根据需要对文档中的图片进行裁剪和修饰。

1. 在文档中插入图片

在文档中插入图片并设置图片样式的操作步骤如下：

①首先将鼠标指针定位在要插入图片的位置，然后在Word 2010的功能区中打开"插入"选项卡，在"插图"选项组中单击"图片"按钮，打开"插入图片"对话框。

②在指定文件夹下选择所需图片，单击"插入"按钮，即可将所选图片插入到文档中。

③插入图片后，Word会自动出现"图片工具"中的"格式"上下文选项卡。此时，用户可以通过鼠标拖动图片边框以调整大小，或在"大小"选项组中单击"对话框启动器"按钮，打开"布局"对话框中的"大小"选项卡，如图4.79所示。在"缩放比例"选项区域中，选中"锁定纵横比"复选框，然后设置"高度"和"宽度"的百分比即可更改图片的大小。最后，单击"关闭"按钮关闭"大小"对话框。

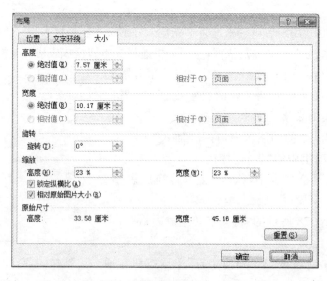

图4.79　调整图片大小

④在"格式"上下文选项卡中，单击"图片样式"选项组中的"其他"按钮，在展开的"图片样式库"中，系统提供了许多图片样式供用户选择，如图4.80所示。

⑤此时，文档中的图片就立即以全新的样式展现在用户面前了。

此外，细心的用户可能会发现在"格式"上下文选项卡上的"图片样式"选项组中，还包

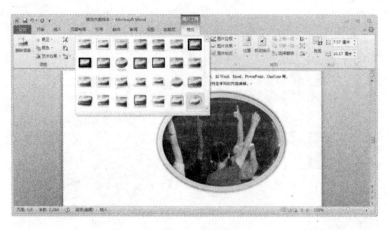

图 4.80　调整图片样式

括"图片版式"、"图片边框"和"图片效果"这 3 个命令按钮。如果用户觉得"图片样式库"中内置的图片样式不能满足实际需求,可以通过单击这 3 个按钮对图片进行多方面的属性设置,如图 4.81 所示。

图 4.81　设置图片效果

同时,在"调整"命令组中的"更正"、"颜色"和"艺术效果"命令可以让用户自由地调节图片的亮度、对比度、清晰度以及艺术效果,如图 4.82 所示。这些之前只能通过专业图形图像编辑工具才可以达到的效果,在 Office 2010 中仅需单击鼠标就轻松完成了。

2. 使用艺术字

艺术字就是有特殊效果的字体了,可以有各种的颜色、形状。艺术字多是带有艺术气息的,虽然绝大多数用户不是艺术家、也不懂美术。不过 Word 可以帮助用户做得很好,而用户要做的仅仅是点击几下鼠标。创建艺术字的操作步骤如下:

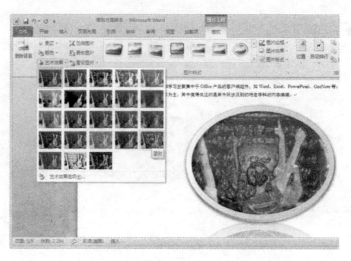

图 4.82　设置图片艺术效果

　　①将鼠标放在要插入艺术字的位置上，在"插入"选项卡的"文本"选项组中，单击"艺术字"按钮，打开如图 4.83 所示的艺术字样式列表。

　　②选择一种所需的样式，此时文档中将自动插入含有默认文字"请在此放置您的文字"和所选样式的艺术字，如图 4.84 所示，在此输入所需的艺术字即可。

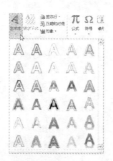

<table>
<tr><td>图 4.83　设置图片艺术效果</td><td>图 4.84　所选样式的艺术字</td></tr>
</table>

　　如果要修改艺术字效果，只需选择要修改的艺术字，在打开的"格式"上下文选项卡（如图 4.85 所示）中执行所需的操作。

图 4.85　"格式"上下文选项卡

- 在"形状样式"选项组中,可以修改整个艺术字的样式,并可以设置艺术字形状的填充、轮廓及形状效果。
- 在"艺术字样式"选项组中,可以对艺术字中的文字设置填充、轮廓及文字效果。
- 在"文本"选项组中,可以对艺术字文字设置链接、文字方向、对齐文本等。
- 在"排列"选项组中,可以修改艺术字的排列次序、环绕方式、旋转及组合。
- 在"大小"选项组中,可以设置艺术字的宽度和高度。

3. 使用智能图形展现观点

单纯的文字总是令人难以记忆,如果能够将文档中的某些理念以图形方式展现出来,就能够大大促进阅读者对该理念的理解与记忆。在 Microsoft Office 2010 中,SmartArt 图形功能可以使单调乏味的文字以美轮美奂的效果呈现在用户面前,从而使用户在脑海里留下深刻的印象。

下面举例说明如何在 Word 2010 中添加 SmartArt 图形,其操作步骤如下:

①首先将鼠标指针定位在要插入 SmartArt 图形的位置,然后在 Word 2010 的功能区中打开"插入"选项卡,在"插图"选项组中单击"SmartArt"按钮。

②打开如图 4.86 所示的"选择 SmartArt 图形"对话框,在该对话框中列出了所有 SmartArt 图形的分类,以及每个 SmartArt 图形的外观预览效果和详细的使用说明信息。

③在此选择"列表"类别中的"垂直框列表"图形,单击"确定"按钮将其插入到文档中。此时的 SmartArt 图形还没有具体的信息,只显示占位符文本(如"[文本]"),如图 4.87 所示。

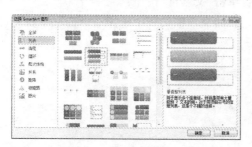　　　　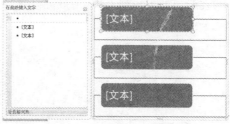

图 4.86　选择 SmartArt 图形　　　　　　图 4.87　新的 SmartArt 图形

④用户可以在 SmartArt 图形中各形状上的文字编辑区域内直接输入所需信息替代占位符文本,也可以在"文本"窗格中输入所需信息。在"文本"窗格中添加和编辑内容时,SmartArt 图形会自动更新,即根据"文本"窗格中的内容自动添加或删除形状。

提示:如果用户看不到"文本"窗格,则可以在"SmartArt 工具"中的"设计"上下文选项卡上,单击"创建图形"选项组中的"文本窗格"按钮,以显示出该窗格。或者,单击 SmartArt 图形左侧的"文本"窗格控件将该窗格显示出来。

⑤在"SmartArt 工具"中的"设计"上下文选项卡上,单击"SmartArt 样式"选项组中的【更改颜色】按钮。在弹出的下拉列表中选择适当的颜色,此时 SmartArt 图形就应用了新的颜色搭配效果,如图 4.88 所示。

⑥在"设计"上下文选项卡上,单击"SmartArt 样式"选项组中的"其他"按钮。在展开的"SmartArt 样式库"中,系统提供了许多 SmartArt 样式供用户选择。这样,一个能够给

人带来强烈视觉冲击力的 SmartArt 图形就呈现在用户面前了,如图 4.89 所示。

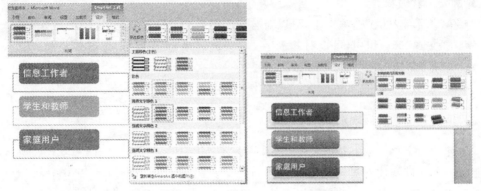

图 4.88　SmartArt 颜色设置　　　　　　图 4.89　SmartArt 样式

4. 在文档中使用文本框

Word 2010 中提供了特别的文本框编辑操作,它是一种可移动位置、可调整大小的文字或图形容器。使用文本框,可以在一页上放置多个文字块内容,或使文字按照与文档中其他文字不同的方式排布。

如需在文档中插入文本框,操作步骤如下:

①在 Word 2010 的功能区中,打开"插入"选项卡。

②在"插入"选项卡中的"文本"选项组中,单击"文本框"按钮。

③在弹出的下拉列表中,用户可以在"内置"的文本框样式中选择适合的文本框类型,如图 4.90 所示。

图 4.90　内置的文本框样式

④单击选择的文本框类型后,就可在文档中插入该文本框,并将其处于编辑状态,用户直接在其中输入内容即可,如图 4.91 所示。

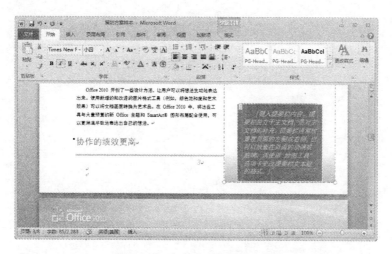

图 4.91　在文档中使用文本框

5. 在公式中添加数字符号

数学符号包括希腊字母、运算符、几何学符号等各种符号，是数学公式中必不可少的构成元素。用户在 Word 2010 文档中创建公式的时候，常常需要添加各种数学符号。

下面以输入图 4.92 所示的公式为例进行介绍。

$$X1 = \left\{ -b + \sqrt{[b^2 - 4ac]} \right\} / 2a$$

图 4.92　需要输入的公式

①在 Word 2010 的功能区中，打开"插入"选项卡。

②在"插入"选项卡的"符号"选项组中，单击"公式"按钮，打开"公式工具"中的"设计"上下文选项卡，如图 4.93 所示。

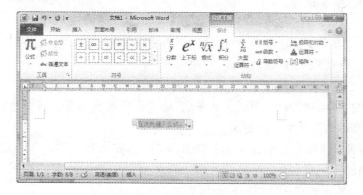

图 4.93　"设计"上下文选项卡

③在"符号"选项组中选择需要添加的数字符号，如图 4.94 所示。

④单击"结构"选项组的"上下标"按钮，从弹出的快捷菜单中选择"上标"，此时文档中将出现上标的输入框，在此输入"b2"，如图 4.95 所示。

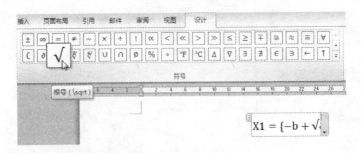

图 4.94　输入公式

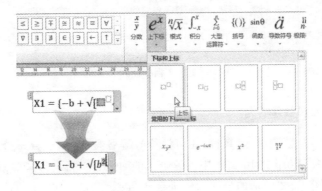

图 4.95　输入上标

⑤根据需要完成公式的输入。

4.4.5　环绕方式

环绕决定了图形之间以及图形与文字之间的交互方式。要设置图形的环绕方式,可以按照如下操作步骤执行:

①选中要进行设置的图片,打开"图片工具"的"格式"上下文选项卡。

②在"格式"上下文选项卡中,单击"排列"选项组中的"自动换行"命令,在展开的下拉选项菜单中选择想要采用的环绕方式,如图 4.96 所示。

③或者用户也可以在"自动换行"下拉选项列表中单击"其他布局选项"命令,打开如图 4.97 所示的"布局"对话框。在"文字环绕"选项卡中根据需要设置"环绕方式"、"自动换行"方式以及距离正文文字的距离。

环绕有两种基本形式:嵌入(在文字层中)和浮动(在图形层中)。浮动意味着可将图片拖动到文档的任何位置,而不像嵌入到文档文字层中的图片那样受到一些限制。表 4.1 描述了不同环绕方式在文档中的布局效果。

图 4.96 选择环绕方式

图 4.97 设置文字环绕布局

表 4.1 环绕样式

环绕设置	在文档中的效果
嵌入型	插入到文字层。可以拖动图形,但只能从一个段落标记移动到另一个段落标记中。通常用在简单文档和正式报告中。
四周型环绕	文本中放置图形的位置会出现一个方形的"洞",文字会环绕在图形周围,使文字和图形之间产生间隙,可将图形拖到文档中的任意位置。通常用在带有大片空白的新闻稿和传单中。
紧密型环绕	实际上在文本中放置图形的地方创建了一个形状与图形轮廓相同的"洞",使文字环绕在图形周围。可以通过环绕顶点改变文字环绕的"洞"的形状,可将图形拖到文档中的任何位置。通常用在纸张空间很宝贵且可以接受不规则形状(甚至希望使用不规则形状)的出版物中。
衬于文字下方	嵌入在文档底部或下方的绘制层,可将图形拖动到文档的任何位置。通常用作水印或页面背景图片,文字位于图形上方。
浮于文字上方	嵌入在文档上方的绘制层,可将图形拖动到文档的任何位置,文字位于图形下方。通常用在有意用某种方式来遮盖文字来实现某种特殊效果。
穿越型环绕	文字围绕着图形的环绕顶点(环绕顶点可以调整),这种环绕样式产生的效果和表现出的行为与"紧密型"环绕相同。
上下型环绕	实际上创建了一个与页边距等宽的矩形,文字位于图形的上方或下方,但不会在图形旁边,可将图形拖动到文档的任何位置。当图形是文档中最重要的地方时通常会使用这种环绕样式。

4.5 排版与打印

很难想象一篇没有页码的文稿将是怎样,它需要花费很多时间来理清文稿的前后顺序。幸运的是,Word 给用户提供了一个自动编制页码的工具,使得用户在编制页码时非

常方便。用户可以在页眉页脚中添加页码,但如果想对页码的位置和格式做一些控制,就
需要用到下面介绍的方法。

4.5.1　添加页眉/页脚或页码

用户可以只向文档的某一部分添加页码,也可以在文档的不同部分使用不同的页码
格式。例如,用户希望对目录和内容采用ⅰ、ⅱ、ⅲ编号格式,对文档的其余部分采用1、
2、3编号格式。此外,用户还可以在奇数和偶数页上采用不同的页眉或页脚。

1. 为文档各节创建不同的页眉/页脚或页码

如果用户要对文档的各节创建不同的页眉/页脚或页码,可以执行如下的操作步骤:
①将鼠标指针放置在需要分节的位置。
②打开"页面布局"选项卡,在"页面设置"选项组中,单击"分隔符"按钮,从弹出的快
捷菜单中的"分节符"中执行"下一页"命令,如图4.98所示。

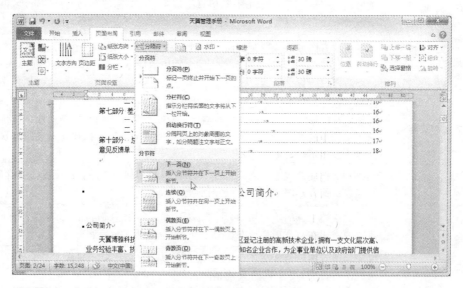

图 4.98　选择分节符

③双击页眉/页脚区域,打开"页眉和页脚工具"下的"设计"上下文选项卡。
④单击"上一节"按钮,切换到目录部分,然后在"插入"选项卡中,单击"页码"按钮,从
弹出的下拉列表中执行"页面顶端"→"普通数字1"命令(如图4.99所示),即可在页眉插
入页码。
⑤默认的页码格式是"1、2、…",如果要设置为"ⅰ、ⅱ、…"格式,需要再单击"页码"按
钮,从弹出的下拉列表中执行"设置页码格式"命令,打开"页码格式"对话框,如图4.100
所示。
⑥在"编号格式"下拉列表中选择"ⅰ、ⅱ、…",单击"确定"按钮,完成目录部分的页码
设置。

⑦切换到文档的"内容"部分小节,在页眉处添加"1、2、3…"格式的页码。设置完毕后,单击"设计"上下文选项卡中的"关闭页眉和页脚"按钮,返回至文档的正文。

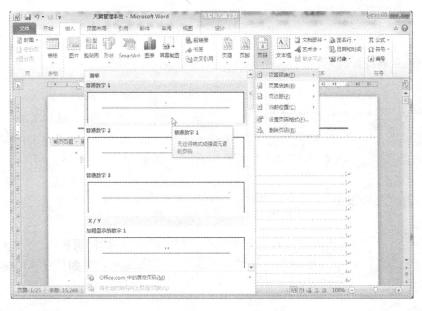

图 4.99　在页眉中插入页码

图 4.100　"页码格式"对话框

2.为奇偶页创建不同的页眉或页脚

有时一个文档中的奇偶页上需要使用不同的页眉或页脚。例如,在制作书籍资料时用户选择在奇数页上显示书籍名称,而在偶数页上显示章节标题。

要对奇偶页使用不同的页眉或页脚,可以按照如下操作步骤进行设置:

①在文档中,双击已经插入在文档中的页眉或页脚区域,此时在功能区中自动出现"页眉和页脚工具"中的"设计"上下文选项卡。

②在"选项"选项组中选中"奇偶页不同"复选框,这样用户就可以分别创建奇数页和偶数页的页眉(或页脚)了。

　　提示：在"页眉和页脚工具"中的"设计"上下文选项卡上提供了"导航"选项组，单击"转至页眉"按钮或"转至页脚"按钮可以在页眉区域和页脚区域之间切换。另外，如果选中了"奇偶页不同"复选框，则单击"上一节"按钮或"下一节"按钮可以在奇数页和偶数页之间切换。

3. 删除页眉或页脚

　　在整个文档中删除所有页眉或页脚的方法很简单，其操作步骤如下：
　　①单击文档中的任何位置，在 Word 2010 的功能区中打开"插入"选项卡。
　　②在"页眉和页脚"选项组中，单击"页眉"按钮，在弹出的下拉列表中执行"删除页眉"或"删除页脚"命令，即可将文档中的所有页眉或页脚删除。

4.5.2　页面设置、打印预览

　　Word 2010 所提供的页面设置工具可以帮助用户轻松完成对"页边距"、"纸张大小"、"纸张方向"、"文字排列"等诸多选项的设置工作。本节将主要介绍如何对文档页面进行设置和打印预览。

1. 设置页边距

　　Word 2010 提供了页边距设置选项，用户可以使用默认（预定义设置）的页边距，也可以自己指定页边距，以满足不同的文档版面要求。设置页边距的操作步骤如下：
　　①在 Word 2010 的功能区中，打开"页面布局"选项卡。
　　②在"页面设置"选项组中，单击"页边距"按钮，在弹出的下拉列表中，提供了"普通"、"窄"、"宽"等预定义的页边距，用户可以从中进行选择以迅速设置页边距，如图 4.101 所示。

　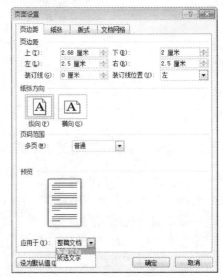

　　图 4.101　快速设置页边距　　　　　　图 4.102　"页面设置"对话框

　　③如果用户需要自己指定页边距,可以在弹出的下拉列表中执行"自定义边距"命令。打开"页面设置"对话框中的"页边距"选项卡,如图 4.102 所示。在"页边距"选项区域中,用户可以通过单击微调按钮调整"上"、"下"、"左"、"右"4 个页边距的大小和"装订线"的大小位置,在"装订线位置"下拉列表框中选择"左"或"上"选项。

　　在该对话框中有"应用于"下拉列表框,其中有"整篇文档"和"所选文字"两个选项可供用户选择。若选择"整篇文档"选项,则用户设置的页面就应用于整篇文档,这是默认的状态。如果只想设置部分页面,则需要将光标移到这部分页面的起始位置,然后在该对话框中的"应用于"下拉列表框中选择"所选文字"选项,这样从起始位置之后的所有页都将应用当前的设置。

　　④单击"确定"按钮即可完成自定义页边距的设置。

2. 设置纸张方向

　　"纸张方向"决定了页面所采用的布局方式,Word 2010 提供了纵向(垂直)和横向(水平)两种布局供用户选择。更改纸张方向时,与其相关的内容选项也会随之更改。例如封面、页眉、页脚样式库中所提供的内置样式便会始终与当前所选纸张方向保持一致。

　　如果需要更改整个文档的纸张方向,操作步骤如下:

　　①在 Word 2010 的功能区中,打开"页面布局"选项卡。

　　②在"页面设置"选项组中,单击"纸张方向"按钮,在弹出的下拉列表中,提供了"纵向"和"横向"两个方向,用户可根据实际需要任选其一即可。

3. 设置纸张大小

　　同页边距一样,Word 2010 为用户提供了预定义的纸张大小设置,用户既可以使用默认的纸张大小,又可以自己设定纸张大小,以满足不同的应用要求。设置纸张大小的操作步骤如下:

　　①在 Word 2010 的功能区中,打开"页面布局"选项卡。

　　②在"页面设置"选项组中,单击"纸张大小"按钮,在弹出的下拉列表中提供了许多种预定义的纸张大小,如图 4.103 所示,用户可以从中进行选择以迅速设置纸张大小。

　　③如果用户需要自己指定纸张大小,可以在弹出的下拉列表中执行"其他页面大小"命令。打开"页面设置"对话框中的"纸张"选项卡,如图 4.104 所示。在"纸张大小"下拉列表框中,用户可以选择不同型号的打印纸,例如"A3"、"A4"、"16 开"和"自定义大小"等。当选择"自定义大小"纸型时,可以在下面的"宽度"和"高度"微调框中自己定义纸张的大小。

　　④单击"确定"按钮即可完成自定义纸张大小的设置。

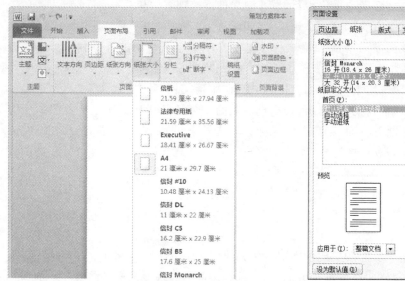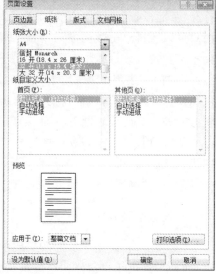

图 4.103　快速设置纸张大小　　　　　　图 4.104　自定义纸张大小

4. 设置页面颜色和背景

Word 2010 为用户提供了丰富的页面背景设置功能,用户可以非常便捷地为文档应用水印、页面颜色和页面边框的设置。

例如,用户可以通过页面颜色设置,可以为背景应用渐变、图案、图片、纯色或纹理等填充效果,其中渐变、图案、图片和纹理将以平铺或重复方式来填充页面,从而让用户可以针对不同应用场景制作专业美观的文档。为文档设置页面颜色和背景的操作步骤如下:

①在 Word 2010 的功能区中,打开"页面布局"选项卡。

②在"页面布局"选项卡中的"页面背景"选项组中,单击"页面颜色"按钮。

③在弹出的下拉列表中,用户可以在"主题颜色"或"标准色"区域中单击所需颜色。如果没有用户所需的颜色还可以执行"其他颜色"命令,在随后打开的"颜色"对话框中进行选择。如果用户希望添加特殊的效果,可以在弹出的下拉列表中执行"填充效果"命令。这里执行"填充效果"命令。

④打开"填充效果"对话框,在该对话框中有"渐变"、"纹理"、"图案"和"图片"4 个选项卡用于设置页面的特殊填充效果。

⑤设置完成后,单击"确定"按钮,即可为整个文档中的所有页面应用美观的背景。

5. 打印预览

打印功能是文字处理软件所必需的功能,用户在编辑文档之后需要将文档打印出来,方便查阅和使用。打印预览可以使用户在正式打印之前对文档进行一些设置工作,以便更好地打印文档。在打印前进行预览是很有必要的,它可以避免一些错误的发生,同时还可以实现一些特殊的功能。

用户编辑完文档之后,可以通过如下操作步骤完成文档打印预览:

①在 Word 2010 应用程序中,单击"文件"选项卡,在打开的 Office 后台视图中执行"打印"命令(或按组合键【Ctrl】+【F2】)。

(2)打开如图 4.105 所示的"打印"后台视图。在视图的右侧可以即时预览文档的打印效果。同时,用户可以在打印设置区域中对打印机或打印页面进行相关调整,例如页边距、纸张大小等。

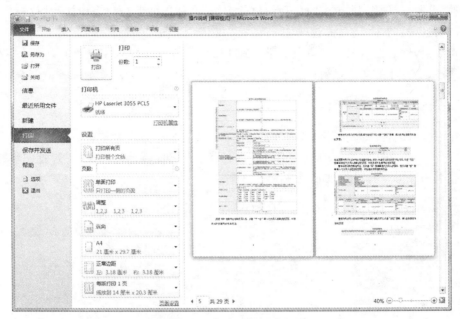

图 4.105　打印文档后台视图

4.5.3　打印设置与打印输出

如果只是打印一份文档,只需单击"文件"选项卡,在打开的 Office 后台视图中执行"打印"→"打印"命令即可;如果用户在打印过程中有一些特殊的需要,就必须先进行设置再打印输出。

1. 打印的份数

设置想要打印的副本份数是一项非常简单的任务,只要在"份数"微调框中输入所需的份数即可。

2. 打印部分文档或选定的文档

用户还可以设置打印的内容。在打印文档后台视图中的"设置"选项组中,单击"打印所有页"按钮,在弹出的下拉列表(如图 4.106 所示)中执行所需的操作。

- 选择"打印所有页"选项,将会打印文档的全部内容。
- 选择"打印所选内容"选项,此操作需要先选中要打印的文档内容。
- 选择"打印当前页面"选项,将会打印文档的当前页(即鼠标指针所在页)。

● 选择"打印自定义范围"选项,然后在其下方的文本框中输入想要打印的页码范围,例如输入"3,8,10～14",将会打印文档的第 3、第 8 和第 10～14 页。

3.双面打印

用户会发现,一般的书籍是双面打印的。如果需要双面打印,只需在打印文档后台视图中的"设置"选项组中,单击"打印所有页"按钮,在弹出的下拉列表中执行"仅打印奇数页"或"仅打印偶数页"命令。假如执行的是"仅打印奇数页"命令,那么 Word 2010 会先打印奇数页,然后提示取出打好的纸张,翻过面来排好顺序放入纸盒再打印偶数页。这样,一份双面打印的文档就制作好了。

4.在一张纸上打印多页

在一张纸上打印多个页面可以节省纸张,同时又能对文档内容有一个更加总体的把握。Word 2010 可以在一张纸上打印 1、2、4、6、8、16 个页面。只要在"每版打印页数"下拉列表中选择需要的页面即可,如图 4.107 所示。

图 4.106 设置打印文档内容

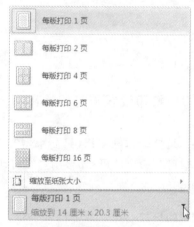

图 4.107 选择每版打印的页数

4.6 高级应用

对于 Word 2010 的高级应用,主要包括邮件合并、文档的修订、审阅、文档的比较、超链接的使用、Web 页的创建、自定义工具栏等,下面逐一进行介绍。

4.6.1　邮件合并

Word 2010 提供了强大的邮件合并功能,该功能具有极佳的实用性和便捷性。如果用户希望批量创建一组文档(例如一个寄给多个客户的套用信函),就可以使用邮件合并功能来实现。

1. 什么是邮件合并

Word 的邮件合并可以将一个主文档与一个数据源结合起来,最终生成一系列输出文档。在此需要明确以下几个基本概念。

(1)创建主文档

主文档是经过特殊标记的 Word 文档,它是用于创建输出文档的"蓝图"。其中包含了基本的文本内容,这些文本内容在所有输出文档中都是相同的,比如信件的信头、主体以及落款等。另外还有一系列指令(称为合并域),用于插入在每个输出文档中都要发生变化的文本,比如收件人的姓名和地址等。

(2)选择数据源

数据源实际上是一个数据列表,其中包含了用户希望合并到输出文档的数据。通常它保存了姓名、通讯地址、电子邮件地址、传真号码等数据字段。Word 的"邮件合并"功能支持很多类型的数据源,其中主要包括下列几类数据源:

• Microsoft Office 地址列表:在邮件合并的过程中,"邮件合并"任务窗格为用户提供了创建简单的"Office 地址列表"的机会,用户可以在新建的列表中填写收件人的姓名和地址等相关信息。此方法最适用于不经常使用的小型、简单列表。

• Microsoft Word 数据源:可以使用某个 Word 文档作为数据源。该文档应该只包含 1 个表格,该表格的第 1 行必须用于存放标题,其他行必须包含邮件合并所需要的数据记录。

• Microsoft Excel 工作表:可以从工作簿内的任意工作表或命名区域选择数据。

• Microsoft Outlook 联系人列表:可直接在"Outlook 联系人列表"中直接检索联系人信息。

• Microsoft Access 数据库:在 Access 中创建的数据库。

• HTML 文件:使用只包含 1 个表格的 HTML 文件。表格的第 1 行必须用于存放标题,其他行则必须包含邮件合并所需要的数据。

(3)邮件合并的最终文档

邮件合并的最终文档包含了所有的输出结果,其中,有些文本内容在输出文档中都是相同的,而有些会随着收件人的不同而发生变化。

利用"邮件合并"功能可以创建信函、电子邮件、传真、信封、标签、目录(打印出来或保存在单个 Word 文档中的姓名、地址或其他信息的列表)等文档。

2. 使用邮件合并技术制作邀请函

如果用户要制作或发送一些信函或邀请函之类的邮件给客户或合作伙伴，这类邮件的内容通常分为固定不变的内容和变化的内容。例如，有一份如图 4.108 所示的邀请函文档，在这个文档中已经输入了邀请函的正文内容，这一部分就是固定不变的内容。邀请函中的邀请人姓名以及邀请人的称谓等信息就属于变化的内容，而这部分内容保存在如图 4.109 所示的 Excel 工作表中。

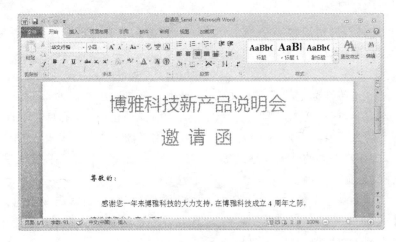

图 4.108　邀请函文档

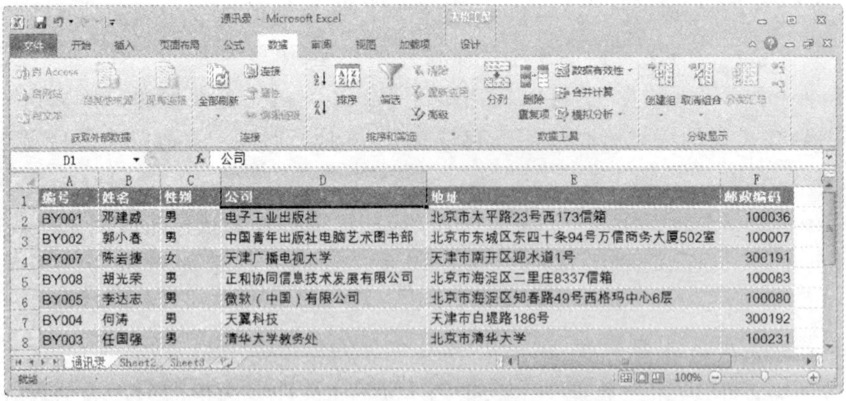

图 4.109　保存在 Excel 工作表中的邀请人信息

下面就来介绍如何利用邮件合并功能将数据源中邀请人的信息自动填写到邀请函文档中。对于初次使用该功能的用户而言，Word 提供了非常周到的服务，即"邮件合并分步向导"，它能够帮助用户一步步地了解整个邮件合并的使用过程，并高效、顺利地完成邮件合并任务。

利用"邮件合并分步向导"批量创建信函的操作步骤如下：

①在 Word 2010 的功能区中，打开"邮件"选项卡。

②在"开始邮件合并"选项组中,执行"开始邮件合并"→"邮件合并分步向导"命令,打开"邮件合并"任务窗格。进入"邮件合并分步向导"的第 1 步(总共有 6 步)。在"选择文档类型"选项区域中,选择一个希望创建的输出文档的类型(本例选中"信函"单选按钮),如图 4.110 所示。

③单击"下一步:正在启动文档"超链接,进入"邮件合并分步向导"的第 2 步,在"选择开始文档"选项区域中选中"使用当前文档"单选按钮,以当前文档作为邮件合并的主文档。接着单击"下一步:选取收件人"超链接,进入"邮件合并分步向导"的第 3 步,在"选择收件人"选项区域中选中"使用现有列表"单选按钮,如图 4.111 所示,然后单击"浏览"超链接。

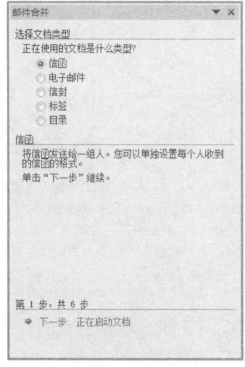

图 4.110　确定主文档类型

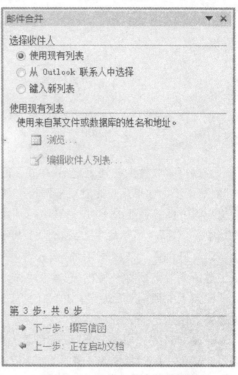

图 4.111　选择邮件合并数据源

④打开"选取数据源"对话框,选择保存客户资料的 Excel 工作表文件,然后单击"打开"按钮。打开"选择表格"对话框,选择保存客户信息的工作表名称,如图 4.112 所示,然后单击"确定"按钮。

图 4.112　选择数据工作表

⑤打开如图 4.113 所示的"邮件合并收件人"对话框,可以对需要合并的收件人信息进行修改。然后,单击"确定"按钮,完成现有工作表的链接工作。

图 4.113　设置邮件合并收件人信息

⑥选择了收件人的列表之后,单击"下一步:撰写信函"超链接,进入"邮件合并分步向导"的第 4 步。如果用户此时还未撰写信函的正文部分,可以在活动文档窗口中输入与所有输出文档中保持一致的文本。如果需要将收件人信息添加到信函中,先将鼠标指针定位在文档中的合适位置,然后单击"地址块"、"问候语"等超链接。本例单击"其他项目"超链接。

⑦打开如图 4.114 所示的"插入合并域"对话框,在"域"列表框中,选择要添加到邀请函中邀请人姓名所在位置的域,本例选择"姓名"域,单击"插入"按钮。

⑧插入完所需的域后,单击"关闭"按钮,关闭掉"插入合并域"对话框。文档中的相应位置就会出现已插入的域标记。

⑨在"邮件"选项卡上的"编写和插入域"选项组中,单击"规则"→"如果...那么...否则..."命令,打开"插入 Word 域"对话框,在"域名"下拉列表框中选择"性别",在"比较条件"下拉列表框中选择"等于",在"比较对象"文本框中输入"男",在"则插入此文字"文本框中输入"先生",在"否则插入此文字"文本框中输入"女士",如图 4.115 所示。然后,单击"确定"按钮,这样就可以使被邀请人的称谓与性别建立关联。

图 4.114　插入合并域

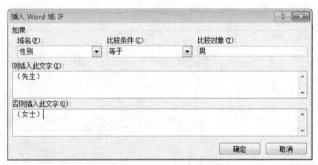

图 4.115　定于插入域规则

⑩在"邮件合并"任务窗格中,单击"下一步:预览信函"超链接,进入"邮件合并分步向导"的第 5 步。在"预览信函"选项区域中,单击"＜＜"或"＞＞"按钮,查看具有不同邀请人姓名和称谓的信函,如图 4.116 所示。

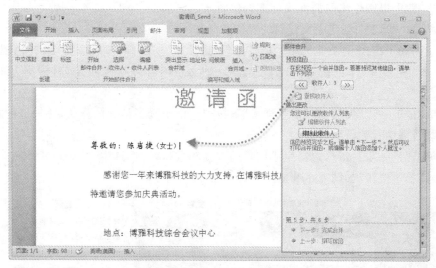

图 4.116　预览信函

提示: 如果用户想要更改收件人列表,可单击"做出更改"选项区域中的"编辑收件人列表"超链接,在随后打开的"邮件合并收件人"对话框中进行更改。如果用户想要从最终的输出文档中删除当前显示的输出文档,可单击"排除此收件人"按钮。

⑪预览并处理输出文档后,单击"下一步:完成合并"超链接,进入"邮件合并分步向导"的最后一步。在"合并"选项区域中,用户可以根据实际需要选择单击"打印"或"编辑单个信函"超链接,进行合并工作。本例单击"编辑单个信函"超链接。

⑫打开"合并到新文档"对话框,在"合并记录"选项区域中,选中"全部"单选按钮,然后单击"确定"按钮。

这样,Word 会将 Excel 中存储的收件人信息自动添加到邀请函正文中,并合并生成一个如图 4.117 所示的新文档,在该文档中,每页中的邀请函客户信息均由数据源自动创建生成。

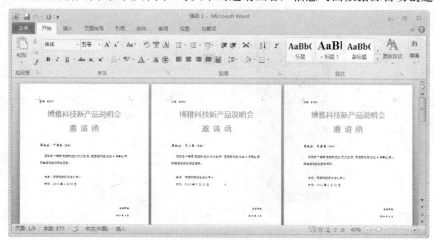

图 4.117　批量生成的文档

3. 使用邮件合并技术制作信封

Word 2010 的邮件合并技术提供了非常方便的中文信封制作功能，只要通过几个简单的步骤，就可以制作出既漂亮又标准的信封。

在 Word 2010 中创建中文信封的操作步骤如下：

①在 Word 2010 的功能区中，打开"邮件"选项卡。在"邮件"选项卡上的"创建"选项组中，单击"中文信封"按钮，打开如图 4.118 所示的"信封制作向导"对话框开始创建信封。

②单击"下一步"按钮，在"信封样式"下拉列表框中选择信封的样式，并根据实际需要选中或取消选中有关信封样式的复选框。

③单击"下一步"按钮，选择生成信封的方式和数量，本例选中"基于地址簿文件，生成批量信封"单选按钮，如图 4.119 所示。

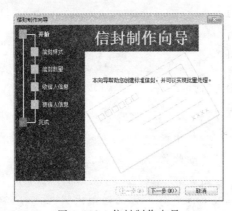
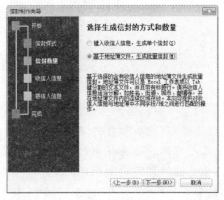

图 4.118　信封制作向导　　　　　　　图 4.119　选择生成信封的方式和数量

④单击"下一步"按钮，从文件中获取并匹配收信人信息，单击"选择地址簿"按钮，打开"打开"对话框，在该对话框中选择包含收信人信息的地址簿文件，然后单击"打开"按钮，返回到"信封制作向导"对话框。

⑤在"地址簿中的对应项"区域中的下拉列表框中，分别选择与收信人信息匹配的字段，如图 4.120 所示。

图 4.120　匹配收件人信息

⑥单击"下一步"按钮,在"信封制作向导"中输入寄信人信息。按照向导中的提示,分别输入寄信人的姓名、单位、地址和邮编。然后,单击"下一步"按钮,进入"信封制作向导"的最后一个步骤,单击"完成"按钮,关闭"信封制作向导"对话框。这样,Word 就生成了多个标准的信封,其外观样式如图 4.121 所示。

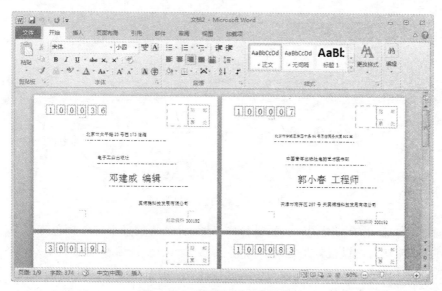

图 4.121　使用向导生成的信封

4.6.2　修订、审阅文档

Word 2010 提供了多种方式来协助用户完成文档审阅的相关操作,同时用户还可以通过全新的审阅窗格来快速对比、查看、合并同一文档的多个修订版本。

1.修订文档

当用户在修订状态下修改文档时,Word 应用程序将跟踪文档中所有内容的变化状况,同时会把用户在当前文档中修改、删除、插入的每一项内容标记下来。

用户打开所要修订的文档,在功能区的"审阅"选项卡中单击"修订"选项组的"修订"按钮,即可开启文档的修订状态,如图 4.122 所示。

图 4.122　开启文档修订状态

用户在修订状态下直接插入的文档内容会通过颜色和下划线标记下来,删除的内容可以在右侧的页边空白处显示出来,如图 4.123 所示。

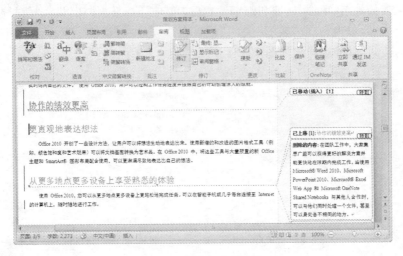

图 4.123　修订当前文档

当多个用户同时参与对同一文档进行修订时,文档将通过不同的颜色来区分不同用户的修订内容,从而可以很好地避免由于多人参与文档修订而造成的混乱局面。此外,Word 2010 还允许用户对修订内容的样式进行自定义设置,具体的操作步骤如下。

①在功能区的"审阅"选项卡的"修订"选项组中,执行"修订"→"修订选项"命令,打开"修订选项"对话框,如图 4.124 所示。

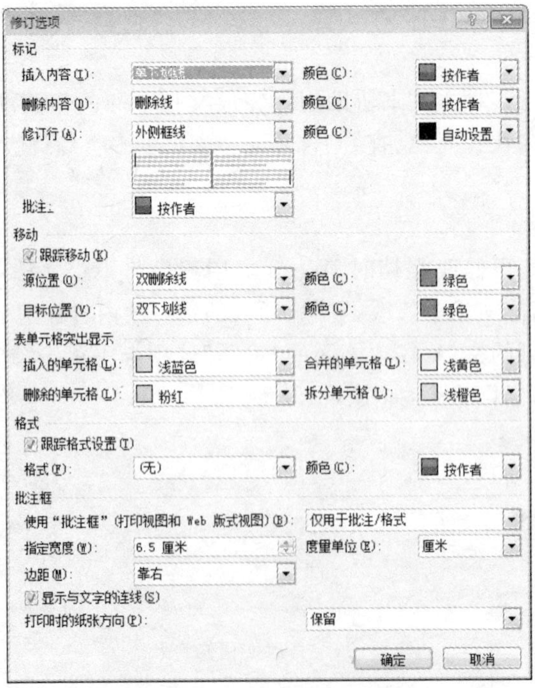

图 4.124　"修订选项"对话框

②用户在"标记"、"移动"、"表单元格突出显示"、"格式"、"批注框"5 个选项区域中，可以根据自己的浏览习惯和具体需求设置修订内容的显示情况。

2. 为文档添加批注

在多人审阅文档时，可能需要彼此之间对文档内容的变更状况作一个解释，或者向文档作者询问一些问题，这时就可以在文档中插入"批注"信息。"批注"与"修订"的不同之处在于，"批注"并不在原文的基础上进行修改，而是在文档页面的空白处添加相关的注释信息，并用有颜色的方框括起来。

如果需要为文档内容添加批注信息，则只需在"审阅"选项卡的"批注"选项组中单击"新建批注"按钮，然后直接输入批注信息即可，如图 4.125 所示。

图 4.125　添加批注

除了在文档中插入文本批注信息以外，用户还可以插入音频或视频批注信息，从而使文档协作在形式上更加丰富。

如果用户要删除文档中的某一条批注信息，则可以右击所要删除的批注，在随后打开的快捷菜单中执行"删除批注"命令。如果用户要删除文档中所有批注，请单击任意批注信息，然后在"审阅"选项卡的"批注"选项组中执行"删除"→"删除文档中的所有批注"命令，如图 4.126 所示。

另外，当文档被多人修订或审批后，用户可以在功能区的"审阅"选项卡中的"修订"选项组中，执行"显示标记"→"审阅者"命令，在显示的列表中将显示出所有对该文档进行过修订或批注操作的人员名单，如图 4.127 所示。可以通过选择审阅者姓名前面复选框，查看不同人员对本文档的修订或批注意见。

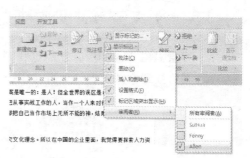

图 4.126　删除文档中的批注　　　　　　　　图 4.127　审阅者名单

3.审阅修订和批注

文档内容修订完成以后，用户还需要对文档的修订和批注状况进行最终审阅，并确定出最终的文档版本。当审阅修订和批注时，可以按照如下步骤来接受或拒绝文档内容的每一项更改。

①在"审阅"选项卡的"更改"选项组中单击"上一条"（"下一条"）按钮，即可定位到文档中的上一条（下一条）修订或批注。

②对于修订信息可以单击"更改"选项组中的"拒绝"或"接受"按钮，来选择拒绝或接受当前修订对文档的更改；对于批注信息可以在"批注"选项组中单击"删除"按钮将其删除。

③重复"步骤1～2"，直到文档中不再有修订和批注。

④如果要拒绝对当前文档做出的所有修订，可以在"更改"选项组中执行"拒绝"→"拒绝对文档的所有修订"命令；如果要接受所有修订，可以在"更改"选项组中执行"接受"→"接受对文档的所有修订"命令，如图4.128所示。

图4.128　接受对文档的所有修订

4.6.3　比较文档

文档经过最终审阅以后，用户多半希望能够通过对比的方式查看修订前后两个文档版本的变化情况，Word 2010提供了"精确比较"的功能，可以帮助用户显示两个文档的差异。

使用"精确比较"功能对文档版本进行比较的具体操作步骤如下。

①在"审阅"选项卡的"比较"选项组中，执行"比较"→"比较"命令，打开"比较文档"对话框。

②在"原文档"区域中，通过浏览找到要用作原始文档的文档；在"修订的文档"区域中，通过浏览找到修订完成的文档，如图4.129所示。

图4.129　比较文档

③单击"确定"按钮,此时两个文档之间的不同之处将突出显示在"比较结果"文档的中间,以供用户查看,如图 4.130 所示。在文档比较视图左侧的审阅窗格中,自动统计了原文档与修订文档之间的具体差异情况。

图 4.130　对比同一文档的不同版本

4.6.4　超级链接、建立 Web 页

所谓超链接就是将文档中的文字或图形与其他位置的相关信息连接起来。单击建立了超链接的文字或图形时,就可以跳转到相关信息所在的位置。超链接既可跳转至当前文档或 Web 页的某个位置,也可跳转至其他 Word 文档或 Web 页,或者在其他项目中创建的文件。使用超链接能使文档包含更广泛的信息,可读性更强。

1. 创建超链接

下面介绍在 Word 文档中创建超级链接的操作步骤:

①在 Word 文档中,选中要创建超级链接的文字,然后打开"插入"选项卡。

②在"链接"选项组中,单击"超链接"按钮,打开"插入超链接"对话框。在"地址"编辑框中输入超链接的网址,如图 4.131 所示。

图 4.131　"插入超链接"对话框

提示：如果需要添加的是邮件的超链接，则在"插入超链接"对话框中选择"电子邮箱地址"，然后输入要添加的电子邮箱地址即可。

③单击"确认"按钮完成设置并返回 Word 2010 文档中，按【Ctrl】键并单击超链接文字，将自动打开超链接的网站。

2. 创建 Web 页

为了将 Word 和 Web 更完美地结合起来，Word 已将 HTML 提升到与其专用文件格式相同的级别。Word 与 Web 的紧密集成，使任何人都可以使用浏览器查看丰富的 Word 内容。

将 Word 文档转换成 Web 页的操作步骤如下：

①打开要转换成 Web 页的 Word 文档。

②打开"文件"选项卡，执行"另存为"命令，打开如图 4.132 所示的"另存为"对话框。在"保存类型"下拉列表中选择"网页"，然后根据需要选择或输入文件所在磁盘、文件夹及文件名等参数。

图 4.132 "插入超链接"对话框

③单击"保存"按钮，系统开始进行转换工作，直至将 Word 文档保存为 HTML 格式文件，这样，该 Word 文档就可以在 Internet 上浏览了。

4.6.5 创建自定义工具栏

如果 Word 2010 提供的工具栏不能满足需要，用户可以创建一个自定义的工具栏，操作步骤如下：

①在 Word 文档中，打开"文件"选项卡，执行"选项"命令，打开"Word 选项"对话框。

②打开"自定义功能区"选项卡，单击"新建选项卡"按钮，此时在"主选项卡"列表中将出现"新建选项卡（自定义）"和"新建组（自定义）"选项，如图 4.133 所示。

图 4.133　"自定义功能区"选项卡

③将光标定位在"新建选项卡（自定义）"，单击"重命名"按钮，打开"重命名"对话框。在"显示名称"文本框中输入要定义选项卡的名称。单击"确定"按钮完成选项卡的设置。

④本例中将"宏"添加到新建组中。在"常用命令"中选择"宏"，单击"添加"按钮，将其添加到"新建组（自定义）"选项组中，单击"确定"按钮即可将自定义的工具栏添加到功能区中，如图 4.134 所示。

图 4.134　添加宏命令

4.7   书籍的制作

利用 Word 2010，可以轻松地制作出具有专业水准的书籍。本节将详细介绍书籍的制作方法。

4.7.1   字数统计、书签与定位

Word 2010 具有统计字数的功能，用户可以方便地获取当前 Word 文档的字数统计信息。具体的操作步骤如下：

①在 Word 2010 文档中，打开"审阅"选项卡。

②在"校对"选项组中单击"字数统计"按钮，打开"字数统计"对话框。在该对话框中可以查看 Word 文档的页数、字数、字符数、段落数、行数等信息，如图 4.135 所示。

书签主要用于帮助用户在 Word 长文档中快速定位至特定位置，或者引用同一文档中的特定文字。在 Word 2010 文档中，文本、段落、图形、图片、标题等都可以添加书签。具体操作步骤如下：

①在 Word 2010 文档中，选中需要添加书签的文本、标题、段落等内容，然后打开"插入"选项卡。

②在"链接"选项组中单击"书签"按钮，打开"书签"对话框，如图 4.136 所示。

③在"书签名"编辑框中输入书签名称，然后单击"添加"按钮即可。

提示：书签名称只能包含字母和数字，不能包含符号和空格。

图 4.135   添加宏命令

图 4.136   "书签"对话框

4.7.2 "大纲视图"组织长文档

在 Word 2010 中提供了多种视图供用户选择,不同的视图有不同的用处。对于长文档的编辑,大纲视图是最理想的选择。使用大纲视图可以使用户很方便地审阅、创建文档,可以迅速地了解整个文档的组织结构。具体的操作步骤如下:

①在 Word 文档中,打开"视图"选项卡。

②在"文档视图"选项组中单击"大纲视图"按钮,进入大纲视图模式,如图 4.137 所示。

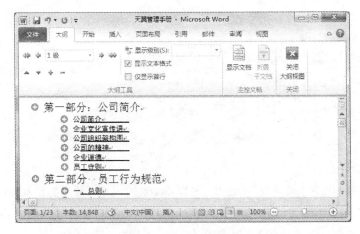

图 4.137 大纲视图模式

③如果要设置显示的级别(本例为"1 级"),可以在"大纲"选项卡的"大纲工具"选项组中,单击"显示级别"右侧的下三角按钮,从弹出的快捷菜单中选择"1 级",如图 4.138 所示。

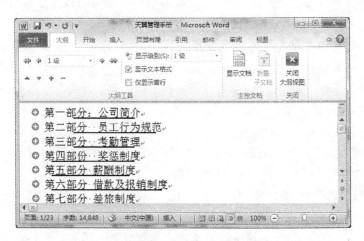

图 4.138 设置显示的级别

④如果要展开"第一部分公司简介"的标题,可以将鼠标定位在"第一部分公司简介"

所在的段落，单击"大纲工具"选项组中的"展开"按钮（ ），将显示更多的大纲项目，每单击一次多显示出一层。

⑤如果要将"企业的精神"所在的段落上移，可以将鼠标定位在"企业的精神"所在的段落，单击"大纲工具"选项组中的"上移"按钮（ ），将选定的文本向上移动到具有相同可比标题号码项的前面，如图 4.139 所示。

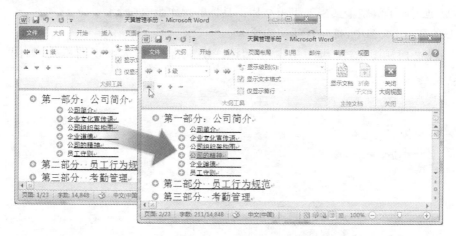

图 4.139　移动层次

⑥如果要调整"企业的精神"的级别，可以将鼠标定位在"企业的精神"所在的段落，单击"大纲级别"下拉列表，在弹出的下拉列表框中选择文档中需要显示的内容级别。

⑦调整完成后，单击"大纲"选项卡中的"关闭大纲视图"按钮即可。

4.7.3　分页符与分节符

文档的不同部分通常会另起一页开始，很多用户习惯用加入多个空行的方法使新的部分另起一页，这种做法会导致修改文档时重复排版，从而增加了工作量，降低了工作效率。借助 Word 2010 中的分页或分节操作，可以有效划分文档内容的布局，而且使文档排版工作简洁高效。

如果只是为了排版布局需要，单纯地将文档中的内容划分为上下两页，则在文档中插入分页符即可，操作步骤如下：

①将光标置于需要分页的位置。

②在"页面布局"选项卡上的"页面设置"选项组中，单击"分隔符"按钮，打开如图4.140 所示的"插入分页符和分节符"选项列表。

③单击"分页符"命令集中的"分页符"按钮，即可将光标后的内容布局到新的一个页面中，分页符前后页面的设置属性及参数均保持一致。

而在文档中插入分节符，不仅可以将文档内容划分为不同的页面，而且还可以分别针对不同的节进行页面设置操作。插入分节符的操作步骤如下：

①将光标置于需要分页的位置。

图 4.140　分页符和分节符

②在"页面布局"选项卡上的"页面设置"选项组中,单击"分隔符"按钮,打开"插入分页符和分节符"选项列表。分节符的类型共有 4 种,分别是"下一页"、"连续"、"偶数页"和"奇数页",下面分别来介绍一下它们的用途。

- "下一页":分节符后的文本从新的一页开始。
- "连续":新节与其前面一节同处于当前页中。
- "偶数页":分节符后面的内容转入下一个偶数页。
- "奇数页":分节符后面的内容转入下一个奇数页。

③选择其中的一类分节符后,在当前光标位置处即插入了一个不可见的分节符。插入的分节符不仅将光标位置后面的内容分为新的一节,还会使该节从新的一页开始,实现了既分节,又分页的目的。

由于"节"不是一种可视的页面元素,所以很容易被用户忽视。然而如果少了节的参与,许多排版效果将无法实现。默认方式下,Word 将整个文档视为一节,所有对文档的设置都是应用于整篇文档的。当插入"分节符"将文档分成几"节"后,可以根据需要设置每"节"的格式。

举例来说,在一篇 Word 文档中,一般情况下会将所有页面均设置为"横向"或"纵向"。但有时也需要将其中的某些页面与其他页面设置为不同方向。例如对于一个包含较大表格的文档,如果采用纵向排版那么将无法将表格完全打印,于是就需要将表格部分采取横向排版。

可是,如果通过页面设置命令来改变其设置,就会引起整个文档所有页面的改变。通常的做法是将该文档拆分为"A"和"B"两个文档。"文档 A"是文字部分,使用纵向排版;"文档 B"用于放置表格,采用横向排版,如图 4.141 所示。

图 4.141　页面方向的横纵混排

4.7.4　脚注/尾注、题注与交叉引用

在编写一些学术文章时,经常遇到需要加入脚注、尾注、题注和交叉引用。下面逐一介绍这些功能的使用。

1. 插入脚注和尾注

脚注和尾注一般用于在文档和书籍中显示引用资料的来源,或者用于输入说明性或补充性的信息。"脚注"位于当前页面的底部或指定文字的下方,而"尾注"则位于文档的结尾处或者指定节的结尾。脚注和尾注都是用一条短横线与正文分开的。而且,二者都用于包含注释文本,该注释文本位于页面的结尾处或者文档的结尾处,二者的注释文本都比正文文本的字号小一些。

在文档中插入脚注或尾注的操作步骤如下:

①在文档中选择要向其添加脚注或尾注的文本,或者将光标置于文本后面位置。

②在 Word 2010 功能区中的"引用"选项卡上,单击"脚注"选项组中的"插入脚注"按钮,即可在该页面的底端加入脚注区域。

③如果需要对脚注或尾注的样式进行定义,则可以单击"脚注"选项组中的"对话框启动器"按钮,打开如图 4.142 所示的"脚注和尾注"对话框,设置其位置、格式及应用范围。

当插入脚注或尾注后,不必向下滚到页面底部或文档结尾处。只须将鼠标指针停留在文档中的脚注或尾注引用标记上,注释文本就会出现在屏幕提示中。

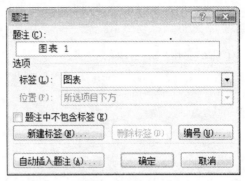

图 4.142　设置脚注和尾注　　　　　　　图 4.143　插入题注

2. 插入题注

题注是一种可以为文档中的图表、表格、公式或其他对象添加的编号标签,如果在文档的编辑过程中对题注执行了添加、删除或移动操作,则可以一次性更新所有题注编号,而不需要再进行单独调整。

在文档中定义并插入题注的操作步骤如下:

①在文档中选择要向其添加题注的位置。

②在 Word 2010 功能区中的"引用"选项卡上,单击"题注"选项组中的"插入题注"按钮,打开如图 4.143 所示的"题注"对话框。在该对话框中,可以根据添加题注的不同对象,在"选项"区域的下拉列表中选择不同的标签类型。

③如果期望在文档中使用自定义的标签显示方式,则可以单击"新建标签"按钮,为新的标签命名后,新的标签样式将出现在"标签"下拉列表中,同时还可以为该标签设置位置与标号类型,如图 4.144 所示。

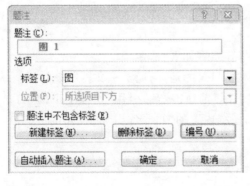
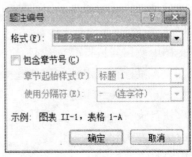

图 4.144　自定义题注标签

④设置完成后单击"确定"按钮,即可将题注添加到相应的文档位置。

3.使用交叉引用

在编写文档的时候常常需要提及某个内容,但又限于篇幅等原因不便在文档中多作介绍,这时为了方便起见,可以使用交叉引用功能。下面以创建索引的交叉引用为例进行介绍。

①选定要用作索引项的文字。

②按组合键【Alt】+【Shift】+【X】,打开"标记索引项"对话框,如图 4.145 所示。

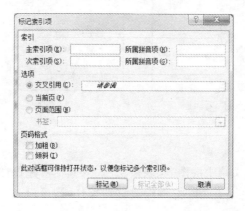

图 4.145 "标记索引项"对话框

③在"选项"选区中,选中"交叉引用"选项,然后输入要用作该索引项的交叉引用的文字。

④单击"标记"按钮。

4.7.5 目录的创建与更新

目录通常是长篇幅文档不可缺少的一项内容,它列出了文档中的各级标题及其所在的页码,便于文档阅读者快速查找到所需内容。Word 2010 提供了一个内置的"目录库",其中有多种目录样式可供选择,从而可代替用户完成大部分工作,使得插入目录的操作变得非常快捷、简便。

在文档中使用"目录库"创建目录的操作步骤如下:

①首先将鼠标指针定位在需要建立文档目录的地方,通常是文档的最前面。

②在 Word 2010 的功能区中,打开"引用"选项卡,在"引用"选项卡上的"目录"选项组中,单击"目录"按钮,打开其下拉列表,系统内置的"目录库"以可视化的方式展示了许多目录的编排方式和显示效果。

③用户只需单击其中一个满意的目录样式,Word 2010 就会自动根据所标记的标题在指定位置创建目录,如图 4.146 所示。

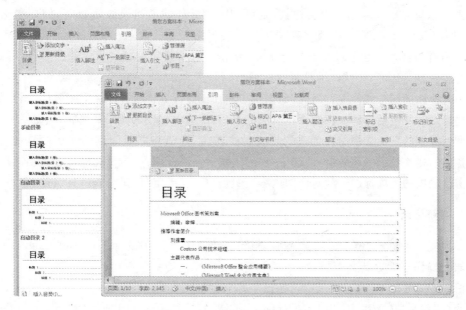

图 4.146　在文档中插入目录

1. 使用自定义样式创建目录

如果用户已将自定义样式应用于标题,则可以按照如下操作步骤来创建目录。用户可以选择 Word 在创建目录时使用的样式设置。

①将鼠标指针定位在需要建立文档目录的地方,然后打开"引用"选项卡。

②在"目录"选项组中,单击"目录"按钮,在弹出的下拉列表中执行"插入目录"命令,打开如图 4.147 所示的"目录"对话框。

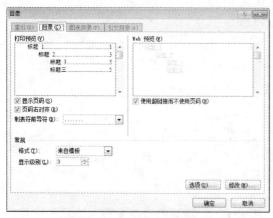

图 4.147　"目录"对话框

图 4.148　"目录选项"对话框

③在"目录"选项卡中单击"选项"按钮,打开如图 4.148 所示的"目录选项"对话框。在"有效样式"区域中可以查找应用于文档中的标题的样式,在样式名称旁边的"目录级别"文本框中输入目录的级别(可以输入 1 到 9 中的一个数字),以指定希望标题样式代表

的级别。如果希望仅使用自定义样式,则可删除内置样式的目录级别数字,例如删除"标题 1"、"标题 2"和"标题 3"样式名称旁边的代表目录级别的数字。

④当有效样式和目录级别设置完成后,单击"确定"按钮,关闭"目录选项"对话框。

⑤返回到"目录"对话框,用户可以在"打印预览"和"Web 预览"区域中看到 Word 在创建目录时使用的新样式设置。另外,如果用户正在创建读者将在打印页上阅读的文档,那么在创建目录时应包括标题和标题所在页面的页码,即选中"显示页码"复选框,从而便于读者快速翻到需要的页。如果用户创建的是读者将要在 Word 中联机阅读的文档,则可以将目录中各项的格式设置为超链接,即选中"使用超链接而不使用页码"复选框,以便读者可以通过单击目录中的某项标题转到对应的内容。最后,单击"确定"按钮完成所有设置。

2. 更新目录

如果用户在创建好目录后,又添加、删除或更改了文档中的标题或其他目录项,可以按照如下操作步骤更新文档目录:

①在 Word 2010 的功能区中,打开"引用"选项卡。

②在"目录"选项组中,单击"更新目录"按钮,打开如图 4.149 所示的"更新目录"对话框。在该对话框中选中"只更新页码"单选按钮或"更新整个目录"单选按钮。

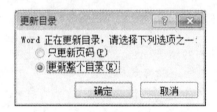

图 4.149　更新文档目录

③单击"确定"按钮即可按照指定要求更新目录。

习题 4

一、选择题

1. 打开 Word 文档,一般是指 （ ）

　A. 把文档内容从内存中读入并显示出来

　B. 为指定文件开设一个新的、空文档窗口

　C. 把文档内容从磁盘调入内存并显示出来

　D. 显示并打印出打开的文件

2. 在 Word 的编辑状态,单击"开始"选项卡"剪贴板"选项组中的"粘贴"命令后

（ ）

　A. 被选择的内容移到插入点　　　　　　B. 被选择的内容移到剪贴板

　C. 剪贴板中的内容移到插入点　　　　　D. 剪贴板的内容复制到插入点

3. 在 Word 的(   )视图方式下,可以显示分页效果。

  A. 普通　　　　　　B. 大纲　　　　　　C. 页面　　　　　　D. 主控文档

4. 在 Word 的编辑状态,执行"文件"选项卡中的"保存"命令后　　　　　　　(   )

  A. 将所有打开的文档存盘

  B. 只能将当前文档存储在原文件夹内

  C. 可以将当前文档存储在已有的任意文件内

  D. 可以先建立一个新文件夹,再将文档存储在该文件夹内

5. 在 Word 连续进行了两次"插入"操作,当单击一次"撤消"按钮后　　　　(   )

  A. 将两次插入的内容全部取消　　　　B. 将第一次插入的内容全部取消

  C. 将第二次插入的内容全部取消　　　　D. 两次插入的内容都不被取消

6. 在"组织结构图"中显示的文本需要设置的格式是　　　　　　　　　　(   )

  A. 项目符号或编号　　　　　　　　B. 标题样式

  C. 正文样式　　　　　　　　　　　　D. 表格格式

7. 页眉页脚的作用范围默认是　　　　　　　　　　　　　　　　　　(   )

  A. 页　　　　　　　　B. 段　　　　　　　C. 全文　　　　　　D. 节

8. 在 Word 的编辑状态,要在文档中添加符号"📖",应该使用(   )中的命令。

  A. "文件"选项卡　　　　　　　　　B. "设计"选项卡

  C. "视图"选项卡　　　　　　　　　D. "插入"选项卡

9. 在 Word 的编辑状态,进行"替换"操作时,应当使用　　　　　　　　(   )

  A. "文件"选项卡中的命令　　　　　B. "插入"选项卡中的命令

  C. "引用"选项卡中的命令　　　　　D. "视图"选项卡中的命令

10. 在 Word 主窗口关闭"浮动"工具栏,可使用(   )选项卡中的命令。

  A. 文件　　　　　　　B. 插入　　　　　　C. 设计　　　　　　D. 视图

11. Word 文档中某些英文单词下方出现红色的波浪线,表示　　　　　　(   )

  A. 语法错误　　　　　　　　　　　B. Word 字典中没有该单词

  C. 单词拼写错　　　　　　　　　　D. 该处有附注

12. 在 Word 的编辑状态,执行两次"剪切"操作,则剪贴板中　　　　　　(   )

  A. 仅有第一次被剪切的内容　　　　B. 仅有第二次被剪切的内容

  C. 有两次被剪切的内容　　　　　　D. 内容被清除

13. 在 Word 的编辑状态,单击标题栏中的"🗗"按钮后,会　　　　　　　(   )

  A. 将窗口关闭　　　　　　　　　　B. 打开一个空白窗口

  C. 使窗口独占屏幕　　　　　　　　D. 使当前窗口缩小

14. 前后两段文字间删除一个段落标记后,原前、后段落的编排格式　　　(   )

  A. 是前段落的格式　　　　　　　　B. 是后段落的格式

  C. 无变化　　　　　　　　　　　　D. 与后段落格式无关

15. 当前正编辑一个新建文档"文档1",当执行"文件"选项卡中的"保存"命令后

                                                          (   )

  A. 该"文档1"被存盘　　　　　　　B. 弹出"另存为"对话框,供进一步操作

    C. 自动以"文档1"为名存盘   D. 不能以"文档1"存盘

16. 当前文档中的字体全是"宋体",选择一段文字,先设定楷体,又设定仿宋体,则

                                                                      (   )

    A. 文档全文都是楷体   B. 被选择的内容仍为宋体

    C. 被选择的内容变为仿宋体   D. 文档的全部文字的字体不变

17. 选中整个表格,在"布局"上下文选项卡"行和列"选项组中,执行"删除行"命令,则

                                                                       (   )

    A. 整个表格被删除   B. 表格中一行被删除

    C. 表格中一列被删除   D. 表格中没有被删除的内容

18. 在 Word 的"字体"对话框中,可设定文字的   (   )

    A. 缩进   B. 间距   C. 对齐   D. 行距

19. 在 Word 的编辑状态,为文档设置页码,可以使用   (   )

    A."文件"选项卡中的命令   B."插入"选项卡中的命令

    C."设计"选项卡中的命令   D."页面布局"菜单中的命令

20. 当前编辑的文档是 C 盘的 d1. doc 文档,要将该文档保存到 U 盘,应当使用

                                                                       (   )

    A."文件"选项卡的"另存为"命令   B."文件"选项卡的"保存"命令

    C."文件"选项卡的"新建"命令   D."开始"选项卡的命令

21. 在 Word 新建了两个文档,没有对它们进行"保存"或"另存为"操作,则   (   )

    A. 两个文档名都出现在"文件"选项卡中

    B. 两个文档名都出现在"视图"选项卡中

    C. 只有第一个文档名出现在"文件"选项卡中

    D. 只有第二个文档名出现在"视图"选项卡中

22. 在 Word 文档中,"格式刷"的功能是   (   )

    A. 仅复制文本   B. 画图

    C. 复制文本和格式   D. 仅复制格式

23. 当前插入点在表格中某行最后一个单元格外,按 Enter 键后   (   )

    A. 插入点所在的行高增加   B. 插入点所在的列宽增加

    C. 表格增加一个空行   D. 对表格不起作用

24. 在 Word 的"替换"操作中,查找到字符串后,若按"查找下一个"按钮,则 (   )

    A. 不替换,继续查找   B. 已经替换,继续查找

    C. 非法操作,不能执行   D. 弹出对话框,问是否替换

25. 在 Word 中,按(   )键,切换插入/改写状态。

    A.【Shift】   B.【Delete】   C.【Space】   D.【Insert】

26. 在 Word 中,如果在"查找和替换"对话框中指定了查找内容,但没有在"替换为"

    编辑框中输入内容,单击"全部替换"按钮后,   (   )

    A. 只进行查找,不进行替换

    B. 不能执行,提示输入替换内容

C.每找到一个查到的内容,就提示用户输入替换的内容

D.把所有找到的内容删除

27.Word 会记下用户最近使用过的文件,从"文件"选项卡的(　　　)后台视图中可以看到最近曾经使用过的 Word 文件。

　　A.新建　　　　　　　B.打开　　　　　　　C.保存　　　　　　　D.最近使用文件

28.在 Word 的"视图"选项卡中,单击"新建窗口"命令,在新窗口中　　　　　　　(　　　)

　　A.新创建了一个文档　　　　　　　　　B.打开用户指定的一个文档

　　C.新的空白文档　　　　　　　　　　　D.显示原先的当前窗口内所编辑的文档

29.在 Word 中,如果要在一页的内容未满时强制换页,　　　　　　　　　　　(　　　)

　　A.使用分隔符→分栏符命令　　　　　　B.使用分隔符→分页符命令

　　C.按多次回车键直到出现下一页　　　　D.没有办法

30.在 Word 中,选择文本块的正确方法是　　　　　　　　　　　　　　　　(　　　)

　　A.鼠标左键单击文本块首部,然后鼠标单击文本块尾部

　　B.鼠标左键单击文本块首部,然后按【Shift】键同时单击文本块尾部

　　C.鼠标左键单击文本块首部,然后按【Ctrl】键同时单击文本块尾部

　　D.直接使用鼠标右键选择文本块所包含的文本行

31.在 Word 2010 窗口中要打开刚关闭的 Word 文档,比较下列操作,操作步骤最少是　　　　　　　　　　　　　　　　　　　　　　　　　　　　　　　　(　　　)

　　A.直接在本地磁盘中打开

　　B.执行"文件"选项卡中的"打开"命令,打开该文件

　　C.执行"文件"选项卡中的"最近使用文件"命令,打开该文件

　　D.使用操作系统的搜索功能,找到并打开该文件开始→我最近的文档

32.Word 程序允许将一个 Word 文档窗口拆分,最多可拆分的数目是　　　　(　　　)

　　A.5 个　　　　　　B.4 个　　　　　　C.3 个　　　　　　D.2 个

33.Word 的邮件合并是指　　　　　　　　　　　　　　　　　　　　　　(　　　)

　　A.将多个文档依次连接在一起输出　　B.将主文档和数据文档合并输出

　　C.将多个文档合并成一个文档后输出　D.将两个邮件标签合并输出

34.在 Word 中,有关选定操作叙述不正确的是　　　　　　　　　　　　　(　　　)

　　A.在选定区域三击鼠标选定全文,但不包括图片

　　B.按住【Ctrl】键,单击某句中的任何位置,可以选定一个句子

　　C.按组合键【Ctrl】+【A】,选定全文,包括图片

　　D.双击某个单词,可以选定一个单词

35.在 Word 中,要设定打印纸张大小,应当使用(　　　)选项组中的命令。

　　A.段落　　　　　　B.样式　　　　　　C.页面设置　　　　D.文档格式

36.在 Word 中,格式刷可以复制格式,下列叙述错误的是　　　　　　　　　(　　　)

　　A.单击格式刷,可以复制一次被选中的格式

　　B.单击格式刷,可以复制多次被选中的格式

　　C.双击格式刷,可以复制多次被选中的格式

D. 使用格式刷复制格式首先要选中一个文本块

37. 在 Word 中，将表格中相邻的多个单元格变成一个单元格的操作是：选定这些单元格后，执行"布局"上下文选项卡中的（   ）命令。

    A. 拆分单元格   B. 绘制表格   C. 合并单元格   D. 删除单元格

38. 在 Word 中，"自动更正"的功能是   （   ）

    A. 更正文章中所有的错误   B. 将出现的单词和语法错误提示给用户

    C. 将文章中所有的错误提示给用户   D. 更正一些常见的语法、拼写错误

39. 在 Word 中，选定全文，下列哪个快捷键可以实现   （   ）

    A.【Ctrl】+【A】   B.【Ctrl】+【X】   C.【Ctrl】+【C】   D.【Ctrl】+【V】

40. 在 Word 中，"粘贴"命令不能使用，是因为下列哪个原因   （   ）

    A. "剪贴板"区域为"满"   B. "剪贴板"为"空"

    C. "剪贴板"区域坏了，不能存储信息   D. 未设置"剪贴板"区域

二、填空题

1. 建立 Word 2010 文档后，文档缺省的扩展名为_____。

2. Word 2010 提供的五种视图方式是_____、_____、_____、_____和_____。

3. Word 允许打开多个文档同时操作，每个文档都在独立的文档窗口中。当多个文件同时打开后，在同一时刻有_____个是活动文档。

4. 在 Word 中，如果希望在每页的_____部或_____部显示页码及一些其他信息。比如文章标题、作者姓名、日期或公司标志等。这些信息如果要打印在文件每页的_____部，就称为_____，打印在每页的_____部就称为_____。

5. 在 Word 文档中，"页面设置"选项组中的分隔符有_____、_____、_____和_____。

6. 在 Word 中，按【Alt】键再拖动鼠标，可选定一个_____文本区。

7. Word 提供的可供选择的打印页面范围有_____、_____、_____和_____。

8. 在 Word 文档中对选定的文本设置分栏格式后，系统在选定文本的一前一后分别增加了分隔符中的_____符。

9. 在编辑 Word 文档时，按键盘上的_____键删除插入点左边（前边）的字符。

10. 如果希望用 Word 绘制正方形、圆、45 度或 90 度直线，则在单击相应的形状工具按钮后，按住_____键，再拖动鼠标绘制即可。

11. 在 Word 中选定多个图形对象的操作是先选定一个图形对象，然后按_____键的同时再单击其他要选定的对象。

12. 在 Word 文档中，要在已有的表格中添加一行，最简便的操作是：在表格最右一列外侧的符前按_____键即可。

13. 在 Word 中添加的"自动图文集"词条，只要不删除，本文档和使用_____模板创建的文档都可以使用。

14. 在 Word 中，只能对表格的_____行设置表格的"标题行重复"。

15.在 Word 中,如果选定一个文本块后,在"字体"选项组的"字号"框中显示的是空白,表明选定的文本块中的文字_____。

三、简答题

1.在"开始"选项卡中的"复制"和"粘贴"按钮有时变为浅灰色不能选择,为什么?

2.在使用 Word 进行文字编辑时,如何将两个自然段落合并为一段? 如何将一个自然段分为两段(假设各段首均无空格,两段之间无空行)?

3.格式刷的功能是什么? 如何使用? 单击和双击"格式刷"有何不同?

4.如何设置自动图文集词条? 试为"中文 Windows 7"设置一个自动图文集词条。

5.如何为选定的文本添加一个正文环绕的文本框? 如何向文本框插入图片?

6.页眉和页脚在什么视图方式下显示?

7.制表位的作用是什么?

8.什么是样式? 使用样式有什么好处?

9.模板起什么作用? 默认的模板名为什么?

10.设置每隔一定时间的"自动保存"与"保存"有什么不同?

第 5 章

电子表格 Excel 2010

5.1 基础知识与基本操作

Excel 是微软 Office 办公系列软件中的电子表格处理软件,用于对表格式的数据进行处理、组织、统计和分析等。本章介绍目前较流行的 Excel 2010。

Excel 电子表格是由行和列组成的矩阵,矩阵中的每一个元素作为一个存储单元能存放数值型的数据、文字和公式等。在电子表格中可以方便地建立各种表格、图表,完成各种计算任务、分析数据和输出报表等。

Excel 与其他同类软件相比,具有界面友好、功能强大、操作方便等优点,因此,在金融、财务、单据报表、市场分析、统计、工资管理、工程预算、文秘处理、办公自动化等方面,Excel 是非常有用的工具。如果将 Excel 与 Office 中其他工具配合使用(例如 Word、Access 等),可满足日常办公的文字和数据处理的需要,能真正实现办公自动化。

Excel 的主要功能与特点:

(1)具有直观易学的二维表界面,使各种复杂的编辑和计算操作变得简单容易。

(2)具有操作记忆及多种表格处理等功能。能对删除、修改等所有编辑操作进行记忆,并可多级恢复,避免错误。

(3)具有自动输入数据序列、动态复制公式的功能,使统计表格的制作变得非常容易。

(4)处理速度快、工作表的规模大。

(5)具有对表格数据进行算术运算、关系运算和文本运算的功能。

(6)提供简便易学的函数使用方式,不需要记忆函数的格式和功能,也可方便地使用各种函数。

(7)具有便利的生成各种统计图表和编辑图表的功能。

(8)具有数据库的处理功能。Excel 把表格与数据库融为一体,能对数据进行排序、筛选、编辑和组织等操作。

(9)提供数据分析、趋势预测和统计的功能。如自动建立交叉数据分析表、单变量求解、数据表、方案求解、规划求解、回归分析、相关性检验、移动平均、相关系数、方差分析、T 检验、变异数的分析等,为决策者提供了决策的依据。

(10)与 Word 一样,可以对数据和表格做各种格式设置和修饰,可以添加页眉/页脚,插入图片、图形等。

(11)具有与其他应用程序交换数据的功能。

(12)提供了 Visual Basic 设计语言,可以通过简单的编程,设计出符合自己要求的数据管理系统,使数据处理自动化。

(13)Excel 每一个功能的使用方法和技巧都可以在"帮助"菜单中找到。可以边用边学。

(14)提供了 Internet 功能。漫游 Web 网,从网上获取数据,创建 Web 页等。

5.1.1　Excel 2010 中的新功能

Excel 2010 除了具有上述的功能外,还增加了许多新的功能,主要有:

(1)自定义功能区:在 Excel 2007 中,用户无法自定义功能区上方显示的选项卡。而在 Excel 2010 中,很容易自定义功能区选项卡。

(2)迷你图:是适合单元格的微型图表,放置一个个数据的图形摘要。

(3)切片器:数据透视表是最常用的汇总数据工具,使用数据透视表可以"分段筛选数据"。Excel 2010 中,可以使用切片的方式来显示所需的数据。

(4)PowerPivot:组织往往要根据来自不同数据源的数据创建报告。例如,一个银行可能有每个分支的客户在独立的电子表格或数据库中。然后,该银行可能要在个别分号的数据中创建一个基于企业的总销售额的总结。在过去,很难从不同的数据源创建数据透视表。PowerPivot 是一个免费的 Excel 2010 加载项,允许您轻松地创建数据透视表,它可以是来自不同网站、电子表格或数据库的数据。利用 PowerPivot,可以快速创建基于多达 100 万行数据的数据透视表。

(5)更强大的规划求解功能:Excel 规划求解可以在模拟分析中找到最佳解决方案。例如,实现满足最便宜从工厂出货到客户的需求? Excel 2010 中包含了许多改进了的求解器,可在规划求解模型使用许多重要的功能(如 IF,MAX,MIN 和 ABS 功能)。以前版本的 Excel,使用规划求解模型中的这些功能,可能会导致规划求解报告不正确。

(6)"文件"选项卡:Excel 2007 中推出的 Office 按钮,在 Excel 2010 中已被"文件"选项卡取代。位于"文件"选项卡色带的左端 。选择文件后,可以看到"文件"选项卡结合从以前版本的 Excel 的打印和文件菜单。此外,选择"选项"执行各种任务,如自定义功能区或快速访问工具栏,或安装的加载项。

(7)改进的数据条:在 Excel 2010 中数据条已经改进为两种方式:可以选择实心填充的底纹或渐变的填充;数据条可以辨识负数。

(8)选择性粘贴实时预览:当右击一个单元格区域,选择"选择性粘贴"命令时,Excel 2010 带有可以实时预览的菜单选项,点中一个选项,将会看到它的应用效果。

关于上述功能的使用请参阅相关章节,或 Excel 2010 的系统帮助文件。

5.1.2 Excel 2010 基本操作

1. 启动/退出/关闭

(1)启动 Excel 应用程序

启动 Excel 是指运行 Excel 应用程序,可以选择下列方法之一启动 Excel。

方法 1:单击"开始"选项卡→"程序"→"Microsoft Excel 2010"。

启动 Excel 后,在 Excel 应用程序窗口内自动建立并打开一个新的空白的 Excel 文档窗口,并暂时命名为"工作簿 1"(默认文件名工作簿 1.xlsx)。

方法 2:双击桌面上 Excel 快捷方式图标 。

方法 3:启动 Excel 的同时打开 Excel 文件。操作是:双击桌面"计算机"图标或鼠标右击任务栏上的"开始"按钮→打开 Windows 资源管理器,在左侧窗格中选择文件夹,在右侧窗格中找到要打开的 Excel 文件,双击 Excel 文件图标 。

如果经常使用 Excel,可以在桌面建立 Excel 快捷方式图标。建立的方法是:单击"开始"菜单,选择程序,按住【Ctrl】键的同时将 Microsoft Excel 2010 拖动到桌面,先松开鼠标,后松开 Ctrl 键,可立即在桌面建立 Excel 的快捷方式图标 。

启动 Excel 应用程序后,可以在该应用程序窗口打开和建立多个 Excel 文档。也可以启动多个 Excel 应用程序,在每一个应用程序窗口都打开和创建多个 Excel 文档。

(2)退出 Excel 应用程序

退出 Excel 是指终止 Excel 应用程序运行,关闭 Excel 应用程序窗口。可以选择下列方法之一退出 Excel。

方法 1:单击"标题栏"最右边的"关闭"按钮 。

方法 2:"文件"选项卡→"退出"。

方法 3:【Alt】+【F4】键。

在退出 Excel 时,系统会依次关闭所有打开的 Excel 文档,如果被关闭的 Excel 文档在编辑后没有存盘,则系统会自动显示一个提示框询问是否保存,用户确认后,系统关闭所有文档后再退出。

(3)关闭 Excel 文档

关闭 Excel 是指关闭当前 Excel 文档窗口,并不退出 Excel。

方法 1:单击"菜单栏"右侧的"关闭窗口"按钮 。

方法 2:"文件"选项卡→"关闭"。

如果要同时关闭所有打开的 Excel 文档,则在按【Shift】键的同时选择"文件"选项卡→"全部关闭"。

方法 3:【Ctrl】+【F4】键。

2. 窗口/工作簿/工作表

启动 Excel 后,打开 Excel 应用程序窗口,如图 5.1 所示。以前的版本相比,Excel

2010 的工作界面颜色更加柔和，更贴近于 Windows Vista 操作系统。Excel 2010 的工作界面主要由"文件"选项卡、标题栏、快速访问工具栏、功能区、编辑栏、工作表格区、滚动条和状态栏等元素组成。

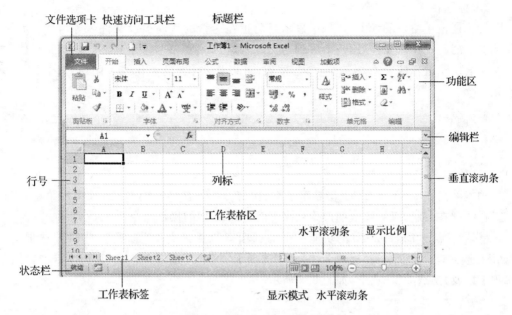

图 5.1　Excel 2010 工作界面

(1)"文件"选项卡

单击 Excel 2010 工作界面左上角的"文件"选项卡，可以打开"文件"菜单，如图 5.2 所示。在该菜单中，用户可以利用其中的命令新建、打开、保存、打印、共享以及发布工作簿。

图 5.2　文件选项卡及菜单

图 5.3　快速访问工具栏

（2）快速访问工具栏

Excel 2010 的快速访问工具栏中包含最常用操作的快捷按钮，方便用户使用。单击快速访问工具栏中的■按钮，可以执行相应的功能，如图 5.3 所示。

（3）标题栏

标题栏位于窗口的最上方，用于显示当前正在运行的程序名及文件名等信息。如果是刚打开的新工作簿文件，用户所看到的文件名是"工作簿 1"，这是 Excel 2010 默认建立的文件名。单击标题栏右端的 ― □ × 按钮，可以最小化、最大化或关闭窗口，如图 5.4 所示。

图 5.4　标题栏

（4）功能区

功能区是在 Excel 2010 工作界面中添加的新元素，它将旧版本 Excel 中的菜单栏与工具栏结合在一起，以选项卡的形式列出 Excel 2010 中的操作命令。

默认情况下，Excel 2010 的功能区中的选项卡包括："文件"选项卡、"开始"选项卡、"插入"选项卡、"页面布局"选项卡、"公式"选项卡、"数据"选项卡、"审阅"选项卡、"视图"选项卡以及"加载项"选项卡，如图 5.5 所示。

图 5.5　功能区

（5）状态栏与显示模式

状态栏位于窗口底部，用来显示当前工作区的状态。Excel 2010 支持 3 种显示模式，分别为"普通"模式、"页面布局"模式与"分页预览"模式，单击 Excel 2010 窗口左下角的■□□按钮可以切换显示模式。如图 5.6 所示。

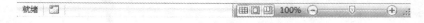

图 5.6　状态栏与显示模式

（6）名称框、编辑栏

①名称框：用于显示活动单元格的地址、定义单元格区域的名字或选定单元格区域。

②编辑栏：用于输入、编辑和显示活动单元格的数据或公式。

（7）Excel 文档窗口与工作簿

一个 Excel 应用程序窗口内可以打开多个 Excel 文件，默认的 Excel 文件扩展名为".xlsx"。Excel 文件（文档）也称为工作簿，占用一个 Excel 文档窗口。一个工作簿由一个或多个工作表组成，工作表的个数可以超过 255 个。

（8）工作表与工作表标签

①工作表：由单元格、行号、列标、工作表标签等组成。工作表中的一个方格称为一个

单元格,水平方向有 16384 个单元格,垂直方向有 1048576 个单元格,因此,一个工作表由
1048576×16384 个单元格组成。每一个单元格都有一个地址,地址由"行号"和"列标"组
成,列标在前,行号在后。列标的表示范围为 A~Z、AA~AZ、BA~BZ、…、XFD,行号范
围为 1~1048576。

例如,第 2 行第 3 列的单元格地址是"C2"。用鼠标单击一个单元格,该单元格被选
定成为当前(活动)单元格,同时名称框显示单元格的地址,编辑栏显示单元格的内容。

按【Ctrl】+箭头键,可快速移动当前焦点到当前数据区域的边缘。例如,数据表是空
的,按【Ctrl】+【→】、移到 XFD 列,按【Ctrl】+【↓】可马上移到 1048576 行。

②工作表标签:是工作表的名字。单击工作表标签,使该工作表成为当前工作表。如
果一个工作表在计算时要引用另一个工作表单元格中的内容,需要在引用的单元格地址
前加上另一个"工作表名"和"!"符号,形式为:

＜工作表名＞!＜单元格地址＞

启动 Excel 后,系统默认有 3 张工作表 Sheet1~Sheet3。如果在 Sheet1 工作表的 A1
和 A2 单元格分别输入 10 和 20,并且在 Sheet2 工作表中的某个单元格输入公式:

＝Sheet1! A1＋Sheet1! A2

则 sheet2 工作表中该单元格的值为 30。

提示:也可以用比较简便的方法输入该公式。例如用鼠标单击 Sheet2 的一个单元
格,输入等号"＝",单击工作表标签"Sheet1",单击 Sheet1 中 A1 单元格,输入加号"＋",
单击 Sheet1 中 A2 单元格,按【Enter】键即可。

3. 单元格区域的表示

一个单元格区域由多个连续的单元格组成。在表示单元格区域时,用冒号、逗号或空
格作为分隔符的含义是完全不同的,在输入时一定要注意。

(1)冒号的使用

如果要引用一个单元格区域,用":"冒号表示。通常习惯上的表示形式为:

＜单元格区域左上角单元格地址＞:＜单元格区域右下角单元格地址＞

例如:

A1:A3 表示 A1,A2,A3 共 3 个单元格。

B2:C4 表示 B2,B3,B4,C2,C3,C4 共 6 个单元格。

当然,一个单元格区域也可以采用其他表示形式,如在一个单元格输入:

＝SUM(B4:C2)

或者＝SUM(C2:B4)

或者＝SUM(C4:B2)

则系统会自动变为＝SUM(B2:C4)的表示形式,这说明这几种表示形式是等价的。

(2)逗号的使用

如果要引用两个单元格区域的"并集",用","逗号表示。"并集"是包含两个单元格区
域的所有单元格。例如求和公式"＝SUM(A1:A4)"等价"＝SUM(A1,A2,A3,A4)",等
价于"＝SUM(A1:A3,A4)"等等。

可以自己练习一下，若在 A1 和 A2 单元格分别输入数字 1，在 A3 单元格输入公式：
＝SUM(A1:A2,A1:A2)，则 A3 的值为 4 就对了，这是因为对 A1:A2,A1:A2 的并集求和，等价于对 A1,A2,A1,A2 共 4 个单元格求知。

（3）空格的使用

如果要引用两个单元格区域的"交集"，用空格表示。"交集"是两个单元格区域的公共单元格区域。

例如："B2:C4 C3:D4"表示 C3 和 C4 两个单元格。这是因为：

B2:C4 等价 B2,B3,B4,C2,C3,C4

C3:D4 等价 C3,C4,D3,D4

它们的交集是 C3,C4。

若在 A1 和 A2 单元格分别输入数字 1，在 A3 单元格输入公式：

＝SUM(A1　A2)，则 A3 的值为"＃NULL!"，这表示结果为空集。

若 A1、A2 和 A3 单元格分别输入数字 1，在 A4 单元格输入公式：

＝SUM(A1:A2　A2:A3)，则 A4 的值为 1，因为它们的交集是 A2。

4. 文件的建立与打开

（1）新建空白文档

启动 Excel 后，系统会自动建立一个新的空白文档，并在当前 Excel 文档窗口中打开，暂时命名为"工作簿 1"（默认文件名"工作簿 1.xlsx"）。如果还要建立 Excel 文档，可以用下面介绍的方法进行操作。

新建一个 Excel 文档，实际上是建立并打开一个空白的 Excel 文档。系统默认新建的 Excel 文档（一个工作簿）包含 3 个工作表。如果希望在每次新建的文档中能自动包含指定数量的工作表，需要在新建文档之前改变默认的设置。操作方法是："文件"选项卡→"选项"→在"常规"选项卡的"包含的工作表数"中可以设置 1～255 个。若设置为 10，再新建文档时，工作簿就会包含 10 个工作表。当然，当将其设置成 255 个时，千万不要认为一个工作簿最多只能包含 255 个工作表，仍然可以用单击工作表标签旁边的"插入工作表"按钮 🔳 命令插入新的工作表。

新建文档的方法如下：

方法 1："文件"选项卡→"新建"，在"可用模板"选项卡选中"空白工作簿"→"创建"。

方法 2：【Ctrl】＋【N】

（2）用已有的"模板"建立 Excel 文档

Excel 提供了一些常用的模板，包括收支预算表、收益预测表、销售预测表、简单贷款计算器、投资收益测算器、个人预算表、股票记录单等，模板的扩展名为".xltx"。如果制作的表格与模板中的某个表格类似，可以在模板的表格基础上，快速建立自己的表格。

打开模板的操作是：

（1）单击"文件"选项卡→"新建"→"样本模板"，在文档窗口的右侧打开"可用模板"任务窗格。

（2）双击"可用模板"任务窗格中相应的模板。

例如打开"贷款分期付款"(如图 5.7 所示)的操作为：单击"文件"选项卡→"新建"→
"样本模板"，双击"贷款分期付款"模板。

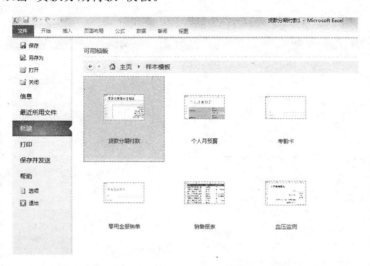

图 5.7　Excel"模板"对话框与"模板"

（3）建立模板

如果经常要建立某一类表格，一种普通的方法是将该类表格的框架保存到某个 Excel
文档文件中，要使用时，再找到该文件所在的文件夹，打开文件即可。这种方法的缺点是，
必须记住每个常用文件的保存位置，而且如果使用的各种类型的表格非常多，管理起来也
比较麻烦。解决的方法是将表格的框架以模板的形式保存到 Excel 的模板文件夹中，这
样，不需要记忆文件所在的位置便可以方便地打开文件。因此，对经常使用的表格框架，
可以将它们保存为模板文件。

建立模板的方法与建立文档一样，只是保存文件时，文件类型要选择"模板（xlts）"
（见后面"保存为模板"）即可。

（4）打开文档

Excel 允许同时打开多个文档，但是任何时候，只有一个文档窗口是活动窗口。打开
文档的操作如下：

①单击"文件"选项卡，选择"打开"，在"打开"对话框中单击"查找范围"框右侧的 ▼
按钮选择文件所在的盘符，以及所在的文件夹。

②在列表框选定要打开的文件，后单击"打开"按钮。如果只打开一个文档，双击文档
名即可。如果要同时打开多个文件，按住【Ctrl】键的同时单击要打开的文件名，单击"确
定"按钮。

● 快速打开最近曾经打开过的文档

单击"文件"选项卡在右侧会显示最近在 Excel 中使用过的文件名列表，通过选择列
表中的文件名，可以快速地打开最近曾经使用过的文件。当然，也许 Excel 的"文件"选项
卡根本没有文件名列表，这需要改变默认设置。方法是：单击"文件"选项卡，选择"选项"，
在"高级"选项卡的"最近使用的文档"框内设置文件的个数，如图 5.8 所示。如果设置为

5 个，今后"文件"选项卡下面会列出最近处理过的 5 个文件名列表，选中列表中的文件名，便可以快速打开文档。需要注意的是，如果保存后的文件已经从原来的位置移走或被删除，用这种方法打开文件会失败。

图 5.8 "选项"对话框

• 在其他位置打开 Excel 文档

双击"资源管理器"中的 Excel 文件图标，可快速启动 Excel 应用程序并打开该文件。

（5）文档窗口的切换

在 Excel 中，在"视图"选项卡→"窗口"→"切换窗口"下的文件名列表中可以看到在当前应用程序窗口打开的所有文档名，单击文档名，使该文档成为当前文档（或活动文档）。

5. 文件的保存与加密保存

（1）第一次保存文档

若当前的文档还没有保存过，单击"保存"按钮 ，或选择"文件"选项卡→"另存为"，将弹出"另存为"对话框，然后按以下步骤操作。

①在"保存位置"框选择该文件应保存到的盘符和文件夹。如果文件夹还没有建立，可以立即建立文件夹。方法是：在该对话框的"保存位置"框内确定新建文件夹的上一级文件夹后，单击"新建文件夹"按钮 ，输入新的文件夹名，按【Enter】键即可。

②在"文件名"框输入文件名→"确定"。

注意：用"另存为"保存文档后，当前窗口的文档位置与文件名已经变更为"另存为"时确定的文件的位置和文件名。

（2）再次保存文档

如果当前文档曾经保存过，单击"保存"按钮 🖫（等价"文件"选项卡→"保存"），系统将当前文档保存到曾经保存过的原文件（覆盖原文件）后，仍然处于原来的状态。

如果要同时保存所有打开的文档，按【Shift】键的同时单击"文件"选项卡→"全部保存"。

（3）保存为模板

如果希望用当前的 Excel 文档作为建立其他 Excel 文档的基础文件，可以将当前文档的保存类型选为"模板"。将当前文档保存为模板的操作是：

选择"文件"选项卡→"另存为"，在"保存类型"框内选中"Excel 模板"，系统自动将保存位置变为 Excel 特定的文件夹（"Templates"），最好不要改变存放位置，以免忘记了存放的位置。确定文件名后单击"保存"按钮即可。

若今后在建立其他 Excel 文件时需要用到模板，选择"文件"选项卡→"新建"，在文本区右侧的任务窗格选择"可用模板"，在"我的模板"，选择要打开的个人模板即可。

（4）加密保存

如果不希望别人打开并且看到 Excel 文件内容；或者允许别人看到内容，但是不许修改内容，可以在保存文档前或保存文档时设置保存或修改密码。Excel 的加密保存包括设置打开权限密码和修改权限密码。

①密码的约定

● 对当前文档设置了打开权限密码后，只有知道打开权限密码的人才能再次打开该文档。因此，千万不要忘记密码，否则自己也打不开自己的文档了。

● 如果对文档设置了修改权限密码，只有知道修改权限密码的人才能在修改该文档后覆盖原来的文档，而不知道修改权限密码的人，允许以只读的方式打开文档，但是不能在修改文档后覆盖原来的文档，只能另外起名字保存或存放到其他的位置。

②加密保存文档

选择"文件"选项卡→"另存为"，单击"另存为"对话框，选择右下侧的"工具"按钮→"常规"选项，打开"保存选项"对话框，如图 5.9 所示。输入密码后单击"确定"，其他操作与保存一般的文档相同。

当再次打开有密码的文档时，要求先输入密码。密码输入正确后，可以再用上述方法去除密码。

图 5.9 "保存选项"对话框

5.1.3　数据类型与数据输入

1. 数值型数据与输入

(1)数值型数据

数值型数据一般由数字、正负号、小数点、￥、$、%、/、E(或 e)、AM、PM 组成。数值型数据的特点是可以进行算术运算。数值型数据有以下常用格式:

①常规格式:100,0.001,－1234.5。

②科学记数格式:＜整数或实数＞e＜整数＞或者＜整数或实数＞E＜整数＞

例如输入:12.34E5 等价 12.34 ∗ 10^5,即 1234000。

输入:12 E－3 等价 12 ∗ 10^{-3},即 0.012 。

③日期和时间格式:10/01/2006,3:32:09 AM。

在 Excel 中,日期和时间均按数值型数据处理,因为 Excel 将日期存储为数字序列号,而时间存储为小数(时间被看作"一天"的一部分)。

(2)输入数值型数据

在默认情况下,数值型数据在单元格右对齐,有效数字为 15 位(非 0 数字)。如果单元格中数字、日期或时间被"＃＃＃＃＃＃"代替,说明单元格的宽度不够,增加单元格的宽度即可。

在单元格输入分数的方法是:先输入零和空格,然后再输入分数(见表 5.1)。

表 5.1　输入数据

输入数据	格式	编辑栏显示	单元格显示	说明
12345678901234567	默认常规	12345678901234500	1.23457E＋16	有效位为 15 位
0 3/2	默认分数	1.5	1 1/2	
－0 7/3	默认分数	－2.33333333333333	－2 1/3	
0－7/3	默认日期	2000/7/3	2000/7/3	或者 2000-7-3
2.5e3	默认科学记数	2500	2.50E＋03	
123e2	默认科学记数	12300	1.23E＋04	
12e-4	默认科学记数	0.0012	1.20E-03	

(3)输入常用的货币符号

若输入货币符号,可以选择"插入"选项卡→"符号",在"符号"选项卡的下方列出的符号中选择,或选择"其他符号"中列出的货币符号,单击"插入"按钮即可。插入货币符号还可以用表 5.2 中的输入方法。

表 5.2　常用的货币符号

输入状态	输入方法	输入符号	含义
在英文输入状态下	按 $ 键(【Shift】+【4】键)	$	美元货币符号 USD
在中文输入状态下	按 $ 键(【Shift】+【4】键)	¥	中文货币符号 CNY
小键盘在数字输入状态	按【Alt】键的同时键入 0165	¥	日元货币符号 JPY
小键盘在数字输入状态	按【Alt】键的同时键入 0128	€	欧元货币符号 EUR
小键盘在数字输入状态	按【Alt】键的同时键入 0163	£	英镑货币符号 GBP
小键盘在数字输入状态	按【Alt】键的同时键入 0162	¢	分币字符

2. 日期格式与输入

日期和时间都是数值型数据,可以显示为数值格式或日期格式。

(1)日期和时间的格式

①日期格式与输入

日期的分隔符有三种,"/"、"-"或者".",在输入日期时可以选择其中一种,但是显示的格式由当前系统的默认显示格式决定。

例如输入:2006/10/1,Excel 默认的"常规"日期显示格式有:

　　　2006/10/1　或者　2006-10-1　或者　2006.10.1

更改默认的日期显示格式,见下面"更改日期默认格式"的介绍。

如果输入:2006/10/1,希望显示:

　　2006 年 10 月 1 日　或者　1-Oct-06　或者 二零零六年十月一日

可以通过设置单元格的数据显示格式实现。

②时间格式与输入

"小时:分:秒"之间用":"分隔。

如果在单元格中同时输入日期和时间,先输入时间或者先输入日期均可,中间要用空格分开。

如果输入时间为"2:30:10",则系统默认为是上午,等价"2:30:10 AM"。如果在时间后面加一个空格后输入"PM"或"P",则系统认为是下午,也可以采用 24 小时制表示。更改系统默认的时间格式,用"时间"选项卡。如果仅仅改变某些单元格中时间的显示格式,可以通过设置单元格的数据显示格式实现。表 5.3 给出了一些常用的输入日期和时间的格式以及显示格式。

表 5.3　输入日期和时间

输入数据	格式	单元格显示	编辑栏显示	说明
3/2	默认日期	3 月 2 日	2006-3-2	或者 2006/3/2
2006/10/1	默认日期	2006-10-1	2006-10-1	或者 2006/10/1
2006-10-1	默认日期	2006-10-1	2006-10-1	或者 2006/10/1
1:50 P	默认时间	1:50 PM	13:50:00	
1:50	默认时间	1:50	1:50:00	

(2)1900 与 1904 日期系统

在默认情况下,Excel 是 1900 日期系统。约定 1900 年 1 月 1 日是数字序列号 1(第 1 天)。例如 2006 年 10 月 1 日是数字序列号 38991,即从 1900 年 1 月 1 日算起,2006 年 10 月 1 日是第 38991 天。除了默认的 1900 日期系统外,在 Excel 中还可以选择 1904 年日期系统。若采用 1904 年日期系统后,1904 年 1 月 1 日的数字序列号为 1。更改日期系统的操作是:

选择"文件"选项卡→"选项"→"高级",在右侧的对话框中,选中或清除"1904 年日期系统"复选框。

(3)有关输入年份的特殊约定

①省略输入年份。如果没有输入年份,只输入月和日,Excel 认为是当前计算机系统的年份。

②输入两位数字的年份。Excel 对输入两位数字年份有特殊的约定。因此为了保证准确性,应尽可能输入四位数字的年份。当然,为了简便输入,可能采取输入两位数字的年份。在默认情况下 Excel 可能按以下方法解释两位数字的年份:

00 到 29 为 2000 年到 2029 年。

30 到 99 为 1930 年到 1999 年。

当然,可以用下面介绍的方法改变这个默认的两位数字年份。

(4)输入当前的日期和时间

①输入当前计算机系统的日期:同时按【Ctrl】+【;】键。

②输入当前计算机系统的时间:同时按【Shift】+【Ctrl】+【;】键。

③输入当前计算机系统的日期和时间:同时按【Ctrl】+【;】键,然后按空格键,最后按【Shift】+【Ctrl】+【;】键。

用上述方法输入的日期和时间是固定值,不会随着计算机系统的日期变化而改变。若希望输入的日期和时间能随着计算机系统的日期和时间自动更新,可以用 TODAY 或 NOW 函数完成(见本章 5.6.6)。

3. 文本型、逻辑型数据与输入

(1)文本型数据与输入

文本型数据由汉字、字符串或数字串组成。文本型数据的特点是可以进行字符串运算,不能进行算术运算(除数字串以外)。

若在单元格输入:A10、100 件、职员、12A 等,都认为是文本型的数据。

在默认情况下,输入的文本型数据在单元格左对齐。输入文本型数据,一般不需要输入定界符双引号或单引号。如果输入的内容有数字和文字(或字符),会认为是文本型数据。例如输入"100 元",认为是文本型数据,不能参加数值计算。如果希望输入"100",能自动显示为"100 元",并且"100 元"还能参加计算,只需要改变数据的显示格式即可,见本章 5.4.1 内容的介绍。

若文本型的数据出现在公式中,文本型数据要用英文的双引号括起来(用中文的双引号会出错的)。

（2）输入数字串

如果输入职工号、邮政编码、产品代号等不需要计算的数字编号，可以输入为文本型数据。只需在数字串前面加一个单引号"'"（英文单引号）。

例如输入：'010013 为文本型数据，自动左对齐。

（3）逻辑型数据与输入

逻辑型数据有两个，TRUE（真值）和 FALSE（假值）。可以直接在单元格输入逻辑值 TRUE 或 FALSE，也可以通过输入公式得到计算的结果为逻辑值。

例如在某个单元格输入公式：＝3＜4 结果为 TRUE。

例如在 C2 输入公式：＝B2="男"，若在 B2 输入：男，则 C2 为 TRUE，否则为 FALSE。

注意要用英文的双引号！

4. 输入大批数据的方法

（1）输入大批量数据

操作步骤是：

①选择下列方法之一输入数据：

方法 1：双击单元格，直接在单元格输入。

方法 2：单击单元格，在"编辑栏"输入数据。

②确定下一个数据的单元格，选择下列方法之一：

- 从上向下输入：按【Enter】键或者【↓】键。
- 从左向右输入：按【Tab】键或者【→】键。

如果希望单击【Enter】键也能从左向右输入，则单击"文件"选项卡→"选项"，在"编辑"选项卡中选择"按【Enter】键后移方向"后面的选项确定为"向右"即可。

（2）确认/放弃输入

确认输入：单击"编辑栏"上的√按钮。

放弃输入：单击"编辑栏"上的×按钮或按【Esc】键。

③撤销操作：单击"常用"工具栏的"撤销"按钮。

（3）在一个单元格区域输入相同的内容

如果要在一个单元格区域的每一个单元格输入相同的内容，操作步骤是：

①选定该单元格区域。

②输入内容，同时按【Ctrl】＋【Enter】键。

如选定 A1：C5，输入"1"，同时按【Ctrl】＋【Enter】键，会在 A1：C5 区域内输入 15 个 1。

5. 在单元格内输入/显示多行文本

如果在当前的单元格输入的内容过长，超出单元格的宽度，会出现以下两种情况之一：

（1）如果相邻的右侧单元格没有数据，超出单元格宽度的内容会自动向右延伸显示，占用右边相邻单元格的位置显示超出的部分。

（2）如果相邻的右侧单元格有数据，超出单元格宽度的内容会被隐藏，只是能在编辑栏看到单元格的全部内容。

要解决在单元格内显示全部内容的方法是：

①"自动换行"或"强制换行"使单元格显示多行文本。

②与右侧的列合并(见本章 5.4.3)。

③加宽单元格(向右拖动列"分隔线",见本章 5.4.3)。

(1)显示多行文本(自动换行)

用下述方法可以将一组单元格设置为"自动换行"显示方式。

①选定单元格或区域。

②右击→"设置单元格格式",在"单元格格式"对话框的"对齐"选项卡选中"自动换行"→确定即可。

说明：第 5.9 节介绍了"宏"来制作一个"多行显示"功能的按钮。若选定单元格区域后单击该按钮,便可以将选定的每一个单元格设置为"自动换行"格式。

(2)显示/输入多行文本(强制换行)

强制换行的操作是：在向单元格输入文本时,将光标定位到要分行的位置,按【Alt】键的同时按【Enter】。如果一个单元格的内容要分为多行显示,反复执行以上操作即可。

5.1.4   选定/修改/删除

1.选定行/列/单元格

(1)选定一个单元格区

方法 1：单击准备选定区域的左上角单元格,然后按住鼠标左键向区域的右下角拖动鼠标。

方法 2：单击要选定的区域的左上角单元格,然后将鼠标指针移动到要选定的区域的右下角单元格,按住【Shift】键的同时单击鼠标。

方法 3：在"名称框"输入要选定的单元格区域或区域名称,按【Enter】键。例如,在"名称框"输入"A1:C5"后按【Enter】键,可选定 A1:C5 区域。

选定单元格区域后,选定区的左上角的第一个单元格正常显示并且该单元格为活动单元格,其余单元格反显。

(2)选定不相邻的多个单元格区

操作是：选定一个单元格区,按【Ctrl】键的同时选定另外的单元格区。

(3)选定行/列、全选

①选定一行或一列：单击要选定的"行号"或"列标"按钮。

②选定相邻的多行/列：单击要选定的"行号"/"列标"按钮,沿"行"/"列"方向拖动鼠标。

③选定不相邻的多行/列：操作同(2),只是拖动鼠标的同时按【Ctrl】键。

(4)全选

选定工作表的所有单元格：单击"全选"按钮(单元格区域的左上角)。

（5）取消选定的区域

鼠标单击任意一个单元格或按任意一个移动光标键。

2. 修改、删除数据

（1）修改数据

方法 1：单击单元格，再单击"编辑栏"，在"编辑栏"修改数据。

方法 2：双击单元格，直接在单元格修改数据。

（2）删除数据

单元格中存放的信息包括：数据、格式和批注。

①清除单元格数据的操作是：

选定单元格（区域），选定下列方法之一，将只清除数据内容，而不清除格式和批注：

● 按【Del】键；

● "编辑"菜单→"清除"→"内容"；

● 右击选定区，选择"清除内容"。

②清除单元格的内容、格式或批注的操作是：

● 选定单元格（区域），"编辑"菜单→"清除"→"全部"，则清除内容、格式和批注。

5.1.5　输入序列与自定义序列

1. 自动填充序列

Excel 提供了自动填充等差数列和等比数列的功能。例如在连续的多个单元格输入一组编号是连续的数字序列 101，102，103，…等，可以用"填充柄"自动填充或用菜单命令完成。

（1）用"填充柄"填充（复制）数据序列

填充等差序列，要求在序列开始处的两个相邻的单元格输入序列的第一个和第二个数值（如图 5.11 的 A1 和 A2 单元格所示），然后选定这两个单元格，再将鼠标指针指向"填充柄"，拖动鼠标实现"填充序列"。

（2）用菜单命令填充等差或等比序列

用菜单命令填充，要求在序列开始处的一个单元格输入序列的第一个值，然后选定这个单元格或一组单元格，再执行菜单命令。相关操作见下面的"例 5.1 的方法 3"。

（3）自动填充文字序列

在 Excel 内部已经定义了一些常用的文本序列，例如"星期"、"月份"和"季度"等序列。在图 1.8 对话框"自定义序列"选项卡左侧的"自定义序列"列表中列出所有文字型的序列，若希望输入其中的某个序列，只需要在单元格中输入序列中的一项，然后通过用"填充柄"实现输入序列中的其他项。

（4）举例

【**例 5.1**】　在"列向"相邻的单元格自动填充等差序列 1，2，3，4，5（图 5.10）。

方法 1：用"填充柄"填充等差序列。

①在 A1 和 A2 单元格分别输入数字"1"和"2"。

②选定 A1 和 A2 两个单元格。

③鼠标指针指向选定区右下角"填充柄"处，当鼠标指针变成实心的"＋"形状，按住鼠标左键向下拖动鼠标（图 5.10(a)）。

如果在"横向"的相邻单元格填充序列，与"列向"的操作一样，只是第二个数据存放在与水平方向相邻的第二个单元格，鼠标向左或右拖动"填充柄"。

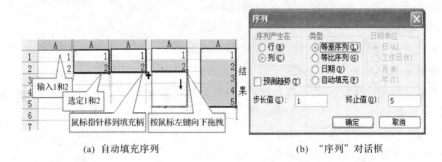

(a) 自动填充序列   (b) "序列"对话框

图 5.10 自动填充序列、"序列"对话框

方法 2：如果数据序列的差距是"1"可以用下列更简便的方法。

①输入数字"1"，选定"1"所在的单元格。

②鼠标指针指向"1"所在单元格的"填充柄"处，当鼠标指针变成实心"＋"形状时，按【Ctrl】键的同时向下拖动鼠标。

方法 3：用菜单命令填充等差或等比数字序列。

①输入"1"，选定"1"所在的单元格，或选定包含"1"的若干个列向的单元格。

②"开始"选项卡→"填充"→"系列"，在"序列"对话框中选中"列"。

③选中"等差序列"，步长值输入"1"，"终止值"输入"5"（图 5.10(b)）→"确定"。

【例 5.2】 在 A 列～D 列填充等差或等比数列，如图 5.11 所示。

①填充 A 列数据与"例 5.1"中的方法 1 一样，只是在 A2 和 A3 分别输入 101，102。

②填充 B 列数据与①一样，只是在 B2 和 B3 分别输入'00101，'00102。

③填充 C 列数据与①一样，只是在 C2 和 C3 分别输入'00001，'00003。

④在 D2 输入"3"，选定包括"3"在内的相邻的若干个单元格（见图 5.11 选定包含"3"在内的 D2～D8 共 7 个单元格），"开始"选项卡→"填充"→"系列"，选中"等比序列"，在"步长值"输入"2"→"确定"。

	A	B	C	D	E	F	G	H	I
1	等差数列			等比数列		文本序列			自定义序列
2	101	00101	00001	3	1月	一月	第一季	星期一	北京公司
3	102	00102	00003	6	2月	二月	第二季	星期二	上海公司
4	103	00103	00005	12	3月	三月	第三季	星期三	广州公司
5	104	00104	00007	24	4月	四月	第四季	星期四	天津公司
6	105	00105	00009	48	5月	五月		星期五	
7	106	00106	00011	96	6月	六月		星期六	
8	107	00107	00013	192	7月	七月		星期日	

图 5.11 自动填充序列

【例 5.3】　自动填充文本序列"星期一、星期二……星期日"（见图 5.11 的 H2 单元格）。

①在某个单元格输入"星期一"。

②选定"星期一"所在的单元格，鼠标指针指向"填充柄"，向下（或左、右、上）拖动鼠标。

2. 自定义序列

如果经常输入某个特定的序列，并且该序列又不在 Excel 自定义序列的列表中，则可以定义该序列到 Excel 自定义序列的列表中，今后使用时输入序列中的一项，其他项的输入可以通过拖动"填充柄"来完成。

【例 5.4】　自定义序列"北京公司、上海公司、广州公司和天津公司"。

方法 1：

①在相邻单元格输入序列"北京公司、上海公司、广州公司和天津公司"（如图 5.11 的 I2：I5 单元格所示）。

②选定序列（例如选定 I2：I5 单元格区域）。

③"文件"选项卡→"选项"→"高级"，选中"自定义序列"选项卡，单击"导入"→"确定"。

方法 2：

①"文件"选项卡→"选项"→"高级"，在"自定义序列"选项卡的"自定义序列"列表中选中"新序列"。

②在右侧输入序列：北京公司、上海公司、广州公司和天津公司（用英文逗号或回车符分隔）。单击"添加"，如图 5.12 所示。

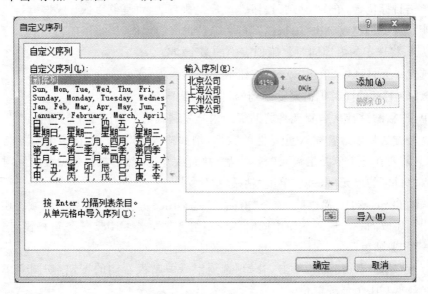

图 5.12　自定义序列

5.1.6 复制/移动/插入/删除

1. 复制/移动与转置

在下面介绍的操作中，复制和移动包括数据内容、格式和批注（除了"选择性"复制操作以外）。

在一般情况下复制或移动数据，会覆盖目标位置的数据。如果要保留目标位置的数据，可以用"移动插入"或"复制插入"的方法。

（1）用鼠标移动/复制数据

移动数据：选定单元格区域，将鼠标指针指向选定区的边框上，当指针变成十字箭头"✛"形状时，按住鼠标左键拖动鼠标到目标位置，为移动数据。

复制数据：与上述移动数据的操作基本一样，只是拖动鼠标的同时按住【Ctrl】键到目标位置，先松开鼠标，后松开【Ctrl】键。

（2）用剪贴板移动/复制数据

移动数据：选定单元格区域→"剪切"，单击目标位置→"粘贴"或按【Enter】键。

复制数据：

方法 1：选定单元格区域，单击"复制"按钮📋，单击目标位置，按【Enter】键（只能复制一次）。

方法 2：

①选定单元格区域，单击"复制"按钮📋。

②单击目标位置，单击"粘贴"按钮📋。反复执行②，可复制多次。

说明：按【Esc】键或单击"编辑栏"，可去除选定区的虚框，但是不能再"粘贴"了。

方法 3：将选定的内容同时复制到表中的多个位置。

①选定单元格区域，单击"复制"按钮📋。

②按【Ctrl】键的同时单击要复制到的目标位置。

③单击"粘贴"按钮📋，实现将剪贴板的内容复制到第②步所单击的位置。

用这种方法特别适合输入重复性的数据，例如输入"职务"时，有多个单元格要输入"科员"，只需要在一个单元格输入"科员"后，执行操作①，然后按【Ctrl】键的同时依次单击要输入"科员"的单元格，最后单击"粘贴"按钮📋。

方法 4：Office 2010 提供的 24 个"剪贴板"是 Office 办公软件的公共区域。用于在不同的应用程序或同一个应用程序中同时传输多组数据。若 Office 任务窗格没有打开，只能使用一个"剪贴板"。

①打开 Office 任务窗格：单击"开始"选项卡→剪贴板右侧的按钮，如图 5.13 所示。会在左侧显示 Office 任务窗格。

②关闭 Office 任务窗格：单击任务窗格右上角的"×"按钮关闭 Office 任务窗格。

打开 Office 任务窗格后，每次"复制"或"剪切"的内容会放在不同的剪贴板。当需要

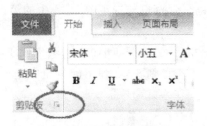

图 5.13　剪贴板右侧的其他按钮

将剪贴板的内容"粘贴"到文档中时，先单击目标位置，再单击 Office 任务窗格中要粘贴的项。若单击"全部粘贴"按钮，会按原来送到剪贴板时的顺序，依次将所有剪贴板的内容复制到当前位置。

（3）用"填充柄"复制数据

鼠标指针指向选定单元格区域"填充柄"处，当鼠标指针变成实心的"十"形状时，按住鼠标左键向上、下、左或右拖动鼠标指针，实现将选定的单元格内容复制到相邻的单元格。

"填充柄"主要功能如下：

①如果选定区域的数据是等差序列（两个或两个以上的单元格区域），则"填充柄"继续填充等差数列。

②如果选定区域的数据是"自定义序列"中的一项或多项，则"填充柄"继续填充"自定义序列"。

③如果按【Ctrl】键的同时拖动"填充柄"，复制等差为"1"的数字序列。

④如果选定的单元格存放的既不是等差序列，也不是自定义序列表中的项，拖动"填充柄"复制选定的内容到相邻的单元格。例如，选定的区域存放的是"1"，拖曳"填充柄"向相邻的单元格复制"1"。

有关用"填充柄"复制公式的介绍见本章 5.2。

（4）"选择性"复制数据

在复制数据时，可以有选择性地复制单元格的全部信息或一部分信息到目标位置。

①选定要复制的单元格区域，单击"复制"按钮 。

②单击要复制到的目标位置，"开始"选项卡→"粘贴"→"选择性粘贴"，选择以下常用的选项：

- 全部：包括单元格数据内容、格式和批注（等价于粘贴）。
- 格式：只复制格式，不复制数据内容。
- 内容：只复制内容，不复制格式。
- 值和数字格式：复制数据内容和格式。

有关公式的选择性复制见本章 5.2 的介绍。

（5）转置

转置是指将选定区域的行转为列，或列转为行。转置除了用以下介绍的方法外，还可以用 TRANSPOSE 函数来实现（见本章 5.6）。

操作步骤：

①选定需要转换的单元格区域(例如选定图 5.14 中的 A1:C7 单元格区域)。

②单击"复制"按钮。

③单击空白区域的左上角单元格(例如单击图 5.14 中的 E3 单元格)。

④单击"粘贴"按钮 🖳▾ 右侧的箭头,在弹出的按钮中选择"转置"(结果见图 5.14 中 E3:K5 单元格区域)。

	A	B	C	D	E	F	G	H	I	J	K
1	编号	基本工资	奖金								
2	001	2000	800								
3	002	1500	2800		编号	001	002	003	004	005	006
4	003	3000	400		基本	2000	1500	3000	2000	700	1500
5	004	2000	2400		奖金	800	2800	400	2400	400	2000
6	005	700	400								
7	006	1500	2000								

图 5.14　转置

2.移动插入/复制插入/交换数据

在执行"移动"和"复制"操作时,如果目标位置有数据内容,则会覆盖目标单元格区域的内容。而"移动插入"和"复制插入"是将源单元格区域的内容"移动"或"复制"到目标位置,同时目标单元格区域原有的内容将"下移"或"右移"(不覆盖目标位置的数据)。移动插入还可以实现两个相邻区域的内容交换。

"移动插入"和"复制插入"的操作是:

①选定要移动、复制或交换的单元格区域。

②将鼠标指针指向选定区的边框,当指针变成十字箭头"✛"形状时,选择下列操作之一。

● 移动插入:按【Shift】键的同时拖动鼠标到目标位置,在鼠标指针的前面会看到有一个与选定区域等高的"I"(或等宽的"━")形状,先松开鼠标后松开【Shift】键,插入选定的内容,且目标位置的内容右移(或下移)。

● 复制插入:与"移动插入"操作基本一样,只是拖动鼠标的同时按【Ctrl】键和【Shift】键。

"交换数据"的操作是:

如果是相邻的两行或两列数据做"移动插入"操作,可实现相邻的两行或两列的数据交换。

3. 插入行/列/单元格

(1)插入行/列

①选定行、列或单元格(选定数量与将要插入的数量是等同的)。

②单击"插入"选项卡→选择行或列命令,则在选定的行上面或列左侧插入与选定等数量的行/列。

(2)插入单元格

①选定单元格区域(选定数量与将要插入的数量是等同的),右击→"插入"。

②弹出"插入"对话框,如图 5.15(a)所示(其中活动单元格指的是选定的单元格区域),选择下列之一:

- 活动单元格右移:新插入的单元格区域出现在选定区,选定的单元格区域向右移。
- 活动单元格下移:新插入的单元格区域出现在选定区,选定的单元格区域向下移。

4.删除行/列/单元格

①选定行/列/单元格后,右击→"删除"。

②弹出"删除"对话框,如图 5.15(b)所示,选择下列之一:

- 右侧单元格左移:删除单元格后,右边的单元格(如果有的话)向左移补充。
- 下方单元格上移:删除单元格后,下面的单元格(如果有的话)向上移补充。
- 整行:删除选定的行后,下面的行上移。
- 整列:删除选定的列后,右侧的列左移。

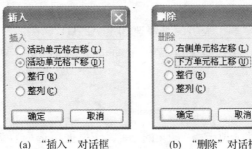

(a)　"插入"对话框　　　　(b)　"删除"对话框

图 5.15　"插入"和"删除"对话框

5.1.7　命名行/列/单元格区域

如果对一个单元格区域命名后,今后要引用这个区域,可以用名字来代替。对一个区域命名的好处是:

(1)通过名字引用单元格区域,要比用地址引用更加直观。

(2)通过名字可快速选定单元格区域,尤其当单元格区域非常大时,用名字选定区域更加方便。

例如,若要对一个很大的数据表区域做多种操作,每次操作都需要选定这个数据区域是很麻烦的。若对这个区域命名了,在名称框输入区域的名字,可快速选定命名的区域;也可以在公式中输入区域的名字代替区域的地址。

1.工作表区域命名

方法 1:选定工作表区域→在"名称框"内输入名字后,按【Enter】键。

方法 2:选定工作表区域,"公式"选项卡→"定义的名称"→"定义名称"→在文本框输入名字→"确定"。

2. 为选定区域的行/列命名

Excel 提供了快速为数据表的行或列命名的方法,行的名称用该行第一列的文字命名,列的名称用该列的第一行的文字命名。操作是:

①选定数据表区域(包括表头)。

②"公式"选项卡→"定义的名称"→根据所选内容创建→选中名称创建于"首行"或"最左列"。

3. 命名的应用

【例 5.5】　为图 5.16 中"职工情况表"命名的操作是:

方法 1:选定 A2:G17,在名称框输入名字"职工表",按【Enter】键即可。

方法 2:选定 A2:G17,"公式"选项卡→"定义的名称"→"定义名称",输入"职工表"→"添加"→"确定"。

今后在"名称框"选择"职工表",便可快速选定 A2:G17。

【例 5.6】　为图 5.16 中"职工情况表"的每一列命名,在计算"平均年龄"时引用名字。

操作是:

(1)为"职工情况表"的每一列命名。

选定 A2:G17,"公式"选项卡→"定义的名称"→根据所选内容创建→选中名称创建于"首行"。

执行以上操作后,第一列的名字是"编号",第二列的名字是"性别",……如果在"名称框"选择名字,则自动选定名字对应的列。

(2)为"列"命名后,计算平均年龄用以下两种方法是等价:

方法 1:＝AVERAGE(C3:C17)

方法 2:＝AVERAGE(年龄)

很明显,在方法 2 中公式引用的"年龄"更直观。

	A	B	C	D	E	F	G
1	职工情况简表						
2	编号	性别	年龄	学历	科室	职务等级	工资
3	10001	女	45	本科	科室2	正处级	2300
4	10002	女	42	中专	科室1	科员	1800
5	10003	男	29	博士	科室1	正处级	1600
6	10004	女	40	博士	科室1	副局级	2400
7	10005	男	55	本科	科室2	副局级	2500
8	10006	男	35	硕士	科室3	正处级	2100
9	10007	男	23	本科	科室2	科员	1500
10	10008	男	36	大专	科室1	科员	1700
11	10009	男	50	硕士	科室1	正局级	2800
12	10010	女	27	中专	科室3	科员	1400
13	10011	男	22	大专	科室1	科员	1300
14	10012	女	35	博士	科室3	副处级	1800
15	10013	女	32	本科	科室1	副处级	1800
16	10014	女	30	硕士	科室2	科员	1500
17	10015	女	25	本科	科室3	科员	1600

图 5.16　职工情况表

5.1.8 批注

"批注"是为单元格加注释。一个单元格添加了批注后,会在单元格的右上角出现一个三角标识,当鼠标指针指向这个标识的时候,显示批注信息。

1. 添加批注

添加批注的操作是:
①单击要加批注的单元格。
②右击单元格→"插入批注"。
③在弹出的批注框中输入批注文字。如果不想在批注中留有姓名,可删除姓名。
完成输入后,单击批注框外部的工作表区域即可退出。

2. 编辑/删除批注

鼠标右击有批注的单元格,选择"编辑批注"或"删除批注"。

5.2 公式、常用函数与地址引用

5.2.1 简单计算

1. "自动求和"按钮 Σ

不用输入公式,用"常用"工具栏上"自动求和"按钮 Σ 便可快速计算一组数据的累加和、平均值、统计个数、最大值和最小值等。单击 Σ 按钮默认求累加和,单击该按钮右侧的向下箭头,弹出菜单(见图 5.17(c)),可以选择其他的计算。

例如在图 5.17 中已经输入"基本工资"和"奖金",计算"实发工资"(实发工资=基本工资+奖金)和"平均值"最简便的操作是:

①选定 B2:D10(见图 5.17(a)),单击"自动求和"按钮 Σ (默认求和),得到 D2:D10 的计算结果(见图 5.17(b)中的 D 列)。

②选定 B2:D11 见图 5.17(b),单击"自动求和"按钮 Σ 右侧向下的箭头,选择"平均值"得到 B11:D11 的计算结果(见图 5.17 中的第 11 行)。

如果单击计算结果单元格区域 D2～D10 或 B11～D11 中的任意一个单元格,会在"编辑栏"看到单元格中存放的不是结果数据,而是计算公式。存放公式的好处是,若修改了计算区域中的数据,公式的计算结果会自动更新。可以试一下改变图 5.17 中某个人的基本工资,会看到他的实发工资同时会自动更新计算的结果。

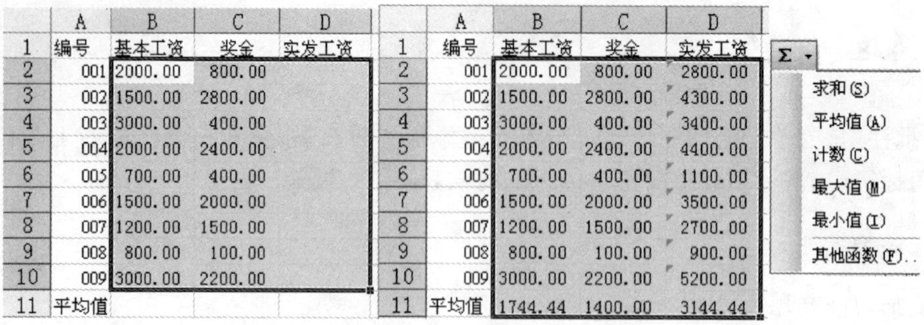

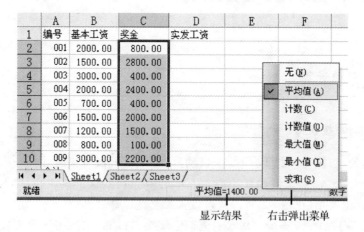

图 5.17　"自动求和"按钮 **Σ** 的应用

2. 简单计算

Excel 还提供了另一种简便计算数据的累加和、平均值、最大值、最小值和统计个数的方法。计算的结果不出现在表格中，而是出现在"状态栏"。操作方法是：

①选定要计算的数据（例如选定图 5.18 的 C2：C10 单元格区域）。

②右击状态栏，弹出快捷菜单（见图 5.18），选择其中之一，在状态栏显示计算结果。快捷菜单中命令的含义是：

图 5.18　简单计算

- 无：不计算。
- 平均值：计算选定区域中数据的平均值。
- 计数：统计选定区域中非空单元格的个数。
- 计数值：统计选定区域中数值型数据的个数。
- 最大值：统计选定区中的最大值。
- 最小值：统计选定区中的最小值。
- 求和：统计选定区中的算术累加和。

5.2.2　表达式与公式

Excel 最强大的功能就是可以使用公式对表中的数据进行各种计算,如算术运算、关系运算和字符串运算等。公式的一般格式为:

$$=<表达式>$$

1. 表达式

(1)算术表达式

算术运算符:＋、－、＊、/、^(乘方)、%(百分号)。

优先级别由高到低依次为:( )→函数→%→^→＊,/→＋,－。

算术表达式由数值型数据、算术运算符、单元格地址引用和函数等组成。

(2)关系表达式

关系运算符:＝、＞、＜、＞＝(大于等于)、＜＝(小于等于)、＜＞(不等)。

关系表达式是由＜算术表达式＞＜关系运算符＞＜算术表达式＞组成的有意义的式子。关系表达式的结果是逻辑值 TRUE 或 FALSE(见图 5.19 的第 12 行和第 13 行)。

在 Excel 中,没有逻辑运算符,逻辑表达式包括关系表达式和逻辑函数。

(3)字符串表达式

文本运算符:&(文本连接),用于将两个字符串连接(见图 5.19 第 8 行～第 11 行)。

	A	B	C	D
1	输入公式	计算结果	结果类型	注意
2	=2*2^3	16	数值型	"^"优先级别高于"*"
3	=1+2	3	数值型	
4	="1"+2	3	数值型	数字串转换为数值型计算
5	="1"+"2"	3	数值型	数字串转换为数值型计算
6	="a"+1	#VALUE!	出错	操作数的类型不正确
7	="a"+"1"	#VALUE!	出错	操作数的类型不正确
8	="1"&"2"	12	文本型	
9	="a"&"1"	a1	文本型	用英文的双引号
10	="a"&1	a1	文本型	数字1等价"1"
11	="x"&" "&"y"	x y	文本型	用英文的双引号
12	=3>5	FALSE	逻辑型	用英文的大于号
13	="AB"="ab"	TRUE	逻辑型	大小写字母相等

图 5.19　公式与显示结果

(4)一般的公式计算举例

在前面章节已经介绍了数字串是文本型数据,数字串既可以参加字符串运算,也可以参加数值运算。

例如,在图 5.19 中 A 列输入公式,B 列为公式的显示结果,C 列是运算的结果类型,D 列是需要注意的事项。从图 5.19 中的例子中可以观察到以下几点:

①A4 和 A5 中的公式包含数字串和数值,其中数字串等价数值,可以参加算术计算,计算结果为数值型。

②A6 和 A7 中的公式包含数字串和字符串,不能参加算术计算。结果为错误信息。

③A9 和 A10 中的公式包含数字串、数值型数据和字符串,可以参加字符运算。

2. 应用举例

【例 5.7】 算术表达式应用举例。

在图 5.20(a)中,为了计算"实发工资"(实发工资＝基本工资＋奖金),可以先在 D2 单元格输入公式:＝B2+C2,然后将鼠标指针移动到 D2 单元格"填充柄"处,向下复制公式,可计算出其他人员的"实发工资",计算结果见图 5.20(b)的 D 列。

	A	B	C	D
1	编号	基本工资	奖金	实发工资
2	001	2000.00	800.00	=B2+C2
3	002	1500.00	2800.00	=B3+C3
4	003	3000.00	400.00	=B4+C4
5	004	2000.00	2400.00	=B5+C5
6	005	700.00	400.00	=B6+C6
7	006	1500.00	2000.00	=B7+C7
8	007	1200.00	1500.00	=B8+C8
9	008	800.00	100.00	=B9+C9
10	009	3000.00	2200.00	=B10+C10

(a) 在D2输入公式, 向下复制

	A	B	C	D
1	编号	基本工资	奖金	实发工资
2	001	2000.00	800.00	2800.00
3	002	1500.00	2800.00	4300.00
4	003	3000.00	400.00	3400.00
5	004	2000.00	2400.00	4400.00
6	005	700.00	400.00	1100.00
7	006	1500.00	2000.00	3500.00
8	007	1200.00	1500.00	2700.00
9	008	800.00	100.00	900.00
10	009	3000.00	2200.00	5200.00

(b) D列显示计算结果

图 5.20 "算术表达式"举例

【例 5.8】 字符串表达式应用举例。

例如,在图 5.21 中 B 列"单位名称"都有"学院"两个字,为了简便输入,"学院"两个字只需要输入一次便可。同样,E 列的电话号码都是"6449"打头的,也可以采用简便的方法输入。操作步骤如下:

①在 B2 输入公式:＝A2&"学院",然后复制到 B3:B5。

②在 E2 输入公式:＝"6449"&D2,然后复制到 E3:E5。

B 列和 E 列都是公式,例如,将 B 列公式转为数值的操作是:

选定 B2:B5 区域,单击"复制"按钮,"开始"选项卡→"粘贴"→"选择性粘贴"→"数值"→"确定"。用同样的方法,也可以将 E 列的公式转为数值。

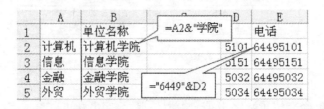

	A	B	C	D	E
1		单位名称	=A2&"学院"		电话
2	计算机	计算机学院		5101	64495101
3	信息	信息学院		5151	64495151
4	金融	金融学院	="6449"&D2	5032	64495032
5	外贸	外贸学院		5034	64495034

图 5.21 "字符串表达式"举例

【例 5.9】 关系表达式应用举例。

图 5.22 是一些基金公司在两个不同时间的基金累计净值,要求根据 B 列和 C 列计算基金的增长率,如果增长率大于 50%,显示"TRUE",否则显示"FALSE"。

D2 fx =C2-B2>0.5

	A	B	C	D
1	基金简称	累计净值(元) 2006.1.4	累计净值(元) 2006.6.26	增长率>50%
2	华夏成长	1.096	1.612	TRUE
3	华夏大盘精选	1.021	1.819	TRUE
4	华夏债券	1.112	1.163	FALSE
5	华夏回报	1.153	1.767	TRUE
6	华夏红利	1.018	1.634	TRUE

图 5.22 “逻辑表达式”举例

操作很简单，只需要在 D2 单元格输入公式“＝C2－B2＞0.5”，然后将该公式复制到 D3:D6 即可。

3. 常用函数及其应用

Excel 提供了常用函数、财务函数、日期与时间函数、数学与三角函数、统计函数、查找与引用函数、数据库函数、文本函数、逻辑函数和信息函数等。用函数能方便地进行各种运算。

(1) 函数格式

函数一般由函数名和参数组成。形式为：

函数名(参数表)

说明：

函数名中的大小写字母等价。

参数表由用逗号分隔的参数 1，参数 2……参数 N(N≤30)构成。

参数可以是常数、单元格地址、单元格区域、单元格区域名称或函数等。

(2)函数输入方法与技巧

例如，在某个单元格输入公式：＝AVERAGE(B2:B10)，可以用以下两种方法之一。

方法 1：直接在单元格输入公式：＝AVERAGE(B1:B10)。

方法 2：用“函数向导”快速输入函数。

①单击单元格，单击“编辑栏”左侧“插入函数”按钮，在“插入”对话框选中函数“AVERAGE”→“确定”，打开“函数参数”对话框。

②用鼠标选定 B1:B10，单击“确定”。

如果选定的区域比较大，可以单击“切换”按钮(隐藏“函数参数”对话框的下半部分)，然后再选定区域，单击“切换”按钮(恢复显示“函数参数”对话框的全部内容)，单击“确定”。

(3)函数嵌套

函数嵌套是指一个函数可以作为另一函数的参数使用。例如公式：

ROUND(AVERAGE(A2:C2),0)

其中 ROUND 为一级函数，AVERAGE 为二级函数。先执行 AVERAGE 函数，再执行 ROUND 函数。一定要注意，AVERAGE 作为 ROUND 的参数，它返回的数值类型必须与 ROUND 参数使用的数值类型相同。Excel 嵌套最多可嵌套 64 层。

(4)常用函数及其应用举例

①求和函数 SUM(参数 1,参数 2,…)

功能:求一系列数据的累加和。

②算术平均值函数 AVERAGE(参数 1,参数 2,…)

功能:求一系列数据的算术平均值。

③最大值函数 MAX(参数 1,参数 2,…)

功能:求一系列数据的最大值。

④最小值函数 MIN(参数 1,参数 2,…)

功能:求一系列数据的最大值。

⑤统计个数函数 COUNT(参数 1,参数 2,…)

功能:求一系列数据中数值型数据的个数。

⑥COUNTA(参数 1,参数 2,…)

功能:求"非空"单元格的个数。

⑦COUNTBLANK(参数 1,参数 2,…)

功能:求"空"单元格的个数。

【例 5.10】 注意观察在图 5.23 中 D 列的公式,理解以上常用函数的功能。其中 B 列是六个月的存款记录,D 列和 E 列分别是计算公式和计算结果,F 列描述了公式的功能。注意"空白"单元格和文本数据对统计函数的影响。

	A	B	C	D	E	F
1	月份	存款额		实例	计算结果	说明
2	1月	2000		=SUM(B2:B7)	10000	计算6个月的存款额的总和
3	2月			=AVERAGE(B2:B7)	2500	计算6个月的存款额的平均值
4	3月	1000		=COUNT(B2:B7)	4	统计数值型单元格的个数
5	4月	4000		=COUNTA(B2:B7)	5	统计非空单元格的个数
6	5月	已取出		=COUNTBLANK(B2:B7)	1	统计空的单元格的个数
7	6月	3000		=MAX(B2:B7)	4000	统计最高存款额
8				=MIN(B2:B7)	1000	统计最低存款额

图 5.23　"常用函数"举例

	A	B
1	实例	计算结果
2	=ROUND(625.746,2)	625.75
3	=ROUND(625.746,1)	625.7
4	=ROUND(625.746,0)	626
5	=ROUND(625.746,-1)	630
6	=ROUND(625.746,-2)	600

图 5.24　"ROUND 函数"举例

⑧四舍五入函数 ROUND(数值型参数,n)

功能:返回对"数值型参数"进行四舍五入到第 n 位的近似值。

当 n>0 时,对数据的小数部分从左到右的第 n 位四舍五入;

当 n＝0 时,对数据的小数部分最高位四舍五入取数据的整数部分;

当 n<0 时,对数据的整数部分从右到左的第 n 位四舍五入。

【例 5.11】 有关 ROUND 函数的使用,见图 5.23 中的实例。

4.地址引用

Excel 有"A1"和"R1C1"两种地址"引用样式",通常人们习惯用默认的"A1 引用样式"。在本教材中都是以"A1 引用样式"为例介绍 Excel 的使用。

若在一个公式中用到一个或多个单元格地址,认为该公式引用了单元格地址。根据不同的需要,在公式中引用单元格地址分 3 种引用方式,它们是相对地址引用、绝对地址引用和混合地址引用。

（1）A1 引用样式

用"A1 引用样式"表示引用 C1 单元格的三种地址引用方式为：

①相对地址引用：C1

②绝对地址引用：＄C＄1

③混合地址引用：＄C1，C＄1

容易看出，其中"＄C1"的列是绝对地址，行是相对地址；而"C＄1"的列是相对地址，行是绝对地址。

在输入地址时，按【F4】键可以实现以上不同的地址引用方式的快速转换。

若在 D1 输入公式：＝100＋C1，鼠标单击公式中"C1"所在的位置（插入点紧邻引用地址"C1"前、后或中），反复按【F4】键，可实现不同的引用地址方式的转换，如：

　　＄C＄1 → ＄C1 → C＄1 → C1 → ＄C＄1 →……。

实际上＄C＄1、＄C1、C＄1 和 C1 都表示引用 C1 单元格地址，只是采用了不同的引用方式。如果 D1 的公式不再被复制到其他的单元格，则 D1 中的引用地址用相对地址、绝对地址或混合地址都是等价的。否则，如果公式要复制到其他的单元格，则要根据情况选择其中一种地址引用方式。

①"A1 引用样式"的相对地址

"相对地址"引用的特点是，若公式被复制，公式中的"相对地址"会与原来的不一样，但是引用的相对位置不会改变。

【例 5.12】　在图 5.25 中是一个"商品价目表"，其中有商品名、单价和数量等。如果每一个商品"总计"的计算公式都是一样的，如：

$$总计＝单价×数量$$

则只需要计算第一个商品的"总计"，而其他商品的总计通过复制公式来完成即可。

例如计算"总计"在 D4 输入公式：

$$＝B4 * C4$$

然后选定该单元格，再拖动该单元格的"填充柄"向下复制到 D7 单元格。由于 D4 单元格的计算是相对它左侧的第二列 B4 和左侧的第一列 C4 单元格的乘积，将它复制后（见图 5.25 的 D3：D7）仍然是相对位置的左侧的第二列和第一列单元格的乘积。

	A	B	C	D	E	F
1	折扣	90%				
2			商品价目表			
3	商品名	单价(元)	数量（台）	总计	折扣后单价	折扣后总计
4	MP3	500	100	=B4*C4	=B4*$B$1	=E4*C4
5	手机	2500	50	=B5*C5	=B5*$B$1	=E5*C5
6	U盘	200	200	=B6*C6	=B6*$B$1	=E6*C6
7	笔记本电脑	8000	600	=B7*C7	=B7*$B$1	=E7*C7
8	合计	=SUM(B4:B7)	=SUM(C4:C7)	=SUM(D4:D7)	=SUM(E4:E7)	=SUM(F4:F7)

图 5.25　"相对地址与绝对地址"的引用举例

计算"合计"是在 B8 输入＝SUM(B4：B7)，选定该单元格，向右拖动"填充柄"到 F8 单元格，观察 B8：F8 它们引用的单元格相对位置是一致的。

②“A1 引用样式”的绝对地址

“绝对地址”中的“＄”就像一把“锁”,将行地址和列地址“锁住”。无论“绝对地址”被复制到任何位置,复制后的“绝对地址”永远不变,始终为固定的地址。

【例 5.13】 例如在图 5.25 中,为了便于更改商品打折的折扣,将“折扣”放在 B1 单元格,如果:

折扣后单价=折扣×单价

则只需要计算第一个商品的“折扣后单价”,而其他商品的“折扣后单价”通过复制公式来完成即可。由于无论哪一个商品引用“折扣”都是引用固定不变的 B1 单元格,因此在引用 B1 单元格时要用绝对地址。

例如计算“打折后单价”,在 E4 输入公式:

=B4*＄B＄1

然后选定该单元格,再拖动“填充柄”向下复制到 E7 单元格。

说明:

①“单价”总是引用相对位置左侧的第二列的单元格,所以“单价”用相对地址;

②每一个商品的“折扣”都是引用 B1 单元格,因此 B1 要用绝对地址。

当然,上述 E4 中公式也可以用等价的混合地址表示,写成:

=＄B4*B＄1

用混合地址表示容易出错,因此尽量用相对地址或绝对地址引用。当然,在有些情况下必须用混合地址引用。

③“A1”引用样式的混合地址

混合地址是相对地址和绝对地址的混合引用。

【例 5.14】 下面以输入“九九乘法表”为例说明混合地址的使用。

①见图 5.26,在第二行和第一列分别输入 1～9 数字。

②在 B3 单元格输入公式:

=＄A3*B＄2

③将 B3 单元格的公式复制到 B3:J11 即可。

说明:由于“被乘数”是固定在第一列的不同的行上,因此被乘数的列要用绝对地址才能锁定在第一列,行用相对地址,即“＄A3”;而“乘数”是固定在第二行的不同的列上,因此乘数的行要用绝对地址,列用相对地址,即 B＄2。

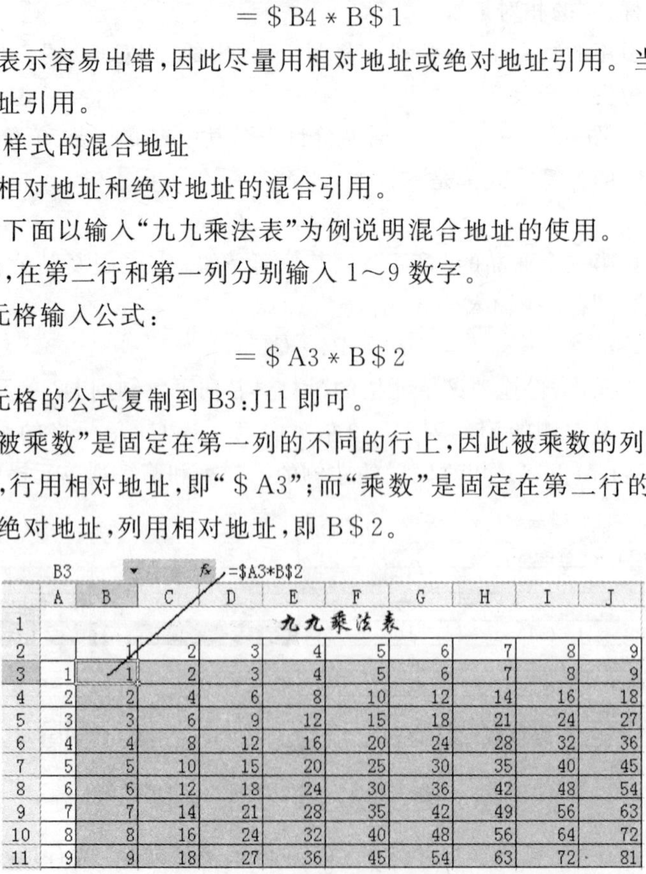

	A	B	C	D	E	F	G	H	I	J
1										
2		1	2	3	4	5	6	7	8	9
3	1	1	2	3	4	5	6	7	8	9
4	2	2	4	6	8	10	12	14	16	18
5	3	3	6	9	12	15	18	21	24	27
6	4	4	8	12	16	20	24	28	32	36
7	5	5	10	15	20	25	30	35	40	45
8	6	6	12	18	24	30	36	42	48	54
9	7	7	14	21	28	35	42	49	56	63
10	8	8	16	24	32	40	48	56	64	72
11	9	9	18	27	36	45	54	63	72	81

图 5.26 “九九乘法表”混合地址引用举例

（2）R1C1 引用样式

Excel 的另一种表示法是"R1C1"引用样式。根据你的使用习惯可以选择"A1"或"R1C1"引用样式。两种引用样式的切换方法是："文件"选项卡→"选项"，在"常规"卡，选中或放弃"R1C1 引用样式"。

"R1C1"引用样式的"行标号"和"列标号"都用数字表示。用 R＜行标号＞表示"行"，行标号范围是 1～ 1,048,576 行；用 C＜列标号＞表示"列"，列标号范围是 1～16,384 列。图 5.27 是同一个工作表在两种不同的引用样式下的显示结果。

"R1C1 引用样式"的相对地址、绝对地址和混合地址的表示如下：

①相对地址引用：R［数字］C［数字］。

②绝对地址引用：R 数字 C 数字。

③混合地址引用：R［数字］C 数字　或者　R 数字 C［数字］。

例如"＄C＄2"表示第 2 行第 3 列单元格，等价于"R1C1 引用样式"的"R2C3"（对比见图 5.27 中两个名称框）。在图 5.27 中 RC［－2］表示引用当前行并且向左数第 2 列的单元格地址。

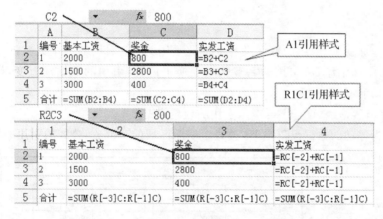

图 5.27　"A1"引用样式与"R1C1"引用样式的对比

5. 复制/移动/插入/删除单元格对公式的影响

（1）复制/移动公式

①复制公式

若被复制的公式中没有引用任何地址，复制到目标位置的公式与原来的公式一样。

若被复制的公式中有"地址引用"，从前面介绍的相对地址、绝对地址和混合地址中可以看出，复制到目标位置的公式中"相对地址"引用的相对位置不变，"绝对地址"始终为固定的地址引用。

为了保证公式复制到目标位置，公式的值不变化，可以考虑将公式的值复制到目标位置。操作是：

选定公式所在的单元格，单击"复制"按钮，单击目标位置，在"开始"选项卡→"粘贴"→"选择性粘贴"→"数值"→"确定"即可。

如果只是将一个单元格中的公式改变为数值,在编辑单元格的状态下按【F9】键。

②移动公式

若将公式从一个单元格移动到另一个单元格,公式中的任何内容都不会发生变化,这与公式的复制是不同的。

(2)复制/移动对公式的影响

①复制与公式相关的单元格

如果某个单元格区域被公式引用了,将它们复制到其他的位置,不会影响公式的引用。

②移动与公式相关的单元格

下面通过例子说明移动单元格区域对公式的影响。

例如,在图 5.28 中的 D7 和 B8 存放的是公式,它们都引用了 B7,若将 B7 的内容移动到 E7,注意 D7 中的公式变了,B8 没有变化。

将 B7 的内容移动 E7 后,D7 内容由

$$=B7*C7$$

变为:

$$=E7*C7$$

引用的地址变了,引用的数据没有变。这是因为 D7 引用的一个完整的单元格区域(B7)被移动了。因此,D7 引用的完整区域变换了位置,引用的数据没有变,计算结果应该仍然与移动前相同。

B8 内容仍然是=SUM(B4:B7),引用的地址没有变。

这是因为移动的数据仅仅是 B8 公式中引用区域的一部分,公式的引用区域不变。

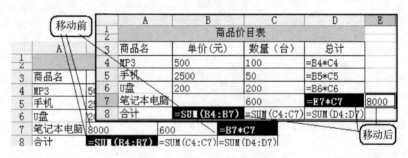

图 5.28 "移动公式"的举例

(3)插入/删除对公式的影响

下面通过对图 5.29(a)中的数据表进行插入/删除单元格的操作,观察对公式的影响。

例如,在图 5.29(a)中第 7 行的前后分别插入两行,得到图 5.29(b);若在图 5.29(a)的表删除第 6 行,则得到图 5.29(c)。仔细观察 B8 单元格的公式发生的变化,总结如下:

①如果插入的单元格在公式的引用区内,则扩大公式中单元格引用区域;

②如果删除的单元格在公式的引用区内,则缩小公式中单元格引用区域。

例如:

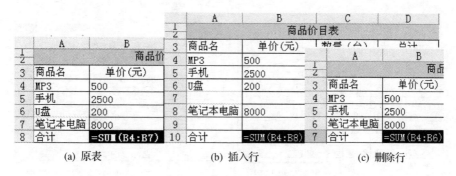

图 5.29　"插入/删除操作对公式的影响"的举例

公式＝SUM(B4:B7)，在 B4:B7 内插入一行后，则公式＝SUM(B4:B8)

公式＝SUM(B4:B7)，在 B4:B7 内删除一行后，则公式＝SUM(B4:B6)

6. 数组与数组运算

在 Excel 中，对一般的计算，既可以用一般的公式也可以用数组。而对有些函数的计算，必须用数组来完成。下面介绍数组公式的一般使用方法，有关数组在函数中的使用将在本章 5.6 中介绍。

(1) 输入数组公式

输入数组公式与输入一般公式的最大区别是：

① 输入数组前，不是选定一个单元格，而是选定一组(存放结果)单元格。

② 数组公式输入完成后，不是按【Enter】键，而是同时按【Ctrl】＋【Shift】＋【Enter】键。

在一般情况下，如果计算的对象是一组数据，计算的结果是一个数据或一组数据时，就可以用数组公式来计算。用一般公式计算与用数组计算的结果是一样的。下面通过图 5.30 中的例子说明一般公式与数组的区别。

(2) 数组公式举例

在图 5.30(a) 的表中，假设要计算"奖金(C 列)＋200"，用一般公式计算的结果放在 D 列，用数组计算的结果放在 E 列。操作如下：

① 在 D2 输入公式：＝C2＋200，然后将该公式向下复制到 D10。

② 选定 E2:E10，输入公式：＝C2＋200，同时按【Ctrl】＋【Shift】＋【Enter】键。

在输入数组公式后，系统会自动在大括号"{"和"}"内插入公式，见图 5.30 的"编辑栏"。仔细观察 E 列会发现，存放结果的一组单元格的公式完全一样，说明它们是一个整体"数组"。Excel 不允许对数组中的任何一个单元格做修改或删除操作。

从图 5.30(a) 看到 D 列和 E 列的计算结果是一样的，那么什么情况用一般公式计算？什么情况用数组公式计算？这要从数组的特性来分析。

数组公式是一个整体，不允许修改其中任何一个公式，必须整体修改或删除。因此，用数组计算安全性更高一些。而对于一般公式的 D 列而言，我们可以修改 D 列中任何一个公式。

(a) 对比计算结果　　　　　　　　　　　　　(b) 对比计算公式

图 5.30　"一般的公式"与"数组公式"的对比举例

(3)修改数组公式

数组是一个整体,只能对整个数组进行修改。修改数组的操作是:

①单击包含数组公式的任何一个单元格或选定数组的全部单元格。

②单击"编辑栏"(大括号消失),在"编辑栏"编辑数组公式。

③同时按【Ctrl】+【Shift】+【Enter】键。

如果修改前只选定其中的一个单元格,修改后会看到数组公式中的每一个公式都被更新。

(4)删除数组公式

不允许删除数组中的一部分。若要删除数组,只能全部删除。操作方法是:选定包含数组的全部单元格,按【Delete】键。

7. 应用举例

(1)实发工资与工薪税的计算

从表 5.4"工薪税速算表"可以看出,根据全月应纳税所得额的多少,工薪税分为 9 个级别(详细内容见图 5.31),若用 IF 函数计算 9 个等级的工薪税,则需要嵌套八个 IF 函数,但是 Excel 最多只允许嵌套七层函数。因此,若要考虑工薪税的九个级别,在本章 5.6 将介绍用 VLOOKUP 函数来实现计算工薪税。下面的例子只考虑全月应纳税所得额在 2 万元以内的情况。

表 5.4　工薪税速算

级　数	全月应纳税所得额	纳税额	税率	速算扣除数
1	不超过 500 元的部分	0	5%	0
2	超过 500 元至 2000 元的部分	500	10%	25
3	超过 2000 元至 5000 元的部分	2000	15%	125
4	超过 5000 元至 20000 元的部分	5000	20%	375
5	超过 20000 元至 40000 元的部分	20000	25%	1375
	……			

【例 5.15】 在图 5.31 中的工资表有职工的"编号"、"基本工资"和"奖金",其中"应发工资"的计算为:应发工资＝基本工资＋奖金,假设图 5.31 中的"应发工资"都在 2 万元以内。要求计算每个人的"应发工资"、"工薪税"和"实发工资"。

操作步骤如下:

①计算"应发工资",在 D2 输入公式:＝B2＋C2。

②计算"工薪税",在 E2 输入公式:

＝IF(D2＜500,0.05＊D2,IF(D2＜2000,0.1＊D2－25,IF(D2＜5000,0.15＊D2－125,0.2＊D2－375)))。

③计算"实发工资",在 F2 输入公式:＝D2－E2。

④选定 D2:F2,将鼠标指针移到选定区域"填充柄"处,向下复制到第 10 行。

=IF(D2<500,0.05*D2,IF(D2<2000,0.1*D2-25,IF(D2<5000,0.15*D2-125,0.2*D2-375)))

	A	B	C	D	E	F
1	编号	基本工资	奖金	应发工资	工薪税	实发工资
2	001	2000	800	2800	295	2505
3	002	1500	2800	4300	520	3780
4	003	3000	400	3400	385	3015
5	004	2000	2400	4400	535	3865
6	005	700	400	1100	85	1015
7	006	1500	2000	3500	400	3100
8	007	1200	1500	2700	280	2420
9	008	800	100	900	65	835
10	009	3000	2200	5200	665	4535

图 5.31 "工资表的所得税计算"举例

(2)银行存款利息计算

【例 5.16】 假设在图 5.32 中的 A 列～D 列分别输入了存款额、存款期限(汉字)、存款期限(数字)和存款利率(定期整存整取),要求计算到期后的利率和税后利率。为了便于计算,在图 5.32 的"期限"用 C 列的数据进行计算。

①计算到期后的利率,在 E2 单元格输入公式:＝A2＊C2＊D2/100

②计算到期后的税后利率,在 F2 单元格输入公式:＝E2＊0.8

③选定 E2:F2,将鼠标指针移到选定区域的"填充柄",向下复制到第 7 行。

E2		fx	=A2*C2*D2/100			
	A	B	C	D	E	F
1	存款额	期 限	期 限	年利率(%)	到期利息	税后利息
2	10000	三个月	0.25	1.71	42.75	34.2
3	10000	六个月	0.5	2.07	103.5	82.8
4	15000	一 年	1	2.25	337.5	270
5	30000	二 年	2	2.7	1620	1296
6	20000	三 年	3	3.24	1944	1555.2
7	20000	五 年	5	3.6	3600	2880

图 5.32 计算银行存款利息举例

(3)财务数据计算

【例 5.17】 若某公司只经营一种商品,一个季度内的各个月份的毛利率根据上季度实际毛利率确定。假设该公司 2006 年第一季度和第二季度所经营的商品情况如下：

①第一季度累计销售收入为 50 万元、销售成本为 40 万元，3 月份月末库存商品实际成本为 30 万元。

②第二季度购进商品成本 70 万元，4 月和 5 月的实现商品销售收入分别是 25 万元和 35 万元。

如果 6 月份月末按一定方法计算的库存商品实际成本是 32 万元，要求计算出该公司第一季度所售商品的实际毛利率和该公司 2006 年 4 月～6 月份的商品销售成本。

第一步：建立表格(如图 5.33 所示)。

	C	D	E	F	G
1		第一季	第二季度		
2			4月份	5月份	6月份
3	购进商品成本		70万		
4	销售收入	50万	25万	35万	
5	销售成本	40万	20万	28万	20万
6	季度末库存商品实际成本	30万			32万
7	实际毛利率	20%			

图 5.33 "财务数据计算"举例

● 输入数据时需要注意：

◆ 为了读者醒目地看到所求项目存放的单元格，将这些单元格用阴影表示(不要向这些单元格输入数据)。

◆ 输入数据时不要输入"万"。图 5.33 中 D3:G6 显示的数据格式已经定义为"0"万""格式，可以参加计算。例如在 D4 实际输入的是：50，由于已经定义为：0"万"格式，所以显示为：50 万(如果在单元格输入 50 万，则不能参加计算)。

● 改变显示格式

改变图 5.33 中 D3:G6 的显示格式的操作是：

◆ 选定 D3:G6 单元格区域。

◆ 右击→"设置单元格格式"→"数字"选项卡。

◆ 在"分类"列表选择"自定义"，在"类型"框输入 0"万"。注意其中的双引号为英文的双引号。

第二步：计算。

● 第一季度所售商品的实际毛利率的计算公式是：

(一季度销售收入－第一季销售成本)/一季度销售收入

因此，在 D7 单元格输入公式：

$$=(D4-D5)/D4$$

● 2006 年 4 月～5 月份的商品销售成本的计算公式是：

4 月份销售收入×(1－第一季度所售商品的实际毛利率)

因此，在 E5 单元格输入公式：

$$=E4*(1-\$D\$7)$$

然后将该公式复制到 F5 单元格即可。

● 2006 年 6 月份的商品销售成本的计算公式是：

上一季度末库存商品实际成本＋二季度购进商品成本－二季度末库存商品实际成本（4 月～5 月份的商品销售成本之和）。

因此，在 G5 单元格输入公式：

$$=D6+E3-G6-(E5+F5)$$

（4）收益预测表

【例 5.18】 图 5.34 中是某个公司的未来 3 年"收益预测表"，其中阴影部分是所求项目的单元格。要求计算 2008 年、2009 年和 2010 年的收益预测。

	A	B	C	D	E	F	G
1				收益预测表			
2		2008	%	2009	%	2010	%
3	销售额	10,000	100.00%	25,000	100.00%		100.00%
4	成本	4,000	40.00%	15,000	60.00%		
5	毛利	6,000	60.00%	10,000	40.00%		
6	运营费用						
7	工资	1,800	18.00%	3,000	12.00%		
8	津贴	200	2.00%	2,500	10.00%		
9	劳务费	1,000	10.00%	500	2.00%		
10	补助		0.00%		0.00%		
11	维修	200	2.00%		0.00%		
12	其他		0.00%		0.00%		
13	费用合计	3,200	32.00%	6,000	24.00%		
14	税前利润	2,800		4,000			
15	所得税	300		500			
16	税后利润	2,500		3,500			
17	所有人权益	500					
18	收入总计	2,000		3,500			

图 5.34　"收益预测"举例

每年的收益预测计算方法是一样的，下面以计算 2008 年的收益预测数据为例，介绍操作步骤。

①"成本"占"销售额"的百分比（成本/销售额）：C4＝B4/B3。

②"毛利"（销售额－成本）：B5＝B3－B4。

③"毛利"占"销售额"的百分比（毛利/销售额）：C5＝B5/B3。

④各项"运营费用"占"销售额"的百分比的计算是：C7＝B7/＄B＄3

将该公式复制到 C8：C13。

⑤"费用合计"：B13＝SUM(B7：B12)。

⑥"税前利润"（毛利－费用合计）：B14＝B5－B13。

⑦"税后利润"（税前利润－所得税）：B16＝B14－B15。

⑧"收入总计"（税后利润－所有人权益）：B18＝B16－B17。

8. 错误值

错误值一般以"♯"符号开头，出现错误值有以下几种原因，见表 5.5 所示。

表 5.5　错误值表

错误值	错误值出现原因	
＃DIV/0!	被除数为 0	例如＝3/0
＃N/A	引用了无法使用的数值	例如 HLOOKUP 函数的第 1 个参数对应的单元格为空
＃NAME?	不能识别的名字	例如＝SUN(a1;a4)
＃NULL!	交集为空	例如＝SUM(a1;a3　b1;b3)
＃NUM!	数据类型不正确	例如＝SQRT(−4)
＃REF!	引用无效单元格	例如引用的单元格被删除
＃VALUE!	不正确的参数或运算符	例如＝1＋"a"
＃＃＃＃＃＃＃＃	宽度不够,加宽即可	

5.3　工作簿与工作表

5.3.1　选定/移动/复制工作表

1. 选定工作表

如果同时选定了多个工作表,其中只有一个工作表是当前工作表(活动工作表),对当前工作表的编辑操作会作用到其他被选定的工作表。例如在当前工作表的某个单元格输入了数据,或者进行了格式修饰操作等,实际上是对所有选定工作表的同样位置的单元格做同样的操作。

(1)选定工作表

①选定一个工作表:单击工作表的标签,选定该工作表。选定的工作表成为当前工作表或活动工作表(放弃在这之前选定的工作表)。

②按【Ctrl】+【PageUp】键:选定当前工作表标签左侧的工作表,使它成为当前工作表。

③按【Ctrl】+【PageDown】键:选定当前工作表标签右侧的工作表,使它成为当前工作表。

④选定相邻的多个工作表:单击第 1 个工作表的标签,按【Shift】键的同时单击最后一个工作表的标签。

⑤选定不相邻的多个工作表:按【Ctrl】键的同时单击要选定的工作表标签。

⑥选定全部工作表:右击工作表标签,选择"选定全部工作表"。

（2）放弃选定工作表

单击另一个非当前工作表的标签，放弃在这之前选定的工作表。若要放弃选定的多张工作表，右击工作表标签，选择"取消成组工作表"。

2. 在工作簿内"移动/复制"工作表

若在一个工作簿内移动工作表，可以改变工作表在工作簿中的先后顺序。复制工作表可以为已有的工作表建立一个备份。

（1）在工作簿内移动工作表

①选定要移动的一个或多个工作表标签。

②鼠标指针指向要移动的工作表标签，按住鼠标左键沿标签向左或右拖动工作表标签。在拖动鼠标的同时会看到鼠标指针头上有一个黑色小箭头（见图 5.35）随鼠标指针同步移动，当黑色小箭头指向要移动到的目标位置时，松开鼠标按键，被拖动的工作表就移动到黑色小箭头指向的位置。

③如果在拖动工作表之前选定了多个工作表标签，则可同时移动多个工作表。

（2）在工作簿内复制工作表

复制工作表的操作与移动工作表的操作类似，只是在拖动工作表标签的同时按【Ctrl】键，当鼠标指针移到要复制的目标位置时，先松开鼠标按键，后松开【Ctrl】键即可。

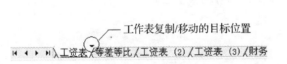

工作表复制/移动的目标位置

图 5.35　在工作簿内"复制"/"移动"工作表　　　图 5.36　"移动或复制工作表"对话框

3. 不同的工作簿之间"移动/复制"工作表

用下面介绍的方法既可以实现一个工作簿内工作表的"移动/复制"，也可以实现不同的工作簿之间工作表的移动/复制。在两个不同的工作簿之间移动/复制工作表，要求两个工作簿文件都必须在同一个 Excel 应用程序下打开。在"移动/复制"操作中，允许一次"移动/复制"多个工作表。

操作步骤是：

①在一个 Excel 应用程序窗口下，分别打开两个工作簿（源工作簿和目标工作簿）。

②使源工作簿成为当前工作簿。

③在当前工作簿选定要"复制"或"移动"的一个或多个"工作表标签"。

④"编辑"菜单→"移动或复制工作表"（或鼠标右击选定的工作表标签→"移动或复制

工作表"),弹出"移动或复制工作表"对话框(见图 5.35)。

⑤在"工作簿"列表选择要"复制/移动"到的目标工作簿。

⑥在"下列选定工作表之前"列表中选择要插入的位置。

⑦如果移动工作表,放弃选中"建立副本"选项;如果复制工作表,一定要选中"建立副本"选项,单击"确定"后,实现将选定的工作表移动/复制到目标工作簿。

4. 插入/删除/重新命名工作表

(1)插入工作表

允许一次插入一个或多个工作表。操作是:

选定一个或多个工作表标签,"插入"选项卡→"工作表"。

如果执行插入工作表命令前,选择了多个工作表,则执行命令后,插入与选定同等数量的工作表。系统默认在选定的工作表左侧插入新的工作表。

(2)删除工作表

选定一个或多个要删除的工作表,"开始"选项卡→"删除工作表"(或右击选定的工作表→"删除")。

(3)重新命名工作表

方法 1:双击工作表标签,输入新的名字即可。

方法 2:右击要重新命名的工作表标签→"重命名",输入新的名字即可。

5. 3. 2   保护/隐藏工作表(簿)

如果在保护工作表或工作簿时设置了密码,只有知道密码的人才能解除保护。密码由小于 255 个字母(区分大小写)、数字、空格和符号组成。

1. 保护/隐藏工作表

(1)保护工作表

保护工作表的目的是不允许对工作表中某些或全部单元格进行修改操作。另外,也可以根据需要选择是否允许插入行/列、删除行/列操作等。保护工作表,既可以对整个工作表进行保护,也可以只保护指定的单元格区域。

如果在保护工作表时设置了密码,只有知道密码的人才能取消保护,从而可以防止未授权者对工作表的修改。

为了防止别人修改工作表的某些单元格区域,工作表必须满足以下两个条件:

条件 1:被保护的单元格区域必须处在"锁定"状态。

条件 2:执行"审阅"选项卡→"保护工作表"。

在默认情况下,工作表中每个单元格都是"锁定"状态。因此,如果要保护整个工作表,直接执行"审阅"选项卡→"保护工作表"即可。

如果只保护工作表中某些单元格区域,则应该对允许修改的单元格区域执行取消"锁定"。保护工作表的操作是:

①选定不允许修改的单元格区域→右击→"设置单元格格式"→"保护",选中"锁定"。

②选定允许修改的单元格区域→右击→"设置单元格格式"→"保护",放弃选择"锁定"

③"审阅选项卡"→"保护工作表",在"保护工作表"对话框做以下操作(见图5.37):

• 选中"保护工作表及锁定的单元格内容"。

• 输入密码。如果没有输入密码,不需要输入密码便可以撤消工作表的保护。

• 在"允许此工作表的所有用户进行"列表选中保护工作表后允许用户操作的选项。

④单击"确定"。

(2)撤消工作表的保护

①将要撤消保护的工作表成为当前工作表

②"审阅"选项卡→"撤消工作表保护"。

③如果保护工作表时设置了密码,必须输入密码后才可以撤消对工作表的保护。

(3)隐藏工作表

选定要隐藏的工作表标签,选择工作表标签,右击→"隐藏"。

(4)恢复显示隐藏的工作表

选择任一工作表标签,右击→"取消隐藏",在"取消隐藏工作表"列表中选择要显示的工作表名→"确定"。

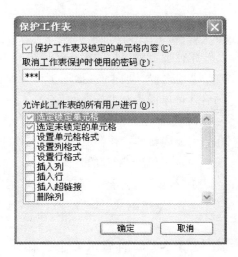

图 5.37   "保护工作表"对话框

2. 保护/隐藏公式

隐藏公式后,在编辑栏和单元格均看不到公式,只能在单元格看到公式的计算结果。

(1)保护/隐藏公式

①选定要隐藏的单元格区域。

②右击→"设置单元格格式",在"保护"选项卡选中"隐藏"→"确定"。

③"审阅"选项卡→"保护工作表"。

④在"保护工作表"对话框选中"保护工作表及锁定的单元格内容"。

实际上,单元格区域被隐藏后,在"编辑栏"为空白,看不到单元格的内容。

(2)恢复显示公式

①"审阅"选项卡→"撤消工作表保护"。

②选定要取消隐藏其公式的单元格区域。

③右击→"设置单元格格式",在"保护"选项卡中放弃选择"隐藏"。

3. 保护/隐藏工作簿

(1)保护工作簿

保护工作簿的目的是为了禁止删除、移动、重命名或插入工作表,也可以禁止执行移动、缩放、隐藏和关闭工作簿窗口等操作。如果在保护工作簿时设置了密码,只有知道密码的人才能取消保护，从而可以防止未授权者对工作簿和窗口的操作。

保护工作簿的操作是：

①"审阅"选项卡→"保护工作簿"，在"保护工作簿"对
话框（见图5.38）选择以下选项：

● "结构"：选中后，不允许删除、移动、重命名和插入
工作表等。

● "窗口"：选中后，不允许移动、缩放、隐藏和关闭工
作簿窗口等。

②输入/放弃输入密码→确定。

（2）撤消工作簿的保护

图5.38　"保护工作簿"对话框

①使要撤消保护的工作簿成为当前工作簿。

②"审阅"选项卡→"撤消工作簿保护"。如果保护工作簿时设置了密码，必须输入密
码后才可以撤消对工作簿的保护。

（3）隐藏工作簿

将要隐藏的工作簿成为当前工作簿，"视图"选项卡→"窗口"→"隐藏"。

（4）恢复显示隐藏的工作簿

①"视图"选项卡→"窗口"→"取消隐藏"。

②在"取消隐藏工作簿"列表中，选择要显示的工作簿→"确定"。

5.3.3　同时显示多个工作表

1. 同时显示一个工作簿的多个工作表

在默认情况下，一个工作簿内的所有的工作表在一个窗口打开，通过单击工作表标签
显示不同的工作表中的内容。若希望同时看到一个工作簿内的多个工作表，必须事先为
要看到的工作表建立一个窗口。操作是：

①使要显示多个工作表的工作簿成为当前工作簿。

②"视图"选项卡→"窗口"→"新建窗口"。

如果要同时看到3个工作表窗口，再重复执行一次步骤②操作，也可以反复执行该操
作，新建多个窗口。

③"视图"选项卡→"窗口"→"重排窗口"。

④在"重排窗口"对话框（见图5.39）的"排列方式"中选择一项，如果只显示当前工作
簿中的工作表，应选中"当前活动工作簿的窗口"复选框→确定。

例如图5.40"垂直并排"显示一个工作簿的两个工作表窗口，只有一个窗口是活动窗
口，单击某个窗口，使该窗口成为当前窗口。

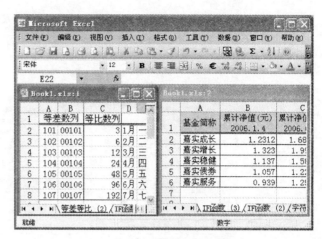

图 5.39　"重排窗口"对话框　　　　　　图 5.40　"垂直并排"两个工作表

2. 同时显示多个工作簿的工作表

打开多个工作簿后,同时显示多个工作簿的操作与上述操作一样,只是放弃选择"当前活动工作簿的窗口"复选框。

3. 恢复为一个窗口

当同时显示多个工作表时,只有一个工作表窗口为活动窗口,并且活动窗口的标题栏有"最大化"按钮。单击"最大化"可以恢复只显示一个窗口。

5.3.4　窗口的拆分与冻结

1. 拆分窗口

一个工作表窗口可以拆分为"两个窗格"或"四个窗格"(见图 5.41 拆分为四个窗格),分隔条将窗格分开。窗口拆分后,能方便地同时浏览一个工作表的不同的部分,因此,"拆分窗口"常用于浏览较大的工作表。拆分窗口操作如下:

方法 1:鼠标指针指向水平滚动条(或垂直滚动条)上的"拆分条"(见图 5.41),当鼠标指针变成"双箭头"为"⬌"(或"⬍")时,沿箭头方向拖动鼠标到适当的位置,松开鼠标即可。拖动分隔条,可以调整分隔后窗格的大小。

方法 2:鼠标单击要拆分的位置,"视图"选项卡→"窗口"→"拆分",一个窗口被拆分为四个窗格。

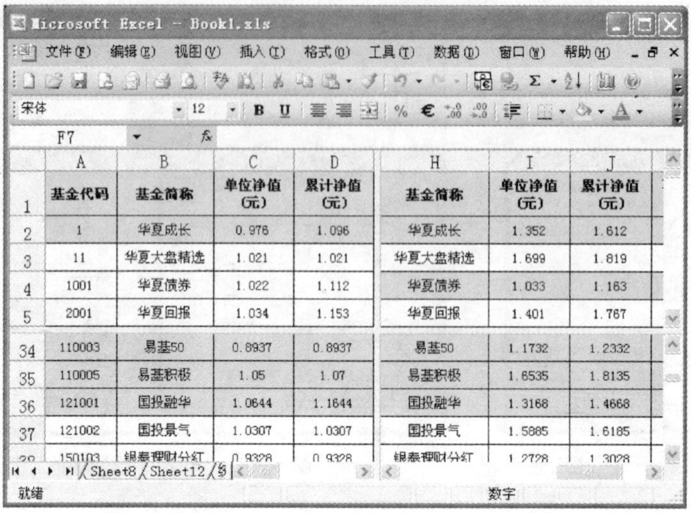

	A	B	C	D	H	I	J
1	基金代码	基金简称	单位净值(元)	累计净值(元)	基金简称	单位净值(元)	累计净值(元)
2	1	华夏成长	0.976	1.096	华夏成长	1.352	1.612
3	11	华夏大盘精选	1.021	1.021	华夏大盘精选	1.699	1.819
4	1001	华夏债券	1.022	1.112	华夏债券	1.033	1.163
5	2001	华夏回报	1.034	1.153	华夏回报	1.401	1.767
34	110003	易基50	0.8937	0.8937	易基50	1.1732	1.2332
35	110005	易基积极	1.05	1.07	易基积极	1.6535	1.8135
36	121001	国投融华	1.0644	1.1644	国投融华	1.3168	1.4668
37	121002	国投景气	1.0307	1.0307	国投景气	1.5885	1.6185
38	150103	银泰理财分红	0.9328	0.9328	银泰理财分红	1.2728	1.3028

图 5.41 “拆分”窗口

2. 取消拆分

操作是:将拆分条拖回到原来的位置或“视图”选项卡→“窗口”→“取消拆分”。

3. 冻结窗口

如果工作表过大,在向下或向右滚动显示时可能看不到表头(例如看不到第一行或第一列的文字),这时可以采用“冻结”行或列的方法,冻结始终要显示的前几行或前几列。例如图 5.42 中的表有 100 多行数据,为了在向下滚动显示数据的同时看到第一行表头,将第一行冻结。

(1)冻结第一行:选定第二行,单击“视图”选项卡→“窗口”→“冻结窗口”(如图 5.42 所示)。

(2)冻结前两行:选定第三行,单击“视图”选项卡→“窗口”→“冻结窗口”。

(3)冻结第一列:选定第二列,单击“视图”选项卡→“窗口”→“冻结窗口”。

4. 撤消冻结

“视图”选项卡→“窗口”→“取消冻结窗口”。

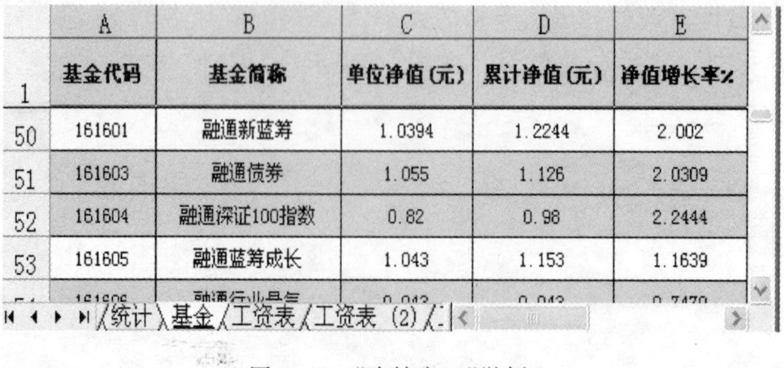

	A	B	C	D	E
1	基金代码	基金简称	单位净值(元)	累计净值(元)	净值增长率%
50	161601	融通新蓝筹	1.0394	1.2244	2.002
51	161603	融通债券	1.055	1.126	2.0309
52	161604	融通深证100指数	0.82	0.98	2.2444
53	161605	融通蓝筹成长	1.043	1.153	1.1639

图 5.42 “冻结窗口”举例

5.4　格式化工作表

5.4.1　改变数据的显示格式

Excel 为每一种数据类型的数据都提供了多种显示格式,例如输入数据 2000 的显示格式可以是:2000、2,000、￥2,000、$2,000、2.00e03、2000 元、2000 台、002000、2 或 0.002 等等。默认数值型数据的显示格式为"常规"格式,即 2000。

如果直接在数据后面输入"元"或"台"等内容,会使数据成为文本型数据,而不能参加运算。但是可以通过改变单元格的显示格式(不改变单元格的内容),使单元格显示文字信息,不影响数值的大小和计算。

1.改变/恢复数据的显示格式

(1)快速改变数据的显示格式

在"格式"工具栏有一些改变数据显示格式的按钮。若选定单元格区域后,单击"格式"工具栏上的相应的按钮,可改变选定区域中数据的显示格式为所选按钮的格式。

例如,在单元格输入"1210.6",单击表 5.6 中第二列的按钮 **%**,显示结果为"121060%"。

表 5.6　"格式"工具栏上的格式按钮

"常规"格式	按钮名称与按钮	改变后的数据格式	说明
1210.6	"货币样式"	￥1,210.60	
1210.6	"百分比样式"**%**	121060%	
1210.6	"千位分隔样式",	1,210.60	
1210.6	"增加小数位数"	1210.6000	反复单击,增加多位的小数位
1210.6	"减少小数位数"	1211	反复单击,减少小数位数

(2) 改变数据的显示格式为系统定义的显示格式

①选定要改变显示格式的单元格区域。

②右击→"设置单元格格式"→"数字"选项卡。或者鼠标指针指向选定区,右击→"设置单元格格式"。(见图 5.43)。

③在"分类"列表选择数据格式的类别,例如:

● 常规格式:不包含特定的数字格式(默认格式)。

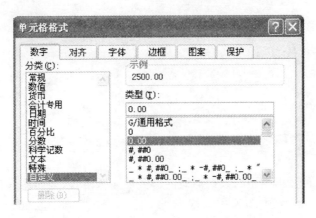

图 5.43　"数字"选项卡

● 数值格式：用于设置一般数字的数值显示。例如是否使用千位分隔符","；负数的显示格式，如"－123.45"或"(123.45)"；设置小数点后的位数等。

● 货币格式：用于设置一般货币的数值显示。选择货币符号有"￥"、"＄"、"￥"、"€"或"US＄"等；设置小数点后的位数等。

● 会计专用格式：同上；小数点对齐等。

● 日期格式：对日期和时间数据显示为日期值和时间值或只显示日期值。例如"××年××月××日"、"××月××日"、"××××-××-××时：分 PM/AM"等。

● 时间格式：对日期和时间数据只显示时间值。

● 百分比格式：将单元格数值×100，并以百分数形式显示。例如输入：5，改变为百分比格式后，显示为 500％。

● 分数格式：对数值中的小数部分用分数形式显示。例如数据 0.8654 可以显示为 6/7、45/52、3/4、9/10 和 87/100 等格式。

● 科学记数格式：用科学记数形式显示数值型数据。例如"123.9"显示为"1.24E＋02"。

● 文本格式：将单元格中的数据转为文本（数字串），自动左对齐。

● 自定义格式：用户定义显示格式。见后面"自定义数据的显示格式"的介绍。

④在右侧"类型"列表选中一种格式→"确定"。

（3）更改"千分位"和"小数"的分隔符

有些国家对"千分位"和"小数"使用的分隔符与我们习惯（默认值）使用的不同或者正好相反，更改"千分位"和"小数"分隔符的操作是：

①"文件"选项卡→"选项"，在"国际"选项卡，放弃"使用系统分隔符"选项。

②在"小数分隔符"和"千位分隔符"框中，键入新的分隔符即可。

（4）恢复数据的显示格式为初始状态

①选定要清除格式的单元格区域。

②"编辑"菜单→"清除"→"格式"。

要清除某些数据的格式还有其他的操作方法，例如，如果要除去已经添加的货币符号,可以在"数字"选项卡列表选中"常规"格式,或者选中"货币",然后在右侧"类型"列表选中"无"。

2. 自定义数据的显示格式

(1)自定义格式符的约定

如果系统提供的数据格式不能满足需要,可以自己定义格式来显示单元格内的数字、日期/时间或文本等。"自定义数据的显示格式"的操作步骤与"改变数据的显示格式"的操作基本一样,只是在"分类"列表选中"自定义"(见图 5.43)。

在设置自定义格式时,最多可以指定四个部分的格式代码:

正数格式;负数格式;零格式;文本格式

如果自定义的格式中只有第一部分,则任何值的数据都使用第一部分的格式。如果自定义的格式中有前两个部分,则第一部分格式表示正数和零的格式,第二部分表示负数的格式等。如果要跳过某一部分,则使用分号代替该部分即可。

表 5.7 给出了自定义格式时可能用到的格式符以及格式符的含义。通过理解图 5.44 中的例子,注意"♯"和"0"格式符的区别。小心使用","和",,"格式符,不要认为单元格显示的数值就是单元格实际存储的数值。

表 5.7　常用格式符

格式符	含　义
♯	显示所在位置的非零数字。不显示前导零以及小数点后面无意义的零
0	同上,如果数字的位数少于格式符"0"的个数,则显示无效的零。即显示前导零或小数点后面无意义的零
?	小数或分数对齐(在小数点两边添加无效的零)
,	出现在格式定义的最后位置,数据以"千"为单位显示
,,	出现在格式定义的最后位置,数据以"百万"为单位显示
"字符串"	显示字符串原样。例如数字 1234 用:♯,♯♯♯.00"元"格式,显示1,234.00元
\单字符 或!单字符	在单元格中显示单个字符,在单字符前加"\"而 $(或－、＋、/、( )、:、!、^、&、'、~、{ }、=、<、> 和空格符)不用双引号也不用"\"。
0 * 字符	数字格式符后用星号,可使星号之后的字符重复填充整个列宽。

如果数据 1234 用:♯,♯♯♯.00\H 格式,显示为 1,234.00H

如果数据 1234 用:♯,♯♯♯.00\人民币 格式,显示 1,234.00 人民币,等价♯,♯♯♯.00"人""民""币"格式。

如果数据 1234 用:0 * － 格式,显示为 1234－－－－－("－"字符填满整个单元格)。

(2)自定义格式举例

在图 5.44 中的前 7 行是有关使用"0"和"♯"格式符例子,从第 8 行到第 11 行是日期和电话号码格式符的例子。

	A	B	C	D	E	F	G	H	I
1		默认格式	自定义后的数据格式与数据显示						
2	含义	常规格式	显示2位小数	只显示整数	前导零控制整数位数	小数为零不显示	小数点对齐	"千"为单位	"百万"为单位
3	格式符		#,##0.00	#,##0	000.0	￥#.#	.??	#,##0.0,	#,##0.0,,
4	输	1234.567	1,234.57	1,235	1234.6	￥1234.6	1234.57	1.2	0.0
5	入	0.0856	0.09	0	000.1	￥.1	.09	0.0	0.0
6	数	12.7	12.70	13	012.7	￥12.7	12.7	0.0	0.0
7	据	5	5.00	5	005.0	￥5.	5.	0.0	0.0

	A	B	C	D	E	
8	日期的默认格式	2004/5/1		默认格式	自定义格式	#,##0.0,"千元"
9	应用日期格式后可显示为:			"常规"格式	"Tel:"#######"(O)"格式	1.2千元
10	2004年5月1日	1-May-04		64495001	Tel:64495001(O)	
11	二〇〇四年五月一日	5/1/04		64495002	Tel:64495002(O)	改变自定义格式

图 5.44　自定义数据格式的举例

例如，在图 5.44 的第 3 行描述了第 4 行～第 7 行数据所应用的数据格式。虽然每一行存放的是相同的数据，但是由于应用了不同的格式（格式符在第 3 行），单元格中显示的结果截然不同。通过观察第 4 行～第 7 行数据的显示格式，理解第 3 行格式符的含义。

例如，在图 5.44 中 G 列的"?"格式符，实现数据列的小数点对齐。

例如，在图 5.44 中 H4 输入数据：1234.567，用"#,##0.0,"格式后，显示为"1.2"，实际上单元格内的数值并没有变。如果将 H4 的数据"1234.567"的格式改成"#,##0.0,"千元""，则单元格显示为"1.2 千元"。

例如，在图 5.44 中的 A10：B11 输入同样的日期，应用不同的日期格式后，显示的日期格式是不一样的。

例如，在图 5.44 中的 D10 和 E10 输入同样的电话号码 64495001 后，显示的结果也是不一样。这是因为 D10 为"常规"格式，E10 为自定义格式（格式描述在 E9 单元格）。

另外，为了突出显示负数，可以定义"负数"用红色显示。

例如选定一个数据区，定义格式为：#,##0.00;[红色]－#,##0.00。只要在这个数据区输入负数，就用红色显示。其中颜色名称必须放在所定义部分的前面。其他的颜色名称还有[黑色]、[蓝色]、[蓝绿色]、[绿色]、[洋红色]、[白色]和[黄色]等。

（3）删除自定义的格式

如果删除了某个自定义的格式，已经应用该格式的单元格会自动变为"常规"格式。删除自定义格式的操作：

①右击→"设置单元格格式"，在"数字"选项卡的"分类"列表选择"自定义"。

②在"类型"框内单击要删除的自定义格式→单击"删除"按钮。

5.4.2　数据的格式修饰

1. 数据的格式修饰

数据的格式修饰包括改变数据的字体、字形、字号和颜色等。最简便的方法是：选定单元格区域后，若要文字加粗，单击 **B** 按钮；若要文字加斜，单击 *I* 按钮；若要文字加下划线,单击 **U** 按钮;若要文字加颜色,单击 **A** 按钮。另外也可以用下面的操作实现数据的格式修饰。

①选定单元格区域。

②右击→"设置单元格格式"→"字体"选项卡。

③在"字体"选项卡中可以改变选定的单元格数据的字体、字形、字号、文字颜色、加下划线和删除线,也可以将选定的文字设置为上标或下标等。

2. 条件格式

"条件格式"用于为满足条件的单元格数据设置特定的文字格式、边框和底纹。例如在图 5.45(a)中,根据贷款额的多少用不同的文字颜色和边框加以标识。为单元格区域设置条件格式的操作是:

选定单元格区域,"开始"选项卡→"条件格式",在"条件格式"对话框中设置即可(见图 5.45(b))。

【例 5.19】 根据图 4.3(a)中 C 列"贷款额"值的大小改变显示格式为:

①小于 100 的数字用蓝色标识;

②100～1000 之间的文字加粗,底色为灰色;

③大于 1000 为红色文字加粗斜。

操作步骤如下:

①选定 C2:C11,"开始"选项卡→"条件格式"。

②在"条件格式"对话框中做以下设置(见图 5.45(b)):

• 条件 1:"小于",100,"格式"→"字体"选项卡,"颜色"为"蓝色"→"确定";

• 条件 2:"介于",100,1000,"格式"→"图案"选项卡,"颜色"为"灰色";"字体"选项卡,"字形"为"加粗"→"确定"。

• 条件 3:"大于",1000,"格式"→"字体"选项卡,"颜色"为"红色","字形"为"加粗倾斜"→"确定"。

③"确定"(结果见图 5.45 的 C 列)。

也可以用"查找/替换"功能实现有条件的格式设置。

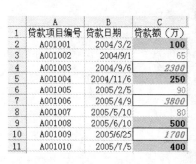

(a) 条件格式应用举例

(b) "条件格式"对话框

图 5.45 "条件格式"对话框与条件格式应用举例

5.4.3　表格的格式修饰

1. 调整行高/列宽

（1）手动调整行高、列宽。

①调整行高：鼠标指针指向"行标号"之间的分隔处，当鼠标指针变成双箭头"⇳"时，向上或下拖动分隔线改变行高。如果同时选定了多行后，拖动其中一个分隔线，选定的所有行的行高均被调整为同样的行高。

②调整列宽：鼠标指针指向"列标号"之间的分隔处，当鼠标指针变成双箭头"↔"时，向左或右拖动分隔线改变列宽。如果同时选定了多列后，拖动其中一个分隔线，选定的所有列的列宽均被调整为同样的宽度。

（2）精确调整行高、列宽。

①调整行高：选定一行或多行→右击→"行高"→键入行高数值→"确定"。

②调整列宽：选定一列或多列→右键→"列宽"→键入列宽数值→"确定"。

2. 隐藏行/列/标号

在打印输出时，被隐藏的行/列不会出现在打印纸上。因此，有时为了不打印某些行或列，将它们隐藏起来。如果某个公式引用的单元格被隐藏，并不会影响公式的计算结果。

（1）隐藏行/列

①选定要隐藏的一行（列）或多行（列）。

②右击→"隐藏"。

（2）恢复显示被隐藏的行/列

①选择包含被隐藏的行（列）两侧的行（列）。

②右击→"取消隐藏"。

如果被隐藏的行/列包含首行（首列），例如包含第一行，将上述①操作改为在"名称框"输入 A1，按【Enter】键，再执行操作②。如果要显示被隐藏的第一行～第三行，将上述①操作改为在"名称框"输入 A1：A3，按【Enter】键，再执行操作②。

若要显示所有被隐藏的行（列），单击"全选"按钮，然后再执行上述的操作（2）。

实际上，被隐藏的行高度/列宽度为零。因此，为了恢复显示被隐藏的行/列，可以将鼠标指针移动到被隐藏的行（列）标号的分隔线上，当鼠标指针变为"⇳"或"↔"时，拖动鼠标指针。也可以显示被隐藏的行/列。

（3）隐藏行号/列标、工作表标签

为了美化显示屏幕，可以隐藏行号、列标、工作表标签、滚动条等。操作是：

"文件"选项卡→"选项"，在"视图"选项卡，放弃选择"行号/列标"、"工作表标签"或"滚动条"等。

注意：隐藏工作表标签并不是隐藏工作表。

3. 对齐方式与合并单元格

（1）水平、垂直对齐

快速改变数据的水平对齐方式：选定单元格区域，单击"格式"工具栏上的"左对齐"▤、"中对齐"▤或"右对齐"▤按钮。

改变数据的水平对齐和垂直对齐方式：选定单元格区域，右击→"设置单元格格式"，在"对齐"选项卡中选择一种"垂直"和"水平"的对齐方式。

（2）恢复数据默认的对齐方式

右击→"设置单元格格式"，在"对齐"选项卡的"水平对齐"框中，选择"常规"。

（3）"合并及居中"对齐方式

"合并及居中"对齐方式，实际上是实现将选定的多个横向和纵向的相邻单元格合并为一个单元格，同时单元格内的数据居中显示。设置"合并及居中"对齐方式的操作是：

选定单元格区域（两个或两个以上的单元格），单击"合并及居中"▦按钮。

（4）取消"合并及居中"对齐方式

选定合并后的单元格，右击→"设置单元格格式"，在"对齐"选项卡中放弃选择"合并单元格"。

4. 边框/底纹

（1）添加/删除边框线

在默认情况下，如果没有添加表格的边框线，则不打印表格的边框线。若希望在没有添加边框线的情况下，打印表格的边框线，最简便的操作方法是：在"页面布局"选项卡→"工作表选项"→"网格线"，如图 5.46(a)所示。

下面是两种常用的添加/删除边框线的方法。

方法 1：

①选定要添加/删除边框的单元格区域。

②单击"开始"选项卡的"边框"▭▾右侧的按钮，若选择：

- ▦（无框线）按钮：去除选定区域的所有框线；
- ▦（所有框线）按钮：选定区域添加框线；
- ▦（外框线）按钮：只在选定区域的外框上添加边框线。
- ▦（下框线）按钮：只在选定区域最下面添加边框线。

方法 2：

①选定要添加边框的单元格区域，右击→"设置单元格格式"→"边框"选项卡。

②首先选择一种"线条样式"（包括单线、双线等）、选择"线条颜色"，然后单击相应的"边框"按钮来添加边线。反复执行②。

（2）底纹

底纹包括单元格的背景色和背景色上的图案（条纹、点等）。添加底纹的操作是：

①选定单元格区域，右击→"设置单元格格式"→"填充"选项卡。

②在"颜色"中选择单元格的背景色，在"图案"中选择底纹和底纹的颜色。

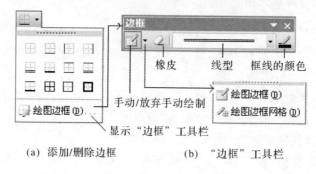

（a）添加/删除边框   （b）"边框"工具栏

图 5.46　绘制"边框"工具

5. 手动绘制边框

（1）手动添加边框

①单击"开始"选项卡的"边框"按钮 田▾右侧的按钮，选择"绘制边框"，或右击任何一个工具栏，选择"边框"，显示"边框"工具栏，如图 5.46（b）所示。

②在"边框"工具栏上选择一种"线型"和"框线颜色"。

③单击"边框"工具栏"绘制边框"按钮 ，进入"手动"绘制边框的状态，当鼠标指针为一支笔时，可以随意在工作表上绘制表格的边框线。如果选中"绘图边框网格"，可同时绘制内外边框线。若再次单击 按钮，则退出"手动"绘制边框的状态。

（2）手动删除边框

单击开始选项卡"边框"按钮 田▾右侧的▾按钮，选择"擦除边框"按钮 （橡皮），进入"手动"擦除边框状态，鼠标指针就像一块橡皮，鼠标指针所到之处可擦除框线。若再次单击 按钮，则退出"手动"擦除边框状态。

若在"手动"绘制边框的状态下，按住【Shift】键不放，鼠标指针为橡皮，拖动鼠标也可以擦除框线，松开【Shift】键又可以绘制边框线。

6. 自动套用表格的格式

Excel 提供了一些常用的表格样式，可以根据需要从中选择一种表格样式"套"在选定的区域上。使用自动套用表格的操作是：

选定单元格区域→"开始"选项卡→"套用表格格式"，在列表中选择一种样式。可以套用一个完整的样式，也可以单击选项只套用其中一部分。

5.4.4　定位、查找与替换

Excel 提供的查找功能实际上是对找到的内容定位，然后修改或自动替换找到的内容或格式。

1.通配符

通配符可作为查找、筛选或替换内容时的比较条件,Excel 约定的通配符的含义见表 5.8。

表 5.8　通配符

通配符	含义(可代替的字符)	举例
?(问号)	代表任意单个字符	例如,"? 大",可查找"张大维"、"李大卫"、"陈大为"等
*(星号)	代表任意多个字符	例如," * 银行"可查找"中国银行","中国建设银行"等
～(波形符)后跟"?"、" * "或"～"	代表问号、星号或波形符	

2.定位、查找与替换

定位、查找与替换是指在指定的范围内查找指定的内容,找到后,定位在找到的内容处,可以替换找到的内容,或者只替换找到的内容的格式,然后可以继续查找和替换。

对要查找和替换的内容都可以限定格式(指定格式)或不限定格式(任意格式均可)。

定位、查找与替换的操作是:

①选定要查找的单元格区域(如果要在整个工作表中查找,单击任意一个单元格)。

②"开始"选项卡→"编辑"→"查找和选择"→"查找"。

③查找内容与格式设置:

● 如果查找指定的内容,在"查找内容"框输入要查找的内容(可使用通配符);如果只查找某种格式的单元格,清除"查找内容"框内的内容。

● 如果要指定查找的格式,单击选项按钮(展开"查找和替换"对话框。见图 5.47),单击"格式"按钮,在"查找格式"对话框中选择指定的格式。

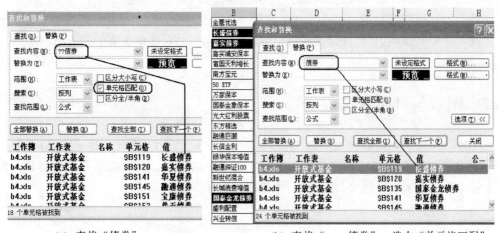

(a) 查找"债券"　　　　　　(b) 查找"××债券",选中"单元格匹配"

图 5.47　"查找与替换"对话框

④替换内容与格式设置：

● 如果对查找到的内容替换为其他的内容，在"替换为"框输入要替换的内容。若只替换格式不替换内容，清除"替换为"中的内容。

● 如果要为替换的内容指定格式，则单击格式按钮，在"替换格式"对话框中设置格式。

⑤选择下列选项之一：

● 查找全部：在"查找和替换"对话框的下面列出找到的所有结果(见图 5.47(a))，如果单击结果列表中的一项，光标将定位到该项在工作表中的位置。

● 查找下一个：反复单击"查找下一个"，光标依次定位到找到的下一个结果位置。

● 全部替换：将找到的内容，替换为在"替换为"中输入的内容，以及在格式中设置的格式。

【例 5.20】 在图 5.47 的数据表 B 列查找包含"债券"两个字的单元格，将找到的单元格的格式改为："黑色"底纹，"白色"文字(如图 5.47(a)所示)。

操作步骤：

①选定 B 列，"开始"选项卡→"编辑"→"查找和选择"→"替换"。

②在"查找内容"输入"债券"。

③单击"替换为"后面的"格式"按钮，设置在"字体"选项卡中"黑色"底纹，"白色"文字。

④单击"选项"按钮，展开对话框，范围选"工作表"；搜索选"按列"。

⑤单击"查找全部"按钮，在对话框的下面将显示找到的含有"债券"的记录行信息，同时在"状态栏"显示找到 24 个记录。

⑥单击全部替换按钮，将含有"债券"的单元格改"黑色"底纹，"白色"文字。

【例 5.21】 在图 5.47 的数据表 B 列查找第三和第四字为"债券"，前两个字为任意文字。

①同"例 5.20"。

②在"查找内容"输入"债券"，选中"单元格匹配"。

其余操作与"例 5.20"一样。

在表中一共找到 18 个符合条件的记录(见图 5.47(a)对话框下面的列表与状态栏)。

5.5 图表与打印输出

在 Excel 中，图表是以图形的方式描述工作表中的数据。图表能更直观清楚地反映工作表中数据的变化和趋势，帮助我们快速理解和分析数据。

5.5.1 图表的类型与组成

1. 图表类型

Excel 提供了十几种标准的图表类型。每一个图表类型又细分为多个子类型,可以根据分析数据的目的不同,选择不同的图表类型描述数据。下面介绍几种常用的图表类型。

(1)柱形图

柱形图用矩形描述各个系列数据,以便对各个系列数据进行直观地比较。分类数据位于横轴,数值数据位于纵轴。

(2)条形图

条形图是将柱形图的图形顺时针旋转 90 度,分类数据位于纵轴,数值数据位于横轴。

(3)折线图

折线图是将同一个系列的数据表示的点(等间隔)用直线连接。能直观地观察每一个数据系列的变化趋势。用于比较不同的数据系列以及变化的趋势。

(4)饼图

饼图用于描述一个数据系列中的每一个数据占该系列数值总和的比例。

(5)面积图

面积图类似折线图。能直观地观察每一个数据系列的变化幅度,但是强调数值的量度(幅度),通过显示总和可以显示部分与整体的关系。

(6)XY 散点图

XY 散点图用于比较数据系列中数据分布和变化情况。

(7)圆环图

圆环图与饼图很相似,描述一个数据系列中的每一个数据占该系列数值总和的比例。圆环图中每一个环描述一个数据系列,因此圆环图能同时描述多个数据系列。

(8)股价图

股价图用于描述股票价格的走势。

另外还有曲面图、圆柱图、圆锥图和棱锥图等。

2. 图表的组成

一个图表主要由以下部分组成:

(1)图表标题

描述图表的名称,一般在图表的顶端,可有可无。

(2)坐标轴与坐标轴标题

坐标轴标题是 X 轴和 Y 轴的名称,可有可无。

(3)图例

包含图表中相应的数据系列的名称和数据系列在图中的颜色。

（4）绘图区

以坐标轴为界的区域。

（5）数据系列

一个数据系列对应工作表中选定区域的一行或一列数据。

（6）网格线

从坐标轴刻度线延伸出来并贯穿整个"绘图区"的线条系列，可有可无。

5.5.2　创建图表

1. 创建常用图表

下面通过实例介绍常用的直方图、饼图和折线图的创建，创建其他图表的方法类似。

【例5.22】　如果某个人购买了一些开放式基金，并且采集了它们的单位净值和累计净值，如表5.9所示。现在希望通过图表的形式描述表5.9中开放式基金的累计净值（C列）。

表 5.9　开放式基金净值表（2006 年 7 月 7 日）

	A	B	C
1	基金简称	单位净值（元）	累计净值（元）
2	上投优势	2.0687	2.0887
3	景顺长城内需	1.926	2.016
4	广发小盘	1.8877	1.9877
5	上投摩根股票	1.8708	1.9108

为了能直观地对比各个基金的累计净值，下面用直方图来描述。操作步骤如下：

①选定要创建图表的数据区域（例如选定表中 A1：A5 和 C1：C5）。

②"插入"选项卡→"图表"。

③选择一种图表类型（例如选择"直方图"，"三维簇壮柱形图"子图）。

④按需要选择"图表布局"命令，可输入图表标题。

经过以上操作步骤，创建的图表如图5.48所示。其中有些对象需经过格式修饰，相关的内容见后面介绍。

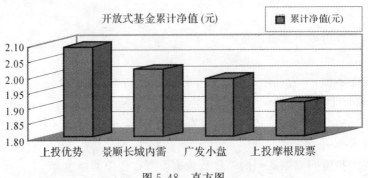

图 5.48　直方图

【例 5.23】 表 5.10 中是某基金公司的单位净值与累计净值。为了直观地观察每一个数据系列的变化趋势,下面通过建立折线图来描述。

表 5.10 某基金公司的净值表

	05/9/30	05/12/30	06/3/31	06/6/1	06/07/07
单位净值	1.209	1.0646	1.416	1.858	1.78
累计净值	1.34	1.2146	1.547	2.019	2.061

创建图 5.49 所示的折线图的操作步骤如下:
①选定表 5.10 中的所有单元格。
②"插入"选项卡→"图表"→"二维折线图"。
③按需要选择"图表布局"命令,可输入图表标题,输入图表标题"基金净值表"。

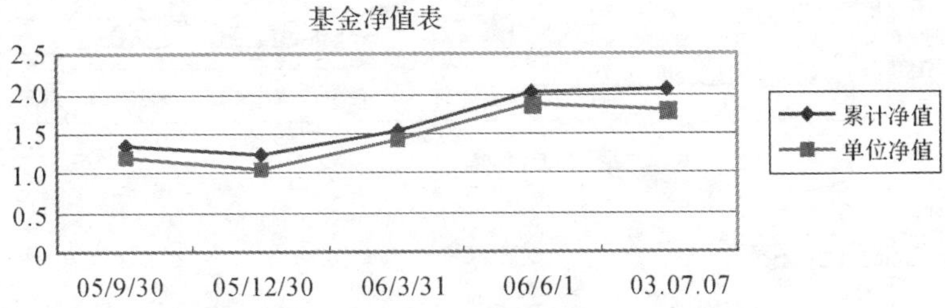

图 5.49 折线图

【例 5.24】 表 5.11 是北京地区 2005 年生产总值表,为了直观地比较三个产业占总产值的比例,下面通过创建"饼图"来描述(饼图只有一个数据系列)。

表 5.11 北京地区 2005 年生产总值表

	北京地区生产总值(单位:亿元)
第一产业	97.7
第二产业	2100.5
第三产业	4616.3

创建图 5.50 所示的饼图的操作步骤如下:
①选定表 5.11 中的所有单元格。
②"插入"选项卡→"图表"→"饼图"→"三维饼图"。

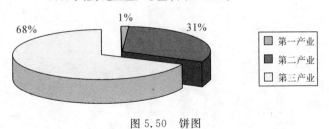

图 5.50 饼图

　　图表创建完成后，对图表的一些细节的描述还可以通过编辑图表来完成。例如对饼图中每个区域的颜色和位置等，可以通过编辑图表进一步来调整。

　　【例5.25】　图5.51中的工作表是某分理处五个储蓄所四个季度的存款汇总表，为了直观地比较储蓄所每个季度的业绩，以及年度业绩，下面用"堆积柱形图"来描述。

　　操作步骤如下：

　　①选定B3：F8单元格区域。

　　②"插入"选项卡→"图表"→"柱形图"→"更多柱形图"→"堆积柱形图"。

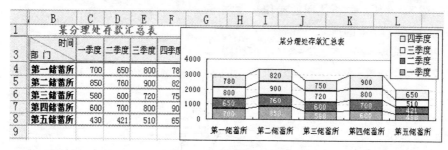

图5.51　堆积柱形图

2. 创建/修饰组合图表

　　组合图表是在一个图表中使用了两种或多种图表类型，是不同图形的重叠效果，主要用于描述不同类型的信息，同时比较它们之间的关系。

　　（1）创建组合图表

　　例如图5.55用了两种不同的图表类型，直方图描述"居民人民币储蓄存款余额"，折线图描述"比上一年末增长率"。下面以表5.12为例介绍创建组合图表的操作步骤。

表5.12　居民人民币储蓄存款余额与增长速度

	2001	2002	2003	2004	2005
居民人民币储蓄存款余额	73762	86911	103618	119555	141051
比上一年末增长	14.7	17.8	19.2	15.4	18

　　①选定表5.12中的所有单元格。

　　②"插入"选项卡→"图表"→"柱形图"，则产生下面的柱形图（见图5.52）：

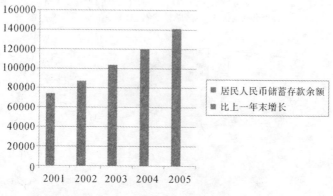

图5.52　柱形图

③选择图中"比上一年末增长"数据系列,右击,在对话框中选择"更改图标类型"→"折线图"命令,将选中的系列更改为折线图。产生图表如图 5.53 所示。

④用鼠标指向图 5.53 中的折线图,右击,选择"设置系列格式"命令,在对话框中,选中"次要坐标轴"选项,如图 5.54 所示。

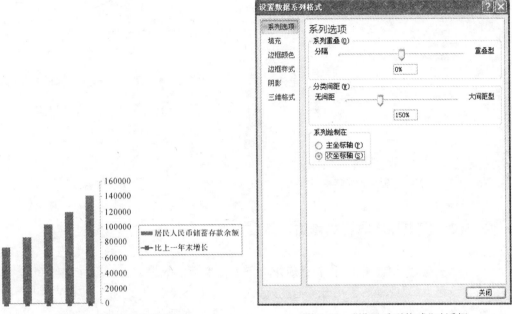

图 5.53 柱线组合图表(1)　　　　　　　图 5.54 "设置系列格式"对话框

⑤单击图标布局按钮,输入标题"居民人民币储蓄存款余额与增长速度"。

用以上操作建立的图表如图 5.55 所示。

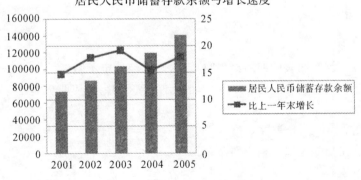

图 5.55 "柱线"组合图表(2)

(2)修饰组合图表

①修改主要坐标轴刻度,变为以"千"为单位。

②鼠标指向坐标轴刻度,右击,选择"设置坐标轴格式"命令,在对话框中,将显示单位选择为"千",如图 5.56 所示。

③最后结果如图 5.57 所示。

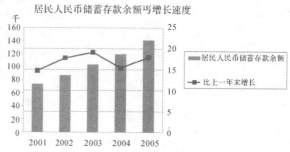

图 5.56 设置坐标轴格式对话框   图 5.57 "柱线"组合图表(3)

5.5.3 图表编辑与格式修饰

建立图表后,需要注意的是:若重新修正了工作表中的数据,与之对应的图表也会自动更新。反之,如果改动图表中有关描述数据信息的图形大小,与之相关的工作表中的数据也会随之改变。也就是说,图表中的数据系列始终与数据表中的数据是一致的。因此,在编辑图表时最好不要拖动描述数据系列的部分。如果删除数据表中的数据系列,与之对应图表中的数据系列会同时消失。反之删除图表中的某个数据系列,则不会影响工作表中对应的数据系列。

1. 图表编辑

(1)选定图表

单击图表后,若在图表的四周出现"控点",则已经选定了图表。

选定图表后,会看到功能区有了变化,因为功能区的命令不是固定的,总是与选定的对象有关。

(2)编辑图表

双击图表,在功能区选择相应的命令。

(3)删除图表

删除图表对象:单击图表,按【Del】键。

(4)移动/复制图表

移动图表:选定图表,用鼠标拖动图表。

复制图表:按【Ctrl】键的同时拖动图表。

(5)调整图表/绘图区/图例的大小

调整图表对象的大小:选定图表,向内或外拖动图表边框的"控点",可放大或缩小图表。

调整绘图区、图例的大小:选定图表的"绘图区"或"图例",会在"绘图区"或"图例"四周出现"控点",向内或外拖动"控点"改变大小。

2. 图表的格式修饰

对图表中的每一个对象可以进行修饰。

右击要修饰的对象,选择 ×× 格式命令。

例如,

①改变"标题"文字格式:右击"标题"→图表标题格式。

②改变"坐标轴"文字格式:右击"坐标轴"处→坐标轴格式。

③改变某个数据系列的颜色:右击该数据系列中任何一个图形→数据系列格式。

如果要把"饼图"的某个"扇区"从"饼"中分离,只要单击一个扇区的中心处,当"扇区"边框线出现控点,向外拖动"扇区"即可。

3. 调整柱形图数据标志间距与应用举例

创建柱形图后,可以根据需要调整"柱"之间的距离、"柱"的形状等。操作是:

①单击图表中需要更改的数据系列,数据系列上会出现控点。

②右击,在"数据系列格式"对话框的"选项"选项卡可改变柱形图中数据标志的间距等。

【例 5.26】　创建图 5.58 中的柱形图。

①选择表 5.13 的所有单元格。

②"插入"选项卡→"图表"→选择"柱形图"中的"簇状柱形图"。

③单击图表,在"图表对象"中选中一个数据系列,右击选择"设置数据系列格式"命令。

④在"数据系列格式"对话框中改变数据重叠的比例。

⑤单击"关闭"命令。

表 5.13　例 5.26 所用数据

	四月份	五月份	六月份
消费者信心指数	93.8	93.8	94.1
对当前经济状况满意程度指数	89.9	90.1	90

【例 5.27】　创建图 5.59 中的圆柱图(数据表见表 5.14)。

表 5.14　例 5.27 所用数据

基金简称	单位净值(元)	累计净值(元)
上投优势	2.0687	2.0887
景顺长城内需	1.926	2.016
广发小盘	1.8877	1.9877
上投摩根股票	1.8708	1.9108

(1)与创建一般的图表操作一样,只是图表类型选择"圆柱图"

(2)鼠标右击其中的圆柱,选择"添加数据标签"。

(3)鼠标右击柱形图上的标签的"数值",选择"设置数据标签格式",改变标签的填充颜色为某浅色。

(4)再将每一个值拖到柱子中适当的位置。

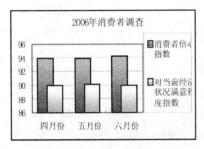
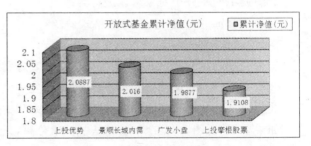

图 5.58　柱形图"重叠"显示　　　　　　图 5.59　"圆柱"形状的柱形图

4. 在图表中显示/隐藏数据表

如果图表为柱形图、折线图或面积图等,可以在显示图表的同时显示对应的数据表。在默认情况下,图表中不显示数据表。显示数据表的操作是:

(1)单击要添加数据表的图表。

(2)打开"图表工具"的"设计"选项卡,在"图表布局"下拉列表中,选择布局 5(表下带有数据表的样式)(如图 5.60 所示)。

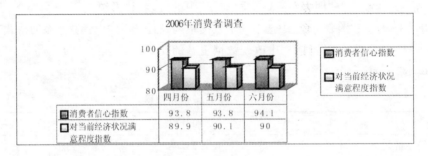

图 5.60　显示数据表与图表

5.5.4　视图与打印设置

在 Excel 中,有以下三种常用的视图:

"普通"视图:默认视图,适用于显示、编辑工作表等操作。

"分页预览":不能看到打印的实际效果,但是能显示打印页面中的每一页中所包含的行和列。在该视图下,可以通过调整"分页符"的位置来设置每一页打印的范围和内容。

"打印预览"视图:显示的内容与打印的内容一致,可以方便地调整页边距等。预览窗口中页面的显示方式取决于可用字体、打印机分辨率和可用颜色。

1."普通视图"的设置

普通视图由许多部分组成,可以根据需要显示或隐藏其中的一部分。例如可以设置显示或隐藏编辑栏、状态栏、网格线、网格线颜色、分页的虚线滚动条、行号和列标等。操作是:在"视图"选项卡,选中/放弃相应的选项即可。

2.在"分页预览"中添加/删除/移动"分页符"

如果数据表的宽度大于页面的宽度(默认 A4 纸),则右侧大于页面宽度的数据部分会打印在新的一页;如果数据表的长度大于页面的长度(默认 A4 纸),超出的数据部分也会打印在新的一页。如何知道这些情况以及如何重新调整"分页"? 可以在没有选定任何对象的情况下,选择"视图"选项卡→"分页预览",观察视图的分页情况。

在"分页预览"视图下,可以查看、移动、插入和删除"分页符"。

(1)查看"分页"情况

如果数据表格超出一个页面,在"分页预览"视图下就可以看到系统根据默认的纸(例如 A4 纸)进行分页的情况。其中"虚线"表示系统根据当前设置的纸张大小自动插入的分页符,"实线"是手动插入的分页符。

(2)移动"分页符"

如果希望某些内容打印在一页上或分别打印在不同的页面上,在"分页预览"下,可以用鼠标拖动"分页符"。如果拖动的是虚线"自动分页符",将使其变成实线"手动分页符"。

如果将更多的内容放在一个打印页面上,系统会自动调整"缩放"比例,以缩小打印数据的比例来打印。例如将图 5.61 中 I 列和 J 列之间的"分页符"拖到 K 列的右侧,单击"打印预览"可以看出系统会自动缩小打印数据的比例,使 G 列～K 列可以打印在同一页。

如果将图 5.61 中 I 列和 J 列之间的"分页符"拖到 G 列左侧,也可以使 G 列～E 列打印在新的一页上。

将"分页符"拖动到F列　　　　　　虚线"分页符"

	A	B	C	D	E	K	G	H	I	J	K
1	基金代码	基金简称	单位净值(元)	累计净值(元)	净值增长率%		基金代码	基金简称	单位净值(元)	累计净值(元)	净值增长率%
2	180008	银华货币A	0.3664	2.818	8.6595		1	华夏成长	1.352	1.612	0.5952
3	180009	银华货币B	0.4288	3.064	6.2965		11	华夏大盘精选	1.699	1.819	0.8309
4	290001	泰信天天收益	0.7918	1.637	54.1667		1001	华夏债券	1.033	1.163	0.0989
5	161604	融通深证100指数	0.82	0.98	2.2444		2001	华夏回报	1.401	1.767	0.6466
6	510050	50ETF	0.831	0.831	2.0885		2011	华夏红利	1.584	1.634	1.865
7	519180	天同180	0.8378	0.8878	1.5146		20001	国泰金鹰增长	1.658	1.761	0.8516
8	210001	金鹰优选	0.8416	0.9316	1.9874		20002	国泰金龙债券	1.085	1.127	0.0923
9	233001	巨田基础行业	0.8776	0.8776	0.7809		20003	国泰金龙行业	1.528	1.598	0.8592
10	213001	宝盈鸿利收益	0.8811	1.0111	2.4535		20005	国泰金马稳健	1.58	1.61	1.6731

图 5.61　分页符

(3)插入水平或垂直"分页符"

在"分页预览"视图下,用手动的方法插入"分页符"可以重新调整每一页要打印的行数和列数。插入"分页符"的操作是:

①如果在水平方向插入"分页符"，请选中一行；如果在垂直方向插入"分页符"，请选中一列。

②鼠标指针指向选定区，右击→"插入分页符"，如果事先选中的是"行"，则在选中行的上边插入水平"分页符"；如果事先选中的是列，则在列的左边插入垂直"分页符"。

（4）删除"分页符"

只能删除用手动方式插入的分页符。

①删除指定的分页符。在"分页预览"视图下，鼠标单击紧邻要删除的水平"分页符"下方的任意一个单元格，右击→"删除分页符"。或者鼠标单击紧邻要删除的垂直"分页符"右侧的任意一个单元格，右击→"删除分页符"。另外，将要删除的"分页符"拖出打印区域，也可以删除"分页符"。

②删除所有的手动分页符。在"分页预览"视图下，右击工作表的任意单元格→"重置所有分页符"。

3. 打印页面的基本设置

在打印工作表之前，一定要确认打印输出的方向为"纵向"或"横向"，确认打印纸张的大小、打印的起始页、缩放打印的页面等。操作是：

单击页面布局选项卡，可以对以下内容做设置。

（1）确定打印的输出方向

页面的打印方向为"纵向"是指输出的表格高度大于宽度，而"横向"是指输出的表格宽度大于高度。默认的打印方向为"纵向"。

（2）确定缩放打印比例

在打印输出时，为了控制打印输出的表格的大小、行数和列数，除了调整表格的高度和宽度来改变打印的工作表的大小外，还可以调整输出内容的缩放比例。

①缩放比例：可以对工作表进行放大或缩小打印。可以缩小到原来标准的10％或放大400％。如果缩小比例，一张纸可以打印更多的内容；如果放大比例，可以使打印的内容放大（表格和文字）打印。

②调整页宽和页高：在该框内输入数字，可以调整输出的内容水平方向占用几个页面，垂直方向占用几个页面。如果只是要求输出的内容适合一个页面的宽度，而不限制页面数量，可在"页宽"前面的框内键入数字"1"，设置"页高"前面的框为空白。

（3）纸张大小

打印输出之前要确定打印纸的大小。放在打印机上的纸要与"页面设置"中选定的纸张规格一致。Excel 提供的标准型号打印纸有：A4、A5、B5、16 开、信封或明信片等。默认的纸型是 A4 纸。

如果要打印的内容超出一页纸的大小，会在工作表中自动出现水平或垂直的"虚线"分页符表示一张纸打印的范围（见图 5.61）。

4. 调整"页边距"

"页边距"是指文本与纸张边缘（上、下左和右）的距离。单击"页面布局"选项卡，在

"页面设置"对话框的"页边距"选项卡可以做以下操作。

(1)"页边距"设置

在"页边距"选项卡中,其中"上"指的是纸张上边缘与第一行文字上边缘的距离。因此,调整"上"、"下"、"左"、"右"框中的数字,可指定数据与打印页面边缘的距离,并且在"打印预览"中能看到调整后的结果。

(2)"页眉/页脚"边距的设置

如果在"页眉"或"页脚"框中输入数字,可调整页眉与页面顶端或页脚与页面底端的距离。该距离应小于页边距的设置,以避免表格中的内容与页眉或页脚中的内容重叠打印。

(3)居中方式

选中"水平"、"垂直"复选框或同时选中这两个复选框可在页面内"居中"打印页面的内容。

另外,可以在"打印预览"视图中用拖曳鼠标的方法改变页边距、页眉/页脚区的大小。

5. 添加"页眉/页脚"

页眉和页脚(分别在页面的顶端和底端)是两个特殊区域。默认情况下不打印页眉和页脚。如果希望在打印输出时,每一页的页头或页尾出现同样的内容,例如页码、总页数、日期、时间、图片、公司徽标、文档标题、文件名或作者名等,可以设置页眉或页脚。在"打印预览"时可以看到页眉/页脚的内容。

设置页眉/页脚的操作是:"插入"选项卡→"页眉/页脚";"视图"选项卡→"页面布局"命令,输入或添加页眉、页脚。

下面以添加"页脚"为例来介绍相关的操作。

在"页脚"下拉列表中有一些系统已经设置好的页脚选项,可以选择其中一项作为页脚的内容。单击"自定义页脚"按钮,打开"页脚"对话框(见图 5.62)可以进一步创建"页脚"。如果在这之前选择了"页脚"列表中的选项,该选项将被自动复制到"页脚"对话框中,在"页脚"对话框的"左"、"中"、"右"框内可输入文字、插入图片、页码、页数、当前工作簿所在的文件夹名、文件名等。在打印输出时,设置的页脚内容会出现在页面底端的相应的位置。

例如,如果希望打印的表格下面有页码和总页数,应该在"页眉/页脚"选项卡的"页脚"列表中选择"第 & 页　共 & 页",再单击"自定义页脚"按钮,在"页脚"对话框(见图 5.62)可以看到已经自动添加页码和总页数。也可以直接在"页脚"对话框添加页码和总页数等。

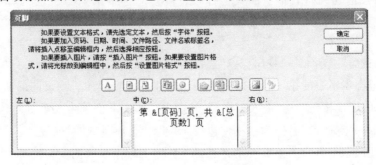

图 5.62　"页脚"对话框

6.打印区域与重复标题的设置

(1)打印区域

如果希望只打印表格中的某些区域,选择"页面布局"选项卡,在"工作表"选项中,单击"打印区域"右侧的切换按钮"▦"进入工作表,然后在工作表中选定要打印的工作表区域,按【Ctrl】键的同时选定其他要打印的区域。再单击切换按钮"▦"回到"页面设置"对话框,如图 5.63 所示。可以单击"打印预览"观察打印效果,如果选定了多个区域,不同的区域打印在不同的页面上。

图 5.63　"页面设置"对话框

(2)重复打印标题

如果要打印的表格的长度或宽度超出了一页,在默认情况下,只有第一页会打印表头标题(前几行或前几列),其他页面只会打印表格其余的部分,不会重复打印表头标题行(列)。若希望打印时在每一页都能重复打印第一页的表头(前几行或前几列),则用以下方法实现:

①"页面布局"选项卡→"打印标题"。

②若希望将表格中的第一行(或前几行)出现在打印页面的每一页的前面,单击"顶端标题行"右侧的切换按钮"▦"进入工作表,然后在工作表上面选定要重复打印的行(一行或多行),再单击"对话框"右侧的切换按钮"▦"回到"页面设置"对话框。

例如,在图 5.64 中的第 1 页和第 2 页重复打印了数据表的第一行。

③同样,如果希望将表格中某些列(最左边的列)指定为要打印的每一页左侧的垂直

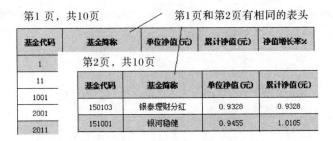

图 5.64　"重复打印同样的表头"举例

标题,单击"左端标题列"右侧的切换按钮"▦"进入工作表,在工作表中选定要重复打印的表格最左面的列(一列或多列),再单击切换按钮"▦"回到"页面设置"对话框。

④进入"打印预览"观察打印的效果。

(3)其他

在"工作表"选项卡还可以设置是否打印网格线、行标号和列标。如果打印多个页面,可以指定打印顺序为"先列后行"或"先行后列"。

5.5.5　打印预览与打印

1.打印预览

在打印之前,最好先选择"打印预览"观察打印效果,然后再打印。特别是打印的内容有图表时,若用彩色的打印机打印,能看到颜色的效果,但是用单色打印机打印时,图表中不同的颜色是用不同的灰度表示,颜色的区分度会差一些。因此,可能需要重新调整图表数据系列的颜色。

进入"打印预览"的方法是:"文件"选项卡→"打印",在窗口的右侧可以看到实际打印的效果。

在"打印预览"视图中,可以做以下操作:

①单击"缩放"按钮可以在浏览时缩小或放大显示区。

②单击"页边距"按钮,可以用拖动鼠标的方法改变页边距、"页眉/页脚"区的大小等。

2.打印设置

"文件"选项卡→"打印",在出现的"打印内容"对话框中(见图 5.65)可以做以下设置。

(1)设置打印范围与内容

在默认情况下,范围为"全部",打印内容为"选定的工作表"。可以设置只打印选定的区域或者指定的页码或者整个工作簿。

(2)设置打印属性

可以做以下的设置:

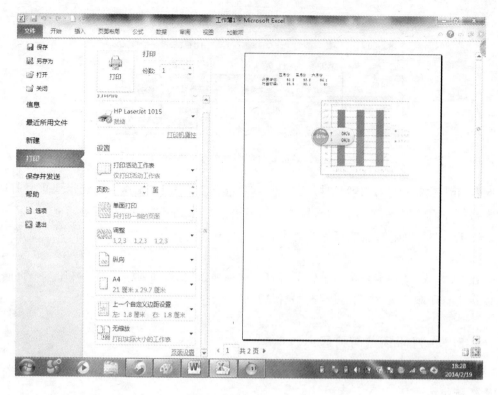

图 5.65　"打印"对话框

①设置打印纸的大小,例如设置 A4、B5 等。

②设置是否双面打印。

③设置打印份数。

④设置打印方向为"横向"或"纵向"。

3. 打印输出

(1)打印

打印当前工作表最便捷的方法是单击"常用"工具栏上的"打印"按钮🖶,也可以单击"文件"选项卡→"打印"按钮,开始打印。

(2)暂停/终止打印

在打印机打印的过程中,"任务栏"右侧会显示"打印机"按钮🖨。若要中断打印,双击"打印"按钮🖨,在弹出的对话框中选择"打印机"菜单→"暂停打印"或"取消所有文档"。

(3)打印边框/图表/图形

如果文档中的边框、图表和图形等没有打印出来,可能是设置了"草稿打印"。可以在"页面布局"选项卡的"工作表"中放弃选择"草稿输出"选项。

5.6　函数与应用

在前面"常用函数"中已经介绍了 SUM、AVERAGE、MAX、MIN、COUNT、COUN-TA、COUNTBLANK、ROUND、IF、COUNTIF 和 SUMIF 等常用函数,下面将较全面地介绍 Excel 的数学函数、三角函数、统计函数、逻辑函数、数据库函数、财务函数、查找和引用函数、文本和数据函数、日期与时间函数等一些较实用的函数。

5.6.1　数学与三角函数及其应用

1. 绝对值函数 ABS(数值型参数)

Excel 中的 ABS(x)等价于数学中的|x|。

例如:ABS(5.8)=5.8　　　ABS(−4.3)=4.3

2. 取整函数 INT(数值型参数)

功能:截取小于或等于数值型参数的最大整数。

例如:INT(3.6)=3　　　　说明:小于 3.6 的最大整数是 3。

INT(−3.6)=−4　　　说明:小于−3.6 的最大整数是−4。

3. 截取函数 TRUNC(数值型参数[,小数位数])

功能:如果省略"小数位数",默认为 0,截取参数的整数部分,否则保留指定位数的小数。

TRUNC 和 INT 功能类似,都能截取整数部分,但是如果参数是负数,结果是不一样的。

例如:TRUNC(3.6)=3　　　　说明:3.6 截取整数部分等于 3。

TRUNC(−3.6)=−3　　　说明:−3.6 截取整数部分等于−3。

TRUNC(5.627,1)=5.6　　说明:5.627 保留 1 位小数等于 5.6。

TRUNC(5.627,2)=5.62　说明:5.627 保留 2 位小数等于 5.62。

4. 求余函数 MOD(被除数,除数)

功能:返回"被除数"除以"除数"的余数。

当除数与被除数的符号不同时,结果的符号与除数相同,结果是余数的"互补数"。

例如:

MOD(7,4)=3　　　　说明:7 除以 4 的余数是 3。

MOD(−7,−4)=−3 说明:取除数的符号,因此结果为−3。

MOD(7,−4)=−1   说明:符号不同取"互补数",4−3=1,取除数的符号,结果为−1。

MOD(−7,4)=1   说明:理由同上,4−3=1,因此结果为 1。

5. 正弦函数 SIN(x)、余弦函数 COS(x)

(1)SIN(x)功能:返回给定 x 的正弦值。其中 x 用弧度表示。

(2)COS(x)功能:返回给定 x 的余弦值。其中 x 用弧度表示。

如果 a 是度数,则 SIN a 用 SIN(a * PI()/180)来计算,其中 PI()是 π=3.14159。

【例 5.28】 用图形描述正弦与余弦的曲线。

在 Excel 中用图形描述正弦与余弦的曲线,可以用折线图来实现。一个完整的正弦或余弦曲线的周期是 360 度,图 5.66 是每隔 10 度计算一个正弦和余弦的值,并且用折线图描述正弦和余弦的值。

第一步:在工作表上输入数据和公式(输入的结果见图 5.66)的步骤如下:

①在 A2:A38 输入 0,10,20,…,360 作为正弦和余弦函数的自变量(输入方法见 5.1.5"等差数列")。

②在 B1 和 C1 分别输入"sin"和"cos"作为表头。

③在 B2 输入公式=SIN(A2 * PI()/180),并复制到 B3:B38 单元格。

④在 C2 输入公式=COS(A2 * PI()/180),并复制到 C3:C38 单元格。

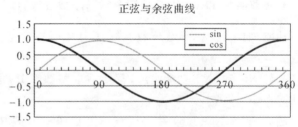

图 5.66 计算正弦和余弦值   图 5.67   正弦与余弦曲线

第二步:建立图表。

①选定 A1:C38 区域。

②单击"插入"选项卡→"图表"→选择"折线图"。

③双击图表,在"图表布局"组中单击按钮,输入标题"正弦与余弦曲线"。

第三步:修饰图表。

①改变水平轴的刻度和文字的大小:将鼠标指针指向带刻度的水平轴,右击选择"坐标轴格式";然后在"刻度"选项卡对 X 轴的设置从上到下的数字分别是"1"、"9"、"1"(按 9 * 10 的间隔标记刻度)。

②改变垂直轴上的文字大小:将鼠标指针指向带刻度的水平轴,右击选择"坐标轴格

式";在"字体"选项卡设置字号为"9 号"字。

③改变"绘图区"的底色:右击带有灰色底的绘图区,选择"绘图区格式",选择一种"绘图区"的底色。

④改变曲线的颜色与粗细:右击一根曲线或者在"图表"工具栏的列表上选择"系列 sin",在"图案"选项卡,改变曲线的颜色与粗细。

6. 平方根函数 SQRT(数值型参数)

SQRT(x)等价于数学中的 $\sqrt{x}$ 。例如:SQRT(4)＝2

7. 随机函数 RAND( )

功能:返回大于等于 0 及小于 1 的均匀分布的随机数。

例如:产生(0,10)之间的随机实数 RAND() ＊ 10

产生 a 与 b 之间的随机实数的公式:＝a＋RAND() ＊ (b－a)

产生[0,10]之间的随机整数的公式:＝INT(RAND() ＊ 10＋0.5)

产生[20,50]之间的随机整数的公式:＝20＋INT(RAND() ＊ 30＋0.5)

系统每次对工作表进行计算时,都会自动更新 RAND()的值。如果不希望 RAND 产生的随机数自动更新,可以用前面章节介绍的"选择性粘贴"的方法,将公式转换为对应的数值。

8. 对数函数 LN、LOG、LOG10

(1)自然对数函数 LN(b)

功能:返回 b 的自然对数。LN 函数是 EXP 函数的反函数。

例如: LN(1)＝0　　　EXP(0)＝1

(2)对数函数 LOG(b[,a])

功能:返回以 a 为底,b 的对数。如果 a 省略,则认为底数为 10。

LOG(b[,a])等价于数学中的 $\text{Log}_a b$。

(3)常用对数 LOG10(b)

功能:返回以 10 为底,b 的对数。

9. 指数函数 EXP(x)

功能:返回 e 的 x 次幂。等价于数学中的 e^x。

10. 求幂函数 POWER(a,b)

功能:返回 a 的 b 次幂。等价于 a^b,表示 a^b。

例如 POWER(2,3)＝8

11. 条件求和函数 SUMIF(条件数据区,"条件"[,求和数据区])。

功能:在"条件数据区"查找满足"条件"的单元格,统计满足条件的单元格对应于"求和数据区"中数据的累加和。如果"求和数据区"省略，统计"条件数据区"满足条件的单元格中数据的累加和。

系统执行该函数的过程是：在"条件数据区"中查找满足第 2 个参数"条件"的一组单元格，记住它们在"条件数据区"中相对条件区开始处的相对位置，将这些位置对应到"求和数据区"，在"求和数据区"求对应位置上的数据的累加和。

SUMIF 函数中的前两个参数与 COUNTIF 中的两个参数的含义相同，如果省略 SUMIF 中的第 3 个参数，SUMIF 是求满足条件的单元格内数据的累加和，COUNTIF 是求满足条件的单元格的个数。

【例 5.29】 图 5.68 中的 A 列和 B 列分别为"存款（年限）"和"存款额"，求"存款年限"等于"3"的存款累加和。

在任意一个单元格（见图 5.68 的 D8 单元格）输入以下公式即可。

$$=SUMIF(A2:A10,"=3",B2:B10)$$

	A	B	C	D	E	F	G
1	存款(年限)	存款额					
2	3	1000		统计有几笔存款年限为3的记录			
3	1	2000		结果 条件求个数公式			
4	3	500		4	←=COUNTIF(A2:A10,"=3")		
5	5	1000					
6	2	2000		统计存款年限为3的存款累加和			
7	3	1000		结果 条件求和公式			
8	2	3000		3200	←=SUMIF(A2:A10,"=3",B2:B10)		
9	2	1000					
10	3	700					

图 5.68 "SUMIF 和 COUNTIF"函数举例

5.6.2 统计函数及其应用

1.条件计数 COUNTIF(条件数据区,"条件")。

功能：统计"条件数据区"中满足给定"条件"的单元格的个数。

【例 5.30】 在图 5.68 中，A 列和 B 列分别为"存款（年限）"和"存款额"，要求统计存款年限为"3"的记录个数。

在任意一个单元格（见图 5.68 的 D4 单元格）输入以下公式即可。

$=COUNTIF(A2:A10,"=3")$

注意：COUNTIF 函数只能对给定的数据区域中满足一个条件的单元格统计个数，若对一个以上的条件统计单元格的个数，用本章 5.6.4 数据库函数 DCOUNT 或 DCOUNTA 实现。

2.条件求平均值函数 AVERAGEIF(range,criteria,average_range)

功能：返回某个区域内满足给定条件的所有单元格的平均值（算术平均值）

说明：(1)range 是要计算平均值的一个或多个单元格，其中包括数字或包含数字的名称、数组或引用。

（2）criteria 是数字、表达式、单元格引用或文本形式的条件，用于定义要对哪些单元格计算平均值。例如，条件可以表示为 32、"32"、">32"、"苹果"或 B4。

（3）average_range 是要计算平均值的实际单元格集。如果忽略，则使用 range。

3. 中位数函数 MEDIAN(参数 1，参数 2，…)

功能：返回一组数的中值。如果参加统计数据的个数为偶数，返回位于中间的两个数的平均值。

例如 MEDIAN(1,2,3)=2   MEDIAN(2,5,3,8,11)=5

MEDIAN(2,1,4,3)=2.5（取 1,2,3,4 中的(2+3)/2=2.5）

4. 众数函数 MODE(参数 1，参数 2，…)

功能：返回一组数中出现频率最高的数。如果数据中没有重复出现的数，返回错误值♯N/A。

例如 MODE(2,5,6,5,8,6,11,6,8)=6

MODE(2,5,5,6,2,6,5,6)=5（5 和 6 重复出现次数都是 3，从左至右先遇到 5）

5. 频数函数 FREQUENCY(数据区，分段点区)

功能：以数组的形式返回"数据区"中数据的频数分布。

说明：数据区是指要分析的数据所在的区域，"分段点区"是为了告诉计算机各个分段的情况而建立的一个区域。如果分段区有 n 个数，则返回数组的个数最多为 n+1。

例如图 5.69 的中"分段点区"有三个数，那么统计结果最多是四个。四个结果分别是小于等于第一个数；第一个数与第二个数之间；第二个数与第三个数之间；以及大于第四个数的频数。用 FREQUENCY 函数时需要注意以下几点：

（1）分段点区是一列连续的单元格区域，要求数据从小到大存放。

（2）"分段点区"中的每一个数据表示一个分段点，统计的结果是包含该数据以及小于该数据的个数。

（3）计算的结果是一个数组，必须按数组的要求输入函数。

【例 5.31】 统计图 5.69 的数据表中不同的年龄段的人数。要求统计年龄小于 30，30～39，40～49 以及年龄大于 49 的人数。

分析：所求的是四个年龄段的人数，因此分段点区要输入三个分段点数据。为了保证每一个区段都表示等于和小于区段点设置的数据，三个分段点为 29、39 和 49。

操作步骤如下：

①建立分段点区。例如在 I7:I9 输入 29、39 和 49 作为分段点数据（见图 5.69）。

②选定 J7:J10，输入＝FREQUENCY(C3:C17,I7:I9)，按【Ctrl】+【Shift】+【Enter】键。

	A	B	C	D	H	I	J	K	L	M
1	职工情况简表									
2	编号	性别	年龄	学历	=FREQUENCY(C3:C17, I7:I9)					
3	10001	女	45	本科						
4	10002	女	42	中专						
5	10003	男	29	博士		统计各年龄段的人数。				
6	10004	女	40	博士		分段点	结果	说明		
7	10005	男	55	本科		29	5	年龄≤29的人数		
8	10006	男	35	硕士		39	5	29<年龄≤39 之间的人数		
9	10007	男	23	本科		49	3	39<年龄≤49 之间的人数		
10	10008	男	36	大专			2	年龄>49的人数		
11	10009	男	50	硕士						
12	10010	女	27	中专						
13	10011	男	22	大专						
14	10012	女	35	博士						
15	10013	女	32	本科						
16	10014	女	30	硕士						
17	10015	女	25	本科						

图 5.69 频数函数应用举例

6. 标准差函数 STDEV(参数 1,参数 2,…)

标准差是反映一组数据与数据的平均值的离散程度。如果标准差比较小,说明数据与平均值的离散程度就比较小,平均值能够反应数据的均值,具有统计意义。反之,如果标准差比较大,说明数据与平均值的离散程度就比较大(数据中含有非常大或非常小的数),平均值在一定程度上失去数据"均值"的意义。

若有 $x_1, x_2, \cdots x_n$ 共 n 个数,则

平均值 $\bar{x} = \frac{x_1 + x_2 + \cdots + x_n}{n}$　　　标准差 STDEV $= \sqrt{\frac{\sum_{i=1}^{n}(x_i - \bar{x})^2}{n-1}}$

【例 5.32】 计算图 5.70 中的表 1 和表 2 的平均工资和标准差。

	A	B	C	D	E
1	表1			表2	
2	编号	工资		编号	工资
3	10001	1200		10006	3500
4	10002	1000		10007	2800
5	10003	1600		10008	3500
6	10004	10000		10009	2800
7	10005	1300		10010	2500
8	平均工资	3020		平均工资	3020
9	标准差	3908		标准差	455

图 5.70 平均值与标准差函数应用举例

操作步骤如下:

①在 B8 单元格输入公式=AVERAGE(B3:B7),并将该公式复制到 E8 单元格。

②在 B9 单元格输入公式=STDEV(B3:B7),并将该公式复制到 E9 单元格。

从图 5.70 的表 1 和表 2 可以看出,两个表的平均工资都为 3020,但是表 1 的平均工资不能真正地反映平均的工资水平。这是因为表 1 中的大多数人的工资都是低于 2000

元,远离平均工资,所以表 1 的平均工资已经失去了意义。通过标准差的对比,可以看出表 1 的标准差明显地大于表 2 的标准差。若标准差非常大,为了计算平均值,可能要考虑剔除非常大或非常小的数,再重新计算平均值。

7. 线性趋势值函数 FORECAST(x,数据系列 y,数据系列 x)

功能:依据数据系列 x 和 y,对给定的 x 值推导出的 y 值。

其中数据系列 x 和 y 分别是自变量和因变量,用该函数可以对未来销售额、消费趋势进行预测。

【例 5.33】　图 5.71 是"城镇居民家庭平均每人全年消费性支出表(2004 年)"中的两项统计数据"消费性支出(元)"和"食品"消费支出。若某个人 2004 年食品支出是 2000元,请推测出他的消费支出大约是多少。

操作步骤:例如在 C6 输入公式:＝FORECAST(2000,B4:J4,B5:J5)

计算结果见图 5.71 的 C6 单元格,为 4641.28 元。

C6		f_x	=FORECAST(2000,B4:J4,B5:J5)						
	A	B	C	D	E	F	G	H	I	J
1	城镇居民家庭平均每人全年消费性支出（2004年）									
2 3	项　目	总平均	最低收入户	困难户	低收入户	中等偏下户	中等收入户	中等偏上户	高收入户	最高收入户
4	消费性支出（元）	7182.10	2855.15	2441.12	3942.23	5096.15	6498.36	8345.70	10749.35	16841.82
5	食品	2709.60	1417.76	1248.87	1827.42	2201.88	2581.24	3130.75	3740.68	4914.64
6			4641.28							

图 5.71　线性趋势值函数应用举例

5.6.3　逻辑函数及其应用

1. 条件函数 IF(逻辑表达式,表达式 1,表达式 2)

功能:若"逻辑表达式"值为真,函数值为"表达式 1"的值;否则为"表达式 2"的值。

一个 IF 函数能根据给定的条件得出两种不同的结果;若根据条件判断得出三种不同的结果,就要用嵌套的两个 IF 函数来实现。如果要得出四种不同的结果,就要用嵌套的三个 IF 函数来实现。下面通过实例理解 IF 函数和嵌套的 IF 函数的功能。

【例 5.34】　请对图 5.72 中的几个公司在半年内的业绩做出评价,如果"累计净值"超出 50%,"评价"为"优秀",否则为"良好"。

在 D2 单元格输入公式:

$$＝IF(C2－B2>0.5,"优秀","良好")$$

然后将该公式复制到 D3：D6,计算出其他公司的"评价"结果(如图 5.72 的 D 列所示)。

	A	B	C	D	E
1	基金简称	累计净值(元) 2006.1.4	累计净值(元) 2006.6.26	评价	注意：公式中的双引号、括号、运算符号、逗号都是英文符号
2	嘉实成长	1.2312	1.6885	良好	=IF(C2-B2>0.5,"优秀","良好")
3	嘉实增长	1.323	1.999	优秀	=IF(C3-B3>0.5,"优秀","良好")
4	嘉实稳健	1.137	1.583	良好	=IF(C4-B4>0.5,"优秀","良好")
5	嘉实债券	1.057	1.227	良好	=IF(C5-B5>0.5,"优秀","良好")
6	嘉实服务	0.939	1.256	良好	=IF(C6-B6>0.5,"优秀","良好")

图 5.72　"IF 函数"举例

【例 5.35】　对图 5.73 中的六个分公司在一年内的业绩做出评价，"评价"等级分为三级，评价标准如下：

"营业额"大于 2000 万，"评价"为"优秀"；

"营业额"在 2000～1000 万之间，"评价"为"良好"；

"营业额"低于 1000 万，"评价"为"一般"。

在 C2 输入公式：

$$=IF(B2>2000,"优秀",IF(B2>=1000,"良好","一般"))$$

然后将该公式复制到 C3:C6，计算出其他分公司的"评价"结果（如图 5.73 中 C 列所示）。

C2		f_x	=IF(B2>2000,"优秀",IF(B2>=1000,"良好","一般"))			
	A	B	C	D	E	F
1	名称	营业额(万)	评价			
2	第一分公司	2000	良好			
3	第二分公司	750	一般			
4	第三分公司	4500	优秀			
5	第四分公司	1500	良好			
6	第五分公司	3000	优秀			
7	第六分公司	1200	良好			

图 5.73　"嵌套 IF 函数"举例

2. 逻辑与函数 AND(参数 1,参数 2……)

功能：所有的参数均为真值则函数为真值。否则，有一个参数为假值则函数为假值。

3. 逻辑或函数 OR(参数 1,参数 2……)

功能：有一个参数为真值则函数为真值。否则，若所有的参数均为假值则函数为假值。

4. 逻辑非函数 NOT(参数)

功能：函数值取参数的反值。参数值为真则函数值为假。否则，参数值为假，函数值为真值。

【例 5.36】　计算图 5.74 中的工资"补助 1"和"补助 2"。计算标准如下：

补助 1 的计算标准是：局级 500，处级 300，其余人员 100。

	A	B	C	D	E	F	G	H	I
1					职工情况简表				
2	编号	性别	年龄	学历	科室	职务等级	工资	补助1	补助2
3	10001	女	45	本科	科室2	正处级	2300	300	0
4	10002	女	42	中专	科室1	科员	1800	100	0
5	10003	男	29	博士	科室1	正处级	1600	300	100
6	10004	女	40	博士	科室1	副局级	2400	500	0
7	10005	男	55	本科	科室2	副局级	2500	500	0
8	10006	男	35	硕士	科室3	正处级	2100	300	0
9	10007	男	23	本科	科室2	科员	1500	100	0
10	10008	男	36	大专	科室1	科员	1700	100	0
11	10009	男	50	硕士	科室1	正局级	2800	500	0
12	10010	女	27	中专	科室3	科员	1400	100	0
13	10011	男	22	大专	科室1	科员	1300	100	0
14	10012	女	35	博士	科室3	副处级	1800	300	100
15	10013	女	32	本科	科室2	副处级	1800	300	100
16	10014	女	30	硕士	科室2	科员	1500	100	0
17	10015	女	25	本科	科室3	科员	1600	100	0

图 5.74 逻辑函数的应用举例

补助 2 的计算标准是:处级以上且工资低于 2000 的补助 100。

在 H3 输入公式计算"补助 1":

＝IF(OR(F3＝"正局级",F3＝"副局级"),500,IF(OR(F3＝"正处级",F3＝"副处级"),300,100))

在 I3 输入公式计算"补助 2":

＝IF(AND(NOT(F3＝"科员"),G3<2000),100,0)

或＝IF(AND(F3<>"科员",G3<2000),100,0)

5.6.4 数据库函数及其应用

1. 数据库函数的格式与约定

数据库函数的格式:

函数名(database,field,条件区)

说明:

(1)database 是数据清单区。

(2)field 用于指明要统计的列,field 可以是:

①字段名所在的单元格地址。

②带英文双引号的"字段名"。

③"列"在数据清单中的位置(用数字表示):"1"表示第 1 列,"2"表示第 2 列,等等。

例如以图 5.74 为例,以下三个公式是等价的。

＝DAVERAGE(A2:I17,C2,I10:I12)

等价＝DAVERAGE(A2:I17,"年龄",I10:I12)

等价＝DAVERAGE(A2:I17,3,I10:I12)

(3)条件区的约定与"高级筛选"的条件区完全一样,见本章 5.7.2 中的介绍。

2. 数据库函数与应用举例

(1)数据库函数

①求和函数 DSUM(database,field,条件区)

功能:对 database 的"field"字段求满足"条件区"条件的数据的累加和。

说明:DSUM 与 SUM 不同,SUM 可以求任意位置的数据累加和,DSUM 只能求数据清单中一列数据中满足条件的数据累加和。

DSUM 包含了 SUMIF 的功能。SUMIF 只能对给定的一个条件求数据的累加和,而DSUM 可以对给定的多个条件求指定的列数据的累加和。

②求平均值 DAVERAGE(database,field,条件区)

功能:对 database 的"field"字段求满足"条件区"条件的数据的平均值。

③求最大值 DMAX(database,field,条件区)

功能:对 database 的"field"字段求满足"条件区"条件的数据的最大值。

④求最小值 DMIN(database,field,条件区)

功能:对 database 的"field"字段求满足"条件区"条件的数据的最小值。

⑤统计数值型数据的个数 DCOUNT(database,[field],条件区)

功能:在 database 中查找满足"条件区"条件的记录,统计满足条件的记录中"field"字段中存放数值型数据的单元格的个数。

如果"field"省略(逗号不能省),对"数据清单区"求满足"条件区"条件的记录的个数。

⑥统计个数 DCOUNTA(database,[field],条件区)

功能:在 database 中查找满足"条件区"条件的记录,统计满足条件的记录中"field"字段中非空单元格的个数。

如果 field 省略(逗号不能省),对 database 求满足"条件区"条件的记录的个数(此时的功能与 DCOUNT 相同)。

(2)数据库函数应用举例

下面以图 5.74 的数据清单为例,介绍数据库函数的使用。为了操作方便,将图 5.74 的数据清单区 A2:I17 命名为"职工表"。以下六个例题所用的六个条件区已经建立,如图 5.75 所示。有关题目的要求和具体操作见下面的例题。

【例 5.37】 统计职务等级为"正处级"和"副处级"的平均年龄和最大年龄。

①建立条件区。见图 5.75 中 M2:M4。

②统计平均年龄。在 K2 输入公式＝DAVERAGE(职工表,C2,M2:M4)

③统计最大年龄。在 K3 输入公式＝DMAX(职工表,C2,M2:M4)

【例 5.38】 统计"科室 2"的工资总和以及人数。

①建立条件区。见图 5.75 中 M7:M8。

②统计"科室 2"的工资总和。在 K4 输入公式＝DSUM(职工表,G2,M7:M8)

③统计"科室 2"的人数。在 K5 输入公式＝DCOUNTA(职工表,,M7:M8)

【例 5.39】 统计"科室 1"或性别为"男"的人数。

①建立条件区。见图 5.75 中 O2:P4。

②在 K6 输入公式＝DCOUNTA(职工表,,O2:P4)

	I	J	K	L	M	N	O	P	Q	R
1			统计结果		条件区1		条件区3			条件区5
2	正(副)处平均年龄:		35.2		职务等级		科室	性别		
3	正(副)处级最大年龄:		45		正处级		科室1			FALSE
4	科室2的工资总和:		7800.0		副处级			男		
5	科室2的人数:		4							
6	科室1或"男"的人数:		10		条件区2		条件区4			条件区6
7	科室1且"男"的人数:		4		科室		科室	性别		工资
8	低于平均工资的人数		10		科室2		科室1	男		<1500
9	工资低于1500的人数		2							

图 5.75　数据库函数的应用

【例 5.40】　统计"科室 1"的男同志的人数。

①建立条件区。见图 5.75 中 O7:P8。

②在 K7 输入公式＝DCOUNTA(职工表,,O7:P8)

【例 5.41】　统计低于平均工资的人数。

①建立条件区。R2 单元格为空,R3 输入公式＝G2＜AVERAGE($G$2:$G$17)

②在 K8 输入公式＝DCOUNT(职工表,,R2:R3)

【例 5.42】　统计工资低于 1500 的人数。

①建立条件区。见图 5.75 中 R7:R8。

②在 K9 输入公式＝DCOUNT(职工表,,R7:R8)

5.6.5　财务函数及应用

1. 偿还函数 PMT(rate,nper,pv,fv,type)

功能:基于固定利率及等额分期付款方式,返回投资或贷款的每期付款额。

其中"fv"和"type"可省略。如果省略,默认值为 0。

说明:

PMT 有两个功能,一个是求投资的每期付款额,另一个是求贷款的每期付款额。若基于固定利率并采用等额分期存款的方式希望得到一个未来值的回报,求投资的每期付款额,则"现值"(pv＝0)。若是基于固定利率并采用及等额分期付款的方式向银行或金融机构贷款,求贷款的每期付款额,则"未来值"(fv＝0)。

其中:

• 期利率(rate)为各期利率;

• 期数(nper)为总投资(或贷款)的付款期的总数;

• 现值(pv)为从投资(贷款)开始计算,未来付款的累积和,也称为本金;

• 未来值(fv)为最后一次付款后希望得到的现金余额;

● 类型(type)为 1 或 0,指定各期的付款时间是在期初(1 表示)还是期末(0 表示)。

注意:rate 和 nper 的单位应一致,例如"一期"为"一个月"或"一年"。

【例 5.43】 银行向某个企业贷款 20 万元,2 年还清的年利率为 5.76%,计算企业月支付额。

＝PMT(5.76%/12,24,200000)等于￥−8,842.51

对于同一笔贷款,如果支付期限在每期的期初,支付额为:

＝PMT(5.76%/12,24,200000,0,1)等于￥−8,800.27

【例 5.44】 银行以 5.22%的年利率贷出￥8 万,并希望对方在半年内还清,计算将返回的每月所得款数。

＝PMT(5.22%/12,6,80000)等于￥−13,536.07

【例 5.45】 如果以按月定额存款方式在 10 年中存款 50,000,假设存款年利率为3.8%,计算月存款额。

＝PMT(3.8%/12, 10 * 12, 0, 50000) 等于￥−343.15

【例 5.46】 图 5.76(a)是贷款表,包括贷款总额、贷款年期、贷款年利率和每期付款次数。要求按表中所给的条件,分别计算按"月"和"年"分期付款的金额。

①计算按"月"分期付款的金额。

在 F3 输入公式＝PMT(C3/12,B3 * D3,A3,0,IF(E3="期末",0,1))

②计算按"年"分期付款的金额。

在 G3 单元格输入公式＝PMT(C3,B3,A3,0,IF(E3="期末",0,1))

然后再选定 F3:G3,拖动"填充柄"向下复制到第 8 行。

	A	B	C	D	E	F	G
1			贷款（计算分期付款额）				
2	贷款总金额	年期	年利率	每期付款次数	付款时间	按月付款每次付款金额	按年付款每次付款金额
3	200000	2	5.76%	12	期初	￥−8,800.27	￥−102,799.38
4	200000	2	5.76%	12	期末	￥−8,842.51	￥−108,720.62
5	100000	5	5.85%	12	期初	￥−1,916.97	￥−22,336.18
6	100000	5	5.85%	12	期末	￥−1,926.31	￥−23,642.85
7	100000	10	6.12%	12	期初	￥−1,110.58	￥−12,876.13
8	100000	10	6.12%	12	期末	￥−1,116.24	￥−13,664.15
10	=PMT(C3/12,B3*D3,A3,0,IF(E3="期末",0,1))						
12	=PMT(C3,B3,A3,0,IF(E3="期末",0,1))						

(a)

	A	B	C	D	E	F
1			定额存款(投资)			
2	总金额(未来值)	年期	年利率	每期付款次数	付款时间	月存款额
3	20000	3	2.1%	12	期初	￥−537.78
4	20000	3	2.1%	12	期末	￥−538.73
5	100000	4	2.70%	12	期初	￥−1,970.76
6	100000	4	2.70%	12	期末	￥−1,975.20
7	1E+06	10	3.80%	12	期初	￥−6,841.40
8	1E+06	10	3.80%	12	期末	￥−6,863.07
10	=PMT(C3/12,B3*D3,0,A3,IF(E3="期末",0,1))					

(b)

图 5.76　PMT 函数应用举例

【例 5.47】 图 5.76(b)是定额存款(投资)表,包括预期未来的存款总额、年期、年存款利率、每期付款次数和付款时间。要求计算定额存款的月存款额。

在 F3 输入以下公式＝PMT(C3/12,B3 * D3,0,A3,IF(E3="期末",0,1))

然后再将 F3 中的公式复制到 F4:F8 求得其他项目的分期付款的金额。

2.可贷款函数 PV(rate, nper, pmt,fv,type)

功能:返回投资的现值。现值为一系列未来付款的当前值的累加和。例如,借入方的借入款,即是贷出方的贷款现值。

说明:期利率(rate)、期数(nper)、未来值(fv)和类型(type)与 PMT 函数中的含义相同。每期得到金额(pmt)为各期所应付给(或得到)的金额,其数值在整个年金期间(或投资期内)保持不变。

【例 5.48】 某个企业每月偿还能力在 200 万,准备引进新设备而向银行贷款,贷款利率为 6%(复利),分 12 个月还清,计算出银行可贷款给该企业的钱数。

=PV(6%/12,12,200) 等于 ¥-2,323.79   银行可贷款 2,323.79 万。

3. 未来值函数 FV(rate,nper,pmt,pv,type)

功能:基于固定利率及等额分期付款方式,返回某项投资的未来值。

说明:期利率(rate)、期数(nper)、现值(pv)和类型(type)与 PMT 函数中的含义相同。pmt 为每期所应付给(或得到)的金额。如果省略 pmt,则必须包括 pv。

【例 5.49】 如果将 2000 元以年利 2.5% 存入银行一年,并在以后十二个月的每个月初存入 300,则一年后银行账户的存款额为多少?

=FV(2.5%/12, 12,-300,-2000, 1)等于 5699.7

4. 返回投资的总期数函数 NPER(rate, pmt, pv, fv, type)

功能:基于固定利率及等额分期付款方式,返回投资的总期数。

其中 rate, pv, fv, type 的含义见 PMT 函数,pmt 的含义见 PV 函数。

5. 返回年金的各期利率函数 RATE(nper,pmt,pv,fv,type,guess)

功能:基于固定利率及等额分期付款方式,年金的各期利率。

其中 nper、pv、fv 和 type 的含义见 PMT 函数。pmt 的含义见 PV 函数。如果省略 pmt,则必须包含 fv 参数。guess 为预期利率,默认值为 10%。

5.6.6 日期函数及其应用

1. 日期函数

(1)取日期的天数函数 DAY(日期参数)

功能:用整数(1~31)返回日期在一个月中的序号。

例如:DAY(2008/10/1)=1。

(2)取日期的月份函数 MONTH(日期参数)

功能:用整数(1~12)返回日期的月份。

例如:MONTH(2008/10/1)=10。

(3)取日期的年函数 YEAR(日期参数)

功能:用四位整数返回日期的年份。

例如:YEAR(2008/7/19)=2008。

(4)取当前日期和时间函数 NOW()

功能:返回当前计算机系统的日期和时间,包括年、月、日和时间。

说明:NOW()函数的值会根据计算机系统的不同的日期和时间自动更新。

例如:若输入＝NOW()显示 2006/7/19　15:48:57,按【F9】键或编辑其他单元格,系统重新计算日期和时间。

(5)取当前日期函数 TODAY()

功能:返回当前计算机系统的日期,包括年、月、日。

说明:TODAY()函数的值会根据计算机系统的不同日期自动更新。

(6)建立日期函数 DATE(Year,Month,Day)

功能:用三个数值型数据组成一个日期型数据。

例如 DATE(2008,10,1)＝2008/10/1

2. 日期函数应用举例

【例 5.50】　计算 2016 年奥运会距离现在还有多少天。

输入公式:＝"2016/8/5"－today()

【例 5.51】　表 5.15 是某个人的个人定期存款表。要求在存款到期后,能在"到期提示"列自动显示"存款到期"提示信息,以便及时取款。

在 F2 输入公式:＝IF(NOW()＞E2,"存款到期","")，再将该公式复制到 F3:F7(结果见表 5.15 的 F 列)。

表 5.15　个人定期存款表

	A	B	C	D	E	F
1	存款额	期　限	期　限	存款日期	取款日期	到期提示
2	10000	三个月	0.25	2006/1/1	2006/4/1	存款到期
3	10000	六个月	0.5	2006/8/5	2010/2/5	
4	15000	一　年	1	2005/9/4	2006/9/4	
5	30000	二　年	2	2004/5/8	2006/5/8	存款到期
6	20000	三　年	3	2006/2/1	2009/2/1	
7	20000	五　年	5	2006/6/8	2011/6/8	

【例 5.52】　根据图 5.77 的"B 列"职工的出生日期,计算职工到目前为止的年龄。

如果在"职工情况表"中填写"出生日期",要比填写"年龄"更科学。因为随着年龄的增长,所填写的"年龄"已经失去意义。因此最好填写"出生日期",再根据"出生日期"计算到目前为止的年龄。操作是:

在 C2 输入公式＝YEAR(TODAY())－YEAR(B2),然后再复制到 C3:C8。

【例 5.53】　统计图 5.77 的数据表中 1960 年以前出生的人数(不含 1960 年出生的)。

操作是:

①建立条件区:在 E7 单元格输入公式＝YEAR(B2)＜1960。

②在 E4 单元格输入公式计算 1960 年以前出生的人数:

$$＝DCOUNT(A1:C8,,E6:E7)$$

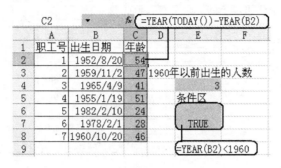

图 5.77　日期函数应用举例

5.6.7　查找和引用函数及应用

1. 按列查找函数 VLOOKUP(查找值,数据区,列标,匹配类型)

功能:在"数据区"的"首列"查找"查找值",找到后返回"查找值"所在行中指定"列标"处的值。

匹配类型的值与含义如下:

- 0 或 FALSE:精确比较。如果没找到"查找值",返回错误值♯N/A!。
- 省略、1 或 TRUE:取近似值。如果没找到"查找值",返回小于"查找值"的最大值。

【例 5.54】　已知图 5.78 中有两个表"人民币存款利率表"和"个人存款"。其中"人民币存款利率表"存放了人民币整存整取的存款利率表,"个人存款"表输入了某个人的多笔"整存整取"存款的年限和"存款额",要求计算出"个人存款"表中每笔存款的"年利率"、"存款年限"(数字)、"税后利率"以及"到期本息"。

①求每笔存款的"年利率"。

解题思路:在 C3 输入公式,根据"个人存款"表 A 列的数据(例如 A3)到"人民币存款利率表"的 A 列查找与之相等的值(例如 A7),然后得到对应行的第 2 列值(得到"利率表"的"3.24"放到公式所在的单元格)。用 VLOOKUP 计算的公式是:

在 C3 输入公式:＝VLOOKUP(A3,利率表!＄A＄3:＄B＄8,2,0)

②求每笔存款的"存款年限"(数字)。在 D3 输入公式:＝VLOOKUP(A3,利率表!＄A＄3:＄C＄8,3,0)

③求每笔存款的"税后利率"。在 E3 输入公式＝C3＊0.8

④求每笔存款的"到期本息"。在 F3 输入公式＝B3＋B3＊D3＊E3/100

⑤将 C3:F3 复制到 C4:F11(选定 C3:F3,鼠标指针指向"填充柄"向下拖动到第 11 行)。

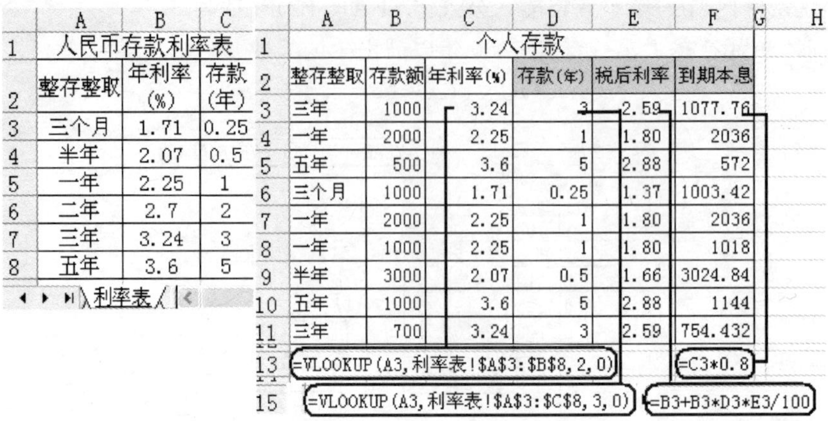

左侧表格（利率表）：

	A	B	C
1	人民币存款利率表		
2	整存整取	年利率(%)	存款(年)
3	三个月	1.71	0.25
4	半年	2.07	0.5
5	一年	2.25	1
6	二年	2.7	2
7	三年	3.24	3
8	五年	3.6	5

利率表／

右侧表格（个人存款）：

	A	B	C	D	E	F
1	个人存款					
2	整存整取	存款额	年利率(%)	存款(年)	税后利率	到期本息
3	三年	1000	3.24	3	2.59	1077.76
4	一年	2000	2.25	1	1.80	2036
5	五年	500	3.6	5	2.88	572
6	三个月	1000	1.71	0.25	1.37	1003.42
7	一年	2000	2.25	1	1.80	2036
8	一年	1000	2.25	1	1.80	1018
9	半年	3000	2.07	0.5	1.66	3024.84
10	五年	1000	3.6	5	2.88	1144
11	三年	700	3.24	3	2.59	754.432
13	=VLOOKUP(A3,利率表!$A$3:$B$8,2,0)					=C3*0.8
15	=VLOOKUP(A3,利率表!$A$3:$C$8,3,0)				=B3+B3*D3*E3/100	

图 5.78　VLOOKUP 函数应用举例

【**例 5.55**】　根据图 5.79 中的"税率表"计算"职工表"的工薪税。

解题思路:根据 D 列的"应发工资"(例如 D2＝2800)在"税率表"的 C 列查找与"应发工资"相等的值,如果没有相等的值,找小于"应发工资"的最大值(例如 C5＝2000),返回对应行的"税率"(例如 15％),用"税率"与"应发工资"相乘之后再减去"速算扣除"(例如125)。

在 E2 单元格输入公式:

＝VLOOKUP(D2,税率表!＄C＄2:＄E＄11,2,1)＊D2－VLOOKUP(D2,税率表!＄C＄2:＄E＄11,3,1)

再将 E2 单元格的公式复制到 E3:E9 单元格,计算其他人员的工薪税。

在 F2 单元格计算实发工资,输入公式:＝D2－E2

左侧表格（个人所得税税率表）：

	A	B	C	D	E
1	个人所得税税率表				
2	级数	全月应纳税所得额	纳税	税	速算扣除
3	1	不超过500元的部分	0	5%	0
4	2	超过500元至2000元的部分	500	10%	25
5	3	超过2000元至5000元的部分	2000	15%	125
6	4	超过5000元至20000元的部分	5000	20%	375
7	5	超过20000元至40000元的部分	20000	25%	1375
8	6	超过40000元至60000元的部分	40000	30%	3375
9	7	超过60000元至80000元的部分	60000	35%	6375
10	8	超过80000元至100000元的部分	80000	40%	10375
11	9	超过100000元的部分	100000	45%	15375

税率表／

右侧表格（工资表2）：

	A	B	C	D	E	F
1	编号	基本工资	奖金	应发工资	工薪税	实发工资
2	001	2000.00	800	2800.00	295.00	2505.00
3	002	1500.00	2800	4300.00	520.00	3780.00
4	003	3000.00	400	3400.00	385.00	3015.00
5	004	2000.00	2400	4400.00	535.00	3865.00
6	005	700.00	400	1100.00	85.00	1015.00
7	006	1500.00	2000	3500.00	400.00	3100.00
8	007	1200.00	1500	2700.00	280.00	2420.00
9	008	800.00	100	900.00	65.00	835.00
10	009	3000.00	2200	5200.00	665.00	4535.00

工资表2／

=VLOOKUP(D2,税率表!$C$2:$E$11,2,1)*D2-VLOOKUP(D2,税率表!$C$2:$E$11,3,1)

图 5.79　用 VLOOKUP 计算工薪税

2. 按行查找函数 HLOOKUP(查找值,数据区,行标,匹配类型)

功能:在"数据区""首行"查找"查找值",找到后返回所在列中指定"行标"处的值。

HLOOKUP 与 VLOOKUP 的功能基本一样,只是 HLOOKUP 在"数据区"的第一行查找。

3. 数组转置函数 TRANSPOSE(数据区)

功能：将函数中数据区的数据转置。即行数据转为列数据，列数据转为行数据。

【例 5.56】　将 A1:B3 单元格区域的数据转置，存放到 D1:F2 单元格区域。

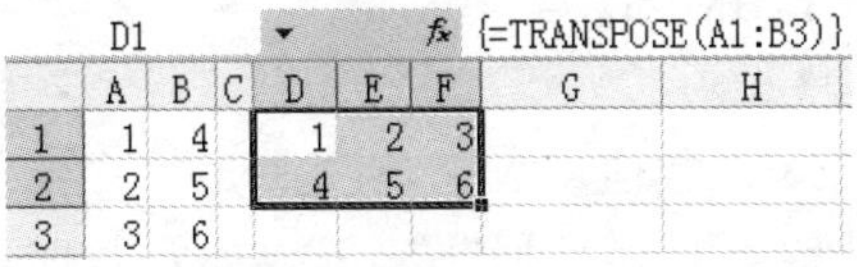

图 5.80　转置函数应用举例

操作步骤：

①选定 D1:F2。

②输入公式：＝TRANSPOSE(A1:B3)，同时按【Ctrl】+【Shift】+【Enter】键。

另外，用"选择性粘贴"也能实现转置。

5.6.8　文本函数及其应用

1. 文本函数

在下面介绍的函数中，请注意以下两点：

- 字符串 S 可以是字符串常数或文本型的公式。
- 若两个函数名的不同仅在于一个函数名的后面多一个"B"，则带"B"的函数中一个汉字为 2 个字符；不带"B"的函数中一个汉字为 1 个字符。请参考 LEN 和 LENB。

(1)字符串长度函数 LEN(S)、LENB(S)

功能：返回字符串的长度。

LEN 与 LENB 的区别是：

①LEN 中的一个汉字为 1 个字符。

②LENB 中的一个汉字为 2 个字符。

例如：LEN("计算机 CPU")＝6。LENB("计算机 CPU")＝9。

(2)截取子串函数 MID(S,m,n)、MIDB(S,m,n)

功能：返回 S 串从 m 位置开始的共 n 个字符或文字。

　　　MID("计算机中央处理器 CPU",4,5)＝中央处理器。

　　　MIDB("计算机中央处理器 CPU",7,4)＝中央。

　　　MID("CPU",2,1)＝P。

(3)截取左子串函数 LEFT(S[,n])

功能：返回 S 串最左边的 n 个字符。如果省略 n，默认 n＝1。

　　　LEFT("计算机中央处理器 CPU",4)＝计算机中

　　　　　LEFTB("计算机中央处理器 CPU",4)＝计算

（4）截取右子串函数 RIGHT(S[,n])、RIGHTB(S[,n])

功能：返回 S 串最右边的 n 个字符。如果省略 n，默认 n＝1。

　　　　　RIGHT("计算机中央处理器 CPU",6)＝处理器 CPU

　　　　　RIGHTB("计算机中央处理器 CPU",9)＝处理器 CPU

（5）删除首尾空格函数 TRIM(S)

功能：删除 S 的前后空格。

（6）数值转文本函数 TEXT(数值型数据,格式)

功能：按给定的"格式"将"数值型数据"转换成文本型数据。

格式符"＃"：显示有效数字（不显示前导 0 和无效 0）。

格式符"0"：显示有效数字（若 0 格式符的位置无有效数字，显示 0）。

格式定义最后为"，"，显示格式缩小"千"。

格式定义最后为"，，"，显示格式缩小"百万"。

例如：TEXT(12.345,"＄＃＃,＃＃0.00")＝＄12.35

　　　　　TEXT(37895,"yy-mm-dd")＝03-10-01

（7）四舍五入转换文本函数 FIXED(数值型数据[,n][,逻辑值])

功能：对"数值型数据"进行四舍五入并转换成文本数字串。

　　　　当 n＞0 时，对数据的小数部分从左到右的第 n 位四舍五入；

　　　　当 n＝0 时，对数据的小数部分最高位四舍五入取数据的整数部分；

　　　　当 n＜0 时，对数据的整数部分从右到左的第 n 位四舍五入。

如果省略 n，默认 n＝2。

如果"逻辑值"为 FALSE 或省略，则返回的文本中包含逗号分隔符。

FIXED 函数的功能与 ROUND 基本一样，不同的是 FIXED 的结果是文本型数据，且可以选择是否带逗号分隔符。

　　　　例如：＝FIXED(1234.56,－1)的结果是 1,230。

（8）文本转数值函数 VALUE(S)

例如：VALUE("12.80")＝12.8　　　　　VALUE("AB")＝＃VALUE!

（9）大小写字母转换函数 LOWER(S)、UPPER(S)

LOWER 与 UPPER 都不改变文本中的非字母的字符。

转换为小写字母函数 LOWER(S) 例如：＝LOWER("aBCdE")的结果是"abcde"。

转换为大写字母函数 UPPER(S) 例如：＝UPPER("aBCdE")的结果是"ABCDE"。

（10）替换函数 REPLACE(S1,m,n,S2)、REPLACEB(S1,m,n,S2)

功能：结果为 S1，但是 S1 中从 m 开始的 n 个字符已经被 S2 替换。

例如：＝REPLACE("abcdef",2,3,"x")的结果是"axef"

　　　　＝REPLACE("abcd",1,2,"xyz")的结果是"xyzcd"

（11）比较函数 EXACT(S1,S2)

功能：比较两个字符串是否完全相等。如果字符串 S1 等于字符串 S2 返回 TRUE，否则返回 FALSE。只有 S1 与 S2 的长度相等且按位相等（区分大小写字母）结果为

TRUE。

例如：EXACT("Excel","Excel")＝FALSE　　EXACT("abc","ab")＝FALSE。

(12)查找函数 FIND(sub,S,n)、FINDB(sub,S,n)

功能：从 S 串的左起第 n 个位置开始查找 sub 子串，返回 sub 子串在 S 中的起始位置。如果在 S 中没有找到 sub，返回 #VALUE!。FIND 区分大小写，sub 中不允许使用通配符。

例如：FIND("ab","xaBcaba",1)＝5　　FIND("计算机","中国计算机",1)＝3

FINDB("计算机","中国计算机",1)＝5

(13)搜索函数 SEARCH(sub,S,n)、SEARCHB(sub,S,n)

功能：与 FIND 基本一样，但是 SEARCH 不区分大小写，sub 中允许使用通配符。通配符包括问号("?"可匹配任意的单个字符)和星号("＊"可匹配任意一串字符)。如果要查找真正的问号或星号，在问号或星号的前面键入波形符("～")。

例如：SEARCH("ab","xaBcaba",1)＝2(注意 SEARCH 不区分大小写)。

(14)重复文本函数 REPT(S,n)

功能：返回字符串 S 的 n 个重复文本。

例如：＝REPT("＋－",3)的结果是"＋－＋－＋－"

2. 应用举例

【例 5.57】 将数值型数据转换为文本型数据。

如果在图 5.81 的 A 列输入数值型的数字序列，1001，1002，…，转换为文本型数据后可以带前导"0"。

例如在 B2 输入公式：＝TEXT(A2,"0")，复制到 B3:B6。B 列的数据为文本型数据。

例如在 C2 输入公式：＝TEXT(A2,"000000")，复制到 C3:C6。C 列的数据为带两个前导"0"的文本型数据。

【例 5.58】 文本型数据转换为数值型数据。

如果在图 5.81(a)的 E 列输入文本型数列，'101，'102，…，转换为数值型数据的操作是：

在 F2 输入公式：＝VALUE(E2)，复制到 F3:F6。

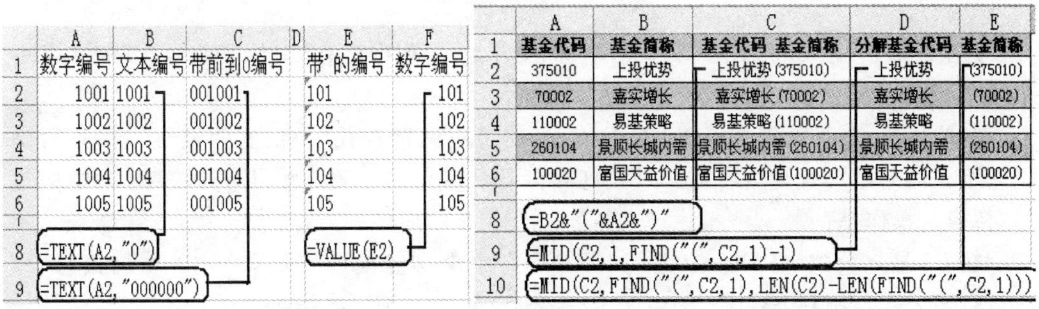

	A	B	C	D	E	F
1	数字编号	文本编号	带前到0编号		带'的编号	数字编号
2	1001	1001	001001		101	101
3	1002	1002	001002		102	102
4	1003	1003	001003		103	103
5	1004	1004	001004		104	104
6	1005	1005	001005		105	105
8	=TEXT(A2,"0")				=VALUE(E2)	
9	=TEXT(A2,"000000")					

(a)

	A	B	C	D	E
1	基金代码	基金简称	基金代码 基金简称	分解基金代码	基金简称
2	375010	上投优势	上投优势(375010)	上投优势	(375010)
3	70002	嘉实增长	嘉实增长(70002)	嘉实增长	(70002)
4	110002	易基策略	易基策略(110002)	易基策略	(110002)
5	260104	景顺长城内需	景顺长城内需(260104)	景顺长城内需	(260104)
6	100020	富国天益价值	富国天益价值(100020)	富国天益价值	(100020)
8	=B2&"("&A2&")"				
9	=MID(C2,1,FIND("(",C2,1)-1)				
10	=MID(C2,FIND("(",C2,1),LEN(C2)-LEN(FIND("(",C2,1)))				

(b)

图 5.81　转换函数应用举例

【例 5.59】 若在图 5.81(b)中的 A 列和 B 列分别存放了"基金代码"和"基金名称",用字符串函数与字符串运算得到 C 列,然后再将 C 列分解为 D 列和 E 列。

①由 A 列和 B 列得到 C 列的操作是:

在 C2 单元格输入公式:=B2&"("&A2&")",然后再复制到 C3:C6。

②由 C 列得到 D 列的操作是:

在 D2 单元格输入公式:=MID(C2,1,FIND("(",C2,1)-1),然后再复制到 D3:D6。

③由 C 列得到 E 列的操作是:

在 E2 单元格输入公式:=MID(C2,FIND("(",C2,1),LEN(C2)-LEN(FIND("(",C2,1))),然后再复制到 E3:E6。

【例 5.60】 已知图 5.82 中的 A 列是学号,学号前 4 位代表年级,第 5、6 位代表专业(所在的学系)。要求统计"04"级的学生的人数,统计电子商务系(第 5、6 位为 36)的人数。

(1)统计"04"级的学生的人数。

第一步:建立条件区。在 C9 单元格输入公式:=MID(A2,3,2)=04

或者:LEFT(4)=2004

第二步:在 C3 输入统计公式:=DCOUNT(A1:A11,,C8:C9)

(2)统计电子商务系(第 5、6 位为 36)的人数。

第一步:建立条件区。在 F9 单元格输入公式:=MID(A2,5,2)=36

第二步:在 F3 输入统计公式:=DCOUNT(A1:A11,,F8:F9)

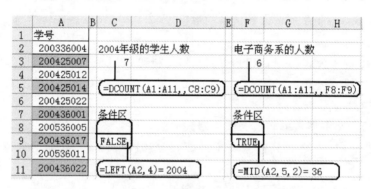

图 5.82 字符串应用举例

【例 5.61】 图 5.83 的 A 为单位名称,要求将 A 列中含有"中信实业银行"的文字更名为"中信银行"后放入 B 列。

解题思路:首先用查找函数 FIND 在 A 列对应位置查找"中信实业银行",找到后确定它所在的起始位置。然后用 REPLACE 函数从确定的位置开始共 6 个文字用"中信银行"替换。操作是:

在 B2 输入公式=REPLACE(A2,FIND("中信实业银行",A2,1),6,"中信银行"),然后将该公式复制到 B3:B6。

如果 FIND 函数查找不到要找的字符串,返回#VALUE!。

图 5.83　字符串替换应用举例

5.7　数据处理与管理

Excel 提供了较强的数据处理和管理的功能。可以对数据表进行各种筛选、排序、分类汇总、统计和重新组织表格等。

由于 Excel 允许将数据存放在工作表的任意位置，这为数据的处理和管理带来不便。因此，在对数据做某些处理之前，要求数据必须按"数据清单"存放。

5.7.1　数据清单

数据清单由标题行(表头)和数据部分组成。在图 5.84 中的数据清单区域为A1:D6。数据清单一般具有以下特性：

(1)第一行是表的列标题(字段名)，用不同的名字加以区分(见图 5.84)。

(2)从第二行起是数据部分(不允许出现空白行和空白列)。每一行数据称为一个记录。每一列称为一个字段。

(3)在一个工作表中，最好只有一个数据清单，且放置在工作表的左上角。

(4)数据清单与其他数据之间应该留出至少一个空白行和一个空白列。

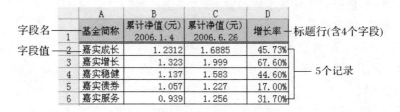

图 5.84　数据清单

5.7.2　筛选与高级筛选

若希望工作表中只显示数据清单中满足条件的记录,可以用"筛选"或"高级筛选"实现。数据清单经过筛选后,不满足条件的记录只是被暂时隐藏了,并没有被删除。因此,筛选后,还可以根据需要恢复显示被隐藏的记录。通过筛选,可以实现对筛选后的数据做编辑操作、设置特殊格式、制作图表和打印等。

Excel 提供了两种筛选记录的功能,一个是"自动筛选",适用于简单条件的筛选;另一个是"高级筛选",适用于复杂条件的筛选。

1. 自动筛选

(1)设置自动筛选

"自动筛选"允许在一个或多个字段设置条件。没有设置条件的字段认为显示全部,设置了条件的字段,只显示满足条件的记录。若对多个字段设置了条件,显示同时满足多个字段条件的记录。实现自动筛选的操作是:

①鼠标单击数据清单区域中任意一个单元格或选定数据清单。

②"数据"选项卡→"筛选",在数据清单的每个字段名旁边多了一个 ▼ 按钮,用于对所在字段(列)的数据设置筛选条件,如图 5.85 第一行所示。

	A	B	C	D
1	基金代码 ▼	基金简称 ▼	单位净值(元) ▼	累计净值(元) ▼
116	400001	东方龙	1.1672	1.5772
128	340001	兴业转债	1.1178	1.4188
129	400003	东方精选	1.1159	1.5039
132	161604	融通深证100	1.093	1.443
137	161607	融通巨潮	1.064	1.494
138	398011	国联分红混合	1.0635	1.4135

图 5.85　自动筛选与筛选结果

③单击要设置条件的字段名旁边的 ▼ 按钮,在弹出的选项表有以下选项:

● 升序排列:数据清单按该字段的值重新"升序排列"。

● 降序排列:数据清单按该字段的值重新"降序排列"。

● 全部:选择后,取消原来在该字段设置的筛选条件。

● 前 10 个:用于筛选最大或最小的 n 条记录。例如可以设置只显示当前字段的值是最大的 3 个记录。

● 自定义:可以设置两个条件。两个条件之间可以是"与"的关系,也可以是"或"的关系。通常用于设置满足一定条件或指定范围的筛选。

(2)取消"自动筛选"

①如果要取消某一列已经设置的筛选条件,可以单击该列的 ▼ 按钮,选择"全部"。

②如果除去" ▼ "按钮,再次执行"数据"选项卡→"筛选"即可。

　　通过以上的例子可以看出,对于有些条件的筛选,无法用"自动筛选"实现。例如不能完成筛选"满足一个字段的条件或者又满足另一个字段的条件"的记录。即"自动筛选"中多个字段的条件之间是"与"的关系,不能是"或"的关系。另外,"自动筛选"对每个字段中设置的条件不能超出两个。

2. 自动筛选应用举例

【例 5.62】　显示图 5.86 中"单位净值"大于等于 1.2 的记录。

①单击图 5.86 数据清单中任意一个单元格。

②"数据"选项卡→"筛选"。

③单击 C1 单元格"单位净值"旁边的▼按钮,选择"自定义"。

④在"自定义"对话框(见图 5.86(a))左上角第一个列表框选择"小于或等于",在右侧输入 1.2,单击"确定"。

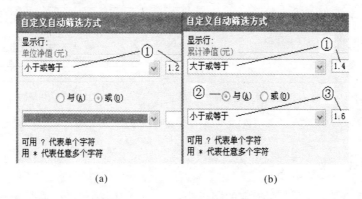

(a)　　　　　　　　　　　(b)

图 5.86　"自定义自动筛选"对话框

【例 5.63】　显示图 5.86 中同时满足以下两个条件的记录(图 5.86 已经是筛选后的结果,不满足条件的记录已经被隐藏)。

　　条件 1:显示"单位净值"大于等于 1.2。

　　条件 2:显示"累计净值"在 1.4~1.6(含 1.4 和 1.6)。

　　操作步骤如下。

①条件 1 与"例 5.62"一样,操作同"例 5.62"。下面设置"条件 2"。

②单击 D1 单元格"累计净值"右侧的▼按钮,选择"自定义"。

③在"自定义"对话框(见图 5.87(b))左上角第一个列表框选择"大于或等于",在右侧输入 1.4。

④选中"与",在"与"下面的列表框选择"小于或等于",右侧输入 1.6→"确定"。

　　经过以上操作后,图 5.86 中的数据表是同时满足"单位净值"小于等于 1.2,并且"累计净值"在 1.4~1.6 之间的记录。

【例 5.64】　筛选数据清单(见图 5.87)中"基金简称"以"广发"和"上投"开头的记录。操作是:

①单击图 5.87(b)中数据表的任意一个单元格或选定该数据表。

②"数据"选项卡→"筛选"。

③单击"基金简称"旁的 ▼ 按钮,选择"自定义"。

④在"自定义自动筛选方式"对话框(见图 5.87(a)),选择下列方法之一:

方法 1:"基金简称"列表选择"始于",输入"上投",选择"或";再选择"始于",输入"广发"(图 5.87(a)所示)。

方法 2:"基金简称"列表选择"等于",输入"上投 ＊",选择"或";再选择"等于",输入"广发 ＊"。

筛选结果见图 5.87(b)。

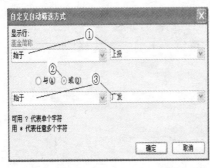

（a）　"自定义自动筛选方式"对话框　　　　　（b）　自动筛选应用举例

图 5.87　自定义自动筛选

3.高级筛选

用"高级筛选"不但可以在指定的字段中设置一个或多个条件,而且条件之间可以是"与"(同时满足)的关系,也可以是"或"(满足其中之一)的关系。

用"高级筛选"要确定三个区域:数据清单、条件区和结果区。

其中"数据清单"已经在前面介绍了,如果没有重新给定"结果区",则筛选的结果在数据清单区。下面重点介绍如何建立"条件区"。

要创建条件区,首先要在工作表中选择一个空白区,然后根据题目所给的条件创建条件区。

(1)Excel 对条件区的规定

①条件区的第一行是字段名或者是数据清单中字段名所在的单元格地址的引用,或为空白(公式作为筛选条件)。从第二行开始设置筛选条件:例如图 5.75 的条件区 5。

②在条件中允许出现"＊"代表任意一个字符串,"?"代表任意一个字符。

(2)建立条件区

①条件区的位置最好安排在数据清单的下面。因为在默认情况下,筛选结果放在数据清单区,如果条件区在数据清单的右侧,可能会在隐藏不满足条件的记录时,隐藏条件区。

②条件区的第一行的字段名,必须与数据清单的相应字段名(表头)完全一样。

③条件区中的文字不需要加双引号,直接输入文字内容。

④条件区中的关系运算符(例如"＜"、"＜＝"、"＞"或"＞＝")、"＊"和"?",必须是英文字符,不能是中文字符。

⑤一次只能对工作表中的一个条件区进行筛选。

4. 高级筛选应用举例

以图5.88(a)中的数据清单(基金净值表)为例,建立条件区(如图5.89所示的五个条件区)完成筛选。

	A	B	C	D
1	基金代码	基金简称	单位净值(元)	累计净值(元)
2	375010	上投优势	2.0687	2.0887
3	70002	嘉实增长	1.78	2.061
4	110002	易基策略	1.864	2.054
5	260104	景顺长城内需	1.926	2.016
6	100020	富国天益价值	1.7686	2.0086
7	162703	广发小盘	1.8877	1.9877
8	270001	广发聚富	1.7248	1.9848
9	11	华夏大盘精选	1.772	1.952

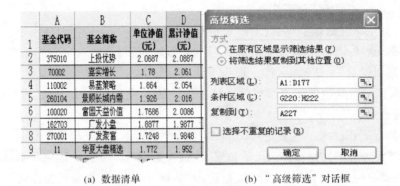

(a) 数据清单

(b) "高级筛选"对话框

图5.88　高级筛选应用举例

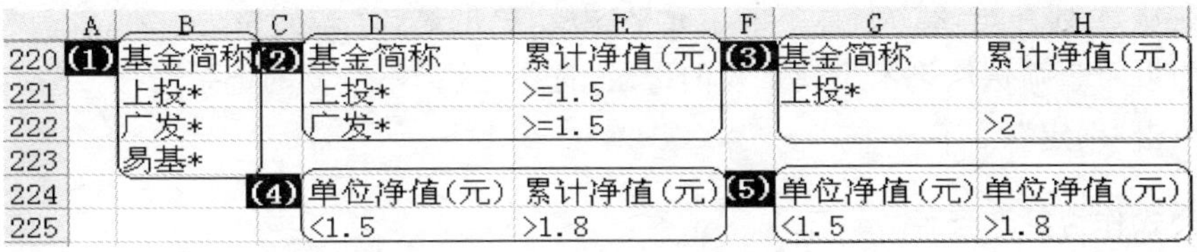

图5.89　高级筛选条件区举例

高级筛选的第一步:根据给定的筛选条件设置条件区。

【例5.65】　显示"基金简称"中以"上投"、"广发"或"易基"开头的记录。条件区是:B220:B223。

说明:因为它们之间的关系是"或"关系,所以条件要放在不同的行。

【例5.66】　显示"基金简称"以"上投"或"广发"开头,并且它们的"累计净值"都在1.5元以上的记录。条件区是:

D220:E222。

说明:显示"上投＊"并且"累计净值"大于等于"1.5",或者"广发＊"并且"累计净值"大于等于"1.5"的记录。

【例5.67】　显示"基金简称"以"上投"开头的记录,或者"累计净值"大于"2"的记录。条件区是:

G220:H222。

说明:因为条件之间是"或"的关系,所以条件放在不同的行即可。

【例 5.68】 显示"单位净值"小于 1.5 并且"累计净值"大于 1.8 的记录。条件区是：D224：E225

说明：因为条件之间是"与"的关系，所以条件放在同一行。

【例 5.69】 选择"单位净值"在"1.5～1.8"(不含 1.5 和 1.8)的记录。条件区是：G224：H225 。

因为在一个字段设置了两个条件，所以条件区的两个表头是一样的。

高级筛选的第二步：实现筛选。

下面以例 5.67 为例，介绍其余的操作。

①将光标定位在数据清单区(见图 5.88(a)中数据清单)。

②"数据"选项卡→"高级"(见图 5.88(b)"高级筛选"对话框)。

③在"高级筛选"对话框要确定三个区域：

● "列表区域"：是数据清单所在的区域。例如输入或选定"A1：D177"(相对地址、绝对地址和混合地址均可)。

● "条件区域"：例如输入或选定 G220：H222(相对地址、绝对地址和混合地址均可)。

● "复制到"：用于设置筛选结果的位置，默认在数据清单所在的区域显示筛选结果。

④如果要将结果放到其他的位置，则选中"将筛选结果复制到其他位置"，然后单击"复制到"文本框，再单击要放置筛选结果区域的左上角单元格(由于无法确定筛选结果占用区域的大小，因此只要确定筛选结果区域的左上角单元格即可)。例如将筛选结果的位置确定在从 A 列开始，227 行以下的单元格区域，单击 A227 单元格。

⑤如果希望筛选结果不出现重复的记录，选中"选择不重复的记录"。

⑥单击"确定"。

5. 公式作为筛选条件

公式作为高级筛选条件可实现筛选出满足公式计算结果的记录。例如，对工资表进行筛选，只显示满足"基本工资低于平均工资"条件的记录(见图 5.90)。

图 5.90 公式的结果作为高级筛选条件的举例

(1)公式作为条件的约定

①公式以等号"＝"开始，公式的计算结果作为条件来筛选记录。

②条件区的表头(第一行)为空，但是仍然是条件区域的一部分。由于系统通过公式

中的地址引用来确定条件所在的列,因此不需要表头。

③公式中用作"条件"的引用必须用相对地址引用。公式中其他所有的引用都必须用绝对地址引用。

(2) 公式作为条件的应用举例

【**例 5.70**】 筛选出图 5.90 的 A1:B9 区域中"基本工资"低于"平均的基本工资"的记录。

操作步骤如下:

①建立条件区。例如在 B13 输入公式:=B2<AVERAGE($B$2:$B$9)。

②光标定位在数据清单区(图 7.8 中数据清单)→"数据"选项卡→"高级"。

③在"高级筛选"对话框完成以下操作:

● "列表区域":输入或选定 A1:B9。

● "条件区域":输入或选定 B12:B13(见图 5.90 的条件区)。

● "复制到":输入或选定 A16→"确定"。筛选结果见图 5.90 的 A16:B21。

5.7.3 排序

1. 排序原则

(1)数值型数据排序原则

数值型数据排序的原则是按数值的大小排序。

(2)字母与符号的排序原则

①英文字母按字母的 ASCII 码值的大小排序。例如"A"<"B"… <"Z",默认不区分大小写字母。

②如果包含数字和文本,在升序排序时按:数字 0~9(空格)!" # $ % &( ) * ,. / : ; ? @ [\ ] ^ _ ` { | } ~+<=> 字母 A~Z 的顺序排列。

(3)汉字的排序原则

在默认的情况下,汉字的排序顺序按汉语拼音字母的大小排序(与汉语字典的汉字排序一致)。对汉字排序时可以根据需要选择以下三种排序方式之一。

①按拼音字母排序(汉语字典中字母顺序)

例如"李"<"王"(因为"L"<"W")。

②按笔画排序(汉语字典中笔画顺序)

例如"王"<"李"(因为"王"字的笔画少于"李"字)。

③按"自定义序列"排序

在许多情况下对于非数值数据的排序,既不是按汉语拼音排序也不是按汉字的笔画排序,而是人为地按某个特定的顺序排序。例如,职务按"局级"、"副局级"、"处级"、"副处级"排序;学位按"博士"、"硕士"、"学士"排序等等。这需要在排序前将排序的项目定义为"自定义序列",然后再按"自定义序列"排序。

(4)逻辑值的排序原则

逻辑值的排序原则:FALSE 小于 TRUE。

(5)其他

无论是升序还是降序排序时,空白单元格总是排在最后面。所有错误值的优先级相同。

排序前,最好取消隐藏的行和列。因为对列数据进行排序时,隐藏的行中数据也会被排序。同样如果对行排序时,隐藏的列中数据也会被排序。

2.简单排序

一个数据列的排序是指按数据清单中某一个"列"数据的大小"升序"或"降序",重新排列记录在数据清单中的位置。对一个数据列排序的最简单的方法是用"升序" 或"降序" 按钮进行排序。操作方法是:

①光标定位在数据清单中要排序的"列"中任何一个单元格(如果选定了"列",只有选定的列排序,没有选定的列就不会同步排序,因此不要选定列)。

②单击"数据"选项卡 或 按钮。

执行以上操作后,指定的"列"按"升序"或"降序"排列,同时数据清单的同一行中其他的数据同步移动。在默认情况下,汉字按拼音排序。如果要按其他的排序方式排序,见后面介绍的内容。

【例 5.71】 以图 5.91(a)中"职工情况简表"为例,按性别"升序"排列。

操作步骤是:单击数据清单("职工情况表")B 列中任意一个单元格→单击 按钮(排序结果见图 5.91(b))。

	A	B	C	D
1			职工情	
2	编号	性别	年龄	学历
3	10001	女	45	本科
4	10002	女	42	中专
5	10003	男	29	博士
6	10004	女	40	博士
7	10005	男	55	本科
8	10006	男	35	硕士
9	10007	男	23	本科
10	10008	男	36	大专
11	10009	男	50	硕士
12	10010	女	27	中专

(a) 排序前

	A	B	C	D	E	F	G
1			职工情况简表				
2	编号	性别	年龄	学历	科室	职务等级	工资
3	10003	男	29	博士	科室1	正处级	1600
4	10005	男	55	本科	科室2	副局级	2500
5	10006	男	35	硕士	科室3	科员	2100
6	10007	男	23	本科	科室2	科员	1500
7	10008	男	36	大专	科室1	科员	1700
8	10009	男	50	硕士	科室1	正局级	2800
9	10011	男	22	大专	科室1	科员	1300
10	10001	女	45	本科	科室1	正处级	2300
11	10002	女	42	中专	科室1	副局级	1400
12	10004	女	40	博士	科室1	副局级	2400

(b) 排序后

图 5.91 一列数据排序举例

3. 多关键字排序

如果同时对三个数据列/行排序,第一个排序列/行,称为"主关键字";第二个排序列/行,称为"次要关键字";第三个排序列/行,称为"第三关键字"。排序原则是:

如果只有一个要排序的列/行,按"主关键字"排序;如果有两个要排序的列/行,首先按"主关键字"排序,然后对"主关键字"中相同的值,再按第二关键字排序;同理,如果有三个要排序的列/行,对"次要关键字"中相同的值,再按"第三关键字"排序。

下面通过实例介绍多关键字的排序。

【例 5.72】　以图 5.92(a)中"职工情况简表"为例,"科室"按"升序"排列;如果"科室"相同,按"职务等级"的"升序"排列;如果"职务等级"相同,再按"工资"的"降序"排列。

操作步骤:

①单击数据清单("职工情况简表")中任意一个单元格。

②"数据"选项卡→"排序",在"排序"对话框(见图 5.92(b)),选中"数据包含标题"。

③在"主关键字"中选择"科室",确认"升序";在"次要关键字"选择"职务等级",确认"升序";在"第三关键字"选择"工资",确认"降序",单击"确定"。排序结果见图 5.92(a)。

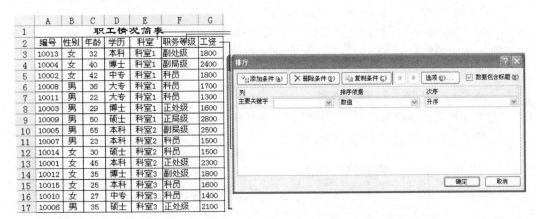

(a)　职工情况简表　　　　　　　　　　　　　(b)　"排序"对话框

图 5.92　多关键字排序举例

上述例子是按默认的数据"列"对行的排序,文本型数据按"拼音字母"排序。如果要更改为数据"行"对列的排序或按"笔画"排序,单击"排序"对话框中的"选项"按钮,选中所需的选项即可。

4. 按自定义序列排序

在默认情况下,汉字的排序可以选择按拼音排序或笔画排序。除此之外,还可以按系统提供的数据系列或自定义的数据系列排序。例如在默认的情况下,图 5.92 中"职务等级"是按汉语"拼音字母"顺序排序。若事先按"职务等级"从高到低的顺序建立了"自定义序列",则在排序时,可以选择按"自定义序列"排序。下面通过例子介绍如何按自定义的数据序列排序。

由于自定义序列的排序只能应用于"排序"对话框的"主要关键字"中,因此,若要对多个数据列排序,可以采用先按最次要的列排序,再逐列进行排序。

【例 5.73】　以图 5.92(a)中"职工情况简表"为例,要求完成的排序条件如下:

(1)"科室"按"升序"排列;

(2)如果"科室"相同,按"职务等级"级别(局级、处级、科级)"降序"排列;

(3)如果"职务等级"相同,则按"工资"的"降序"排列。

为完成以上的排序,下面给出操作步骤,分四步进行(排序结果见图5.93(a))。

第一步:建立"职务等级"的自定义序列。

①"文件"选项卡→"选项"。

②在"自定义排序次序"输入数据序列:正局级,副局级,正处级,副处级,科级。

③单击"添加"按钮。

第二步:"工资"按"降序"排序。

①光标定位在数据清单中"工资"列中的任何一个单元格。

②单击"常用"工具栏中"降序"按钮。

第三步:"职务等级"按自定义的序列"降序"排序。

①"数据"选项卡→排序,选中"有标题行"。

②在"主关键字"中选择"职务等级",单击"选项"按钮。

③在"排序选项"对话框选择自定义的序列(见图5.93(b))→"确定"。

④确认"职务等级"为"降序"→"确定"。

第四步:"科室"按"升序"排列。

①将光标定位在数据清单中"科室"列中的任何一个单元格。

②单击"常用"工具栏中"升序"按钮。

1	职工情况简表						
2	编号	性别	年龄	学历	科室	职务等级	工资
3	10009	男	50	硕士	科室1	正局级	2800
4	10004	女	40	博士	科室1	副局级	2400
5	10003	男	29	博士	科室1	正处级	1600
6	10013	女	32	本科	科室1	副处级	1800
7	10002	女	42	中专	科室1	科员	1800
8	10008	男	36	大专	科室1	科员	1700
9	10011	男	22	大专	科室1	科员	1300
10	10005	男	55	本科	科室2	副局级	2500
11	10001	女	45	本科	科室2	正处级	2300
12	10007	男	23	本科	科室2	科员	1500
13	10014	女	30	硕士	科室2	科员	1500

(a) 职工情况简表   (b) "排序选项"对话框

图5.93   自定义序列的排序应用举例

5.7.4   分类汇总与数据透视表

1.分类汇总

分类汇总是指在数据清单中按某一列数据的值对数据清单进行分类后,按不同的"类"对数据进行统计。统计结果包括分类数据的累加和、个数或平均值等。例如,按在职人员不同的年龄或学历统计工资收入情况;按不同的职业统计银行存款情况等。

在分类汇总时,要确定以下内容:

(1)确定数据清单中的一列为"分类字段"。

(2)"分类字段"中的同一类别的数据在相邻的单元格。

(3)确定分类汇总的方式:总和、个数或平均值等。

(4)确定要统计哪些数据列。

其中第(2)条要求在分类汇总前,要对"分类字段"进行排序("升序"或"降序"均可)。经过排序后,同一类别的数据放在一起,分类汇总才能得出正确的结果。

2. 取消分类汇总

取消分类汇总结果,恢复数据为分类汇总之前的状态,操作是:

"数据"选项卡→"分类汇总"→"全部删除"。

3. 分类汇总应用举例

【例 5.74】 以图 5.91(a)中的表为例,按"科室"分类,求每一科室的平均年龄和平均工资。

第一步:按"科室"列"升序"或"降序"排列。

①光标定位到"科室"列中任意一个单元格。

②单击"常用"工具栏中"降序" ▼ 按钮。

第二步:分类汇总。

①单击"职工情况简表"中任意一个单元格。

②"数据"选项卡→"分类汇总",打开"分类汇总"对话框(见图 5.94(a))。

③在"分类字段"选择"科室";"汇总方式"选择"平均值";汇总项选中"年龄"和"工资"。

④单击"确定"。分类汇总结果如图 5.94(b)所示。

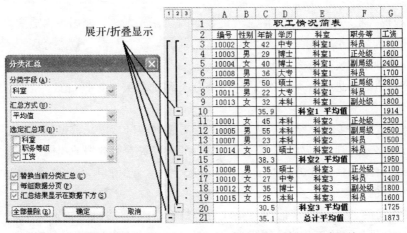

(a) "分类汇总"　　　　(b) 按"科室"分类汇总

图 5.94　按"科室"分类汇总举例

【例 5.75】 以图 5.91(a)中的表为例,计算不同的"职务等级"的平均年龄和平均工

资,操作是:

①按"职务等级"排序。例如单击图 5.91(a)"职工情况简表"中 F 列的任意一个单元格→单击 按钮。

②"数据"选项卡→"分类汇总"。

③分类字段选"职务等级";汇总方式选"平均值";汇总项选中"年龄"和"工资"。

④单击行标号左侧的折叠按钮" ▬ ",只显示分类汇总结果,隐藏数据部分(结果见图 5.95)。

1 2 3		A	B	C	D	E	F	G
	1					职工情况简表		
	2	编号	性别	年龄	学历	科室	职务等级	工资
+	4			50			正局级 平均值	2800
+	7			47.5			副局级 平均值	2450
+	11			36.3			正处级 平均值	2000
+	14			33.5			副处级 平均值	1800
+	22			29.3			科员 平均值	1543
-	23			35.1			总计平均值	1873

图 5.95　按"职务等级"分类汇总举例

5.7.5　数据透视表与数据透视图

数据透视表是对原有的数据清单重组并建立一个统计报表,是一种交互的、交叉制表的 Excel 报表,用于对数据进行汇总和分析。用数据透视表可以汇总、分析、浏览和提供汇总数据。使用数据透视图可以在数据透视表中显示该汇总数据,并且可以方便地查看比较、模式和趋势。

1. 数据透视表

数据透视表是一种可以快速汇总大量数据的交互式方法。使用数据透视表可以深入分析数值数据,数据透视表主要用途为:

(1)以多种用户友好方式查询大量数据。

(2)对数值数据进行分类汇总和聚合,按分类和子分类对数据进行汇总,创建自定义计算和公式。

(3)展开或折叠要关注结果的数据级别,查看感兴趣区域汇总数据的明细。

(4)将行移动到列或将列移动到行(或"透视"),以查看源数据的不同汇总。

(5)对最有用和最关注的数据子集进行筛选、排序、分组和有条件地设置格式,使用户能够关注所需的信息。

(6)提供简明、有吸引力并且带有批注的联机报表或打印报表。

如果要分析相关的汇总值,尤其是在要合计较大的数字列表并对每个数字进行多种比较时,通常使用数据透视表。在图 5.96 所述的数据透视表中,可以方便地看到单元格 F3 中第三季度高尔夫销售额是如何与其他运动或季度的销售额或总销售额进行比较的。

在数据透视表中,源数据中的每列或每个字段都成为汇总多行信息的数据透视表字段。

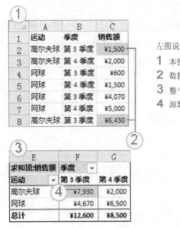

图 5.96　数据透视表

在上述示例中,"运动"列成为"运动"字段,高尔夫的每条记录在单个高尔夫项中进行汇总。

"∑数值"(如"销售小计")提供要汇总的值。上述报表中的单元格 F3 包含的"销售小计"值来自源数据中"运动"列包含"高尔夫"和"季度"列包含"第 3 季度"的每一行。默认情况下,"∑数值"区域中的数据采用以下方式对数据透视图中的基本源数据进行汇总:数值使用 SUM 函数,文本值使用 COUNT 函数。

要创建数据透视表,必须定义其源数据,在工作簿中指定位置并设置字段布局。

2. 创建数据透视表或数据透视图

若要创建数据透视表或数据透视图,必须连接到一个数据源,并输入报表的位置。

(1)选择单元格区域中的一个单元格,或者将插入点放在一个 Microsoft Office Excel 表中。确保单元格区域具有列标题。

(2)选择要生成的报表的类型:请在"插入"选项卡的"表"组中,单击"数据透视表",然后单击"数据透视表"(或"数据透视图")。Excel 会显示"创建数据透视表"(或"数据透视图")对话框。

(3)选择数据源:选择需要分析的数据

①单击"选择一个表或区域"。

②在"表/区域"框中键入单元格区域或表名引用,如＝＝QuarterlyProfits。

如果在启动向导之前选定了单元格区域中的一个单元格或者插入点位于表中,Excel 会在"表/区域"框中显示单元格区域或表名引用。

(4)指定位置

若要将数据透视表放在新工作表中,并以单元格 A1 为起始位置,请单击"新建工作表"。

若要将数据透视表放在现有工作表中,请选择"现有工作表",然后指定要放置数据透视表的单元格区域的第一个单元格。

(5)单击"确定"

Excel 会将空的数据透视表添加至指定位置并显示数据透视表字段列表 ,以便用户可以添加字段、创建布局以及自定义数据透视表。

如果创建数据透视图,Excel 将在数据透视图的正下方创建关联的数据透视表(相关联的数据透视表:为数据透视图提供源数据的数据透视表。在新建数据透视图时,将自动创建数据透视表。如果更改其中一个报表的布局,另外一个报表也随之更改。)数据透视图及其相关联的数据透视表必须始终位于同一个工作簿中。

3. 基于已有的数据透视表创建数据透视图

①单击数据透视表。
②在"插入"选项卡上的"图表"组中,单击图表类型,如图 5.97 所示。

图 5.97   图表类型图标

可以使用除 XY 散点图、气泡图或股价图以外的任意图表类型。

4. 将数据透视图转换为标准图表

通过执行以下操作,查找其名称与数据透视图的名称相同的相关联的数据透视表(相关联的数据透视表:为数据透视图提供源数据的数据透视表。在新建数据透视图时,将自动创建数据透视表。如果更改其中一个报表的布局,另外一个报表也随之更改。):
①单击数据透视图,将显示"数据透视图工具",同时添加"设计"、"布局"、"格式"和"分析"选项卡。
②若要查找相关联的数据透视表名称,请在"设计"选项卡上的"数据"组中,单击"选择数据"以显示"编辑数据源"对话框,然后在"图表数据区域"文本框中记录相关联的数据透视表名称(惊叹号(!)后面的文本),然后单击"确定"。
③若要查找相关联的数据透视表,请单击工作簿中的每个数据透视表,然后在"选项"选项卡上的"数据透视表"组中,单击"选项"直到在"名称"文本框中找到相同的名称。
④单击"确定"。
⑤在"选项"选项卡上的"操作"组中,单击"选择",然后单击"整个数据透视表"。
⑥按【Delete】键。

5. 使用数据透视表的部分或全部数据创建标准图表

在数据透视表中选择要在图表中使用的数据。若要在报表的首行和首列包括字段按钮(字段按钮:用于识别数据透视表或数据透视图中的字段的按钮。拖动字段按钮可更改报表的布局,或者单击按钮旁的箭头可更改在报表中显示的明细数据的级别。)和数据,请从所选数据的右下角开始拖动。
①在"开始"选项卡上的"剪贴板"组中,单击"复制"按钮。

②单击数据透视表外部的空白单元格。

③在"开始"选项卡上的"剪贴板"组中,单击"粘贴"旁边的箭头,然后单击"选择性粘贴"。

④单击"数值",再单击"确定"。

⑤在"插入"选项卡上的"图表"组中,单击图表类型。

6. 删除数据透视表或数据透视图

(1)删除数据透视表

①单击数据透视表。

②在"选项"选项卡上的"操作"组中,单击"选择",然后单击"整个数据透视表"。

③按【Delete】键。

(2)删除数据透视图

①选择该数据透视图。

②按【Delete】键。

7. 更新数据透视表中的数据

如果原数据清单中数据被修改了,系统不会自动更新数据透视表中的统计数据,也不允许用手动的方式修改数据透视表中的统计数据。因此,若要更新数据透视表的统计结果,可单击数据透视表,单击"数据透视表"工具栏上"更新"按钮 ᠄ 或者选择"数据"选项卡→"更新数据"。

8. 浏览、编辑数据透视表

通过定义数据源、排列"数据透视表字段列表"中的字段以及选择初始布局来创建初始数据透视表后,我们可以执行下列任务来处理数据透视表:

浏览数据:

* 展开和折叠数据,并显示与值有关的基本明细。
* 对字段和项进行排序、筛选和分组。
* 更改汇总函数,并且添加自定义计算和公式。
* 更改窗体布局和字段排列。
* 更改数据透视表形式:压缩、大纲或表格。
* 添加、重新排列和删除字段。
* 更改字段或项的顺序。
* 更改列、行和分类汇总的布局。
* 打开或关闭列和行字段标题,或者显示或隐藏空行。
* 在其行上方或下方显示分类汇总。
* 刷新时调整列宽。
* 将列字段移动到行区域或将行字段移动到列区域。
* 为外部行和列项合并单元格或取消单元格合并。

9. 建立数据透视表\数据透视图应用举例

【例 5.76】 以图 5.98 所示的销售记录表为例,建立数据透视表和数据透视图。

序号	日期	姓名	品名	单价	数量	金额	运输方式
			销售记录表				
9701	2003/3/1	张三	创维	3,080	5	15,400	汽车
9702	2003/3/1	李四	创维	3,600	7	25,200	轮船
9703	2003/3/1	王五	创维	3,200	2	6,400	火车
9704	2003/3/1	马六	TCL	3,080	5	15,400	轮船
9705	2003/3/1	周七	熊猫	3,300	6	19,800	汽车
9706	2003/3/1	郑八	熊猫	3,300	4	13,200	汽车
9707	2003/3/1	张三	康佳	2,980	3	8,940	火车
9708	2003/3/1	李四	TCL	3,200	7	22,400	轮船
9709	2003/3/1	王五	康佳	3,200	5	16,000	汽车
9710	2003/3/1	马六	TCL	3,080	3	9,240	汽车
9711	2003/2/24	周七	长虹	3,600	1	3,600	汽车
9712	2003/2/25	郑八	创维	2,980	6	17,880	汽车
9713	2003/2/26	张三	TCL	3,600	5	18,000	汽车
9714	2003/2/27	李四	长虹	3,200	4	12,800	火车
9715	2003/2/28	王五	熊猫	2,980	1	2,980	火车

图 5.98   销售记录表

操作步骤如下:

①单击销售记录表中任意非空单元格,选择"插入"选项卡,单击"表"组中的"数据透视表"按钮,在弹出的菜单中选择"数据透视表"命令,如图 5.99 所示。

图 5.99   "数据透视表"按钮

②打开"创建数据透视表"对话框,在"请选择要分析的数据"组中选择"选择一个表或区域",单击"表/区域"文本框右侧的按钮。

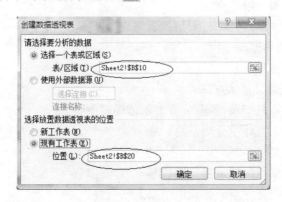

图 5.100   创建数据透视表对话框

③在"选择放置数据透视表的位置"下,选择"现有工作表"按钮,在工作表中选择 b20 单元格,单击"确定"按钮,则会在工作表中插入如图 5.101 所示的数据透视表。

图 5.101　空白的数据透视表

将右侧"数据透视表字段列表"中的字段,按图 5.102 所示分别拖到"报表筛选字段"、列字段、行字段和数值字段中,则会产生图 5.102 所示的数据透视表(1)。

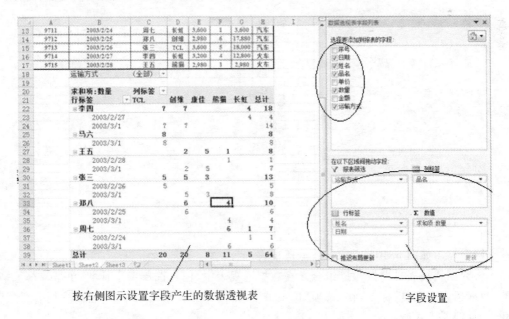

按右侧图示设置字段产生的数据透视表　　　　　　　　　字段设置

图 5.102　数据透视表(1)

类似的,若按图 5.103 图示进行字段设置,可以产生数据透视表(2)

④在数据透视表(2)中添加计算字段"提成",计算公式为:提成＝金额 * 3%。

方法是:选择图 5.104 图中数据透视表的任意单元格,单击屏幕上端的"数据透视表工具"标签,在"选项"选项卡中,单击"域、项目和集"按钮,在下拉列表框中,选择"计算字段"命令,在"插入计算字段"对话框中,按图 5.104 所示输入名称和公式。

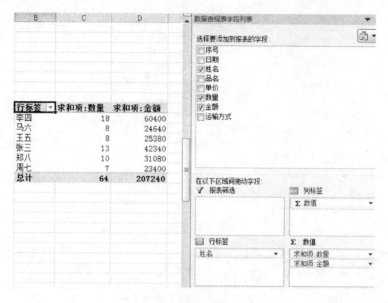

图 5.103　数据透视表(2)

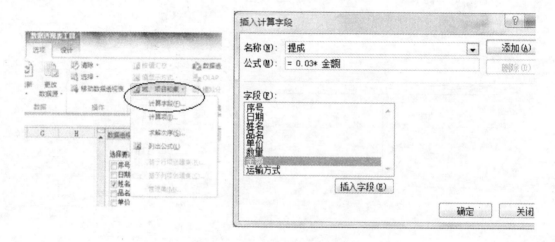

图 5.104　添加计算字段"提成"

则会显示如图 5.105 所示的数据透视表。

将数据透视表日期按"月"组合。在数据透视表中,任意选择一个日期,单击屏幕上端的"数据透视表工具"标签,在"选项"选项卡中,单击"分组"组命令中的"将所选内容分组"命令,见图 5.106 所示。

行标签	求和项:数量	求和项:金额	求和项:提成
李四	18	60400	1,812
马六	8	24640	739
王五	8	25380	761
张三	13	42340	1,270
郑八	10	31080	932
周七	7	23400	702
总计	64	207240	6,217

图 5.105　数据透视表(3)

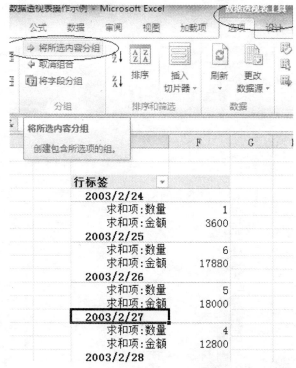 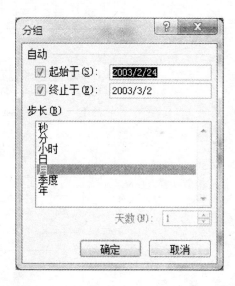

图 5.106　数据透视表(4)

确定后产生的数据透视表如图 5.107 所示。

行标签	
2 月	
求和项:数量	17
求和项:金额	55260
3 月	
求和项:数量	47
求和项:金额	151980
求和项:数量汇总	64
求和项:金额汇总	207240

图 5.107　数据透视表(5)

⑤生成数据透视图:选中图 5.107 数据透视表中的任意单元格,单击"插入"选项卡,选择"二维柱形图",如图 5.108 所示,则会产生如图 5.109 所示的数据透视图。

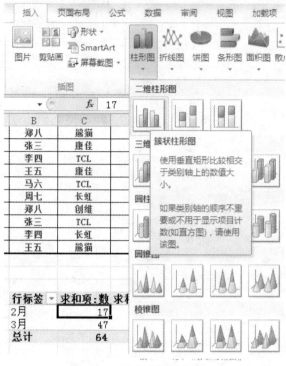

图 5.108　插入"数据透视图"

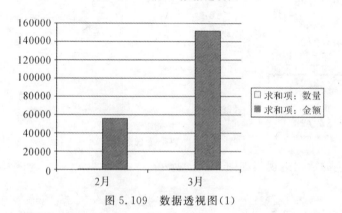

图 5.109　数据透视图(1)

可将图设置为复合图表,步骤参见本章 5.5.2。

⑥插入切片器:选择数据透视表中任一单元格,单击"数据透视表工具"标签,选择"插入切片器"命令,在出现的对话框中选择"姓名"字段,如图 5.110 所示,单击"确定"。结果如图 5.111 所示。在切片器中,单击某人名,数据透视表中的数据会随之发生变化。

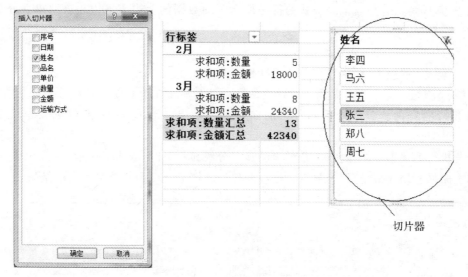

图 5.110　数据透视图(2)

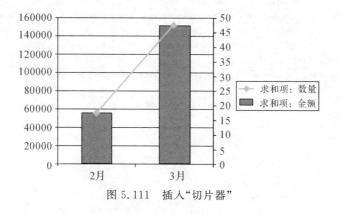

图 5.111　插入"切片器"

5.7.6 分级显示

1. 组及分级显示

分级显示可以隐藏数据表中的若干行/列,只显示指定的行/列数据。分级显示通常用于隐藏数据表的明细数据行/列,而只显示汇总行/列。一般情况下,汇总行在明细行的下面,汇总列在明细列的右侧。

如果汇总行在明细数据行的上面,或汇总列在明细数据列的左侧,可以采用自动分级显示,系统能自动进行分辨并且进行分级。

2. 分级显示与应用举例

如果工作表中含有在明细数据中引用单元格的汇总公式,那么可以自动地按明细和汇总分级显示工作表。自动分级显示要求所有包含汇总公式的"列"必须在明细数据的右

边或左边,或者所有包含汇总公式的行必须在明细数据的上边或下边。自动建立分级显示的操作是:

①选定需要分级显示的数据区。

②"数据"选项卡→"创建组"→"自动建立分级显示"。

【例5.77】 图5.112是两个分理处的六个储蓄所十二个月的存款汇总表。其中第6行和第10行是两个分理处不同月份的储蓄汇总结果。第E、I、M和Q列是季度汇总结果。

若执行上述①和②操作后,系统自动建立分级显示,如图5.112所示。在行的左侧和列的上面都有用于折叠/展开显示数据表的按钮。图5.113是折叠显示后的结果。

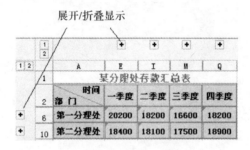

时间\部门	一月	二月	三月	一季度	四月	五月	六月	二季度	七月	八月	九月	三季度	十月	十一月	十二月	四季度
一储蓄所	2000	2300	2400	6700	1700	1900	2400	6000	1800	1600	1700	5100	2500	1600	2200	6300
二储蓄所	2400	2000	2200	6600	1800	1700	2200	5700	1900	2200	1800	5900	1800	2200	2000	6000
三储蓄所	2100	2400	2400	6900	2000	2400	2100	6500	2400	1600	1600	5600	1900	2000	2000	5900
第一分理处	6500	6700	7000	20200	5500	6000	6700	18200	6100	5400	5100	16600	6200	5800	6200	18200
A储蓄所	2200	1600	1700	5500	1900	2100	2400	6400	1900	2100	2000	6000	1900	2000	2400	6300
B储蓄所	2200	2000	2500	6700	2400	1600	2300	6300	2200	2200	1700	6100	2100	2400	2100	6600
C储蓄所	1800	2200	2400	6200	1700	2100	1600	5400	2100	1700	1600	5400	2300	1800	1900	6000
第二分理处	6000	5800	6600	18400	6000	5800	6300	18100	6200	6000	5300	17500	6300	6200	6400	18900

图5.112 建立分级显示

展开/折叠显示

时间\部门	一季度	二季度	三季度	四季度
第一分理处	20200	18200	16600	18200
第二分理处	18400	18100	17500	18900

图5.113 折叠显示

3.取消分级显示

清除所有的分级:单击数据表→"数据"选项卡→"取消组合"→"清除分级显示"。

清除某个分级组:单击要取消的组所在的行/列→"数据"选项卡→"取消组合"→"取消组合",选择"行"或"列"。

5.7.7 合并计算

1. 用三维公式实现合并计算

如果公式中引用了多张工作表上的单元格地址,称该公式为三维公式。

【例 5.78】 假设在一个工作簿的三张工作表"第一储蓄所"、"第二储蓄所"和"第三储蓄所"分别输入了三个储蓄所一月份~三月份的储蓄额(见图 5.114 上面的 3 个工作表),要求在"第一分理处"工作表计算三个储蓄所每个月的储蓄额的合计。

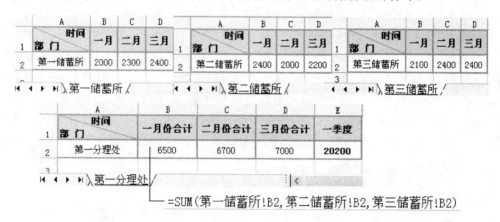

图 5.114 "三维公式"合并计算举例

操作步骤是:

第一步:在 B2 输入公式计算三个储蓄所一月份的合计。

方法 1:

直接在"第一分理处"的 B2 输入公式:

=SUM(第一储蓄所!B2,第二储蓄所!B2,第三储蓄所!B2)

方法 2:

(1)单击"第一分理处"工作表的 B2,输入"=SUM("。

(2)单击"第一储蓄所"工作表标签,再单击 B2,输入","。

(3)单击"第二储蓄所"工作表标签,再单击 B2,输入","。

(4)单击"第三储蓄所"工作表标签,再单击 B2,输入")"。

(5)按【Enter】键后,输入的公式与用方法 1 输入的一样。

第二步:将"第一分理处"工作表 B2 单元格的公式,复制到 C2 和 D2。

第三步:在"第一分理处"工作表 E2 单元格输入公式:=SUM(B2:D2)。

2. 按位置合并计算

如果所有要合并计算的数据是按同样的顺序和位置排列存放的,则可以通过位置进行合并计算。分析上述"例 5.78",实际上是计算三个工作表的三个区域的第一个位置的数据累加和、第二个位置的数据累加和，以及第三个位置的数据累加和。用公式计算需要先计算出第一个位置的累加和，然后再复制到其他的位置。如果用"按位置合并计算"，操作可能会简便些。

【例 5.79】 用"按位置合并计算"的方法，完成与"例 5。78"相同的任务。

①选定"第一分理处"的 B2:D2 单元格区域。

②"数据"选项卡→"合并计算"。打开"合并计算"对话框（见图 5.115（a）），确定"函数"为"求和"，单击"引用位置"框。

③单击"第一储蓄所"工作表标签，选定 B2:D2，单击"添加"按钮。

④单击"第二储蓄所"工作表标签，选定 B2:D2，单击"添加"按钮。

⑤单击"第三储蓄所"工作表标签，选定 B2:D2，单击"添加"按钮。

⑥选中"创建连至源数据的链接"，单击"确定"。

如果没有选择"创建连至源数据的链接"，合并计算的结果是数据，更改合并之前的数据不会更新合并后的结果。如果选择"创建连至源数据的链接"，合并计算的结果单元格内是公式（见图 5.115（b）），与合并前的数据之间有链接，如果合并前的数据被更改，合并计算结果会自动被更新。选择"创建连至源数据的链接"后，还会在合并计算的工作表中的左侧出现 ✚ 按钮，单击 ✚ 按钮，可以在当前工作表中展开显示"源数据"。

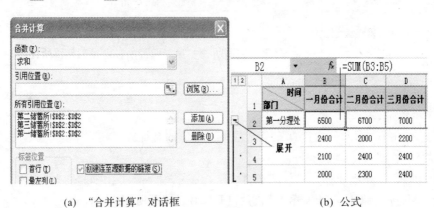

(a) "合并计算"对话框   (b) 公式

图 5.115 "合并计算"应用举例

3. 按分类合并计算

如果所要合并计算的数据是具有相同的行标志或列标志，则可按分类进行合并计算。

【例 5.80】 图 5.116 中有三个工作表分别记录了三种服装的件数，要求按"商品名"统计每一种服装的总件数。

注意在原始数据的三个工作表中，各种服装存放的位置没有规律，因此不能用"按位置合并计算"，统计是按名称统计，所以可以用"按分类合并计算"。操作是：

①在"一季度服装"工作表的 A1 和 B1 单元格分别输入"商品名"和"总计（件）"。

②单击"一季度服装"工作表的 A2 单元格。

③"数据"选项卡→"合并计算"。打开"合并计算"对话框（见图 5.116（a）），确定"函

数"为"求和",单击"引用位置"框。

　　④单击"一月份"工作表标签,选定 A2:B4,单击"添加"按钮。

　　⑤单击"二月份"工作表标签,选定 A3:B5,单击"添加"按钮。

　　⑥单击"三月份"工作表标签,选定 A3:B5,单击"添加"按钮。

　　⑦选中"标签位置"中的"最左列"。

　　⑧选中"创建连至源数据的链接",单击"确定"(结果见图 5.116(b))。

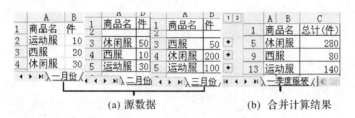

(a) 源数据 　　　　　　　(b) 合并计算结果

图 5.116　分类合并计算应用举例

　　从以上的操作步骤可以看出,与按"位置"合并计算操作基本一样,但是要注意按"位置"合并计算时不选择"表头",而按"分类"合并计算必须选中表头(分类项标签),并且在对话框中要确认"标签"的位置。

5.7.8　列表

　　为了更好地对一个工作表中的每一个数据区进行独立地管理,可以将每一个数据区创建为一个列表。一个工作表中可以创建多个列表,一个列表相当于一个独立的数据集,可以对列表进行筛选、添加行和创建数据透视表等操作。

1. 创建列表

创建列表的操作是:

①选定要创建列表的数据区或数据清单区域。

②"插入"选项卡→"表格"。

③如果所选择的区域有标题,请选中"表包含有标题"→"确定"。

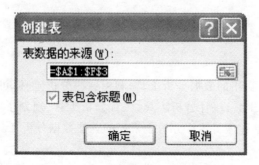

图 5.117　创建表对话框

创建"列表"后,注意列表有以下特点:

● 在默认情况下,为"列表"的所有列启用自动筛选功能。自动筛选允许快速筛选或排序数据。

● 列表周围的深蓝色边框将"列表"与其他单元格分隔开。

● 包含星号的行是"插入行"。在该行输入数据后,将自动将数据添加到列表中并扩展列表的边框。

● 拖动列表边框右下角的调整手柄,可修改列表大小。

● 单击列表中任一单元格,再单击"设计"选项卡上"汇总行"按钮,可以为列表添加汇总行。

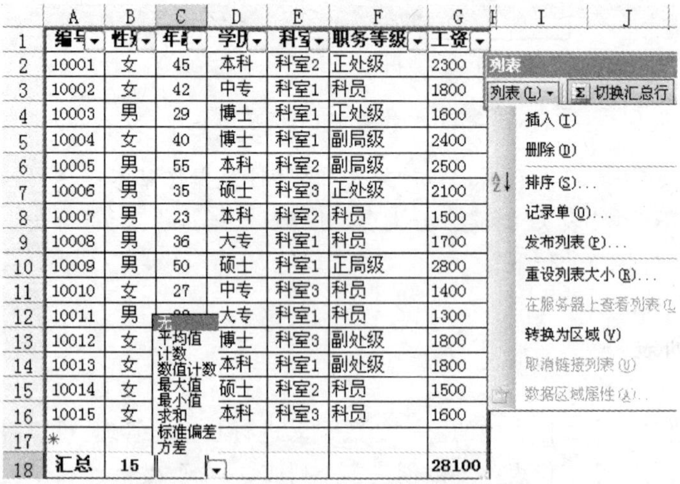

图 5.118　"列表"工具栏与"列表"举例

2.将列表恢复为区域

将"列表"恢复为数据区后,汇总行的统计结果以公式的形式保留。操作是:
单击列表区任何一个单元格,在"设计"选项卡上选择"转换为区域"。

5.8　数据分析

Excel 提供了非常实用的数据分析工具,利用这些分析工具,可解决数据管理中的许多问题,例如财务分析工具、统计分析工具、工程分析工具、规划求解工具、方案管理器等等。下面主要介绍财务管理与统计分析中常用的一些数据分析工具。

5.8.1 用模拟分析方法求解

1. 单变量求解

单变量求解是求解只有一个变量的方程的根,方程可以是线性方程,也可以是非线性方程。单变量求解工具可以解决许多数据管理中涉及一个变量的求解问题。

【例 5.81】 某企业拟向银行以 7% 的年利率借入期限为 5 年的长期借款,企业每年的偿还能力为 100 万元,那么企业最多总共可贷款多少?

设计如图 5.119 所示的计算表格,在单元格 B2 中输入公式"＝PMT(B1,B3,B4)",单击"数据"选项卡→"模拟分析"→"单变量求解",则弹出"单变量求解"对话框,如图 5.120 所示,在"目标单元格"中输入"＄B＄2",在"目标值"中输入"100",在"可变单元格"中输入"＄B＄4",然后单击"确定"按钮,则系统立即计算出结果,如图 5.119 所示,即企业最多总共可贷款 410.02 万元。

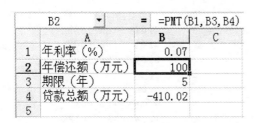

图 5.119 贷款总额计算

图 5.120 "单变量求解"对话框

2. 模拟运算表

模拟运算表是将工作表中的一个单元格区域的数据进行模拟计算,测试使用一个或两个变量对运算结果的影响。在 Excel 中,可以构造两种模拟运算表:单变量模拟运算表和多变量模拟运算表。

(1)单变量模拟运算表

单变量模拟运算表是基于一个输入变量,用它来模拟对一个或多个公式计算结果的影响。

【例 5.82】 企业向银行贷款 10000 元,期限 5 年,使用"模拟运算表"模拟计算不同的利率对月还款额的影响,步骤如下:

①设计数据表结构,输入计算模型(A1:B3)及变化的利率(A6:A14)。

②在单元格 B5 中输入公式"＝PMT(B2/12,B3＊12,B1)",如图 5.121 所示。

③选取包括公式和需要进行模拟运算的单元格区域 A5:B14。

④单击"数据"选项卡→"模拟分析"→"模拟运算表",弹出"模拟运算表"对话框,如图 5.122。

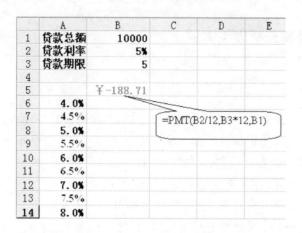

图 5.121 　单变量模拟运算表

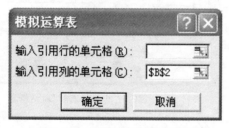

图 5.122 　"模拟运算表"对话框 　　　　　图 5.123 　单变量的模拟运算表

⑤由于本例中引用的是列数据,故在"输入引用列的单元格"中输入"＄B＄2"。单击"确定"按钮,即得到单变量的模拟运算表,如图 5.123 所示。

2. 双变量模拟运算表

双变量模拟运算表比单变量模拟运算表要略复杂一些,双变量模拟运算表是考虑两个变量的变化对一个公式计算结果的影响,它与单变量模拟运算表的主要区别在于双变量模拟运算表使用两个可变单元格(即输入单元格)。双变量模拟运算表中的两组输入数值使用的是同一个公式,这个公式必须引用两个不同的输入单元格。

创建双变量模拟运算表的一般过程如下:

①建立计算模型。

②在工作表的某个单元格内,输入所需引用的两个输入单元格的公式。

③在公式下面同一列中键入一组输入数值,在公式右边同一行中键入第二组输入数值。

④选定包含公式以及数值行和列的单元格区域。

⑤单击"数据"选项卡→"模拟分析"→"模拟运算表",弹出"模拟运算表"对话框。

⑥在"输入引用行的单元格"编辑框中,输入要由行数值替换的输入单元格的引用。

⑦在"输入引用列的单元格"编辑框中,输入要由列数值替换的输入单元格的引用。

【例 5.83】　我们把在前面的例子中规定的还款期限由固定的 5 年期改变为在 2～5 年变化,即现在对计算的要求变成为:利用双变量模拟运算表及 PMT 财务函数计算贷款 10000 元,年利率在 4.0%～8.0%变化时,各种年利率下,当还款期限在 1～5 年变化时,每月等额的还款金额。

根据题目的要求,具体的操作可按如下步骤进行:

①按照双变量模拟运算表的输入要求,在工作表中输入以下内容:贷款总额(10000)、固定年利率(6%)、固定还贷期限(5)、每月还贷款金额公式、年利率变化序列(4%～8.0%)、还贷期限变化序列(1,2,3,4,5),输入单元格式排列如图 5.125 所示(注意:在计算贷款期限时要乘以 12,以月为单位计算)。

在图 5.125 中,单元格 A5 中的公式为"＝PMT(B2/12,B3,B1)";单元格区域 A6:A14 为要作为替代输入单元格的"年利率"序列;单元格区域 B5:F5 为要作为替代另一个输入单元格的"还贷期限"序列。

②在单元格 A5 内输入公式为"＝PMT(B2/12,B3 * 12,B1))",公式中的单元格 B2 (代表年利率)、B3(代表期限)将作为输入单元格。

③选定单元格区域 A5:F14。

④单击"数据"菜单中的"模拟运算表"命令,弹出"模拟运算表"对话框,如图 5.124 所示。

⑤在"输入引用行的单元格"框中,选择或输入要用行数值序列(即"还贷期限"序列 B5:F5)替换的输入单元格"＄B＄3";在"输入引用列的单元格"框中,选择或输入要用列数值序列(即"年利率"序列 A6:A14)替换的输入单元格"＄B＄2"。如图 5.124 所示。

⑥单击"确定"按钮。

经过上述操作过程后,得到双变量模拟运算表的计算结果如图 5.125 所示。

	A	B	C	D	E	F
1	贷款总额	10000				
2	贷款利率	5%		=PMT(B2/12,B3*12,B1)		
3	贷款期限	5				
4						
5	¥-188.71	1	2	3	4	5
6	4.0%	-851.499042	-434.249	-295.24	-225.791	-184.165
7	4.5%	-853.785216	-436.478	-297.469	-228.035	-186.43
8	5.0%	-856.074818	-438.714	-299.709	-230.293	-188.712
9	5.5%	-858.367846	-440.957	-301.959	-232.565	-191.012
10	6.0%	-860.664297	-443.206	-304.219	-234.85	-193.328
11	6.5%	-862.96417	-445.463	-306.49	-237.15	-195.661
12	7.0%	-865.267461	-447.726	-308.771	-239.462	-198.012
13	7.5%	-867.574169	-449.996	-311.062	-241.789	-200.379
14	8.0%	-869.884291	-452.273	-313.364	-244.129	-202.764

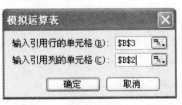

图 5.124　"模拟运算表"对话框

图 5.125　双变量模拟运算表

3. 修改模拟运算表

当创建了单变量或双变量模拟运算表后,可以根据需要作各种修改。

①修改模拟运算表的计算公式。当计算公式发生变化时,模拟运算表将重新计算,并在相应单元格中显示出新的计算结果。

②修改用于替换输入单元格的数值序列。当这些数值序列的内容被修改后,模拟运算表将重新计算,并在相应单元格中显示出新的计算结果。

③修改输入单元格。选定整个模拟运算表(其中包括计算公式、数值序列及运算结果区域),然后单击"数据"菜单中的"模拟运算表"命令,弹出"模拟运算表"对话框,这时可以在"输入引用行的单元格"框中或"输入引用列的单元格"框中重新指定新的输入单元格。

④由于模拟运算表中的计算结果是存放在数组中的,所以当需要清除模拟运算表的计算结果时,必须清除所有的计算结果,而不能只清除个别计算结果。如果用户想要只删除模拟运算表的部分计算结果,则屏幕上将会出现如图 5.126 所示的消息框,提示用户不能进行这样的操作。

图 5.126　出错消息框

⑤如果只是要删除模拟运算表的运算结果,则在进行删除操作时,一定要首先确认选定的只是运算结果区域,而没有选定其中的公式和输入数值。然后按下【Delete】键。

⑥如果要删除整个模拟运算表(包括计算公式、数值序列及运算结果区域),则选定整个模拟运算表,然后按下【Delete】键。

4. 方案管理器

在企业的生产经营活动中,由于市场的不断变化,企业的生产销售受到各种因素的影响,企业需要估计这些因素并分析其对企业生产销售的影响。Excel 提供了称为方案的工具来解决上述问题,利用其提供的方案管理器,可以很方便地对多种方案(即多个假设条件,可达 32 个变量)进行模拟分析。例如,不同的市场状况、不同的定价策略等,所可能产生的结果,也即利润会怎样变化。

下面结合实例来说明如何使用方案管理器进行方案分析和管理。

【例 5.84】　某企业生产光盘,现使用方案管理器,假设生产不同数量的光盘(例如3000,5000,10000),对利润的影响。

已知:在该例中有 4 个可变量,即单价、数量、推销费率和单片成本。

利润＝销售金额－成本－费用＊(1＋推销费率)

销售金额＝单价＊数量

费用＝20000

成本＝固定成本＋单价 ∗ 单片成本

固定成本＝70000

(1)建立方案

步骤如下:

①建立模型:将数据、变量及公式输入在工作表中,如图 5.127 所示。我们假设该表是以公司去年的销售为基础的。在单元格"A7:A10"中保存着要进行模拟的 4 个变量,分别是:单价、数量、单片成本和推销费率。

	A	B	C
1	利润	=B2−B4−B3∗(1+$B$10)	利润=销售金额−成本−费用∗(1+推销费率)
2	销售金额	=$B$7∗$B$8	销售金额=单价∗数量
3	费用	20000	费用=20000
4	成本	=B5+$B$8∗$B$9	成本=固定成本+单价∗单片成本
5	固定成本	70000	固定成本=70000
6			
7	单价	65	
8	数量	5000	四个变量
9	单片成本	8	
10	推销费率	0.04	
11			

图 5.127　建立模型

②给单元格命名:为了使单元格地址的意义明确,可以为 B1:B10 单元格命名,以单元格 A1:A10 中的文字代替单元格的地址(命名后,在后面的方案总结报告中,会以"单价"代替地址"＄B＄7"、"数量"代替地址"＄B＄8"……)方法为:选定单元格区域 A1:B10,单击"公式"→"定义的名称"→根据所选内容创建,在出现的"已选定区域创建名称"对话框中,选定"最左列"复选框。

③建立方案,步骤如下:

● 单击"工具"→"方案",出现"方案管理器"对话框,如图 5.128 所示。

● 按下"添加"按钮。出现一个如图 5.129 所示的"编辑方案"对话框。

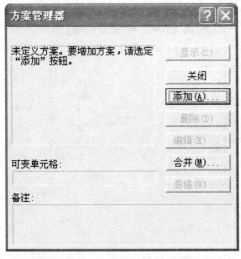

图 5.128　"方案管理器"对话框

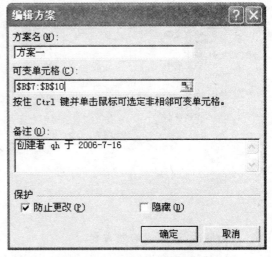

图 5.129　"编辑方案"对话框

● 在"方案名"框中键入方案名。在"可变单元格"框中键入单元格的引用,在这里我们输入"B7:B10"。可以选择保护项"防止更改"。按下"确定"按钮。就会进入到图 5.130 所示的"方案变量值"对话框。

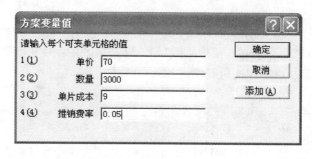

图 5.130　"方案变量值"对话框

● 编辑每个可变单元格的值,在输入过程中要使用【Tab】键在各输入框中进行切换。将方案增加到序列中,如果需要再建立附加的方案,可以选择"添加"按钮重新进入到图 5.129 所示的"编辑方案"的对话框中。

● 重复输入全部的方案。当输入完所有的方案后,按下"确定"按钮,就会看到已设置了方案的"方案管理器"对话框。

● 选择"关闭"按钮,完成该项工作。

(2)显示方案

设定了各种模拟方案后,任何时候都可以执行方案,察看模拟的结果。操作步骤如下:

①单击"工具"→"方案",出现如图 5.128 所示的"方案管理器"对话框。

②在"方案"列表框中,选定要显示的方案,例如选定"方案一"。

③按下"显示"按钮。则被选方案中可变单元格的值出现在工作表的可变单元格中,同时工作表重新计算,以反映模拟的结果,如图 5.131 所示。

④重复显示其他方案,最后按下"关闭"按钮。

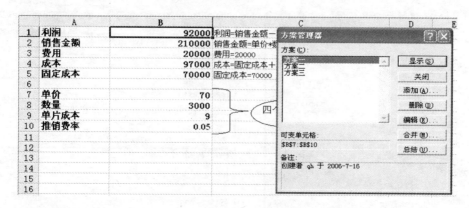

图 5.131　显示运算结果

(3)修改、删除或增加方案

对做好的方案进行修改,只需在图 5.128 所示的"方案管理器"对话框中选中需要修改的方案,单击"编辑"按钮,系统弹出如图 5.129 所示的"编辑方案"对话框,进行相应的修改即可。

若要删除某一方案,则在图 5.128 所示的"方案管理器"对话框中选中需要删除的方案,单击"删除"按钮。

若要增加方案,则在图 5.128 所示的"方案管理器"对话框中单击"添加"按钮,然后在"添加方案"对话框中填写相关的项目。

(4)建立方案报告

当需要将所有的方案执行结果都显示出来时,可建立方案报告。方法如下:

①在"工具"菜单中选择"方案"指令,出现方案管理器对话框。按下"总结"按钮,出现如图 5.132 所示的"方案总结"对话框。

②在"结果类型"框中,选定"方案总结"选项。在"结果单元格"框中,通过选定单元格或键入单元格引用来指定每个方案中重要的单元格。这些单元格中应有引用可变单元格的公式。如果要输入多个引用,每个引用间用逗号隔开。最后按下"确定"按钮。Excel就会把"方案总结"表放在单独的工作表中,如图 5.133 所示。

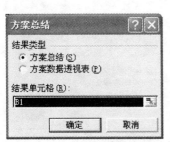

图 5.132　"方案总结"对话框

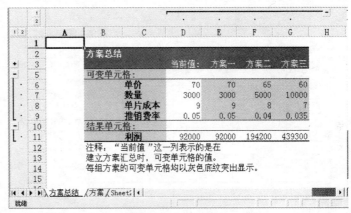

图 5.133　"方案总结"工作表

5.8.2　线性回归分析

回归分析法,是在掌握大量观察数据的基础上,利用数理统计方法建立因变量与自变量之间的回归关系函数表达式(称回归方程式)。回归分析中,当研究的因果关系只涉及因变量和一个自变量时,叫做一元回归分析;当研究的因果关系涉及因变量和两个或两个以上自变量时,叫做多元回归分析。此外,回归分析中,又依据描述自变量与因变量之间因果关系的函数表达式是线性的还是非线性的,分为线性回归分析和非线性回归分析。通常线性回归分析法是最基本的分析方法,遇到非线性回归问题可以借助数学手段化为线性回归问题处理。

回归分析在试验设计数据处理时有非常重要的作用,Excel 的数据分析工具库中提供了回归分析的工具。通过回归分析,会得到自变量与因变量间的拟合方程,进一步可以使用数据分析工具库中的规划求解工具,根据拟合方程来确定最优试验条件。

在预测的回归分析中,首先必须收集一些影响被预测对象相关变量的历史资料,然后再将收集到的数据输入计算机进行自动计算得到回归方程和相关参数。计算出的回归方程是否能够作为预测的依据取决于对相关参数进行分析,所以需要运用数据统计的方法如拟合检验、显著性检验得出检验结果。如果检验结果表明回归方程是可靠的,最后把已拟好的相关变量值代入回归方程得出最终的预测值。

【例 5.85】 对销售额进行多元回归分析预测,数据见图 5.134。

解:本题可用二元线性回归分析来求解:

设定变量:Y=销售额,X_1=电视广告费用,X_2=报纸广告费用

方程为:$Y=a_1X_1+a_2X_2+b$

通过线性回归分析确定 a_1,a_2,b 的值,从而确定方程。

(1)操作方法与步骤

①建立数据模型。将统计数据按图 5.134 所示的格式输入 Excel 表格中。

	A	B	C	D
1	销 售 额 (万元)	电视广告费用 (万元)	报纸广告费用 (万元)	年份
2	960	50	15	1994
3	900	20	20	1995
4	950	40	15	1996
5	920	25	25	1997
6	950	30	33	1998
7	940	35	23	1999
8	940	25	42	2000
9	940	30	25	2001

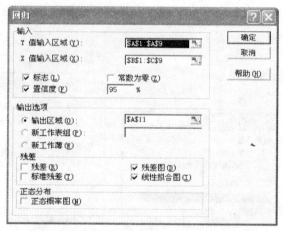

图 5.134　在 Excel 工作表中建立数据模型　　　图 5.135　"回归"对话框中参数的设置

②单击"文件"选项卡→"选项"→"加载项"→"分析工具库"→"转到",在"加载宏"对话框中,选中"分析工具库"复选框,单击"确定"按钮。

③单击"数据"选项卡→"数据分析",在"数据分析"对话框中,选中"回归"命令,单击"确定"按钮。则会出现图 5.135 所示的"回归"对话框。

④选择工作表中的 A1:A9 单元格作为"Y 值输入区域",选择工作表中的 B1:C9 单元格作为"X 值输入区域",在"输出区域"框中选择 A11 单元格,并设置对话框中的参数如图 5.135 所示。

"回归"对话框中的各参数设置说明:

● Y 值输入区域:选择因变量数据所在的区域,可以包含标志。

● X 值输入区域:选择自变量取值数据所在的区域,可以包含标志。

● 如果选择数据时包含了标志,则选择"标志"复选框。

● 如果强制拟合线通过坐标系原点,则选择"常数为零"复选框。

● 置信度:分析置信度,一般选择 95%。

• 输出选项:根据需要选择分析结果输出的位置。

• 残差:根据需要可选择分析结果中包含“残差”和“标准残差”以及“残差图”及“线性拟合图”。

• 如果希望输出正态概率图则选择相应的复选框。

⑤按图 5.135 的内容设置对话框,按下“确定”按钮,分析的数据结果如图 5.136、图 5.137 所示,图形结果如图 5.138、图 5.139 所示。

	A	B	C	D	E	F	G	H	
11	SUMMARY OUTPUT								
12									
13	回归统计								
14	Multiple R	0.958663444							
15	R Square	0.9190356							
16	Adjusted R Square	0.88664984							
17	标准误差	6.425873026							
18	观测值	8							
19									
20	方差分析								
21		df	SS	MS	F	Significance F			
22	回归分析	2	2343.540779	1171.77039	28.37776839	0.001865242			
23	残差	5	206.4592208	41.2918442					
24	总计	7	2550						
25									
26		Coefficients	标准误差	t Stat	P-value	Lower 95%	Upper 95%	下限 95.0%	上限
27	Intercept	832.3009169	15.73868952	52.8824789	4.57175E-08	791.8433936	872.7584402	791.8434	872
28	电视广告费用(万	2.290183621	0.304064556	7.53189931	0.000653232	1.508562073	3.071805168	1.508562	3.0
29	报纸广告费用(万	1.300989098	0.320701597	4.05669666	0.009760798	0.476600745	2.125377451	0.476601	2.1

b　　a1　　a2

图 5.136　回归分析结果(一)

33	RESIDUAL OUTPUT					PROBABILITY OUTPUT		
34								
35	观测值	预测 销售额(万元)	残差	标准残差		百分比排位	销售额(万元)	
36	1	966.3249344	-6.3249344	-1.16463		6.25	900	
37	2	904.1243713	-4.1243713	-0.759433		18.75	920	
38	3	943.4230982	6.57690179	1.2110254		31.25	940	
39	4	922.0802349	-2.0802349	-0.38304		43.75	940	
40	5	943.9390658	6.06093423	1.1160186		56.25	940	
41	6	942.3800929	-2.3800929	-0.438254		68.75	950	
42	7	944.1970496	-4.1970496	-0.772816		81.25	950	
43	8	933.531153	6.46884701	1.1911289		93.75	960	

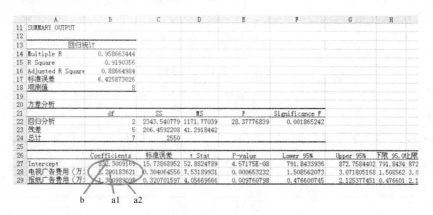

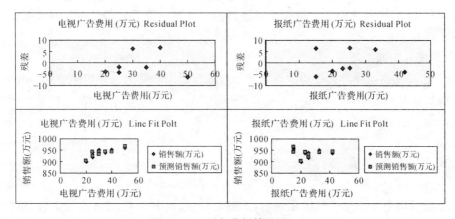

图 5.137　回归分析结果(二)

图 5.138　回归分析结果图(一)

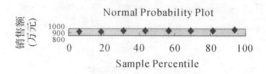

图 5.139　回归分析结果图(二)

(2)回归分析结果

由回归分析结果可见:回归方程 $y=a_1*x1+a_2*x2+b$ 中,$a_1=2.2901836209178$;$a_2=1.30098909825998$;$b=832.300916901311$,将上述结果整理如表 5.16 所示。

表 5.16　回归结果整理

多元回归方程:	$y=2.290183621*x_1+1.300989098*x_2+832.3009169$		
标准差:	$a_1=0.304064556$	$a_2=0.320701597$	$b=15.73868952$
判定系数=0.9191356		y 估计值的标准误差=6.425873026	
F 统计值=28.37776839		自由度=5	
回归平方和=2343.540779		残差平方和=206.4592208	

(3)检验回归方程的可靠性

在上例中,判定系数(或 r_2)为 0.9191356,表明在电视广告费用 x_1、报纸广告费用 x_2 与销售额 y 之间存在很大的相关性。然后可以通过 F 统计来确定具有如此高的 r_2 值的结果偶然发生的可能性。假设事实上在变量间不存在相关性,但选用 8 年数据作为小样本进行统计分析却导致很强的相关性。"Alpha"表示得出这样的相关性结论错误的概率。如果 F 观测统计值大于 F 临界值,表明变量间存在相关性。假设一项单尾实验的 Alpha 值为 0.05,根据自由度(在大多数 F 统计临界值表中缩写成 v_1 和 v_2):

$$v_1=k=2,v_2=df=n-(k+1)=8-(2+1)=5,$$

其中,k 是回归分析中的变量数;n 是数据点的个数;可以在 F 统计临界值表中查到 F 临界值为 5.79。而在单元格 A14 中的 F 观测值为 28.37776839,远大于 F 临界值 5.79。由此可以得出结论:此回归方程适用于对销售额的预测。关于此部分内容的详细说明,可参见有关统计书籍。

(4)预测未来的销售额

假设 2002 年的电视广告费用预算为 35 万元,报纸广告费用预算为 18 万元,则根据多元线性回归方程 $y=2.290183621*x_1+1.300989098*x_2+832.3009169$ 可计算出 2002 年的销售额为 2.290183621*35+1.300989098*18+832.3009169,即 913.7583 万元。

5.8.3　规划求解

在经济管理中涉及很多的优化问题,如最大利润、最小成本、最优投资组合、目标规划等。在运筹学上称为最优化原则。最优化的典型问题就是"规划问题"。规划问题可以从两个方面进行阐述:一是用尽可能少的人力、物力、财力资源去完成给定的任务;二是用给定的人力、物力、财力资源去完成尽可能多的工作。两种说法,一个目的,那就是利润的最大化,成本的最小化。

规划求解是 Excel 的一个非常有用的工具,不仅可以解决运筹学、线性规划等问题,还可以用来求解线性方程组及非线性方程组。

"规划求解"加载宏是 Excel 的一个可选安装模块,在安装 Microsoft Excel 时,如果采用"典型安装",则"规划求解"工具没有被安装,只有在选择"完全/定制安装"时才可选择安装这个模块。在安装完成进入 Excel 后,单击 Office"文件"选项卡→"选项"→"加载项"→"规划求解加载项"→"转到",在"加载宏"对话框中选定"规划求解"复选框,然后单击"确定"按钮,则系统就安装和加载"规划求解"工具,可以使用它了。

求解"规划问题"一般要经过四个步骤:

①确定决策变量。决策变量就是问题等待决定的数量,用 X_1、X_2……X_n 表示。

②确定目标函数 Z。将决策变量用数学公式表达出来,就是目标函数。目标函数可以是最大(MAX)、最小(MIN),或某个具体确定值。

③确定约束条件。约束条件就是人力、物力、财力资源的限制范围,用≥、≤或=表示,还有非负约束(≥0)和整数约束(=int)。

④求解规划方程组,获取目标函数的最优化解。

做规划求解关键要设计一个好表格,将决策变量、约束条件、目标函数依次排列,然后单击"工具"菜单中的"规划求解"。在"规划求解参数"对话框中输入"目标单元格"(用鼠标选取即可),目标单元格中必须事先输入含决策变量的计算公式,目标值可以根据需要设置为"最大值"、"最小值"或"目标值"。如设置为"目标值",应输入目标数值。"可变单元格"即决策变量的单元格,决策变量一般是一个组。"约束"栏输入约束条件,单击"增加"输入一个约束条件,再单击"增加"再输入一个,直到输完为止。单击"选项",可修改迭代运算的参数,选取"采用线性模型"可以加快运算速度,选取"自动按比例缩放"可以避免数值相差过大引起的麻烦。以上设置完成后,单击"求解",Excel 自动完成求解计算。需要说明的是,在求解之前,最好将决策变量设置为一个近似的值,以便缩短求解计算次数。如果一次求解结果不理想,还可再来一次,一般两三次就可以了。

1. 求解线性规划问题

【例 5.86】 某厂生产 A、B、C 三种产品;三种产品的净利润分别为:90 元、75 元、50 元;三种产品使用的机器时数分别为:3 小时、4 小时、5 小时;三种产品使用的手工时数分别为:4 小时、3 小时、2 小时;由于机器时数与人工时数的限制,生产产品的数量和品种受到制约。工厂极限生产能力为:机工最多 400 小时;手工最多 280 小时。对产品数量的限制为产品 A 最多不能超过 50 件,产品 C 至少要生产 32 件。

求:如何安排产品 A、B、C 的生产数量,以获得最大利润?

解:可以将上述问题改写为数学形式:设产品 A 的数量为 X_1,B 的数量为 X_2,C 的数量为 X_3。将问题化为求最大值:

$$MaxZ = 90X_1 + 75X_2 + 50X_3$$

约束条件为:

$$\begin{cases} 3X_1 + 4X_2 + {}_{5X_3} \leqslant 400 \\ 4X_1 + 3X_2 + 2X_3 \leqslant 280 \\ X_1 \leqslant 50 \\ X_2 \geqslant 32 \end{cases}$$

用 Excel 求解生产产品 A、B、C 的数量。

操作步骤如下:

①建立数据模型:将上述变量、约束条件和公式输入到工作表中,如图 5.140 所示。

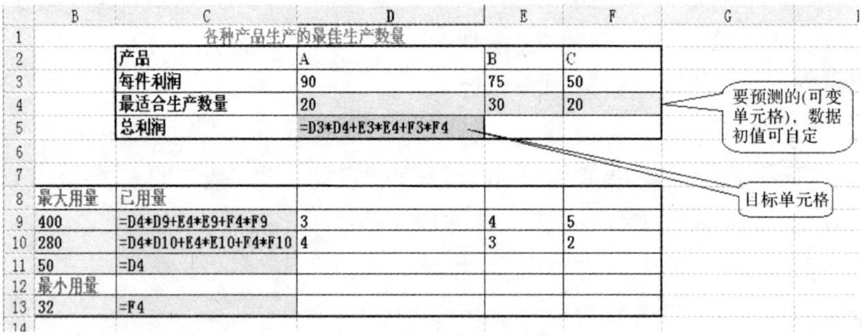

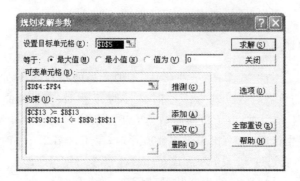

图 5.140　建立数据模型

其中单元格中的公式为:

D5: ＝D3 * D4＋E3 * E4＋F3 * F4

C9: ＝D4 * D9＋E4 * E9＋F4 * F9

C10: ＝D4 * D10＋E4 * E10＋F4 * F10

C11: ＝D4

C13: ＝F4

②进行求解。单击"数据"选项卡→"规划求解",弹出"规划求解参数"对话框,如图 5.141 所示。

图 5.141　"规划求解参数"对话框

在"规划求解参数"对话框中,"设置目标单元格"框中输入"＄D＄5";"等于"选"最大值";"可变单元格"中输入"＄D＄4:＄F＄4";在"约束"中添加以下的约束条件:"＄C＄13＞＝＄B＄13"、"＄C＄9:＄C＄11＜＝＄B＄9:＄B＄11"。

这里，添加约束条件的方法是：单击“添加”按钮，弹出“添加约束”对话框，如图 5.142 所示，输入完毕一个约束条件后，单击“添加”按钮，则又弹出空白的“添加约束”对话框，再输入第二个约束条件。当所有约束条件都输入完毕后，单击“确定”按钮，则系统返回到“规划求解参数”对话框。

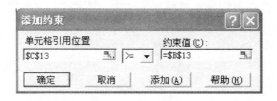

图 5.142 “添加约束”对话框

如果发现输入的约束条件有错误，还可以对其进行修改，方法是：选中要修改的约束条件，单击“更改”按钮，则系统弹出“改变约束”对话框，再进行修改即可。

如果需要，还可以设置有关的项目，即单击“选项”按钮，弹出“规划求解选项”对话框，如图 5.143 所示，对其中的有关项目进行设置即可。

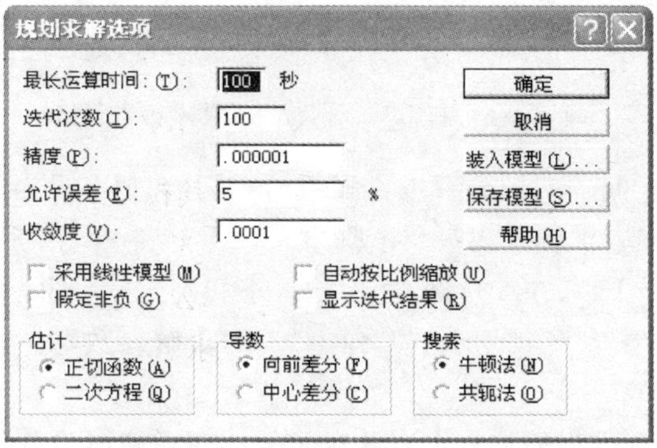

图 5.143 “规划求解选项”对话框

在建立好所有的规划求解参数后，单击“求解”，则系统将显示如图 5.144 所示的“规划求解结果”对话框，选择“保存规划求解结果”项，单击“确定”，则求解结果显示在工作表上，如图 5.145 所示。

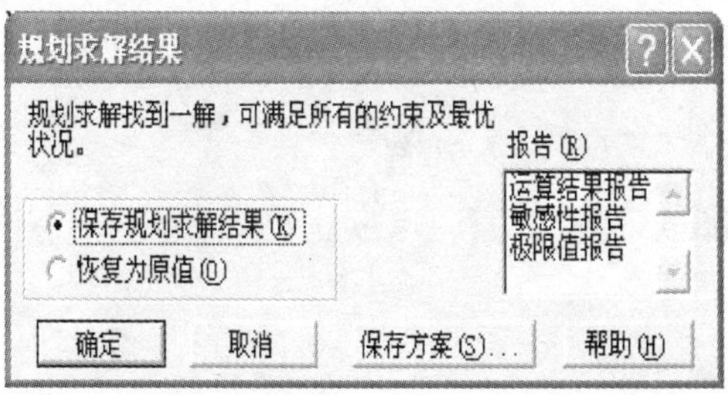

图 5.144 “规划求解结果”对话框

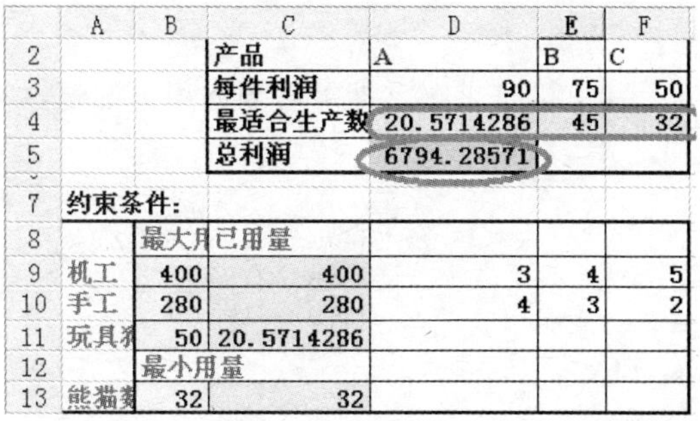

	A	B	C	D	E	F
2			产品	A	B	C
3			每件利润	90	75	50
4			最适合生产数	20.5714286	45	32
5			总利润	6794.28571		
7	约束条件:					
8		最大用	已用量			
9	机工	400	400	3	4	5
10	手工	280	280	4	3	2
11	玩具	50	20.5714286			
12		最小用量				
13	熊猫	32	32			

图 5.145 运算结果

如果需要,还可以选择"运算结果报告"、"敏感性报告"、"极限值报告"及"保存方案",以便于对运算结果做进一步的分析。

2. 求解方程组

利用规划求解工具还可以求解线性或非线性方程组,下面举例说明:

【例 5.87】　有如下的非线性方程组:

$$\begin{cases} 8X^3+3Y-4Z-8=0 \\ XY+Z=0 \\ Y^2+Z-4=0 \end{cases}$$

则利用"规划求解"工具求解方程组的解,操作步骤如下:

①建立计算模型:在工作表中输入数据及公式,如图 5.146 所示。

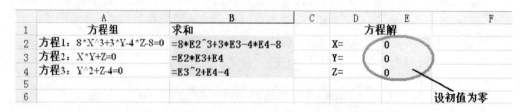

图 5.146　利用"规划求解"工具求解方程组

单元格 E2:E4 为可变单元格,存放方程组的解,其初值可设为零(也可为空);

在单元格 B2 中输入求和公式"＝8＊E2^3＋3＊E3－4＊E4－8";在单元格 B3 中输入求和公式"＝E2＊E3＋E4";在单元格 B4 中输入求和公式"＝E3^2＋E4－4"。

②单击"数据"选项卡→"规划求解",弹出"规划求解参数"对话框,设置"规划求解参数"对话框中的参数:

可以任意选取一个方程的求和作为目标函数。在求解时设其值为零,而其他两个方程的求和作为约束条件,使其值为零。这样,三个方程的求和都为零,就可以求解了。这里选取方程 1 的求和作为目标函数,方程 2 和方程 3 的求和作为约束条件。

本例"设置目标单元格"设置为单元格"＄B＄2";"等于"设置为"值为 0";"可变单元格"设置为"＄E＄2:＄E＄4";"约束"中添加"＄B＄3＝0"、"＄B＄4＝0"。

如有必要,还可以对"选项"的有关参数进行设置,如"迭代次数"、"精度"等,这里精度设置为 10^{-11}。

③单击"求解",即可得到方程组的解,如图 5.147 所示。

	A	B	C	D	E
1	方程组	求和			方程解
2	方程1: 8^X^3+3^Y-4^Z-8=0	-3.167E-07	X=		0.1953
3	方程2: X^Y+Z=0	1.1275E-07	Y=		2.1
4	方程3: Y^2+Z-4=0	-2.123E-07	Z=		-0.41

图 5.147　求解结果

5.8.4　移动平均

移动平均法是根据时间序列资料,逐项推移,依次计算移动平均,来反映现象的长期趋势。特别是现象的变量值受周期变动和不规则变动的影响,起伏较大,不能明显地反映现象的变动趋势时,运用移动平均法,消除这些因素的影响,进行动态数据的修匀,以利于进行长期趋势的分析和预测。

移动平均又分为简单移动平均和加权移动平均。加权移动平均与简单移动平均的区别在于:在简单移动平均法中,计算移动平均数时每个观测值都用相同的权数,而在加权移动平均法中,则需要对每个数据值选择不同的权数,然后计算最近 n 个时期数值的加权平均数作为预测值。在大多数情况下,最近时期的观测值应取得最大的权数,而比较远的时期权数应依次递减。加权移动平均认为要处理的数据中近期数据更重要而给予更多的权数。进行加权平均预测时,通常是先对数据进行加权处理,然后再调用分析工具计算。

简单移动平均的计算公式:

设 x_i 为时间序列中的某时间点的观测值,其样本数为 N;每次移动地求算术平均值所采用的观测值的个数为 n(n 的取值范围:$2 < n < t - 1$),则在第 t 时间点的移动平均值 M_i

$$M_i = \frac{1}{n}(x_i + x_{i-1} + x_{i-2} + \cdots + x_{i-n+1}) = \frac{1}{n}\sum_{i=t-n+1}^{t} x_i$$

式中:M_i——第 t 时间点的移动平均值,也可当作第 $t+1$ 时间点的预测值。

即:$y_{i+1} = M_i$ 或 $y_i = M_{i-1}$。

移动平均分析工具及其公式可以基于特定的过去某段时期中变量的均值,对未来值进行预测。

【例 5.88】　某公司 1994 至 2005 年销售额数据如图 5.148 所示。进行三年移动平均,并预测 2006 年销售额。

操作步骤:

①建立模型:将原始数据输入到单元格区域 A1:B13,如图 5.148 所示。

②单击"数据"选项卡→"数据分析",弹出"数据分析"对话框。

③在"数据分析"对话框中选择"移动平均",单击"确定"按钮,弹出"移动平均"对话框,做下述设置,即可得到如图 5.149 所示的"移动平均"对话框。

在"输出区域"内输入:"＄B＄:＄B＄13",即原始数据所在的单元格区域。

在"间隔"内输入:"3",表示使用三年移动平均法。

因指定的输入区域包含标志行,所以选中"标志位于第一行"复选框。

在"输出区域"内输入:"＄C＄1",即将输出区域的左上角单元格定义为 C1。

选择"图表输出"复选框和"标准误差"复选框。

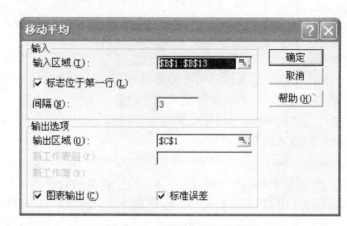

图 5.148　建立数据模型　　　　　　　图 5.149　"移动平均"对话框

④单击"确定"按钮,便可得到移动平均结果,如图 5.150 所示。

在图 5.150 中,C3:C12 对应的数据即为三年移动平均的预测值;单元格区域 D5:D12 即为标准误差。

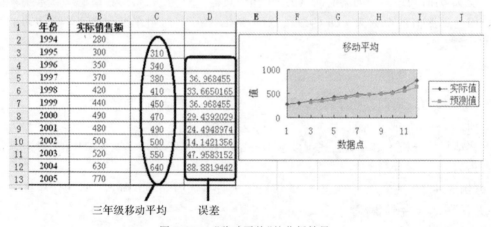

图 5.150　"移动平均"的分析结果

5.8.5　指数平滑

指数平滑是在移动平均基础上的进一步扩展。指数平滑法是用过去时间数列值的加权平均数作为趋势值,越靠近当前时间的指标越具有参考价值,因此给予更大的权重,按照这种随时间指数衰减的规律对原始数据进行加权修匀。所以它是加权移动平均法的一种特殊情形。其基本形式是根据本期的实际值 Y_t 和本期的趋势值 $\hat{Y}_t$,分别给以不同权数 α 和 $1-\alpha$,计算加权平均数作为下期的趋势值 $\hat{Y}_{t+1}$。

基本指数平滑法模型如下:

$$\hat{Y}_{t+1} = \alpha Y_t + (1-\alpha) \hat{Y}_t$$

式中:$\hat{Y}_{t+1}$ 表示时间数列 $t+1$ 期趋势值;Y_t 表示时间数列 t 期的实际值;$\hat{Y}_t$ 表示时间数列 t 期的趋势值;α 为平滑常数($0<\alpha<1$)。

若利用指数平滑法模型进行预测,从基本模型中可以看出,只需一个 t 期的实际值 Y_t ,一个 t 期的趋势值 $\hat{Y}_t$ 和一个 α 值,所用数据量和计算量都很少,这是移动平均法所不能及的。

为了提高修匀程度,指数平滑可以反复进行,所以指数平滑方法可以分为一次平滑、二次平滑、三次平滑等。

【例 5.89】　利用例 5.88 的数据,介绍用 Excel 进行单指数平滑的方法。

用 Excel 进行单指数平滑的步骤如下:

①建立数据模型:利用例 5.88 中的数据模型,如图 5.148 所示。

②单击"数据"选项卡→"数据分析",在弹出的"数据分析"对话框中选择"指数平滑",单击"确定"按钮,显示"指数平滑"对话框。

③在"指数平滑"对话框的"输入区域"框中键入"＄B＄1：＄B＄13";在"输出区域"框中键入"＄C＄1";在"阻尼系数"框中键入数字 0.1;选中"图表输出"、"标准误差"复选框。如图 5.151 所示。

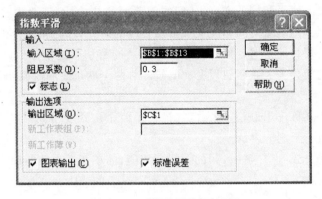

图 5.151　"指数平滑"对话框

④单击"确定"。

结果如图 5.152 所示。

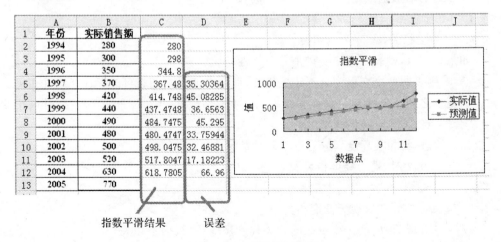

图 5.152　指数平滑结果

指数平滑预测应注意的问题：

平滑(阻尼)系数取值为 0~1,若希望敏感地反映观测值的变化,则取较大值,如 $\alpha=$ 0.9,0.8,0.75 等;若要消除周期性变动,侧重于反映长期发展趋势,则取较小值,$\alpha=0.1$, 0.01 等。

指数平滑是对近期数据加权修匀,越近期的数据影响越大(若一次结果不理想,可保持 α 取值做二次、三次指数平滑)。

当数据变化规律接近于线性时,一次、二次指数平滑效果较好;当数据变化规律接近于非线性时,三次指数平滑效果较好。

5.8.6 相关分析

相关关系是指变量之间存在的不完全确定性的关系。在实际问题中,许多变量之间的关系并不是完全确定性的,例如居民家庭消费与居民家庭收入这两个变量的关系就不是完全确定的。收入水平相同的家庭,他们的消费额往往不同;消费额相同的家庭,他们的收入也可能不同。对现象之间相关关系密切程度的研究,称为相关分析。

相关分析的主要目的是对现象之间的相关关系的密切程度给出一个数的度量,相关系数就是对变量之间相关关系密切程度的度量。对两个变量之间线性相关程度的度量称为简单相关系数。

简单相关系数又称皮尔逊相关系数,它描述了两个定距变量间联系的紧密程度。样本的简单相关系数一般用 r 表示。

设 $(x_i,y_1),i=1,2,\cdots,n$ 是 (x,y) 的 n 组观测值,简单相关系数的计算公式为：

$$r=\frac{\sum\limits_{i=1}^{n}(x_i-\bar{x})(y_i-\bar{y})}{\sqrt{\sum\limits_{i=1}^{n}(x_i-\bar{x})^2}\sqrt{\sum\limits_{i=1}^{n}(y_i-\bar{y})^2}}$$

相关系数的取值范围是在 -1 和 $+1$ 之间,即 $-1\leqslant y\leqslant 1$。

r 有如下性质：

① $r>0$ 为正相关,$r<0$ 为负相关。

② 如果 $|r|=1$,则表明两个变量是完全线性相关。

③ $r=0$,则表明两个变量完全不线性相关,但两个变量之间有可能存在非线性相关。

④ 当变量之间非线性相关程度较大时,就可能导致 $r=0$。因此,当 $r=0$ 时或很小时,应结合散点图做出合理的解释。

根据 r 的值,将相关程度划分为以下几种情况：

① 当 $|r|\geqslant 0.8$ 时,视为高度相关。

② $0.5\leqslant|r|<0.8$ 时,视为中度相关。

③ $0.3\leqslant|r|<0.5$ 时,视为低度相关。

④ $|r|<0.3$ 时,说明两个变量之间相关程度极弱,可视为不相关。

对于多个变量的相关情况,一般是借助于一个反映两两变量之间相互关系的矩阵来表示,矩阵的行和列分别表示变量,阵中的下三角中的元素表示相关系数。由于该矩阵只有下三角真正有用,所以也称之为皮尔逊下三角矩阵。

【例 5.90】　根据图 5.153 的数据,对家庭月消费支出与家庭月收入的数据进行相关分析。

	A	B	C
1	家庭编号	月收入（百元）	月消费支出（百元）
2	1	9	6
3	2	13	8
4	3	15	9
5	4	17	10
6	5	18	11
7	6	20	13
8	7	22	14
9	8	23	13
10	9	26	15
11	10	30	20

图 5.153　相关分析数据模型

操作步骤如下:

①建立数据模型:将数据输入到工作表中,如图 5.153 所示。

②单击"数据"选项卡→"数据分析",在出现的"数据分析"对话框中选择"相关系数",将弹出"相关系数"对话框,设置内容如下:

输入区域:选取图 5.153 数据表中 $B$1:$C$11,表示标志与数据。

分组方式:根据数据输入的方式选择逐行或逐列,此例选择逐列。

由于数据选择时包含了标志,所以要勾选"标志位于第一行"。

根据需要选择输出的位置,本例为"$E$2"。如图 5.154 所示。

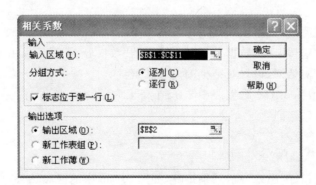

图 5.154　"相关系数"对话框

单击"确定",输出结果如图 5.155 所示。

E	F	G
	月收入（百元）	月消费支出（百元）
月收入（百元）	1	
月消费支出（百元）	0.979747601	1

图 5.155　相关分析结果

分析结果表明:相关系数 $r=0.979747601$,表示家庭月消费支出与家庭月收入之间存在高度正相关关系。

【例5.91】　多变量的相关分析。某产品在15个地区的销售额、广告费、促销费、竞争对手的销售额的统计数据,如图5.156所示,试分析数据序列的相关性。

	A	B	C	D	E	
1	地区	产品销售额	广告费	促销费	对手产品销售额	
2	1	101.8	1.3	0.2	20.4	
3	2	44.4	0.7	0.2	30.5	
4	3	108.3	1.4	0.3	24.6	
5	4	85.1	0.5	0.4	19.6	
6	5	77.1	0.5	0.6	25.5	
7	6	158.7	1.9	0.4	21.7	
8	7	180.4	1.2	1	6.8	
9	8	64.2	0.4	0.4	12.6	
10	9	74.6	0.6	0.5	31.3	数据模型
11	10	143.4	1.3	0.6	18.6	
12	11	120.6	1.6	0.8	19.9	
13	12	69.7	1	0.3	25.6	
14	13	67.8	0.8	0.2	27.4	
15	14	106.7	0.6	0.5	24.3	
16	15	119.6	1.1	0.3	13.7	
17						
18		产品销售额	广告费	促销费	对手产品销售额	
19	产品销售额	1				
20	广告费	0.70769256	1			
21	促销费	0.61230329	0.161335	1		相关矩阵
22	对手产品销售额	−0.6248346	−0.21311	−0.4939	1	

图5.156　多变量相关分析数据模型及结果矩阵

操作步骤:

①建立数据模型:将数据输入到工作表区域A1:E16中,如图5.156所示。

②单击"数据"选项卡→"数据分析",在出现的"数据分析"对话框中选择"相关系数",将弹出"相关系数"对话框,设置对话框的内容如下:

输入区域:选取图5.156数据表中 $B$1:$E$16,表示标志与数据。

分组方式:选择"逐列"。

勾选"标志位于第一行"。

输出区域:"$A$18"。

单击"确定"按钮,则出现分析结果矩阵,如图5.156中的区域A18:E22所示。

运算结果分析:

B20＝0.70769256,表示产品销售额与广告费正向相关,相关系数为0.70769256(中度)。

B21＝0.61230329,表示产品销售额与促销费正向相关,相关系数为0.61230329(中度)。

B22＝−0.6248346,表示产品销售额与对手产品销售额反向相关,相关系数为−0.6248346(中度)。

D22＝−0.4939,表示促销费与对手产品销售额反向相关,相关系数为−0.4939(轻度）。

C21、C22 数据小于 0.3，可视为基本不相关。

5.8.7 方差分析

方差分析（Analysis of Variance，缩写为 ANOVA）是数理统计学中常用的数据处理方法之一，是经济和科学研究中分析试验数据的一种有效的工具。也是开展试验设计、参数设计和容差设计的数学基础。一个复杂的事物，其中往往有许多因素互相制约又互相依存。运用数理的方法对数据进行分析，以鉴别各种因素对研究对象某些特征值的影响大小和影响方式，这种方法就叫做方差分析。这里，把所关注的对象的特征称为指标，影响指标的各种原因叫做因素，在实验中因素的各种不同状态称为因素的水平。根据影响指标的因素的数量，方差分析分为单因素方差、双因素方差和多因素方差分析。根据因素间是否存在协同作用或称为交互作用，双因素方差分析可以分为无重复和有重复的。

Excel 数据分析工具库中提供了 3 种基本类型的方差分析：单因素方差分析、无重复双因素试验和可重复双因素方差分析，本节将重点介绍使用 Excel 对这 3 种方差进行分析。关于统计方面的知识，请参考有关统计的书籍。

1. 单因素方差分析

单因素方差分析的作用是通过对某一因素的不同水平进行多次观测，然后通过统计分析判断该因素的不同水平对考察指标的影响是否相同。从理论上讲，实际上是在检验几个等方差正态总体的等均值假设。单因素方差分析的基本假设是各组的均值相等。

【例 5.92】 为了考察不同的销售渠道对总销售额的贡献，连续半年对不同渠道的业绩进行观测，得到一组数据如图 5.157 中所示，要求用方差分析判断各渠道的作用是否相同。

渠道＼月份	一月	二月	三月	四月	五月	六月
经销商	548.85	439.95	244.46	386.42	419.19	755.29
商业网点	846.83	739.67	363.28	425.95	434.5	453.16
专卖店	719	361.96	282.66	161.91	426.9	526.97
集团采购	345.3	304.47	130.62	176.41	482.94	768.53

图 5.157 单因素方差分析数据模型

本题是一个典型的单因素方差分析问题，渠道作为营业业绩这个指标的一个主要因素，而不同的渠道可以视做该因素的不同水平。

操作步骤如下：

① 建立数据模型：将数据输入到工作表中，如图 5.157 所示。

② 单击"数据"选项卡→"数据分析"，在出现的"数据分析"对话框中选择"方差分析：单因素方差分析"，将弹出"方差分析：单因素方差分析"对话框。

③ 设置对话框的内容：如图 5.158 所示。

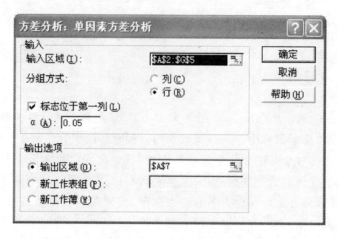

图 5.158　"方差分析:单因素方差分析"对话框参数设置

- 输入区域:选择分析数据所在区域"$A$2:$G$5"。
- 分组方式:提供列与行的选择,当同一水平的数据位于同一行时选择行,位于同一列时选择列,本例选择"行"。
- 如果输入区域的第一行或第一列包含标志,则选中"标志位于第一列"。
- α:显著性水平,一般输入 0.05,即 95%的置信度。
- 输出区域:分析结果将以选择的单元格为左上角开始输出,本例选择"$A$7"。

④单击"确定"按钮,则出现"单因素方差分析"结果,如图 5.159 中所示。

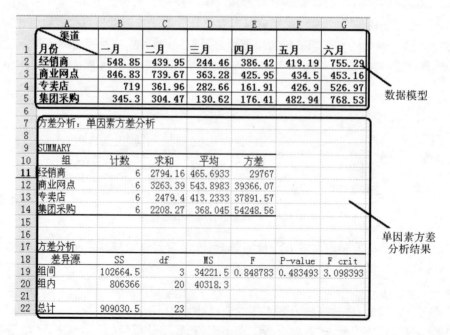

图 5.159　单因素方差分析数据模型及分析结果

运算结果说明:

运算结果分为概要和方差分析两部分。

概要：返回每组数据（代表因素的一个水平）样本数、合计、均值和方差。

方差分析：返回标准的单因素方差分析表，包括离差平方和、自由度、均方、F 统计量、概率值、F 临界值。

其中的"组间"就是影响销售额的因素（不同的销售渠道），"组内"就是误差，"总计"就是总和，"差异源"则是方差来源，"SS"是平方和，"df"称为自由度，"MS"是均方，"F"称为 F 比（F 统计量），"P-value"则是原假设（结论）成立的概率，这个数值越接近 0，说明原假设成立的可能性越小，反之原假设成立的可能性越大，"F crit"为拒绝域的临界值。

分析组内和组间离差平方和在总离差平方和中所占的比重，可以直观地看出各组数据对总体离差的贡献。将 F 统计量的值与临界值比较，可以判定是否接受等均值的假设。其中 F 临界值是用 FINV 函数计算出来的。本例中 F 统计值是 0.848783，远远小于 F 临界值 3.098393，所以，接受等均值假设。即认为四种渠道的总体水平没有明显差距。从显著性分析上也可以看出，概率高达 0.48，远远大于 0.05。

2. 无重复双因素方差分析

无重复双因素方差分析是考察在两个因素各自取不同水平时指标的观测值，然后通过统计分析判断不同因素、不同水平对指标的影响是否相同。从理论上讲，实际上是在检验几组等方差正态总体下的均值假设。无重复双因素方差分析的基本假设有两个，分别是各行和各列的均值相等。

【例 5.93】　为了考察不同的广告媒体和费用对总销售额的影响，在一批社会经济水平相当的城市中采取了不同的广告组合，并分别统计了销售业绩，数据如图 5.160 中所示。要求用双因素无重复方差分析研究不同的广告媒体和广告费用对销售业绩的影响。

操作步骤：

①建立数据模型：将数据输入到工作表中，如图 5.160 所示。

	A	B	C	D	E
1	媒体 费用	50000	100000	150000	200000
2	报纸	249.0672	1374.891	1125.111	2236.902
3	电视	871.5941	1528.93	1829.009	2416.326
4	户外	443.1311	772.6245	1354.849	1875.387
5	直邮	691.8338	734.9155	1790.991	2313.921

图 5.160　无重复双因素方差分析数据模型

②单击"数据"选项卡→"数据分析"，在出现的"数据分析"对话框中选择"方差分析：无重复双因素分析"，将弹出"方差分析：无重复双因素分析"对话框。

③设置对话框的内容：如图 5.161 所示。

● 输入区域：选择分析数据所在区域 ＄A＄1：＄E＄5。

● 标志：如果输入区域的第一行或第一列包含标志，则选中此复选框，本例选取。

● α：显著性水平，一般输入 0.05，即 95％ 的置信度。

● 输出区域：分析结果将以选择的单元格为左上角开始输出，本例选择"＄A＄7"。

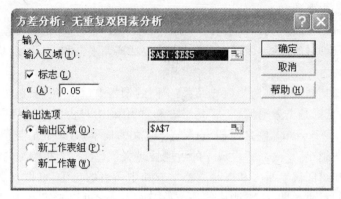

图 5.161　"方差分析:无重复双因素分析"对话框参数设置

④单击"确定"按钮,则出现"方差分析:无重复双因素分析"结果,如图 5.162 所示。

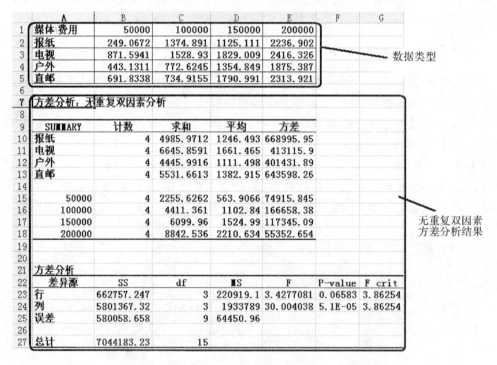

图 5.162　"无重复双因素"方差分析数据模型及分析结果

运算结果说明:

运算结果分为概要和方差分析两部分。

概要:返回每个因素和不同水平下的样本数、合计、均值和方差。

方差分析:返回标准的无重复双因素方差分析表,包括离差平方和(SS)、自由度(df)、均方(MS)、F 统计量、概率值(P-value)、F 临界值(F crit)。

通过分析行间、列间和误差的离差平方和在总离差平方和中所占的比重,可以直观地看出因素与水平的变化对总体指标变动的影响。将 F 统计量的值与临界值比较,可以判定是否接受等均值的假设。其中 F 临界值是用 FINV 函数计算出来的。

本例中行间、列间和误差的离差平方和水平接近。

行间 F 统计值是 3.427708081，略小于 F 临界值 3.86254。显著性分析的概率值 0.06583 也大于 0.05，所以接受行间等均值假设，即认为不同广告媒体对销售业绩的影响无明显区别。不过当置信度稍稍降低时，F 统计量将大于 F 临界值，所以建议对不同媒体做进一步研究分析。

列间 F 统计值是 30.004038，远大于 F 临界值 3.86254。显著性分析的概率值只有 0.000051，所以拒绝列间等均值假设。认为不同的广告投放力度对销售有明显的影响。

3.可重复双因素方差分析

可重复双因素方差分析是使两个有协同作用的因素同时作用于考察对象，并重复试验，然后通过统计分析判断不同的因素组合在多次试验中对指标的影响是否相同。从理论上讲，这仍然是在检验几组等方差正态总体下的均值假设。可重复双因素方差分析的基本假设是 3 个，分别是各行、各列和各行列(可以假设是各"平面")的均值相等。

【例 5.94】　为了考察不同的 CPU 和不同的主板搭配是否有不同的效果，在保证其他配置相同的条件下，将 3 种 CPU 和 4 种主板搭配后各自进行 3 次试验，分别测量整机的综合测试指标 T-Mark。要求用可重复双因素方差分析研究不同的 CPU、主板以及两者的组合对整机性能的影响。

操作步骤：

①建立数据模型：将数据输入到工作表中，如图 5.163 所示。

	A	B	C	D	E
1		MB-1	MB-2	MB-3	MB-4
2	CPU-1	4849.88	4361.16	3908.21	4154.78
3		5547.51	4456.65	4654.9	4882.91
4		5599.18	5866.57	5122.13	5638.24
5	CPU-2	4359.76	5010.71	6768.46	6446.17
6		6234.89	6577.75	7148.26	6984.44
7		6652.25	7038.27	7540.09	7472.54
8	CPU-3	4047.28	4779.92	5211.15	7331.84
9		5427.76	7948.62	7021.97	8818.88
10		6248.72	8416.37	7577.79	9053.08

图 5.163　可重复双因素方差分析数据模型

②单击"数据"选项卡→"数据分析"，在出现的"数据分析"对话框中选择"方差分析：可重复双因素分析"，将弹出"方差分析：可重复双因素分析"对话框。

③设置对话框的内容：如图 5.164 所示。

● 输入区域：选择分析数据所在区域"＄A＄1：＄E＄10"。该区域必须由两个或两个以上按列或按行排列的相临数据区域组成。

● 每一样本行数：在此输入包含在每个样本中的行数。每个样本必须包含同样的行数。本例为 3，即重复试验 3 次。

● α：在此输入要用来计算 F 统计的临界值的显著性水平。α 为与 I 型错误(弃真)发生概率相关的显著性水平。本例为 0.05。

● 输出区域：分析结果将以选择的单元格为左上角开始输出，本例选择"＄A＄12"。

图 5.164　"方差分析:无重复双因素分析"对话框参数设置

④单击"确定"按钮,则出现"方差分析:可重复双因素分析"结果,如图 5.165 所示。

	A	B	C	D	E	F	G
12	方差分析:可重复双因素分析						
13							
14	SUMMARY	B-1	B-2	B-3	B-4	总计	
15	CPU-1						
16	计数	3	3	3	3	12	
17	求和	15996.57	14684.4	13685.2	14675.9	59042	
18	平均	5332.19	4894.79	4561.75	4891.98	4920.2	
19	方差	175134.65	710542	374909	550225	410965	
21	CPU-2						
22	计数	3	3	3	3	12	
23	求和	17246.9	18626.7	21456.8	20903.2	78234	
24	平均	5748.9667	6208.91	7152.27	6967.72	6519.5	
25	方差	1490968.7	1129782	148865	263569	903711	
27	CPU-3						
28	计数	3	3	3	3	12	
29	求和	15723.76	21144.9	19810.9	25203.8	81883	
30	平均	5241.2533	7048.3	6603.64	8401.27	6823.6	
31	方差	1237673.1	3913870	1531498	871467	3E+06	
33	总计						
34	计数	9	9	9	9		
35	求和	48967.23	54456	54953	60782.9		
36	平均	5440.8033	6050.67	6105.88	6753.65		
37	方差	780912.25	2322185	1911459	2756175		
40	方差分析						
41	差异源	SS	df	MS	F	P-value	F crit
42	样本	25093240	2	1.3E+07	12.1434	0.0002	3.4028
43	列	7773040	3	2591013	2.50773	0.083	3.0088
44	交互	12275597	6	2045933	1.98017	0.1085	2.5082
45	内部	24797007	24	1033209			

图 5.165　"可重复双因素"方差分析结果

运算结果说明:

可重复双因素方差分析的结果较为复杂些,但是仍然分为概要和方差分析两部分。

概要:概要部分对于不同的因素组合按照试验批次分别返回包括样本数、合计、均值和方差的概要表。

方差分析:返回标准的可重复双因素方差分析表,其中包括离差平方和(SS)、自由度(df)、均方(MS)、F 统计量、概率值(P-value)、F 临界值(F crit)。

在可重复双因素方差分析中,总的离差平方被分解为 4 个部分:样本(即大行)、列、交互、内部(即误差)。而 F 统计和 F 临界值也各有 3 个:行间、列间、和交互。它们分别用来分别检验 3 个(本例)基本假设。

行间 F 统计值是 12.14336,远大于 F 临界值 3.402832。概率值为 0.000227 也很小。拒绝行间等均值假设,认为不同的 CPU 对整机的性能有明显影响。

列间 F 统计值是 2.507735,略小于 F 临界值 3.008786。概率值为 0.08301 也较大。接受列间等均值假设,认为不同的主板对整机的性能无明显影响。

交互的 F 统计值是 1.980174,小于 F 临界值 2.508187。概率值 0.10847 更大。接受交互等均值假设,认为不同的 CPU 和主板的搭配对整机性能无明显影响。

5.8.8　z-检验

在 Excel 中,假设检验工具主要有 4 个,如图 5.166 所示。

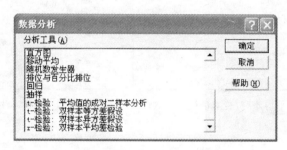

图 5.166　数据分析对话框

平均值的成对二样本分析实际上指的是在总体方差已知的条件下两个样本均值之差的检验,准确地说应该是 z-检验,双样本等方差检验是总体方差未知,但假定其相等的条件下进行的 t-检验,双样本异方差检验指的是总体方差未知,但假定其不等的条件下进行的 t-检验,双样本平均差检验指的是配对样本的 t-检验。

用 Excel 假设检验工具进行假设检验的方法类似,在此仅介绍 z-检验。

【例 5.95】　某企业管理人员对采用两种方法组装新产品所需的时间(分钟)进行测试,随机抽取 6 个工人,让他们分别采用两种方法组装同一种产品,采用方法 A 组装所需的时间和采用方法 B 组装所需的时间如图 5.167 所示。假设组装的时间服从正态分布,以 $\alpha=0.05$ 的显著性水平比较两种组装方法是否有差别。

操作步骤如下:

①建立数据模型:输入数据到工作表,如图 5.167 所示。

	A	B
1	方法A	方法B
2	72	69.8
3	69.5	70
4	74	72
5	70.5	68.5
6	71.8	73
7	72	70

图 5.167　z-检验数据模型

②单击"数据"选项卡→"数据分析",弹出"数据分析"对话框后,在其中选择"z-检验:双样本平均差检验",弹出对话框如图 5.168 所示。

③按图 5.168 所示输入参数后,按"确定"按钮,得输出结果如图 5.169 所示。

结果分析:在上面的结果中,我们可以根据 P 值进行判断,也可以根据统计量和临界值比较进行判断。如本例采用的是单尾检验,其单尾 P 值为 0.17,大于给定的显著性水平 0.05,所以应该接受原假设,即方法 A 与方法 B 相比没有显著差别;若用临界值判断,得出的结论是一样的,如本例 z 值为 0.938194,小于临界值 1.644853,由于是右尾检验,所以也是接受原假设。

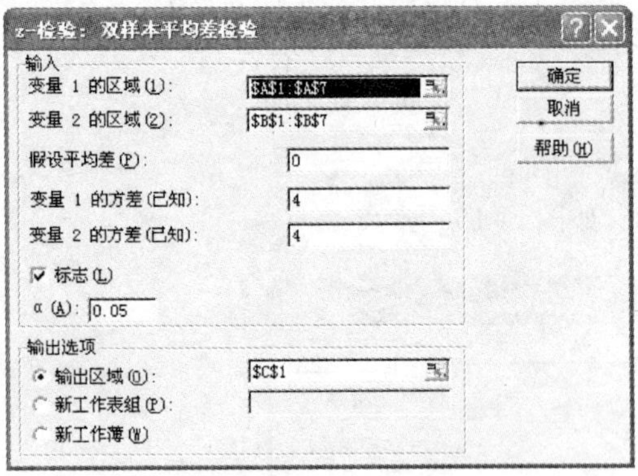

C	D	E
z-检验:双样本均值分析		
	方法A	方法B
平均	71.63333333	70.55
已知协方差	4	4
观测值	6	6
假设平均差	0	
z	0.938194187	
P(Z<=z) 单尾	0.174072294	
z 单尾临界	1.644853	
P(Z<=z) 双尾	0.348144587	
z 双尾临界	1.959961082	

图 5.168　"双样本平均差"检验对话框及参数设置　　图 5.169　双样本平均差检验分析结果

习题 5

一、选择题

1. 在 Excel 中,单元格区域 C5:F6 所包含的单元格的个数是　　　　　　　(　　)
   A.5　　　　　　　B.6　　　　　　　C.7　　　　　　　D.8

2. 在 Excel 中,若 C2 没有设置格式,向 C2 输入"01/2/4",则 C2 可能显示　(　　)
   A.1/8　　　　　　B.0.125　　　　　C.2001-2-4　　　　D.1/2/4

3. 在 Excel 的某单元格内输入文本型数字串:1234,正确的输入方式是　　　(　　)
   A.1234　　　　　B.'1234　　　　　C.=1234　　　　　D."1234"

4. 在 Excel 中表示两个不相邻的单元格地址之间的分隔符号是　　　　　　(　　)
   A.逗号　　　　　B.分号　　　　　C.空格　　　　　D.冒号

5. 在 Excel 中,若在单元格输入当前日期,可以按【Ctrl】键的同时按　　　(　　)
   A."；"键　　　　B."："键　　　　C."/"键　　　　D."—"键

6. 已知 A1、B1 和 C1 单元格的内容分别是"ABC"、10 和 20,COUNT(A1:C1)的结果是　　　　　　　　　　　　　　　　　　　　　　　　　　　　　(　　)
   A.2　　　　　　　B.3　　　　　　　C.10　　　　　　　D.20

7. 在 Excel 中，已知 A1：D10 各单元格中均存放数值 1，E1 内容是"＝SUM(A1：D10)"，如果将 E1 内容移动到 E2，则 E2 内容为 　　　　　　　　（　　）

  A. ＝SUM(A1：D10)　　　　　　　　　B. ＝SUM(A2：D11)

  C. ＝SUM(A2：D10)　　　　　　　　　D. ＝SUM(A1：D11)

8. 在 Excel 中，D4 中有公式"＝\$B\$2＋C4"，删除 A 列后，C4 中的公式为　（　　）

  A. ＝\$A\$2＋B4　　B. ＝\$B\$2＋B4　　C. ＝\$A\$2＋C4　　D. ＝\$B\$2＋C4

9. 在 Excel 中，要将 B1 中公式复制到 B2：B20，可以(　　　)用鼠标拖动 B1 单元格的填充柄从 B1 到 B20 单元格。

  A. 按住【Ctrl】键　　B. 按住【Shift】键　　C. 按住【Alt】键　　D. 不按任何键

10. 在 Excel 中，若在 A2 输入公式：＝56＜＝57，则显示结果为　　　　　　（　　）

  A. 56＜57　　　　B. ＝56＜＝57　　　C. TRUE　　　　　D. FALSE

11. 在 Excel 工作表中，函数 ROUND(5472.614,0)的结果是　　　　　　　　（　　）

  A. 5473　　　　　B. 5000　　　　　C. 0.614　　　　　D. 5472

12. 在 Excel 中，已知单元格 A1 到 A4 为数值型数据，A5 内容为公式：＝SUM(A1：A4)，如果在第 3 行的下面插入一行，则　　　　　　　　　　　　　（　　）

  A. 单元格 A5 内容不变

  B. 单元格 A5 内容为"＝SUM(A1：A5)"

  C. 单元格 A5 为原 A4 中的内容，单元格 A6 为"＝SUM(A1：A4)"

  D. 单元格 A5 为原 A4 中的内容，单元格 A6 为"＝SUM(A1：A5)"

13. 在 Excel 中，错误值总是以(　　　)开头。

  A. \$　　　　　　　B. @　　　　　　　C. #　　　　　　　D. &

14. 在 Excel 中，如果 E1 单元格的数值为 10，F1 单元格输入：＝E1＋20，G1 单元格输入"＝\$E\$1＋20"，则　　　　　　　　　　　　　　　　　　　　（　　）

  A. F1 和 G1 单元格的值均是 30

  B. F1 单元格的值不能确定，G1 单元格的值为 30

  C. F1 单元格的值为 30，G1 单元格的值为 20

  D. F1 单元格的值为 30，G1 单元格的值不能确定

15. 在 Excel 中，单元格 A1 的数值为 10，在单元格 B1 中输入"＝\$A1＋10"，在单元格 C1 中输入"＝A\$1＋10"，则　　　　　　　　　　　　　　　　　（　　）

  A. B1 单元格的值 10，C1 单元格的值是 20

  B. B1 和 C1 单元格的值都是 20

  C. B1 单元格的值是 20，C1 单元格的值是 10

  D. B1 和 C1 单元格的值都是 10

16. 在显示比较大的表格时，如果要冻结表格的前两列，应该先选定表格的　（　　）

  A. 第二行　　　　B. 第三行　　　　C. 第二列　　　　D. 第三列

17. 在 Excel 中，如果用图表显示某个数据系列各项数据与该数据系列总和的比例关系时，最好用(　　)描述。

  A. 柱形图　　　　B. 饼图　　　　　C. XY 散点图　　　D. 折线图

18. 在 Excel 中,下面是关于数据的分类汇总的论述,其中正确的表述是　　　　（　　）

A. 对数据清单中数据分类汇总前应先按分类项排序

B. 对数据清单中数据分类汇总前按任意数据项排序即可

C. 对数据清单中数据分类汇总前按第一列数据项排序即可

D. 可以直接对任何工作表进行分类汇总

19. 在 Excel 中,完成数据筛选时　　　　（　　）

A. 只显示符合条件的第一个记录　　　　B. 显示数据清单中的全部记录

C. 只显示符合条件的记录　　　　D. 只显示不符合条件的记录

20. 在 Excel 工作表中,使用"高级筛选"命令对数据清单进行筛选时,在条件区的同一行中输入两个条件,表示　　　　（　　）

A. "非"的关系　　　　B. "与"的关系

B. C. "或"的关系　　　　D. "异或"的关系

21. 用函数计算在年利率为 1.75％,每个月连续存款,连续存 5 年,5 年后存款额 50000 元,则每月需要存款多少元,以下正确的公式是　　　　（　　）

A. ＝PMT(1.75％,5,0,50000)　　　　B. ＝PMT(1.75％,5,50000)

C. ＝PMT(1.75％/12,5＊12,0,50000)　　D. ＝PMT(1.75％/12,5＊12,50000)

22. 银行向某企业贷款 500 万元,5 年还清的年利率为 6.6％,企业的年支付额的公式是　　　　（　　）

A. ＝PMT(6.6％,5,0,50000)　　　　B. ＝PMT(6.6％,5,50000)

C. ＝PMT(6.6％/12,5＊12,0,50000)　　D. ＝PMT(6.6％/12,5＊12,50000)

23. VLOOKUP 函数的第一个参数是　　　　（　　）

A. 数据区　　　　B. 查找值　　　　C. 匹配类型　　　　D. 列标

二、判断题

1. 在 Excel 中,同一工作簿中不同的工作表可以有相同的名字。　　　　（　　）

2. 在 Excel 中,删除命令与 Del 键的功能相同。　　　　（　　）

3. 在 Excel 中,可以同时选定多个工作表,且允许同时在多个工作表中输入数据。

　　　　（　　）

4. 工作表被保护后,能看到该工作表中的内容。　　　　（　　）

5. 工作簿被保护后,所有的工作表不能被修改。　　　　（　　）

6. 在 Excel 中,饼图的每个扇区可以视为一个对象,单独对其进行格式修饰。　（　　）

7. 在 Excel 中,删除工作表中的数据,与之相关的图表中的数据系列不会删除。　（　　）

8. 修改 Excel 工作表中的数据,会自动反映到与之对应的图表中。　　　（　　）

三、思考题

1. 简述"移动"/"复制"与"移动插入"/"复制插入"的相同之处与不同之处。

2. 简述直方图、饼图和折线图的用途。

3. 高级筛选的条件区有哪些规则?

4. 比较 SUM、DSUM 和 SUMIF 的区别与用途。

5. 比较 COUNT、DCOUNT 和 COUNTIF 的区别与用途。

第 6 章

演示软件 PowerPoint 2010

PowerPoint 是 Microsoft Office 系列办公软件之一,主要用于幻灯片制作和演示。PowerPoint 被广泛应用于教学、学术讲座、技术交流、论文答辩、产品介绍和新闻发布等。本章将全面地介绍如何用 PowerPoint 2010 创建、编辑和播放幻灯片。

6.1 PowerPoint 基本概念与基本操作

通过本节的学习,你将了解 PowerPoint 中的一些重要的概念,例如幻灯片、演示文稿、版式、占位符和视图等,同时能掌握如何在 PowerPoint 创建演示文稿、编辑演示文稿,以及如何与 Word 文档传递文本信息等。

6.1.1 启动、打开、退出与关闭

一个 PowerPoint 文档也称为演示文稿(简称 PPT 文件),它是由一张或多张幻灯片组成。保存 PowerPoint 文档后,PowerPoint 文档文件的默认扩展名是".pptx"。

1. 启动、退出 PowerPoint

启动 PowerPoint 的一般方法是:单击"开始" 按钮→"所有程序"→"Microsoft Office"→"Microsoft PowerPoint 2010",会显示新建演示文稿对话框,如图 6.1 所示。另外一个常用的方法是双击 PowerPoint 文档也可以启动 PowerPoint 并且打开相应的 PowerPoint 文档。退出 PowerPoint 与 Word 和 Excel 中的相应操作一样,不再重复。

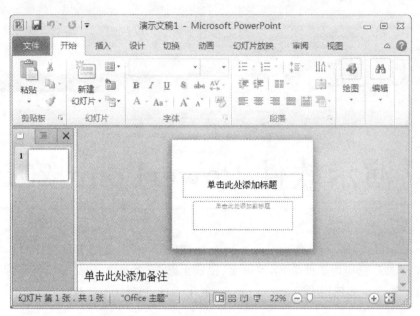

图 6.1   PowerPoint 窗口

2. 打开和关闭 PowerPoint 文档

打开和关闭 PowerPoint 文档,与 Word 和 Excel 中的相应操作一样,不再重复。

6.1.2　幻灯片的保存与发送

在"文件"选项卡,"保存"、"另存为"命令用于将当前演示文稿保存在本地电脑的存储介质上,操作与 Word 和 Excel 相同,不再重复。

"文件"选项卡中的"保存并发送"命令有以下主要功能:

• 使用电子邮件功能:有以下两项选择:

➢作为附件发送:将当前演示文稿的副本作为电子邮件的附件发送给收件人。

➢发送链接:创建包含此演示文稿链接的电子邮件,收件人能看到最新更改的演示文稿(演示文稿保存在共享位置)。

• 保存到 Web:允许其他人通过 Web 访问和共享此演示文稿。

• 保存到 SharePoint:保存到 SharePoint 网站,该演示文稿可以与其他人协作完成。

• 广播幻灯片:允许用户将制作好的幻灯片向网络发布,其他收到此链接的用户可以用浏览器在网络上远程观看发布的幻灯片。在"幻灯片放映"选项卡的"开始放映幻灯片"组,单击"广播幻灯片"。需要阅读服务协议,再决定是否"启动广播"。

• 发布幻灯片:将幻灯片发布到幻灯片库或 SharePoint 网站供其他人共享。

"文件"选项卡中的"文件类型"命令用于选择保存文件的类型,主要功能有:

• 更改文件类型：类似"另存为"命令，可以改变保存文件的类型，以便在不同点工具中打开。

• 创建 PDF/XPS 文档：以特定格式保存该文档，以便在相应的工具中打开。

• 创建视频：创建一个全保真视频。

• 将演示文稿打包成 CD：将演示文稿打包成 CD。

• 创建讲义：将演示文稿以选定的格式发送到 Word 中。

6.1.3 创建演示文稿与选择版式

1. 新建演示文稿与插入幻灯片

（1）新建演示文稿

PowerPoint 2010 提供了各种模板和主题，利用模板和主题可以快速地建立具有主题鲜明的演示文稿。例如简历、报告、证书、相册、日历、计划等。

新建演示文稿的操作是：

"文件"选项卡，选择"新建"，然后在右侧的框内选择"空白演示文稿"或者选择一个模板，通过模板建立演示文稿。

（2）插入幻灯片

方法 1：最便捷的插入幻灯片的操作是：

单击左侧幻灯片下方，出现横线后，按【Enter】键。如果连续按【Enter】键，可插入多张幻灯片。用这种方法插入的幻灯片，系统会自动分配"标题与内容"版式。

方法 2：插入指定版式的幻灯片，操作是：

"开始"选项卡，"幻灯片"组，单击"新建幻灯片"按钮，然后再选择指定的版式。

2. 选择幻灯片版式

版式定义了幻灯片的内容在幻灯片上的排列方式。版式中包含"占位符"，如图 6.2 中带有虚线或阴影线边缘的框称为"占位符"。不同名称的版式包含不同的"占位符"，通常有：标题、副标题、节标题、列表、图表、图片、自选图形、表格和视频等。在母版中含有每一种版式的样张，可以对版式设置格式等。如果在母版中对某个版式样张设置格式和动画效果后，会应用到使用该版式的幻灯片。版式本身只定义了幻灯片上要显示内容的位置和格式设置信息。有关版式的编辑见后面关于母版的介绍。

选择或更换幻灯片的版式操作是：

右击左侧幻灯片列表中要改变版式的"幻灯片"，选择"版式"，在弹出的列表中选择一种版式。如图 6.2 所示。或者在"开始"选项卡的"幻灯片"组，单击"版式"按钮显示版式列表，单击需要的版式。

图 6.2 "版式"

3."占位符"的概念

版式中包含"占位符"。占位符是虚线作为边框的矩形框,框内可以放置文字、表格、图表和图片等。出现在幻灯片中的"占位符"一般会有提示文字。例如"单击此处添加标题"、"单击此处添加文本"或"单击图标添加内容"等,其中内容包括表格、图表、剪贴画、图片、组织结构图和媒体剪辑等对象。如果在"占位符"中添加相应的文字或对象,它们会自动替代框内的提示文字。"占位符"类似文本框,但是与文本框有一些区别,详细介绍见后面的相关内容。

6.1.4 视图切换与视图功能

在 PowerPoint 2010 下,演示文稿视图有四种,分别是"普通"视图、"幻灯片浏览"视图和"备注页"视图和"阅读"视图,不同的视图用于不同的目的。

(1)不同的视图切换

方法 1:单击屏幕左下角的"普通视图"按钮▯▮、"幻灯片浏览视图"按钮▦或"阅读"按钮,可实现视图之间的切换。

方法 2:在"视图"选项卡的"演示文稿"视图组选择一种视图,可实现视图之间的切换。

(2)"普通"视图

普通视图用于编辑演示文稿。新建演示文稿后,默认在"普通视图"。

在"普通视图"下,右窗格显示"幻灯片",用于显示和编辑单张幻灯片。右下窗格用于显示"备注",可以写一些备注内容,这些"备注"内容不会在幻灯片放映时显示。左窗格分为"大纲"或"幻灯片"。拖动窗格之间的分隔线可以改变窗格的大小。如果左窗格选择"幻灯片",左侧用缩略图的形式显示幻灯片的全貌,可以方便地删除或重新调整幻灯片的先后顺序。如果左窗格选择"大纲",左侧只显示幻灯片中的文字,可以方便地插入、删除和重新调整幻灯片的先后顺序,也可以编辑幻灯片中的文字等。

如果关闭左窗格的视图,可以再次单击"视图"选项卡的"普通视图"按钮打开左窗格的视图。

(3)"幻灯片浏览"视图

在"幻灯片浏览"视图下,所有的幻灯片缩小显示,可同时看到多张幻灯片。在该视图方式下能方便地删除、移动或复制幻灯片,也能设置放映方式、幻灯片切换、隐藏、应用动画方案和动画预览等,不能改变幻灯片的内容,主要适合编辑幻灯片的整体效果。

(4)"备注"视图

在"备注"视图下,用较大的窗口显示和编辑备注信息。

(5)"阅读"视图

在"阅读"视图下,隐藏功能区,用更大的区域显示幻灯片的内容。

6.1.5　幻灯片的编辑方法与技巧

1.选定幻灯片

选定幻灯片的目的是为了修饰、编辑、移动、复制或删除幻灯片。如果要对多张幻灯片做同样的操作,首先是选定这些幻灯片,然后再做其他操作。下面是选定幻灯片和放弃选择幻灯片的操作。

①选定一张幻灯片:在"普通"视图下,单击左窗格幻灯片的图标或在"幻灯片浏览"视图中单击幻灯片图标可选定一张幻灯片。

②选定连续的多张幻灯片:在"幻灯片浏览"视图下,单击要选定的第一张幻灯片,然后按【Shift】键的同时单击要选定的最后一张幻灯片。或者在"普通"视图下,单击左窗格要选定的第一张幻灯片图标,然后按【Shift】键的同时单击要选定的最后一张幻灯片图标。

③选定不连续的多张幻灯片:在"幻灯片浏览"视图下,按【Ctrl】键的同时单击要选定的幻灯片。或者在"普通"视图下,按【Ctrl】键的同时单击左窗格要选定的幻灯片图标。

④放弃选定的幻灯片:单击幻灯片旁边的空白处。

2.复制和移动幻灯片(包括不同演示文稿之间复制和移动)

(1)演示文稿内的幻灯片复制和移动

在一个演示文稿内复制或移动幻灯片的操作步骤是:

①选定要复制或移动的一张或一组幻灯片。

②执行以下操作:

移动幻灯片:拖动选定的幻灯片到目标位置。

复制幻灯片:按【Ctrl】键的同时拖动选定的幻灯片到目标位置。

或者选定幻灯片后,按【Ctrl】+【C】键实现复制(【Ctrl】+【X】实现移动),单击目标位置后,按【Ctrl】+【V】键实现"粘贴"操作。

（2）不同的演示文稿之间复制和移动幻灯片

操作步骤是：

①打开另一个演示文稿，选定一张或多张幻灯片，右击，选择"复制"或"移动"。

②切换到要插入幻灯片的演示文稿，单击左侧窗格要插入幻灯片的位置（两个幻灯片之间），右击，选择"粘贴"。

3. 删除幻灯片

①删除单张幻灯片：选择要删除的幻灯片，按【Del】键。

②删除多张幻灯片：在"幻灯片浏览"视图下，选择要删除的幻灯片，按"Del"键。

4. 编辑、格式化占位符

（1）文字、段落修饰

在 PowerPoint 中改变文字的大小和颜色、添加项目符号和编号、调整缩进方式和对齐方式等操作与 Word 一样，在"开始"选项卡的"字体"组和"段落"组选择相应的操作，不再重复。

（2）背景、框线修饰

改变"占位符"或文本框的背景和边框线的操作是：单击"占位符"或文本框的框线后，在"开始"选项卡的"绘图"组选择相应的操作即可。例如单击 ⬥ ·，在框内填充颜色；单击 ✐ ·，改变线条颜色等。

如果在母版中对"占位符"中的文字进行修饰，会应用到其他没有格式化的幻灯片中（见有关母版的介绍）。

6.1.6　Word 与 PowerPoint 文本转换

如果想用写好的 Word 文档创建 PowerPoint 讲演稿，可以用复制/粘贴的方法实现。另外也可以用下面介绍的方法快速实现。用以下方法实现 Word 与 PowerPoint 文本转换，只能转换文本部分，不包含图形、表格等。图形和表格可以采用复制/粘贴的方法实现。

1. 利用已创建好的 Word 文档生成 PowerPoint 演示文稿

PowerPoint 可以接受来自外部扩展名为 doc、docx、rtf、xml、html 和纯文本等格式的文档。由于 PowerPoint 演示文稿以幻灯片为一页，因此如果要将 Word 文档传送到 PowerPoint 中，要事先在 Word 中设计哪些内容放在演示文稿的第一张幻灯片，哪些内容放在第二张幻灯片等。

（1）对 Word 文档的要求

Word 有 9 级"标题"样式，PowerPoint 有 1 级"标题"样式和 5 级"文本"样式。

如果 Word 文档中有"标题"和"正文"样式的文本，则"标题"样式的文本能发送到 PowerPoint，而"正文"样式的文本不会被发送。因此，将不发送到 PowerPoint 的文本的样式改为非标题级别的正文样式即可。

在 Word 中有多少个"标题 1"级别样式的段落,发送到 PowerPoint 后会有同样多的幻灯片。同时 Word"标题 2"~"标题 6"分别对应 PowerPoint 的 5 级文本样式,而 Word 的"标题 6"以下级别的文本均对应 PowerPoint 第 5 级"文本"。

(2)用已有的 Word 文档生成 PowerPoint 演示文稿。

①在 Word 中打开要发送到 PowerPoint 的文档。

②单击"文件"选项卡,选择"另存为"。

③在"另存为"对话框的"保存类型"选择"rtf"。

④选择指定的文件夹,输入文件名,保存。

(3)在 PowerPoint 打开 Word 的 rtf 文件

① 在 PowerPoint 单击"文件"选项卡,选择"打开"。

② 在"打开"对话框,选择要打开文件所在的文件夹。

③ 在"打开"对话框的"文件类型"中选中"rtf",或者"所有文件 ＊．＊",这时能看到 Word 的".RTF 格式"文件,双击该文件即可。

2.将 PowerPoint 演示文稿发送到 Word

最简便的方法是:在 PowerPoint 中将演示文稿"另存为"保存为"rtf"格式文档,然后在 Word 中打开该"rtf"格式文档。

6.2　幻灯片的设计

在幻灯片中可以插入文字、图形、图片、图表、声音、动画、影像和视频等对象。若对插入的文字和某些对象添加了动画效果,会使幻灯片的放映更具有吸引人的效果。

6.2.1　插入形状、图片、表格、艺术字、文本框、编号和页脚

1.插入形状、图片、表格、艺术字、文本框

操作步骤如下:

①在"插入"选项卡,单击要插入的对象。

②如果插入"形状",单击"形状"按钮,在弹出的列表单击要插入的"形状",按住鼠标左键拖动鼠标到合适的大小。如果需要在形状内输入文字,右击"形状",选择"编辑文字"。

③如果插入"图片",单击"图片"按钮,在弹出的对话框中选择图片所在的目录,选择要插入的图片文件。另外也可以将其他文件建立的图片或网络上的图片通过"复制"和"粘贴"操作复制到幻灯片中。

④如果插入"表格",单击"表格"按钮,在弹出的框中按住鼠标左键拖动鼠标确定插入的行数和列数。

⑤如果插入"文本框",单击"文本框"按钮,按住鼠标左键拖动鼠标到合适的大小。

2. 编辑图形、图片、表格、艺术字、文本框

(1)选定"对象"

操作是:单击"图形"、"图片"、"表格"、"艺术字"或"文本框"对象,或鼠标移动到对象的边框上,当鼠标指针变为"十字箭头"时单击鼠标,选定对象。

(2)放大/缩小"对象"

选定"对象"后,"对象"的边框出现"控点",按住鼠标左键向内或向外拖动框线上的"控点",实现放大或缩小"对象"。

(3)复制/移动"对象"

选定"对象"后,如果要复制对象,按【Ctrl】+【C】键;如果要移动对象,按【Ctrl】+【X】键,然后单击目标位置,按【Ctrl】+【V】将对象粘贴到目标位置。

(4)删除"对象"

选定"对象"后,按【Delete】键。

(5)剪裁"图片对象"

选定"图片对象"后,会自动出现"格式"选项卡。在"格式"选项卡的"大小"组,单击"剪裁"按钮后,鼠标指针为剪裁形状,按住鼠标左键由内向外拖动图片控点可以剪裁图片。

(6)格式修饰"对象"

选定"对象"后,会出现"格式"选项卡。在"格式"选项卡,单击相应"对象"所在组的右下角的"启动器",可以对选定的"对象"进行格式修饰。

例如,选定的"对象"是"形状",在"格式"选项卡,单击"形状样式"组右下角的"启动器",弹出"设置形状格式"对话框,如图 6.3 所示。可以根据需要选择相应的格式修饰。

图 6.3 "设置形状格式"对话框

如果选定的"对象"是表格、文本框或者占位符,选择"开始"选项卡的"字体"组、"段落"组或者"绘图"组中的相应按钮,改变其中的文字格式、段落格式和框的底色或框线颜色与线型等。

3. 插入幻灯片编号、日期和时间和页脚

在"插入"选项卡的"文本"组,单击"幻灯片编号",打开"页眉和页脚"对话框,如图6.4所示。在该对话框的"幻灯片"选项卡中可以为幻灯片添加日期和时间、幻灯片编号、页脚等。

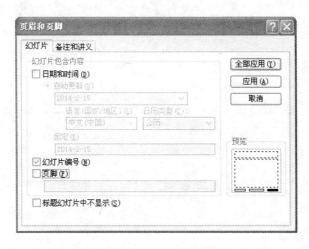

图 6.4　"页眉和页脚"对话框

6.2.2　占位符与文本框的区别

插入幻灯片后,幻灯片中一般会有带有虚线的框,在框中一般会由提示文字,这个框称为"占位符"。在"占位符"中可以输入文字、建立图表、插入图片和表格等。"占位符"和"文本框"相同之处是都可以输入文本。"占位符"与"文本框"的主要区别是:

"占位符"内有提示文字,输入文字会自动替换提示文字,而文本框没有提示文字。

"占位符"中输入的文本具有预先设定的文字格式(可在母版中定义),而在文本框内输入的文字为默认格式,不能在母版定义格式。因此,为了能在母版中统一为占位符设置格式,尽量用占位符,而不是文本框。

在默认情况下,"占位符"不能随着文本行的多少自动调整框的大小,只能手动调整,而文本框能自动随着文本行的多少调整框的大小。当然,如果希望"占位符"也能自动调整框的大小,可以先选定"占位符",然后在"开始"选项卡,"段落"组,单击"对齐文本"按钮,选择"其他选项",弹出"设置文本效果格式"对话框,如图6.5所示。选中"根据文字调整形状大小"后,"占位符"就能根据行数的多少自动调整框的大小。

图 6.5 "设置文本效果格式"对话框

6.2.3 幻灯片中创建图表与案例

1. 创建图表与案例

在 PowerPoint 插入图表常用的方法有两种。

方法一:用其他工具建立图表,然后通过"复制"操作将图表"粘贴"到 PowerPoint 中。例如,将 Excel 创建的图表复制到 PowerPoint 的操作是:在 Excel 选定图表,按【Ctrl】＋【C】复制,然后在 PowerPoint 中选择"粘贴"。用这种方法插入的图表只能对整个图表对象设置动画放映效果。

方法二:在 PowerPoint 中建立图表。用这种方法建立的图表,不但可以对整个图表对象设置动画效果,也可以对图表中的数据系列设置动画效果,提高图形中各个部分的动态放映效果(见幻灯片动画设计与放映)。

在 PowerPoint 创建图表操作是:

①在"插入"选项卡的"插图"组,单击"图表"。

②选择一种图表类型。例如,选择一种"柱形图",系统会在右侧打开 Excel 窗口,并且在 Excel 窗口内有模拟数据,并用这组模拟数据在 PowerPoint 建立了图表,如图 6.6 所示。

③编辑 Excel 窗口内数据区中的数据。对 Excel 窗口内的模拟数据进行编辑的操作与在 Excel 中操作相同。在第二行输入:一季度、二季度、三季度、四季度;A 列输入去年、今年,然后更改数据区数据。执行以上编辑操作后,将鼠标指针移到数据区右下角,当鼠标指针变为箭头时,拖动鼠标指针可以扩大或缩小数据区,直到数据区为合适大小(右下角为 E4 单元格)。

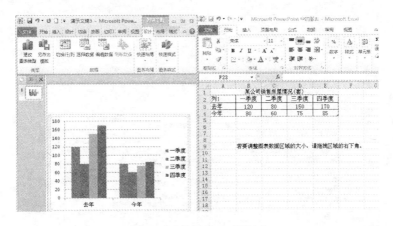

图 6.6　"数据表"与"图表"

2. 编辑图表与案例

选定图表：单击图表区，选定图表后，出现有关图表工具的选项卡，分别是："设计"选项卡、"布局"选项卡和"格式"选项卡。

①单击"设计"选项卡中的"编辑数据"按钮，在右侧打开 Excel 窗口。

②根据需要做以下操作：

• 改变图表类型：在"设计"选项卡，单击"更改图表类型"按钮，选择一种图表类型即可。

• 图例和水平分类轴数据互换：单击"切换行/列"按钮。

• 添加图表标题：选定图表后，在"布局"选项卡单击"图表标题"，选中"图表上方"，输入"某公司销售房屋情况（套）"。

• 添加坐标轴标题：选定图表后，在"布局"选项卡单击"坐标轴标题"，选中"主要纵坐标标题"的"横排标题"，输入"（套）"，再将它移动到垂直轴上面，如图 6.7 所示。

• 添加数据标签：选定图表后，在"布局"选项卡，单击"数据标签"，选中"居中"。如图 6.7 所示。

若改变图表中某个对象的颜色或格式，可选择以下操作：

• 如果用鼠标右击图表的最外围的区域（图表区），选择"设置图表区格式"，可改变图表区的背景色、边框和文字的格式。

• 如果用鼠标右击图表区与图之间的区域（绘图区），选择"设置绘图区格式"，可改变绘图区的填充效果。

• 如果鼠标右击"图例"，选择"图例格式"，可改变图例的颜色、字体和位置。

• 如果鼠标右击"水平"或"垂直"坐标轴，选择"设置坐标轴格式"，可改变坐标轴的字体、刻度、图案颜色、数字以及文字方向等。例如右击"垂直"坐标轴数据刻度所在的位置，选择"设置坐标轴格式"，最大值，固定：200，主要刻度单位：50。

• 如果鼠标右击图中的某个数据系列，选择"设置数据系列格式"，可对选定的数据系列进行修饰。

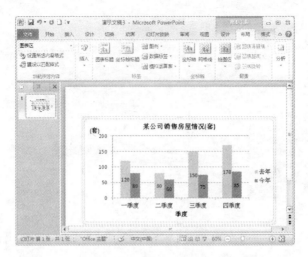

图 6.7　修饰后的图表

6.2.4　在幻灯片中创建 SmartArt 图

PowerPoint 2010 提供的 SmartArt 图包括：列表图、流程图、循环图、层次图、关系图、矩阵图、棱锥图等。

各种图示类型的含义如下：

列表图：用于显示各个元素之间非有序信息块或分组信息块的关系图。

流程图：用于显示各个元素之间具有流程或工作流中顺序的关系图。

循环图：用于显示元素之间连续循环过程的关系图。

层次图：用于显示元素之间分层或上下级关系的关系图。

关系图：用于比较或显示元素之间的关系图。

矩阵图：以象限的方式显示部分与整体的关系的关系图。

棱锥图：用于显示各个元素之间的比例关系、互连关系或基于基础的层次关系图。

以上各种图的建立与编辑操作非常类似，下面以创建层次结构中的组织结构图为例介绍 SmartArt 图的制作。组织结构图是用图来直观描述具有层次信息和上下级关系的图形。

1. 创建组织结构图

创建组织结构图操作步骤如下：

①在"插入"选项卡，单击"插图"组的"SmartArt"按钮，弹出"SmartArt 图形"对话框，如图 6.8 所示。

②单击"层次结构"，在右侧"图示"列表中选择"组织结构图"后，单击"确定"。

③在文本框中输入文字。

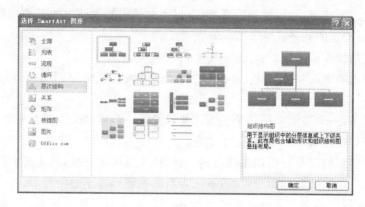

图 6.8　"SmartArt 图形"对话框

2. 编辑组织结构图

编辑组织结构图常用的操作有：

(1)为某个形状建立"下属"、"同事"或"助手"形状对象的操作是：

①单击该形状对象。

②在"设计"选项卡的"创建图形"组，单击"添加形状"按钮，弹出列表。

③在列表中选择其中要添加形状的位置。例如，单击"在下方添加形状"，为该形状添加下属。

(2)删除形状对象的操作是：

将鼠标指针移到形状边框的边缘，当鼠标指针变成十字箭头时单击鼠标，按【Delete】键。

(3)同时选定多形状对象的操作是：

按【Shift】键的同时单击要选定的图框。

(4)套用结构图的样式的操作是：

在"设计"选项卡的"SmartArt"组中选择颜色和样式等。

(5)自定义图框的填充色和边框线的操作是：

选中要修饰的形状对象，在"格式"选项卡的"形状样式"组中选择填充色和边框线等。

6.2.5　在幻灯片中应用主题与背景实现统一风格

PowerPoint 2010 提供了多种预先设计好的主题。主题包含幻灯片的背景、颜色、字体和段落格式等。创建演示文稿时，使用预先设计的主题可以轻松快捷地美化演示文稿的整体外观，统一幻灯片风格，使整个演示文稿或指定的一组幻灯片具有相同、统一的外观效果。一个演示文稿可以应用多个主题，每个主题对应一个母版。

1. 应用/修饰主题

(1)应用主题

新建一个演示文稿后，实际上该演示文稿已经应用了一个默认的主题样式。如果对这个默认的主题不满意,可以重新选择主题,以及对选中的主题中的某些元素重新定义和修饰,以便达到理想的效果。

选择主题的操作步骤如下:

在"设计"选项卡的"主题"组,选择一个主题后,该主题将应用到每张幻灯片。如图6.9所示。

默认情况下,一个演示文稿一个主题。如果需要一个演示文稿包含多个主题,必须事先创建多个幻灯片母版,一个母版一个主题。

如果选定多张幻灯片后应用主题,选定的幻灯片应用该主题,而未选中的幻灯片仍然是原来的主题。这时观察母版会发现,系统为新的主题增加了一个母版。

(2)修饰主题

可以通过选择"颜色"、"字体"、"效果"、"背景"等按钮修饰选当前幻灯片所在的主题。

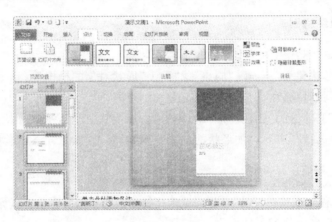

图 6.9　"主题"

(3)自定义主题

自定义主题包括自定义主题的"颜色"、"字体"和"效果"。可以保存自定义的主题,也可以分别保存自定义的"颜色"、"字体"和"效果",以便单独使用它们。

自定义主题"颜色"的操作步骤如下:

①在"设计"选项卡的"主题"组,单击"颜色"。

②选择"新建主题颜色",选择要更改的颜色,如图 6.10 所示。

③名称框输入自定义的颜色名称,单击"保存"。

自定义主题"颜色"后,在"颜色"列表第一行会出现自定义的颜色。

自定义主题"字体"和"效果"的操作与自定义主题"颜色"的操作类似,不再重复。

(4)保存自定义主题

保存自定义主题的目的是为了今后再次使用该主题。操作步骤如下:

①在"设计"选项卡的"主题"组,单击"更多"按钮，弹出列表,如图 6.11 所示。

②单击"保存当前主题",输入文件名称。

(5)应用自定义主题

自定义主题后,单击"更多"按钮，弹出列表,选择"自定义"组中的主题即可,如图

6.11 所示。

图 6.10 "新建主题颜色"对话框   图 6.11 "主题"列表

（6）删除主题

在"自定义"组中，右击要删除的自定义主题，选择"删除"。

2. 背景设置

一个背景应用的最小范围是一个主题。改变幻灯片背景的操作步骤如下。

①选定要改变背景的一张幻灯片（对选中幻灯片所在的主题改变背景）。

②在"设计"选项卡的"背景"组，单击"背景样式"，选择一种背景样式，或者单击"背景"组的"启动器"，弹出"设置背景格式"对话框，如图 6.12 所示。根据需要选择填充的背景。

图 6.12 "设置背景格式"对话框

6.2.6　幻灯片母版与编辑

PowerPoint 2010 提供有幻灯片母版、备注母版、讲义母版。利用"幻灯片"母版可以快速对演示文稿做统一风格的格式设置和动画效果。

1."幻灯片"母版的特点与使用

PowerPoint 2010 允许一个演示文稿可以应用多个"幻灯片"母版。每个幻灯片母版都可以有自定义的一套版式。在创建演示文稿时使用"幻灯片"母版的好处是：可以为当前演示文稿特定的幻灯片组中的标题和文本"占位符"设置统一的文本格式与外观，也可以为它们设置统一的动画效果等。

进入幻灯片母版视图的操作步骤如下：

单击"视图"选项卡，在"母版视图"组，选择"幻灯片母版"，如图 6.13 所示。

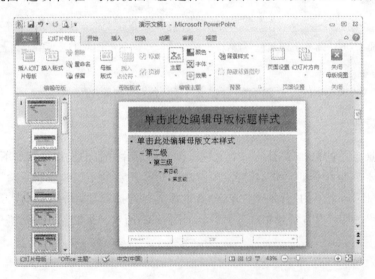

图 6.13　"幻灯片母版"视图

在"幻灯片母版"视图中，左侧列表是版式，包括 Office 主题幻灯片母版、标题幻灯片版式、标题和内容版式、节标题版式等。可以根据需要选择其中一个版式，改变背景、添加对象、设置动画效果、改变指定版式的"占位符"格式(字体、大小、位置等)、插入图片、文本框、图形、表格或按钮等，并且执行这些操作与在幻灯片中的操作相同。但是在"幻灯片"母版中所做的操作会作用到使用该幻灯片母版版式的幻灯片中。"幻灯片"母版具有以下特点：

- 如果在"幻灯片"母版中改变某个版式中"占位符"的格式、添加背景等，该格式和背景等会自动应用到使用该"幻灯片"母版的幻灯片。
- 如果在"幻灯片"母版中对某个版式中"占位符"设置了动画效果，该动画效果会自动应用到所有使用该"幻灯片"母版的幻灯片。如果在"普通"视图下对某个幻灯片设置了动画效果，先播放母版中设置的动画效果，然后播放在"普通"视图下设置的动画效果。

● 如果在"幻灯片"母版中添加文本框、表格、按钮或图形等,会自动出现在使用的"幻灯片"母版的幻灯片中同样的位置。

● 如果在"幻灯片"母版的"占位符"中输入文字,该文字不会出现在幻灯片中。

因此,为了快速、统一设置演示文稿的整体格式和动画效果,通常会用在"幻灯片母版"中对版式进行格式设置和动画设计,可统一幻灯片的格式与动画效果。

2. 幻灯片母版的编辑

(1)创建自定义版式

PowerPoint 2010 允许创建自定义的版式 。创建版式的操作步骤如下:

①在"视图"选项卡的"母版视图"组,单击"幻灯片母版"按钮,出现"幻灯片母版"选项卡。

②单击左窗格版式列表中要插入新版式的位置,按【Enter】键或者单击"幻灯片母版"选项卡的"插入版式"按钮。

(2)编辑"占位符"

①在版式中插入"占位符"的操作步骤如下:

在"幻灯片母版"选项卡的"母版版式"组,单击"插入占位符"旁的箭头,在弹出的列表选择"占位符"。

②在版式中删除"占位符"的操作步骤如下:

单击"占位符"的边框,按【Delete】键。

6.2.7 幻灯片的页面设置与方向

在"设计"选项卡的"页面设置"组,可实现以下功能:

幻灯片方向:纵向、横向显示幻灯片

页面设置:改变幻灯片的大小、幻灯片起始页码、幻灯片、备注、讲义和大纲的方向为纵向或横向。

6.3 演示文稿的动画设计、放映与打印

在放映演示文稿之前最重要的工作是对幻灯片做动画设计。通过对幻灯片添加动画效果,可以吸引观看者的注意力,同时能突出重点。PowerPoint 2010 为用户提供了丰富的动画效果。包括幻灯片可以对幻灯片中的一个对象从进入、强调、退出和动作路径等方面设置多个动作,实现对象连续多个动作的播放。如果播放的幻灯片中包含图表,最好用图表的动画设置。

6.3.1　演示文稿的动画设计

设置幻灯片的动画效果，是指对幻灯片中选定的对象设置动画效果。

1. 快速添加动画效果

为对象快速添加动画效果的操作步骤如下：

①在幻灯片中选定要设置动画效果的对象（一个或多个对象）。例如：图片、占位符、图形、表格等对象。选定多个对象的操作是：选定第一个后，按【Shift】键的同时再单击要选定的其他对象或对象的边框。

②在"动画"选项卡的"动画"组，单击列表中的"淡出"或"擦除"或"飞出"选项等。

③单击"动画"组的"效果选项"进一步设置动画的效果，如图 6.14 所示。

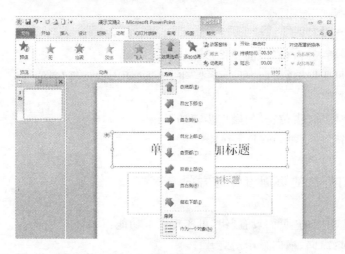

图 6.14　"动画效果"选项

2. 高级动画效果设计

PowerPoint 2010 允许为一个对象创建一个或一个以上的动画效果。丰富的动画效果包括：动作效果、出现的先后顺序、时间、声音以及出现后的处理效果等。下面分别介绍动画效果设置、调整动作的开始时间、效果和速度、调整动作的播放顺序等。

（1）选择动画效果

①在"动画"选项卡的"高级动画"组，单击"添加动画"按钮，弹出动画效果下拉列表，如图 6.15 所示。

②根据需要可以选择"进入"、"强调"、"退出"或"动作路径"，它们的含义是：

如果为文本或对象添加进入幻灯片放映的某种效果，选择"进入"，再选择一种效果。

如果为文本或对象添加某种效果，选择"强调"，再选择一种效果。

如果为文本或对象添加某种效果使其在某一时刻离开幻灯片，选择"退出"，再选择一种效果。

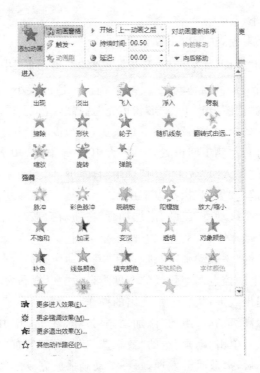

图 6.15　动画效果列表

如果为对象添加某种效果使其按照指定的路径移动,选择"动作路径",再选择一种效果。

(2)设置播放动画效果的开始方式

在右侧"动画窗格"中,"开始"下拉列表用于设置播放动画效果的开始方式。也就是通过什么来触发动画效果的开始。有以下 3 种选择:

● 单击(默认):只有单击鼠标后,才开始执行该动画效果。

● 与上一动画同时:当前的动画效果与上一个动画效果同时进行。

● 上一动画之后:上一个动画完成之后,开始执行该动画效果。

(3)设置播放动画效果的时间与延迟

在"动画"选项卡的"计时"组,有以下选项,其含义是:

● 持续时间:该动画播放的时间长度(速度)。

● 延迟:经过几秒钟后播放下一个动画。

● 向前、向后按钮:选中"动画窗格"中的动画条后,用这两个按钮调整动画播放的顺序。

3.动画设计举例

下面通过建立一个太阳从升起到降落的动画效果的例子介绍动画设计。为了很好地介绍动画效果的设计,在这个例子中用到进入、强调、动作路径和退出效果的设置。实现的操作思路与步骤(注意下面的每一步操作都是针对"太阳"对象,所以要先选中"太阳"对象再做相应的操作）如下：

①创建"红色太阳"对象，执行以下操作：

在"插入"选项卡的"插图"组，单击"形状"，选择"基本形状"中的"太阳形" ✸，按住【Shift】键（为了画出正圆）的同时拖动鼠标左键，拖出合适的大小。填充红色：选定"太阳形"，在"开始"选项卡的"绘图"组，单击"形状填充"选择"红色"。

②设置"太阳"进入效果，"太阳"自左下角飞进，执行以下操作：

将"太阳"拖到幻灯片左侧中间位置，选中"太阳"，"动画"选项卡的"动画"组，单击"动画样式"，"进入"中选择"飞入"，"效果选项"选中"自左下部"。

③设置强调效果，放大"太阳"执行以下操作：

选中"太阳"，单击"高级动画"组的"添加动画"按钮，在"强调"中选择"放大/缩小"。

④自定义"太阳"的动作路径：从左向右画一个半圆。

单击"高级动画"组的"添加动画"按钮，选择"其他动作路径"，在"直线和曲线"中选择"向上弧线"，拖动弧线上的控点调整弧线的弯度为合适的弯度和大小。

⑤设置"太阳"的退出效果：从右下角飞出的操作：

选中"太阳"，单击"高级动画"组的"添加动画"按钮，在"退出"中选择"飞出"（向下拖动滚动条可看见"退出"），单击"动画"组的"效果选项"，选择"到右下部"。

依次执行以上操作后，播放时会发现，每一个动画播放完成之后都需要单击鼠标才能播放下一个动画。执行下面操作将自动依次执行一组动画序列。

⑥整合动作序列

在"高级动画"组，单击"动画窗格"，在右侧显示"动画窗格"，如图 6.16 所示。选中"动画窗格"中所有动作的操作是：单击第一个动作条，按【Shift】键的同时单击最后一个动作条。在"计时"组的"开始"下拉列表中选中"上一动画之后"。

执行以上六步操作后，再次播放会看到太阳从左侧升起，放大后，向右上方升起，最后从右下方落下。

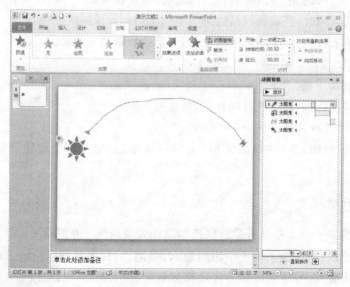

图 6.16 动画设计例子

4. 图表的动画设计

如果把图表作为一个整体设置动画效果,用上面的操作即可。下面介绍在播放图表时,把图表中的数据系列作为对象依次设置动画效果的方法。下面以放映直方图为例介绍图表的动画设计。

①选定幻灯片中的图表对象(单击图表边框)。

②在"动画"选项卡的"动画"组,选择"擦除",在"动画"组单击"效果选项"按钮,选择"自底部"。

③在"动画窗格"列表中,单击图表动画条右侧的向下箭头,选择"效果选项",如图6.17 所示。

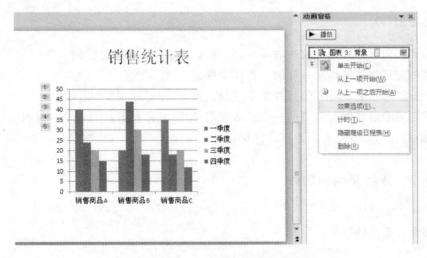

图 6.17 创建图表

④在"擦除"对话框中选择"按序列"或"按类别",如图 6.18 所示。

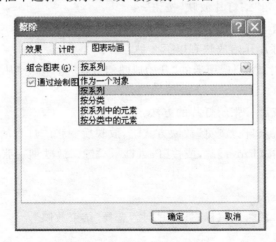

图 6.18 "擦除"对话框

5. 设置幻灯片间的切换效果

幻灯片间的切换效果是指:在放映幻灯片时,一张幻灯片播放完成后过渡到播放下一张幻灯片时的动画的效果。可以根据需要设置幻灯片间切换效果、速度和声音。操作步骤是:

①选定一张或多张幻灯片。

②在"切换"选项卡,可做以下操作:

● 在"切换到此幻灯片"组的列表中选择一种动作效果,再在"效果选项"按钮中选择动画效果的方向。

● 在"计时"组选择声音、换片方式等。

6. 隐藏幻灯片

被隐藏的幻灯片只是在放映时不放映,在其他视图下仍然能看到。隐藏幻灯片和恢复被隐藏的幻灯片的操作是一样的。操作步骤是:

①"视图"选项卡,单击"幻灯片浏览"按钮,进入"幻灯片浏览"视图。

②选定要隐藏或取消隐藏的一张或多张幻灯片,鼠标右击其中一个选定的幻灯片,选择"隐藏幻灯片",幻灯片右下角有隐藏标志。

6.3.2　演示文稿的放映

1. 演示文稿放映

(1)从当前幻灯片开始放映有以下 3 种方法:

方法 1:在"幻灯片放映"选项卡的"开始放映幻灯片"组,单击"从当前幻灯片开始"。

方法 2:单击右下角"幻灯片放映"按钮🖳。

方法 3:按【Shift】+【F5】键。

(2)从第一张幻灯片开始放映有以下 2 种方法:

方法 1:在"幻灯片放映"选项卡的"开始放映幻灯片"组,单击"从头开始"。

方法 2:按【F5】键。

(3)放映前一张或后一张幻灯片的方法:

在"讲演者"和"观众自行浏览"放映方式下,放映后一张幻灯片的操作是:单击鼠标左键,或按"空格"键,或按【Enter】键,或按【PageDown】键。放映前一张幻灯片的操作是:按【PageUp】键。

(4)停止放映的方法:

停止放映:按【Esc】键,或鼠标右击幻灯片,选择"结束放映"。

2. 改变放映方式

放映方式有 3 种:"演讲者放映"、"观众自行浏览"和"在展台浏览"。默认情况下为

"演讲者放映"。

(1)演讲者放映

"演讲者放映"方式以全屏幕方式显示幻灯片。放映时允许用绘图笔(鼠标)在幻灯片上随意画线和写字等。

放映第一张幻灯片,做以下操作放映其他幻灯片。

• 放映下一张幻灯片(或对象):单击鼠标左键;按空格键;按【Enter】键,或按【Page-Down】键。

• 放映上一张幻灯片(或对象):按【Backspace】键;按【PageUp】键;右击幻灯片,选择"上一张"。

• 放映指定的幻灯片:键入幻灯片编号,再按【Enter】键。或者右击幻灯片,选择"定位到幻灯片",单击要放映的幻灯片。

• 放映刚刚看过的幻灯片:右击幻灯片,选择"上次查看过的"。

如果放映到某个幻灯片时需要用"笔"在幻灯片上做标记讲解,则右击幻灯片,选择"指针选项",选择一种笔,可以随意在幻灯片上用鼠标写字和画线。如果要改变笔的颜色,鼠标右键单击幻灯片,选择"指针选项",选择"墨迹颜色",选择一种颜色即可。

停止放映:按【Esc】键或鼠标右击幻灯片,选择"结束放映"。

(2)观众自行浏览

"观众自行浏览"方式是以窗口方式显示演示文稿。放映时能看到"任务栏"、"菜单栏"、"工具栏"、"滚动条"和"状态栏"等。在这种放映方式下,可以随时切换到 Windows 中的其他窗口并进行一些操作后,再切换回来继续放映。

选择"观众自行浏览"放映方式的操作是:在"幻灯片放映"选项卡的"设置"组,单击"设置幻灯片放映"按钮,在"设置幻灯片"对话框选中"观众自行浏览"。

"观众自行浏览"放映与"演讲者"放映的操作基本相同。在该放映方式下能看到状态栏,所以放映上一张或下一张幻灯片(对象)可以单击幻灯片下面滚动条上的 ▤ 或 ▤ 按钮。

停止放映:按【Esc】键,或右击幻灯片,选择"结束放映"。

(3)在展台浏览

"在展台浏览"是全屏幕自动放映演示文稿。例如用于商业展示或公共场所等。如果希望"在展台浏览"方式循环放映演示文稿,则要设置自动切换时间的间隔,以便按指定的时间间隔放映。操作步骤如下:

①在"幻灯片放映"选项卡的"设置"组,单击"设置幻灯片放映"按钮,在"设置放映方式"对话框选中"在展台浏览"。

②在"切换"选项卡的"计时"组的"换片方式"中做以下操作:

• 放弃"单击鼠标时"选项;

• 选中"设置自动换片时间",并设置时间间隔(默认 0 即可)。

③单击"全部应用"。

设置后,所有的幻灯片的放映时间均相同。如果要求不同的幻灯片在自动放映中的时间长度有所不同,可以分别选定一张或多张幻灯片,设置放映的间隔时间。

停止放映：按【Esc】键。

6.3.3　播放声音、音乐、影视或视频文件

下面介绍如何直接在幻灯片中插入和播放音乐、影视或视频文件，以及如何在放映一组幻灯片时播放音乐。

1. 播放声音和音乐

（1）为播放的动画对象配声音

当播放对象动画效果时，可以同时添加声音效果，可添加的声音包括：疾驶、鼓掌、风声、照相机、打字机等，也可以添加声音文件中的声音。

操作步骤如下：

①在"动画"选项卡的"高级动画"组，单击"动画窗格"按钮。

②为某对象添加动画效果后，单击该对象在"动画窗格"列表中的动画条右边的箭头，弹出列表，单击"效果"选项，打开该动画的对话框，如图 6.19 所示。

③在"效果"选项卡的"声音"列表中选择一种声音。

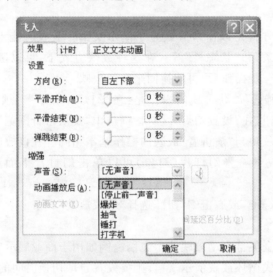

图 6.19　动画效果对话框

2. 放映幻灯片的同时播放背景音乐文件

若直接将音乐文件插入到幻灯片中，会在幻灯片上出现图标。插入音乐文件后，可以选择自动播放或单击后播放文件中的音乐。插入音乐文件的操作步骤如下：

①单击要插入音乐文件的幻灯片。

②在"插入"选项卡的"媒体"组单击"音频"按钮 ，选择要插入的音频文件。如果单击音频按钮下面的箭头按钮，可以选择以下方式：

● 文件中的音频：与单击"音频"按钮 相同，选择要插入的音频文件。

● 剪贴画音频：在右侧显示剪贴画音频的列表，选择其中之一。

● 录制音频：出现"录音"对话框，单击"红色"按钮开始录制，这时可以对着电脑说话或播放音乐，单击中间的"蓝色"按钮停止录制。

用以上方法插入音乐后，你会发现播放下一张幻灯片时音乐会停止。若希望在放映其他幻灯片时也能继续播放音乐，可以按以下操作进行：

使插入声音文件的幻灯片为当前幻灯片

①在"动画窗格"列表中，单击有 🔊 图标的条目右侧的向下箭头，选择"效果选项"，选择"效果"选项卡

②在"开始播放"中选择"从头开始"。

③在"停止播放"中选择"在"，然后选择或输入音乐终止的幻灯片张数。

3. 播放影视文件

插入影视文件、播放影视文件的操作与插入和播放音乐文件类似，不再重复。

插入影视文件后，单击对象，拖动控点调整影视对象的大小占满整个幻灯片或指定的大小。

6.3.4　超级链接与自定义放映

在 PowerPoint 中，如果在幻灯片之间建立了超级链接，则在播放幻灯片时可以实现从一张幻灯片跳转到另一张幻灯片。另外，在 PowerPoint 中可以建立与其他文件的超级链接，例如 Word、PowerPoint、Web 页、声音、图片、视频或影视文件等。

1. 建立超级链接

（1）建立、更改超级链接

①选定要建立或更改超级链接的文字（称作"热字"）、形状或图片等对象，在"插入"选项卡的"链接"组，单击"超链接"按钮，打开"插入超链接"对话框。

②在"插入超链接"对话框中选择下面选项之一。

● 如果希望单击"热字"或图片后，转到当前演示文稿中的其他幻灯片，单击"本文档中的位置"，再在"请选择文档中的位置"列表中选择要链接的幻灯片。

● 如果希望单击"热字"或图片后，打开或运行其他文件，单击"原有文件或 Web 页"，然后单击文件，找到要链接的文件后，单击"确定"。

③如果希望鼠标指针移到"热字"或图片上时，能显示提示信息，单击"屏幕提示"按钮，输入提示信息。

执行以上操作后，在放映时若单击"热字"或图片，会跳转到链接的幻灯片或文件。如果希望在每一张幻灯片都能建立同样的超级链接，可以在母版中建立。

（2）撤销超级链接

撤销超级链接的操作与建立超级链接的操作相同，只是在"插入超链接"对话框中选择"删除链接"。

2.创建和放映自定义的幻灯片组

PowerPoint 允许选择若干个幻灯片组成一个放映组,今后可以通过单击"热字"或某个按钮放映自定义的幻灯片组。

(1)自定义幻灯片组

建立自定义幻灯片组的操作是:

①在"幻灯片放映"选项卡的"开始放映幻灯片"组,单击"自定义幻灯片放映"按钮,选择"自定义放映",打开"自定义放映"对话框。

②在对话框中,单击"新建",在"幻灯片放映名称"框中输入自定义幻灯片组的名字。

③从"演示文稿中幻灯片"列表中选择要放映的幻灯片,单击"添加",反复做。

最后单击"确定"→"关闭"。

(2)用超级链接播放自定义幻灯片组

在建立"超级链接"时,选择自定义幻灯片组名称。则建立自定义组的超链接,当单击"热"字或"热对象"时,播放自定义组的幻灯片。

如果在建立"超级链接"时,选中"显示并返回",播放完自定义组的幻灯片后,回到"热"所在的幻灯片。

6.3.5　打印预览与打印输出

1.改变幻灯片的大小和方向

在"设计"选项卡的"页面设置"组单击"页面设置"按钮,显示"页面设置"对话框,在该对话框改变幻灯片的大小,可用于显示和打印幻灯片。

2.添加打印页面的页眉/页脚/页码/日期

打印输出幻灯片时,页眉/页脚/页码/日期会出现在每一个打印输出的页面。

添加打印页面的页眉/页脚/页码/日期的操作步骤如下:

①"文件"选项卡,选择"打印",选择"编辑页眉和页脚",打开"页眉和页脚"对话框。

②选择"备注和讲义"选项卡,选中"页码",输入需要在页眉、页脚等打印的信息。

③单击"全部应用"按钮。

3.用"讲义母版"设置页眉/页脚/页码/日期的布局

在打印输出时,如果希望以"讲义"形式打印,即一个页面打印多张幻灯片,可以先在"讲义母版"中添加或设置打印的页眉/页脚、日期和页码的格式和位置,也可以选择是否打印这些元素。

进入"讲义母版"视图的操作步骤如下:

①在"视图"选项卡的"母版视图"组,选中"讲义母版"选项后,出现"讲义母版"视图,如图 6.20 所示。

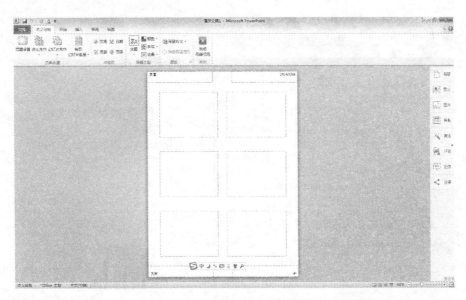

图 6.20　"打印"对话框

以"讲义"形式打印输出时,在"讲义母版"选项卡主要实现以下功能:

设置每个页面打印幻灯片数量为:1~4,6 或 9 张。设置每个打印页面中的幻灯片排列方式。是否打印页眉、页脚、日期或页码。

在"讲义母版"中可以调整 4 个区域:页眉区、日期区、页脚区和数字区的位置、文字格式与大小。如果在"讲义母版"中插入剪贴画或文本框等,在按"讲义"打印时它们会出现在每一个页面上。

如果要看一下"讲义"格式的页面效果,可以单击"常用"工具栏上的"打印预览"按钮。如果按"讲义"形式打印,见有关打印输出的介绍。

2.打印预览

由于大多数的幻灯片的内容与背景是彩色的,用单色打印机打印时很难区分各种颜色,可能是一团漆黑,因此最好先用"单色"观看打印效果后再打印。操作步骤如下:

单击"自定义快速访问工具栏",选中"打印预览和打印",单击"打印预览和打印"按钮,在"设置"列表中,选择"灰度"或"纯黑白"后,再观看幻灯片为非彩色的,是单色打印机的打印效果。

3.打印输出

在打印之前可以在"讲义"母版中先设置整体打印效果(见前面有关讲义母版的介绍),然后单击"文件"选项卡,选择"打印",显示打印设置,如图 6.21 所示。默认情况下,一张纸打印一张幻灯片。如果希望一张纸打印多张幻灯片,并且希望按照讲义母版中设置的打印,应在"设置"列表中选择每页 1,2,3,4,6 或 9 张垂直或水平放置幻灯片。

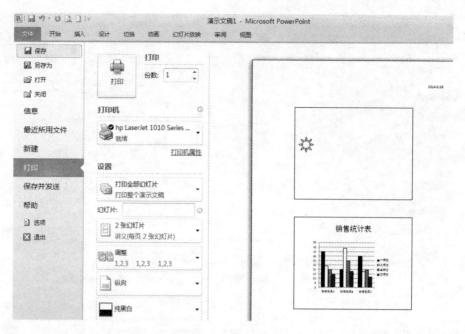

图 6.21　打印设置

习题 6

一、选择题

1. 在 PowerPoint 2010 中,默认的演示文稿文件的扩展名是:　　　　　　　　(　　)

   A..ppat   B..ppx   C..pptx   D..ppg

2. 在 PowerPoint "幻灯片浏览"视图中,选定连续的一组多张幻灯片的操作是单击要
选定的第一张幻灯片,然后:　　　　　　　　　　　　　　　　　　　　(　　)

   A.按【Tab】键的同时单击最后要选定的幻灯片

   B.按【Shift】键的同时单击最后要选定的幻灯片

   C.按【Ctrl】键的同时单击最后要选定的幻灯片

   D.按【Alt】键的同时单击最后要选定的幻灯片

3. 在 PowerPoint "幻灯片浏览"视图下,直接用鼠标拖动某幻灯片,可以实现:(　　)

   A.删除幻灯片   B.复制幻灯片

   C.移动幻灯片   D.插入幻灯片

4. 在 PowerPoint 中,下列哪一个不是 PowerPoint 的母版:　　　　　　　　(　　)

   A.幻灯片母版   B.普通母版

   C.讲义母版   D.备注母版

5. 下列是有关 PowerPoint 中"自定义动画"的叙述,错误的是:　　　　　　(　　)

   A.用"自定义动画"可以编排幻灯片中对象的动画播放顺序

   B.用"自定义动画"可以编排幻灯片中对象的动画播放效果

C. 图表的动画效果最好用"自定义动画"中的"图表效果"实现

D. 表格的动画效果最好用"自定义动画"中的"表格效果"实现

6. 在 PowerPoint 中,若希望在放映幻灯片的同时选择"笔"在幻灯片上做标记讲解,

应选择的幻灯片放映方式是: ( )

A."讲演者"放映方式。 B."在展台浏览"放映方式。

C."观众自行浏览"放映方式。 D. 以上均不能实现

7. 在 PowerPoint 中,若要终止幻灯片的放映,可直接按: ( )

A.【Ctrl】+【End】键 B.【Esc】键

C.【End】键 D.【Shift】键

8. 在 PowerPoint 中打印演示文稿时,如"打印内容"栏中选择"讲义",则每页打印纸

上最多能输出: ( )

A. 4 张幻灯片 B. 6 张幻灯片

C. 9 张幻灯片 D. 12 张幻灯片

二、判断题

1. 在 PowerPoint 中放映幻灯片时,"备注"中的文字也会出现在放映中。 ( )

2. 在 PowerPoint 中,不允许一次删除多张幻灯片。 ( )

3. 在 PowerPoint 中,不能将其他演示文稿的幻灯片插入到当前演示文稿中。

( )

4. 在 PowerPoint 中,组织结构图是用图直观描述具有层次结构的对象之间的关系。

( )

5. 在 PowerPoint 中,可以更换幻灯片的背景。 ( )

6. 在 PowerPoint 中,如果在幻灯片母版中插入图片,该图片只会出现在母版中,不

会出现在幻灯片中。 ( )

7. 在 PowerPoint 中,如果在幻灯片母版的"占位符"中设定了动画效果,不能应用到

那些已经设置动画效果的幻灯片。 ( )

8. 在 PowerPoint 中,可以通过插入"超级链接"改变幻灯片的播放顺序。 ( )

9. 在 PowerPoint 中,可以改变"超级链接"中"热字"的颜色。 ( )

10. 在 PowerPoint 中,若希望在放映的过程中仍然能看到任务栏,应该选择"观众自

行浏览"放映方式。 ( )

三、简答题

1. 如何将一个演示文稿的若干个幻灯片复制到另一个演示文稿中?

2. 设置自定义动画时,播放文本按照"第一层段落分组"、"第二层段落分组"有什么

区别?

3. 简述"讲演者放映"、"观众自行浏览"和"在展台浏览"放映方式的用途与特点。

4. 如果希望每隔 2 秒钟自动播放一张幻灯片,并且循环播放演示文稿中的幻灯片不

需要人工干预,应该如何操作?

第 7 章

多媒体知识与应用基础

多媒体技术是计算机科学技术领域的热点技术,它的迅速发展给我们的生活方式带来了巨大的变化。多媒体技术及应用始于 20 世纪 80 年代,随着信息技术的迅速发展,高清晰度电视、高保真音响、数码技术、高速计算机网络和高性能的计算技术融为一体,使多媒体技术进入了高速发展的阶段。

本章主要讲述多媒体的基本知识、图像处理基础、声音处理基础、动画的概念及处理基础、视频处理基础等内容。

7.1 多媒体基础知识

多媒体是指文本、声音、图形、图像和动画等信息载体中的两个或多于两个的组合。而多媒体计算机技术,就是指运用计算机进行综合处理多媒体信息(文本、声音、图形、图像、动画、视频等)的技术。多媒体系统是指利用计算机技术和数字通信网络技术来处理和控制多媒体信息的系统。

7.1.1 多媒体的有关概念

1. 媒体

所谓媒体是指承载信息的载体,媒体有以下 5 种:感觉、表示、显示、存储、传输媒体。其中核心是表示媒体,即信息的存在和表现形式,如数值、文本、声音、图形和图像等。

2. 多媒体

“多媒体”就是“多种媒体的综合”。“多媒体”常见的形式有文字、图形、图像、声音、动画、视频等,那些可以承载信息的程序、过程或活动也是媒体。对多媒体含义的描述是:使用计算机交互式综合技术和数字通信技术处理多种表示媒体,使多种信息建立逻辑连接,集成为一个交互系统。多媒体系统是指利用计算机技术和数字通信网络技术来处理和控制多媒体信息的系统。

3. 多媒体主要特征

多媒体的主要特征有：信息载体的多样性、集成性和交互性。

多媒体的多样性指的是信息媒体的多样化、多维化，利用计算机技术可以综合处理文字、声音、图形、图像、动画、视频等多种媒体信息，从而创造出集多种表现形式为一体的新型信息处理系统，使用户更全面、更准确地接受信息。

多媒体的集成性指的是多媒体信息媒体的集成和处理这些媒体设备的集成。对于媒体的集成不应对单一的形态进行获取、加工和理解，而应更加看重媒体之间的关系及其所蕴含的大量信息。对于硬件来说，多媒体的各种设备应该成为一体，对软件来说应该有集成一体化的多媒体操作系统、适合于多媒体信息管理和使用的软件系统、多媒体创作工具以及各类应用软件。

多媒体的交互性，将为各种应用提供更为有效地控制和使用信息的手段。交互可以增加对信息的注意力和理解，延长信息停留时间。当交互性引入时，"活动"本身作为一种媒体便介入了信息转变为知识的过程。借助这种活动，我们可以获得更多的信息。

7.1.2 计算机的多媒体功能

计算机的多媒体功能可以分为以下几个方面：

（1）开发系统

开发系统主要用于多媒体应用的开发，因此系统配有功能强大的计算机及声、文、图等信息齐全的外部设备和多媒体演示工具，主要应用于多媒体应用制作、编辑等。

（2）演示系统

演示系统是一个增强型的桌上系统，可完成多种媒体的应用，并与网络连接，主要应用于高等教育和会议演示等。

（3）培训系统

单用户多媒体播放系统，以计算机为基础配有 CD-ROM 驱动器、音响和图像的接口控制卡连同相应的外设，通常用于家庭教育、小型商业销售和教育培训等。

（4）家庭系统

家庭多媒体播放系统，通常配有 CD-ROM，采用一般家用电视机作显示，常用于家庭学习、娱乐等。

7.1.3　计算机多媒体常用外设与接口

1. CD-ROM

(1)CD-ROM 的特点

CD-ROM 是只读光盘(Compact Disc-read Only Memory)的英文缩写。它是由音频光盘发展而来的一种小型只读存储器。它存储的数据既可以是文字,也可以是声音、图像、图形及动画等。

(2)CD-ROM 与计算机接口

● SCSI 接口

将 CD-ROM 驱动器连接到计算机最先采用的就是 SCSI 接口　　　　　示小型计算机接口,SCSI 接口卡有高速的数据传输率且应用广泛。

● 专用接口

专有的接口(总线接口)就是许多制造商专门为 CD-ROM 驱动器所设计的。通常比 SCSI 卡便宜,并且为控制专门的驱动器而设计,可能产生比 SCSI 驱动器更快的传输率。

● IDE 接口

CD-ROM 还可以用 IDE 接口连接到主机上。只要使用普通的多功能卡及一条双硬盘线就可以把 IDE 接口的光驱挂接到系统上。IDE 已经成为台式机软、硬驱动器的标准接口。

● AT 接口

连接 CD-ROM 于计算机的 AT 接口,需要有特殊的硬件支持,或者带有自己的 AT 接口驱动卡,或者需要与带 CD-ROM 接口的声卡、解压卡配合使用。

2. 音频卡

音频卡是多媒体产品中最常见的、应用最广泛的产品之一。目前很多微机已将音频卡集成于主板中。在计算机中,需要利用音频卡将模拟信号数字化,并通过计算机处理之后进行存储,也可以将数字化声音转化为模拟信号播放。输入的音频信号经模/数转换形成波形文件存入磁盘,数字音频信号经数/模转换后送入合成放大部分,即可输出模拟音频信号,用于播放或转录到音像设备上。

3. 视频卡

数字视频已在多媒体中变得越来越重要。表面上看,数字视频不过是将标准的模拟信号转换变成用比特流和字节表示的数字信号,但是要实时播放和存储数字视频,则需要行之有效的技术。

视频采集是指将视频信号转换成数字信号,并将其记录到文件上的过程。在记录时,视频转化成一系列的图像或者帧,以一定格式存在磁盘上。声音可以在采集视频帧的同时录制,也可以只录制视频,声音在编辑时同步加入到视频序列中。

视频采集硬件可以是单独的卡或者是连到现有显示卡的外接模块。

4. 触摸屏

触摸屏(Touch Screen)主要用于触摸式多媒体信息查询系统中。这些查询系统可根据具体的应用领域摄取、编辑、储存多种文字、图形、图像、动画、声音及视频等信息。使用者只要用手触摸屏幕上的图像、表格或提示标志就可以得到图、文、声、像并茂的信息,十分直接、方便、快捷、直观与生动。

触摸屏做为多媒体输入设备,现已被广泛应用于工业、医疗、通信等领域的控制、信息查询及其他方面。因为触摸屏比键盘、鼠标等设备使用方便、直接,所以触摸式查询系统在商场、宾馆、车站和机场等交通枢纽、金融机构、体育场馆中应用非常普遍。

5. 扫描仪

扫描仪是一种图像输入设备,它可以将图像输入到计算机中。通过灯管和镜头将图像曝光在扫描仪的玻璃板上,再由扫描仪软件和计算机将图像以电子方式存储起来。例如,在图书馆借书或超市购物时,经常使用激光扫描仪。当光束通过图书或货物上的条形码时,会将条形码所表示的图形信号反射变成数字信号,这样就可以识别图书或货物了。

目前,扫描仪软件都含有文字识别系统,在对文字性的书籍、文章等进行扫描时,可以将信息直接转换成文字信息,以便于使用和存储。

6. 数字相机

数字相机也称为数码相机,可以将客观景物以数字方式记录在照相机的存储器中,所存储的不是实际的影像,而是一个个数字的文件。数码相机的存储器可以重复使用,可以将原先拍摄的照片转移到计算机及其他数字化存储器中,然后将数字相机存储器中的照片删除,就可以重新存储新的照片了。数字相机的成像质量很大程度上取决于相机的CCD 图像传感器和 A/D 转换部件,由于 CCD 图像传感器和 A/D 转换部件的价格较高,所以数字相机的价格比同档次的传统相机的价格要高。

7. 条形码

许多图书、商店里的货物都附有黑白相间的条形图案,这就是条形码(Bar Code)。条形码识别技术是集光电技术、通讯技术、计算机技术和印刷技术为一体的自动识别技术。条形码所产生的数字信息通过条形码读出器传送到计算机中。

条形码由一组宽度不同、反射率不同、平行相邻的条和空,按照规定的编码规则组合起来,用来表示一种数据的符号。条形码是人们为了自动识别和采集数据,人为制造的中间符号供机器识别,从而提高数据采集的速度和准确率。

8. 磁卡

磁卡是一种识别卡(ID 卡)。通过在一块方形材料上粘上一层磁条或者涂上一定面积的磁性材料,用来作为标识的数据信息,通过磁卡读出器可以方便地读出,并输入计算机进行处理。其特点是:所记录的信息可以修改、可靠性高、误码率低、信息识别速度快、保密性好、读出设备便宜,因而得到了广泛的应用。

7.1.4　多媒体的集成与应用

多媒体技术在人类的工作、学习、信息服务、娱乐及家庭生活各领域中都表现出非凡的能力,并在不断开拓新的应用领域。

1.多媒体信息咨询系统

旅游咨询系统、房地产交易咨询系统、酒店信息咨询系统、图书资料检索系统、多媒体产品广告系统、证券交易咨询系统、交通枢纽信息咨询系统等。

2.多媒体管理系统

超级市场管理系统、档案管理系统、名片管理系统等。

3.多媒体辅助教育系统

多媒体辅助教学(CAI)系统是目前应用较广泛的系统,与传统的教育方式相比,有其明显的优势:①学习效果好;②说服力强;③教学信息的集成使教学内容丰富,信息量大;④感观整体交互,学习效率高;⑤训练创造性思维能力,提高想象力。

4.多媒体通信系统、可视电话

多媒体终端和多媒体通信也是多媒体技术的重要应用领域之一。当前计算机网络已在人类社会进步中发挥着重大作用。随着"信息高速公路"的开通,电子邮件已被普遍采用。而包括声、文、图在内的多媒体邮件更受到用户的普遍欢迎,在此基础上发展起来的可视电话、视频会议系统将为人类提供更为全面的服务。

5.多媒体娱乐系统

专业的声光艺术作品包括影片剪辑、文本编排、音响、画面等特殊效果的制作等,已经成为多媒体娱乐的一个组成部分。

7.2　图形图像处理基础

图形与图像是多媒体中最基本的组成部分。在表示信息时,使用图形和图像可以给人更生动、更直观的效果,可以加深人们的理解。

7.2.1　图形、图像的基本概念

在计算机图形学中,图形(Graphics)和图像(Image 或 Picture 等)的概念是有区别的:图形是指用计算机绘制(Draw)的基本几何图形,如直线、矩形、圆、三角形及任意曲线等;图像则指由扫描仪、数码相机、数字化设备等输入的实际画面。在计算机中,图形是矢量的概念,其基本单位是图元,就是图形的指令,而图像是位图的概念,基本元素是像素。

1. 矢量图

图形是一种抽象化的图像,是把图像按照某个标准进行分析而产生的结果。它不直接描述数据的每一点,而是描述产生这些点的过程和方法。

矢量图形是用一个指令集合来描述的。这些指令用来描述构成一幅图所包含的直线、矩形、圆、圆弧、曲线等的形状、位置、颜色的各种属性和参数。显示时需要相应的软件读取和解释这些指令,并将其转变为屏幕上所显示的形状和颜色。由于大多数情况下不用对图像上的每一点进行量化保存,因此需要的存储量较小。

产生矢量图形的程序通常称为绘图程序,它可以分别产生和操作矢量图形和各个片段,并可随意移动、缩小、放大、旋转和扭曲各个部分,即使相互覆盖或重叠,也依然保持各自的特性。矢量图形主要用于线形的图画、美术字、工程制图等。在计算机辅助设计系统中常用矢量图对象来创造一些复杂的几何图形和三维动画。

目前处理图形的常用软件有 Adobe Illustrator、CorelDRAW 等

2. 位图

位图由数字阵列信息组成,阵列中的各个数字用来描述构成图像的各个像素点的强度和颜色等信息。位图适合于表现含大量细节的画面,与矢量图相比,位图占用巨大的存储空间。

位图的质量主要决定于其分辨率和颜色深度。

图像的分辨率是指图像在水平与垂直方向上单位尺寸内的像素个数。分辨率越高,显示图像的逼真度和清晰度越高。

颜色深度,图像中各像素的颜色用若干数据位来表示,这些数据位的个数称为图像的颜色深度,如颜色深度为 1 的图像只能有两种颜色(黑色和白色),深度为 24 的图像有 16 兆种颜色,见表 7.1。

表 7.1　颜色深度与显示的颜色数目

颜色深度	颜色总数	图像名称
1	2	单色图像
4	16	索引 16 色图像
8	256	索引 256 色图像
16	65536	HI-Color 图像
24	16777216	True Color 图像(真彩色)

3. 颜色

颜色是多媒体的重要组成部分。人的眼睛对红、绿、蓝光敏感，通过调节这三种颜色的组合成分就可以使人的眼睛和大脑感受到各种颜色。这种颜色是心理上的，而不是物理上的颜色。例如，我们在计算机屏幕上感受到的橙色，实际上是红色和绿色两种频率的复合，而不是当我们在阳光下看到实际的水果橙子时频谱中真实的频率，这些因素使计算机的颜色处理起来非常复杂。

目前，在多种计算机软件中表示颜色常用 RGB(red,green,blue)方式来表示，称为三原色。每种颜色的浓度为 256 个级别(0～255)，由 RGB 三原色中各颜色的浓度级别的不同，来构成各种不同的颜色。共可以构成 256^3(16777216)种颜色，这就是上述所提到的"真彩色"。

红、绿、蓝的常用组合颜色如表 7.2 所示

表 7.2　RGB 组合与感知的颜色之间的关系

RGB 组合	感知的颜色	RGB 组合	感知的颜色
仅有红色	红色	红与蓝	紫色
仅有绿色	绿色	绿与蓝	青色
仅有蓝色	蓝色	红、绿、蓝	白色
红与绿	黄色	红、绿、蓝均无	黑色

7.2.2　图像文件的分类和文件格式

计算机中的图形和图像可以通过下面 3 种方法获得。
- 通过彩色扫描仪，把各种颜色的图像、照片数字化后，存储在计算机中。
- 通过数码相机等设备捕获数字化图像，存储在计算机中。
- 通过计算机软件，生成的图形、图像，存储在计算机中。

存储在计算机中的这些图形图像信息都是以文件的方式存在的。目前比较流行的图形、图像的文件格式有：BMP、GIF、JPG、PCX、PSD、TIF、PNG 等。

1. BMP 位图格式

BMP 格式文件的颜色存储有 1 位、4 位、8 位及 24 位，文件不压缩，占用磁盘空间较大，是目前比较流行的一种图像格式。处理 BMP 图像的最常用的程序就是 Windows 的画笔软件工具。

2. GIF 格式

GIF 格式在 Internet 上较为流行，因为其 256 种颜色已经能够满足网页的需要，而且文件较小，适合网络传输。该格式的另一个特点是多帧图像，可以产生动画效果。

3. JPG(JPEG)格式

可以用不同的压缩比例对 JPG 格式文件压缩,其压缩技术十分先进,对图像质量影响不大,可以用最小的磁盘空间得到较好图像质量。目前的数码相机照片大都采用这种格式。

4. PCX 格式

PCX 格式是较早出现的一种图像压缩格式,占用磁盘空间较少,存储颜色从 1 位到 24 位,由于其具有压缩及全色彩的能力,所以现在依然十分流行。

5. PSD 格式(Photoshop 格式)

Adobe 公司开发的图像处理软件 Photoshop 中的标准文件格式,由于 Photoshop 的日益流行,该格式的文件得到广泛的应用。其特点是可以存放图层、通道等多种设计信息。

6. TIF(TIFF)格式

TIF 格式具有图形复杂、存储信息多的特点。3DS、3DS MAX 中的大量贴图就是 TIFF 格式的,最大色深为 32bit,可采用 LZW 无损压缩存储。

7. PNG

PNG 是一种新兴的网络图形格式,结合了 GIF 和 JPEG 的优点,具有存储形式丰富的特点。PNG 最大色深为 48bit,采用无损压缩方式压缩存储。Macromedia 公司的 Fireworks 的默认格式就是 PNG。

7.2.3 常用图像处理软件的使用

目前,图像处理软件很多,以 Photoshop 较为流行。该软件由 Adobe 公司生产,是功能强大的图像处理和设计工具,是目前 PC 机上公认的最好的平面美术设计软件,功能完善,性能稳定,使用方便,成为首选的平面图像工具。主要应用于商业广告制作、艺术字处理、照片加工等图像处理领域。

下面介绍 Photoshop CS5 中文版的使用。

1. Photoshop 的工作界面

工作界面主要由标题栏、菜单栏、属性栏、工具箱、图像窗口、控制面板和状态栏等几部分构成,如图 7.1 所示。

图 7.1　Photoshop 的工作界面

（1）图像标题栏

显示当前图像的名称、显示百分比、图像色彩模式。

（2）菜单栏

菜单栏包含软件的全部操作，分为"文件"、"编辑"、"图像"、"图层"、"选择"、"滤镜"、"分析"、"3D"、"视图"、"窗口"、"帮助"11 个子菜单。

（3）工具箱

工具箱列出了 Photoshop 软件的常用工具，单击工具箱中的图标，可以选择相应的工具，用鼠标左键按住图标，可以显示出该系列工具。

（4）属性栏

当在工具栏中选择不同的按钮时，会显示出不同的属性栏，通过属性栏，可以对所选择的工具进行进一步的属性设置。

（5）图像窗口

图像窗口是对图像进行加工、处理的工作窗口，在 Photoshop 软件中可以同时打开多个图像文件进行操作处理。

（6）控制面板

控制面板帮助用户监控和修改图像。

（7）状态栏

状态栏显示当前打开图像的信息和当前操作的提示信息。

在安装 Photoshop 系统时，如果不改变默认的设置，会在如下的路径中安装一些样例文件，C:\Program Files\Adobe\Adobe Photoshop CS5\样本，可以在进行实验时直接使用。（注意，在 Photoshop 的不同版本中，所提供的样例文件有所不同。）

2. 图像的基本操作

(1)文件操作

通过"文件"菜单，可以进行图像文件的"建立"、"打开"、"保存"、"关闭"等操作。

(2)修改文件的大小

在使用图像时，常常需要设置图片的大小，例如在 Web 中显示的图像，可以使用 Photoshop 软件，先对其进行处理，改变其实际的尺寸。通过"图像"菜单的"图像大小"操作，进行图像大小的设置（注意"约束比例"的使用）。如图 7.2 所示。

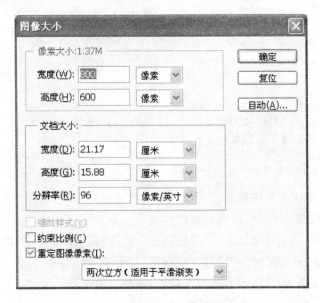

图 7.2　"图像大小"设置窗口

(3)图像的选取

在对图像进行加工的过程中，经常要对图像的一部分进行处理。因此，对图像进行部分的选取是相当重要的工作，选取操作可以通过以下几种方法实现

①选框工具：选框工具，可以绘制出矩形及椭圆形的选择区域。

选择"工具栏"中的"选框工具"按钮，如图 7.3 所示

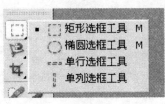

图 7.3　选框工具

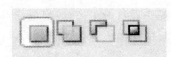

图 7.4　选框工具的属性栏

通过"属性栏"设置选框的方式，如图 7.4 所示，主要来设置多次选择时，其相互关系。在图像中拖动鼠标，进行选取。

②套索工具：使用套索工具，通过手动的方式绘制选区。

打开一样例文件"小鸭"图像，选择"工具栏"中的"套索工具"按钮，如图7.5所示

选择"磁性套索工具"，在"小鸭"图像的边缘单击，然后延图像的边界移动鼠标（注意不是拖动），会出现一条连线吸附在图像边缘随鼠标移动，当构成封闭区域后，单击鼠标，即可选出整个小鸭图像。如果连线的起始位置和终止位置没有重合，可以双击鼠标，直接构成一个选区。选取过程如图7.6所示。

图7.5　套索工具　　　　　　图7.6　使用"磁性套索工具"

③魔棒工具：魔棒工具按照颜色对比的方式选择区域，颜色相同或相近的被确认为同一个选区。颜色的相近程度可以通过属性栏的容差值来进行设置，容差值越大，选择范围越大。选择"工具栏"中的"魔棒工具"按钮，在"小鸭"图像中的背景处单击，选择除"小鸭"外的区域，执行"选择"菜单中的"反选"命令，得到"小鸭"图像区域。

④其他选取方法：除了使用上述的工具外，还可以通过路径绘制，再转换成选区；也可以通过蒙版方式产生选区，这里不再详细描述。

（4）图像的组合

通过图像组合的方法，可以将原本不在一幅图像中出现的图像组合到一幅图像当中。将在图像选取操作中选取的图像进行复制，打开另一幅样例图像"湖"，进行粘贴操作。可以将复制的图像粘贴到当前图像中，查看图层面板，可以发现增加了一个图层。

在制作复杂的图像时，需要使用多个图层，每个图层存放图像的不同部分，并可以分别进行处理操作而互不影响。这时常常给不同的图层命名不同的名称，以加以区分。双击图层的名称部位，输入新的名称。

选择"小鸭"图层，执行菜单"编辑"→"自由变换"命令，改变图像的大小、角度和移动图像的位置。操作后双击图像，或将鼠标点回"移动工具"按钮，结束"自由变换"的操作。

对不同图层的图像位置处理满意后，可以执行菜单"图层"→"拼合图像"命令，将多个图层进行合并。

3. 图像处理

（1）图像的变换

①使用 Photoshop 软件可以进行图像的多种模式的变换，打开一幅图像"沙丘"，如图

7.7所示。从图像文件的标题栏,可以看到"RGB"字样,说明该图像为"RGB"模式。

②打开"通道"面板,执行"编辑"菜单→"首选项"→"界面"命令,打开"首选项"对话框,选择"用彩色显示通道"选项,确定。通道面板的效果如图7.8所示。可以看到通道面板中含有"红、绿、蓝"3个通道,和1个"RGB"全色通道。

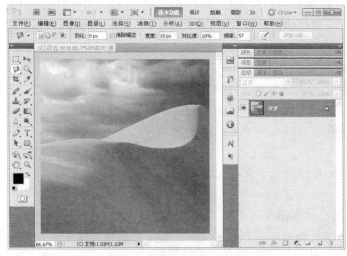

图7.7　图像"沙丘"　　　　　　　　　　图7.8　通道面板

③执行"图像"菜单→"模式"命令,如图7.9所示。从图示可以看出,有多种模式可以选择,而有些模式为不可选择状态,这主要与当前的模式有关。以下为常用的图像模式的特征。

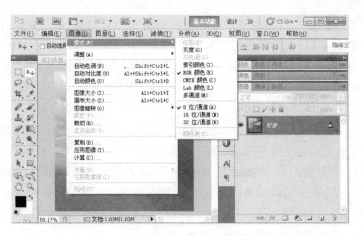

图7.9　图像模式变换

- RGB颜色

RGB是有色光的彩色模式,R即红色(Red);G即绿色(Green);B即蓝色(Blue)。3种色彩叠加形成了其他的颜色,该模式也称为加色(Add Color)模式。在"通道"控制面板中可以看到3个独立的通道和1个合成通道,每个独立通道的颜色有8位,即256种量度级别(从0到255)。3个通道合在一起可以产生256^3(1670多万)种颜色,构成自然界中存在的任何颜色,就是所说的"真彩色图像",用于光照、视频和显示器。Photoshop中所有图像的编辑命令都可以在 RGB 模式下执行,故 RGB 模式是 Photoshop 中色彩处理的首选模式。

- CMYK 颜色

我们所看到的非发光物体颜色,都是反光颜色。这是一种减色模式,是与 RGB 的根本不同之处。CMYK 代表印刷上用的四种油墨色,C 即青色(Cyan);M 即洋红色(Magenta);Y 即黄色(Yellow);K 即黑色(Black)(使用 K,区别于 Blue),可以通过"通道"控制面板进行查看。该模式是最佳的打印模式,可以在 RGB 模式下处理图像,再转换位 CMYK 模式进行打印。

- 灰度

每个像素具有 8 位的颜色容量,可以选择从黑、灰到白共 2^8(256)种不同的颜色深度。从 RGB 模式可以转换到灰度模式(单击菜单"图像"→"模式"),在转换时会出现提示框(颜色信息丢失),从灰度模式再转换回 RGB 模式,原来的彩色不能恢复,灰度模式只有一个通道。

- 位图

位图模式下,每个像素只有一位的颜色容量(黑、白),只有灰度图像才能转换为位图。

- 双色调

多色调弥补灰度图像的不足。灰度图像虽然有 256 种灰度级别,但打印时只能产生 50 左右种灰度效果。只用一种黑色油墨印刷灰度图像,效果非常粗糙。如果再加上一种、两种或三种彩色油墨,印刷的图像就能非常漂亮,即采用"套印"工艺。

"双色调"模式只是用不同的油墨表现各种灰度级别,所以仍被视为单通道 8 位的灰度图像,只有"灰度"模式才能转换到"双色调"模式。

- 索引颜色

索引颜色模式图像的每个像素也具有 8 位的最大颜色容量,最多只能有 256 种颜色,但是与"灰度"模式不同,它的图像可以是彩色的。

该模式图像包含一张"颜色查询表",其中记录了每个像素的颜色值,而每个像素也拥有一个索引号,对应颜色调查表中的颜色值。这种图像的体积非常小,适合于在网上发布。

- Lab 颜色

Lab 模式有 3 个通道:明度通道、a 通道和 b 通道。明度通道表现的是明暗度,从 0 到 100;a 通道和 b 通道是两个专色通道,颜色值范围从－120 到 120,分别对应:从绿到红(a 通道)、从蓝到黄(b 通道)。Lab 颜色模式作为 RGB 和 CMYK 模式之间的特色模式而存在,其颜色范围包括了 RGB 和 CMYK 模式的所有颜色。当从 RGB 模式转换为 CMYK 模式时,是先转换为 Lab 模式,再转换为 CMYK 模式。该模式图像对设备没有选择性,在显示器和打印机上都不会发生任何颜色变化。

- 多通道

多通道模式没有固定的通道数,通常由其他模式转换而来,不同的模式会产生不同的颜色通道。在 RGB 模式、CMYK 模式或 Lab 模式中删除一个颜色通道,也会产生多通道模式

（2）使用滤镜

滤镜是 PhotoShop 中对图像进行处理的重要手段,应用滤镜,可以使图像产生特殊的效果。PhotoShop 内部集成了大量的滤镜,同时 PhotoShop 支持使用其他厂商生产的外挂滤镜。

　　对于前面组合后的图像,执行"滤镜"菜单→"渲染"→"镜头光晕"命令,打开"镜头光晕"滤镜对话框,如图 7.10 所示,选择合适的光圈位置和镜头类型,对图像进行处理,从而产生一定的光晕特效。

图 7.10　"镜头光晕"滤镜对话框

(3)色彩调整

①执行菜单"图像"→"调整"命令,如图 7.11 所示。

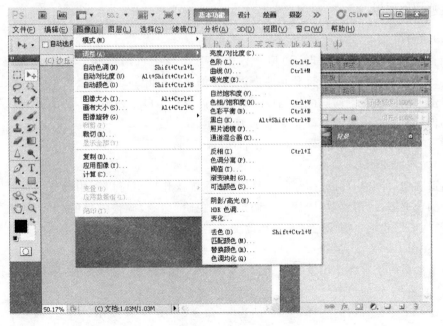

图 7.11　色彩调整

②在该操作中,Photoshop 提供了多种色彩调整的方法,进一步选择具体的调整方式,可以对图像的色彩进行调整。现选择"色相/饱和度"子命令,如图 7.12 所示。

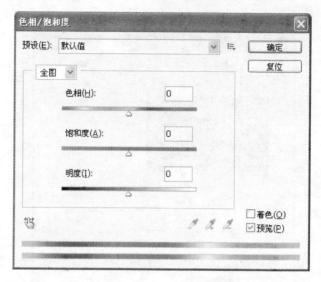

图 7.12 "色相/饱和度"色彩调整

③通过滑块修改"色相"、"饱和度"、"明度"的值,可以看到图像色彩的相应变化。该操作可以改变整体图像的色彩,也可以在操作之前,先通过通道面板选择一种颜色通道,再对该具体的颜色进行相应的操作,来改变图像的色彩。

其他的色彩调整方法,读者可自行来尝试。

4.通道的应用

(1)通道简介

当打开 RGB 图像文件时,通道工作面板会出现主色通道和 3 个颜色通道(Red、Green、Blue,三原色)。如果打开其他模式类型的文件(如 CMYK),会显示不同的通道。

单击通道面板左侧的隐藏按钮(小眼睛图标)或单击颜色通道,查看结果,可以看到通道与图像的色彩有一定的关联。如图 7.13 所示。

通道分两种:内建通道,即颜色通道;Alpha 通道。

(2)通道的使用

通道和图层一样,可以进行新建、复制、删除等操作。也可以利用通道编辑图像。选择某个颜色通道,使用菜单"图像"→"调整"→"色阶"命令,调整颜色值,由于单通道颜色的改变,从而引起整个图像的色彩发生改变。

(3)Alpha(阿尔法)通道

通道的另一个重要作用就是存储选区。在建立相当耗时的选择时,可以将选择区域存储到"通道"工作面板上。

新建一个选区,执行"选择"→"存储选区"命令,如图 7.14 所示。

图 7.13　通道面板　　　　　　　　　　图 7.14　存储选区

在图示中可以命名通道的名称,如果默认,系统自动起名为 Alpha,即以通道的方式保存的选区。在经过一系列其他操作后,可以重新载入存储的选区。

调用一个选区,执行"选择"菜单→"载入选区"命令,从中选择存储的通道,即可再现原来的选区。

5. 蒙版的应用

蒙版就是蒙在图像上用来保护图像的一层"板"。当要给图像的某些区域应用颜色变化、滤镜和其他效果时,蒙版可以让用户隔离和保护图像的其他区域。当选择了图像的一部分时,没有被选择的区域"被蒙版"或被保护而不被编辑。用户也可以将蒙版用于复杂图像编辑,比如将颜色或滤镜效果运用到图像上。

蒙版还有一个最大的方便功能,就是将制作费时的选区存储为 Alpha 通道,重新使用时,直接载入即可,因为 Alpha 通道可以转换为选区。蒙版是作为 8 位灰度通道存放的,因此可以用所有绘图和编辑工具细调和编辑它们。

在 Photoshop 中,通常有两种方式使用蒙版:

使用"快速蒙版"模式创建和查看图像的临时蒙版。

使用"添加图层蒙版"命令创建特定图层的蒙版。

蒙版的用途有很多,这里简要介绍以下 3 种:复杂边缘图像抠图,替换部分图像和无痕迹拼接图像。

(1)复杂边缘图像抠图

抠图是 PS 的基本操作,抠图首先要建立合适的选区。前面已经用过多种产生选区的工具和方法:路径适合做边缘整齐的图像;魔棒适合做颜色单一的图像;套锁适合做边缘清晰一致能够一次完成的图像;通道适合做影调能做区分的图像。而对于边缘复杂,块面很碎,颜色丰富,边缘清晰度不一,影调跨度大的图像,最好是用蒙版来做。

①打开示例图像"消失点",将如图 7.15 中的狗从原图中选取出来,就可以放入其他的背景当中。

图 7.15　"消失点"图像

　　②单击工具栏最下方的"快速蒙版"工具，进入"快速蒙版"编辑状态。查看通道面板，可以发现产生一个白色的"快速蒙版"通道。使用画笔工具，选择"黑色"的画笔，在图像中随意涂抹，会产生红色的半透明的痕迹，使用"白色"的画笔，在痕迹上涂抹，红色半透明的痕迹就会消失（也可以使用橡皮擦工具，黑白颜色的使用与画笔正好相反）。在上述操作过程中，通过对"快速蒙版"通道的观察，可以发现这个通道正好可以当成选区来使用。

　　③再次单击工具栏最下方的"快速蒙版"工具，返回"标准"编辑状态，此时就会出现选区。通过观察发现，选区正是红色半透明以外的区域。因此可知，利用快速蒙版是可以产生选区的。

　　④打开"历史记录"面板，返回刚打开图像的状态。

　　⑤进入"快速蒙版"编辑状态。选择画笔工具，通过属性面板选择合适大小的画笔，硬度 50％左右。

　　⑥适当放大图像，用黑色的画笔，沿着狗的外部轮廓仔细涂抹，如果有涂抹错误的地方，可以切换成白色的画笔重新涂抹，直至狗的外围轮廓均被红色覆盖。如图 7.16 所示。

图 7.16　"快速蒙版"编辑

⑦切换大直径的画笔,将狗以外的图像全部涂抹成红色,不要留下空白。在上述操作过程中,可能需要反复的放大和缩小图像、切换不同直径的画笔及切换黑白颜色。结果如图 7.17 所示。

图 7.17　画笔涂抹

⑧最后,返回"标准"编辑状态,这样狗的选区就生成了。如图 7.18 所示。

图 7.18　实现图像选取

上述结果,也可以通过涂抹狗的区域,产生选区,再反向从而得到需要的区域。

(2)替换部分图像

①打开示例图像"楼梯",双击背景图层,单击"确定",将其变为普通图层。使用矩形框选工具,选取门中间的区域,按【Delete】键删除,如图 7.19 所示。

图 7.19　图像"楼梯"

②使用矩形框选工具,选区左边的门,执行菜单"编辑"→"变换"→"扭曲"命令,将选区的右边上下角点拖动调整,产生一种门向外开的效果,将右边的门也做相应的处理,然后取消选择。如图 7.20 所示。

图 7.20　图像变化

③使用魔棒选取工具,在门外透明的地方单击,即可选取该区域。另外打开一幅风景图像(如"湖.tif"),【Ctrl】+【A】(全选),【Ctrl】+【C】(复制)。返回"楼梯"文件,执行菜单"编辑"→"选择性粘贴"→"贴入"命令。通过"自由变换",调整贴入图像的位置和大小。

说明:在当前图像有选区的情况下,"贴入"操作就是以蒙版的方式,将复制的图像贴入到选区内。查看图层面板,可以看到新复制的图层上是被蒙版覆盖的,这就是前面提到的蒙版图层。如图 7.21 所示。

图 7.21　"图层"面板状态

（3）无痕迹拼接图像

①打开两幅示例图像，"湖"和"棕榈树"，将"棕榈树"复制、粘贴到"湖"图像中，产生一个新的图层，并调整"棕榈树"到画布的大小。

②选择上层，单击图层面板下方的第 3 个按钮（添加蒙版图层），这样在"棕榈树"上就会产生蒙版，如同"替换部分图像"中的蒙版图层。

③单击蒙版图标（选择该蒙版），选择渐变工具，使用默认的渐变方式（白色前景；黑色背景；线性渐变），在图像中从中心点向左下角拖动鼠标（其实，可以随意拖动鼠标），图像和图层的效果如图 7.22 和 7.23 所示。

图 7.22　处理后图像效果

图 7.23　"图层"面板状态

6. 图像的加工

（1）修补图像

①打开示例图像"旧图像"，该图像由于年久，出现白块。如图 7.24 所示。

图 7.24　旧图像

②选择"仿制印章"工具,按住【Alt】键,在图像中较完整的地方单击(取源),然后在有瑕疵的地方单击,这样就用"源"替换了目标。

也可以选择"修补"工具,拖动鼠标,选择破损的区域,将选区拖到无瑕疵的地方,瑕疵就被替换了。

在使用"修补"工具时,可以更换属性面板中的"源"和"目标",如图7.25所示。

图7.25　修补工具属性面板

我们在室内照相时,有时会因为背景墙上的开关、电表等影响到图像的效果,那么就可以使用上面的方法进行修补。

(2)消失点技术

①打开图像"消失点",如图7.15所示。

图像中地板上有其他的物品,如何将其去掉。注意观察该图像,地板的缝隙具有"近大远小"的特点,这种现象在生活中是经常可以见到的,我们将其称为"透视"效果。对于该类图像,是无法用前面的方法进行修补的。

②执行"滤镜"菜单中的"消失点",出现"消失点"界面,如图7.26所示。

图7.26　"消失点"滤镜

③消失点的操作首先要创建一个平面,该示例图像的平面已经创建,我们将其删除,重新创建从而学习该过程。按【Backspace】键,删除已创建的平面。

④此时"消失点"界面中,左列的工具只有"创建平面工具"可以使用。用鼠标单击的方式,点击产生4个角点,就构成了一个平面。利用"编辑平面工具"拖动角点,重新调整平面的位置和大小,构成一个透视效果的平面。

⑤接下来,就是图像的修补,可以采用两种方法:

● 利用"消失点"界面中的"印章"工具,其用法与前面介绍的相同,首先按住【Alt】键取源,然后在要替换的地方点击或涂抹,如图 7.27 所示。

图 7.27　"消失点"滤镜

如果感觉替换后的图像在颜色有差异,可以使用"吸管工具",在图像中点击,拾取"画笔颜色",然后利用画笔在图像中涂抹。

● 使用"选框工具",在图像中选取一个区域,如图 7.28 所示。

图 7.28　"消失点"滤镜

按下【Alt】键,在选区中单击,作为"源",将其向准备被替换的地方拖动,进行整个区域的替换。结果如图 7.29 所示。

同样可以使用画笔进行适当的涂抹。最后,单击"确定",结束消失点处理。

对于地板上颜色差异较明显的区域,可以使用"修复画笔工具"来处理。在工具箱中选择"修复画笔工具",该工具的用法与"印章"工具相同,其不同点在于:

"印章"工具只是图像的简单替换,而"修复画笔工具"可以使用图像或图案中的样本

图 7.29 "消失点"滤镜

像素来绘画,同时将样本像素的纹理、光照和阴影与源像素进行匹配,从而使修复后的像素不留痕迹地融入图像的其余部分。

(3)液化处理

①打开示例图像"旧图像",执行"滤镜"菜单中的"液化"命令,进入"液化"界面,沿人物面部的边界按下鼠标,慢慢向里拖动,观察人物面部的变化。结果,人物的面部可以变得消瘦一些。效果如图 7.30 所示。

图 7.30 "液化"滤镜

注意"液化"界面中左侧的各种工具,可以尝试着使用。

②单击"确定",结束"液化"处理。

选择工具箱中的"历史记录画笔工具",在刚处理过的地方涂抹,将图像还原。

(4)图像合并

有时我们看到一处巨幅美景,很难用相机将其全部拍下来,或者一幅较大的画很难将其进行整体复印。这时,我们就可以使用 Photoshop 的图像合并功能。

将美景分多次拍照,每次最好有部分重叠。

执行菜单"文件"→"自动"→"Photomerge"命令。如图 7.31 所示。

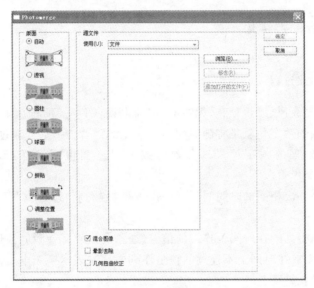

图 7.31 合并图像

在出现的界面中,首先选择"版面",然后通过右边"源文件"中的浏览,一次选择全部已拍照的文件。此处,我们选择"样本"中的 Photomerge 文件夹中的 3 副图像。单击"确定"。

这样,就将几张分别拍照的图像合并为了一体。结果如图 7.32 所示。

图 7.32 合并后效果

7.3　声音处理基础

声音是一种波，按其频率可分为 3 种：次声（频率低于 20Hz）；超声（频率高于 20kHz）；可听声（频率为 20Hz～20kHz），前两种声音人类是听不到的。多媒体音频信息是指可听声。

7.3.1　声音的数字化

1. 音频的数字化过程

各种声音（如麦克风、磁带录音、无线电、广播电视、CD 等）所产生的音频都是可以进行数字化的。音频的数字化就是将随时间连续变化的声音波形信号通过模/数电路转换，变成计算机可以处理的数字信号。音频的数字化过程包括采样（Sampling）和量化（Quantization）两个步骤。

采样就是每隔一段相同的时间间隔读一次波形振幅，将读取的时间和波形的振幅记录下来。

量化是将采样得到的在时间上连续的信号（通常为反映某一瞬间波形振幅的电压值）加以数字化，使其变成在时间上不连续的信号序列。用来表示一个电压值的位数越多，音频的分辨率和质量就越高。

2. 声音的分类

多媒体音频可按用途、来源和文件格式多种方式分类。

（1）按用途分类

音频可分为语音（如讲演）、音乐（如配乐）和声效（如掌声）。

（2）按声音来源分类

主要有 3 种来源：

①数字化声波，即利用声卡等专用设备将语音、音乐等波形信息转换成数字方式，并经编码保存起来，使用时再解码和转换成原来的波形。

②MIDI 合成，即通过电子乐器的弹奏形成数字指令驱动音乐合成器，并借助于合成器产生数字声音信号还原成相应的音乐和音效。

③利用声音素材库获取，但要有版权许可。

（3）按文件格式分类

常用的音频文件格式有：CD(. cda)、MIDI(. mid)、Audio(. mp3;. mp2;. mp1;. mpa;. abs)、Ac3(. ac3)、WAVE(. wav)、MAC(. snd)、Amiga(. svx)、AIFF(. aif)等

3. 数字音频的压缩

影响数字化声音质量的因素主要有 3 个,即采样频率,采样精度和通道个数。如果提高采样频率,单位时间得到的振幅值就会更多,即采样频率越高,对于原声音曲线的模拟就越精确。

采用数字化音频获取声音文件的方法,最重要的问题就是信息量较大,音频文件所需存储空间的计算公式为:

存储容量(字节)＝ 采样频率×采样精度/8×声道数×时间

例如,一段持续 1min 的双声道声音,采样频率为 44.1kHz,采样精度为 16 位,数字化后需要的存储容量位:

$$44.1×10^3×16/8×2×60＝10.584MB$$

由此可见,数字音频在存储时经常需要进行压缩处理,常用的方法是自适应脉冲编码调制(ADPCM)法。

4. MIDI 音效

MIDI 是 Musical Instrument Digital Interface 的缩写,即乐器数字化接口,是为了把电子乐器于计算机相连而制定的一个规范,是数字音乐的国际标准。

MIDI 声音与数字化波形声音完全不同,它不是对声波进行采样、量化和编码,而是将电子乐器键盘的弹奏信息记录下来,包括键名、力度、时间长短等,这些信息称为 MIDI 消息,是乐谱的一种数字式描述。当需要播放时,只需要从相应的 MIDI 文件中读出 MIDI消息,生成所需要的乐器声音波形,经放大后由扬声器输出。

MIDI 声音有许多优点。首先它对存储容量的需求远比声音波形文件小得多。使用 CD-DA 格式的波形存储时,播放半小时的立体声音乐,需要 300MB 的存储量,而使用 MIDI 记录时只需 200KB 左右;另外,与波形声音相比,MIDI 声音在编辑修改方面也十分方便灵活,例如可任意修改曲子的速度、音调,也可以改换不同的乐器等。MIDI 声音的缺点是,MIDI 数据并不是声音,仅当 MIDI 回放设备与产生时所指定设备相同时,回放的结果才是精确的;MIDI 不能很容易地用来回放语言对话。

7.3.2　声音文件的获取、生成和处理

声音的录制和播放都通过声卡来完成,使用工具软件可以对声音进行各种编辑和处理,以得到较好的音响效果。最简单方便的音频捕获编辑软件是 Windows 中的录音机。使用录音机录制的音频文件,以 WAV 文件格式保存在硬盘上,使用录音机还可以编辑声音、添加特殊效果以及混合两个音频文件。

1. 启动录音机

选择"开始"→"所有程序"→"附件"→"娱乐"→"录音机",即可以打开"录音机窗口",如图 7.33 所示。

窗口中上边是菜单,包含处理声音的各种操作。

中间是"位置"方框,显示音频文件的当前播放位置;"声波"方框,垂直方向表示声音的振幅,水平方向表示声音持续的时间;"长度"方框,表示音频文件的总长度。

窗口下方,是声音的播放、录制等按钮。

图 7.33　录音机 窗口

2. 录制声音

(1)打开录音设备(如麦克风),单击"录音"按钮。

(2)对着麦克风说话,"声波"方框会显示声音的波形。

(3)单击"停止"按钮,停止录音。"长度"方框会显示声音文件的长度。

(4)执行菜单命令"文件"→"保存",将声音文件保存在磁盘上。

录音机还可以直接录制由其他发音设备(如音响)产生的声音,通过连线将音响的声音输出段子连接到声卡的 Line In 端口,就可以直接录制音响的声音了。

3. 声音文件的简单处理

使用录音机可以对声音文件进行简单的加工处理。通过菜单"文件"→"打开"命令,打开一个声音文件,如歌曲等。在对文件进行加工处理之前,一定要对源文件进行备份,防止不必要的损失。

(1)编辑定位

仔细听声音,记住要处理的声音的时间位置,通过时间位置滑块进行定位,可能要多次进行该操作,才能定位到准确的位置。

(2)删除声音文件开头的空白部分

很多声音文件中的开头部分有一段空白,可以删除掉。通过移动声音时间位置滑块,定位到文件开头真正有声音的位置,执行"编辑"菜单→"删除当前位置以前的内容"命令,将开头的空白部分删除。

(3)删除声音文件结尾的空白部分

同样首先进行定位,然后执行"编辑"菜单→"删除当前位置以后的内容"命令,将结尾的空白部分删除。

(4)插入另一个声音文件

该操作可以连接两个声音文件。打开一个声音文件,选择合适的声音位置。执行"编辑"菜单→"插入文件"命令,在出现的"插入文件"对话框中,选择一个 WAV 声音文件,单击"确定",将所选择的文件插入到当前的位置。

(5)混合声音

该操作可以混合两个声音文件(如给声音添加背景音乐),使它们能同时播放。打开一个声音文件,选择合适的位置。执行"编辑"菜单→"与文件混合"命令,在出现的"与文件混合"对话框中,选择一个声音文件,与当前打开的文件进行混合。

(6)添加特殊效果

①提高音量。打开一个要处理的声音文件,执行"效果"菜单→"提高音量"命令,可

以将声音文件的音量提高,每次提高的幅度为 25％。

②降低音量。与提高音量同样的操作方式,将声音降低。

③改变声音的播放速度。执行"效果"菜单→"加速"或"减速"命令,可以增加或减慢声音的播放速度。减速的频率是 50％,加速的频率是 100％。

④添加回音。使用"效果"菜单中的"加入回音"命令,给声音添加回音,使声音听起来更自然,增加一定比例的共鸣效果,声音会显得更有深度和更具特色。

7.3.3 声音文件的格式转换

如前所述声音文件具有很多的格式,在不同的情况下(设备、用途)可能需要不同格式的声音文件,目前可以实现声音文件格式转换的软件很多,"豪杰超级解霸3000"是一种比较流行的处理音频、视频的软件,这里只简单介绍该软件在声音格式转换方面的应用。

1. 将音乐 CD 转换成 WAV

通过"开始"→"所有程序"菜单,运行"MP3 数字 CD 抓轨"程序,如图 7.34 所示。

图 7.34 运行"MP3 数字 CD 抓轨"程序

"MP3 数字 CD 抓轨"程序的运行界面如图 7.35 所示。

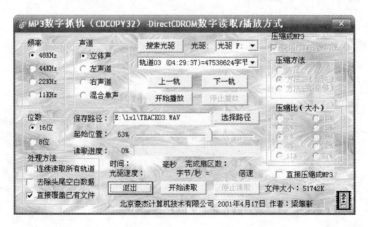

图 7.35 "MP3 数字 CD 抓轨"界面

将 CD 光盘放入光驱,选择一个轨道,还可以选择开始点,单击"选择路径",定义生成文件的位置和文件名称,单击"开始读取",进行转换工作,当所需转换的部分抓取完成后,单击"停止读取",转换工作就完成了。

2. 将 CD 音乐直接转换成 MP3

将音乐 CD 直接转换成 MP3 与将音乐 CD 转换成 WAV 操作相似,不再重复。

3. 转换 VCD 为音频

很多 VCD 的文件的音频和视频是合成的,不能单独复制出音频内容,使用该程序可以将一段 VCD 文件的音频部分抓取到磁盘上保存起来。

7.4　动画的概念与处理基础

动画分为二维动画和三维动画,基本原理是多帧图像以一定的速率连续显示,就产生了动画的效果。

目前流行的制作二维动画的软件很多,如

Autodesk Anim-ator Studio;

Autodesk Animator Pro;

Ulead Gif Animator;

Adobe Flash。

其中以 Flash 最为流行,本节主要介绍 Adobe Flash CS5 二维动画制作软件的基本操作。

7.4.1　动画的基本概念

1. Flash CS5 的工作环境

Flash CS5 的工作界面如图 7.36 所示。

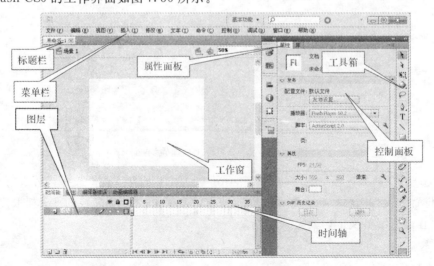

图 7.36　Flash 的工作界面

(1)标题栏

标题栏显示软件的图标、名称、当前文件的名称等信息。

(2)菜单栏

菜单栏包含软件的全部功能,分为"文件"、"编辑"、"视图"、"插入"、"修改"、"文本"、"命令"、"控制"、"调试"、"窗口"、"帮助"等子菜单。

(3)工具箱

工具箱包含制作动画的工具、颜色设置等按钮。

(4)工作窗口

工作窗口是整个动画制作的工作环境。

(5)属性窗

通过工具栏选择不同的工具后,会显示不同的属性栏。通过属性栏对所选的工具进行进一步的设置。例如在选择"文本工具"后,可以通过属性栏设置文本的"字号"、"字体"及"颜色"等属性。

(6)控制面板

包含"库"、"行为"、"混色器"、"颜色"、"对齐"等多种控制面板,通过这些控制面板来完成对动画对象的进一步设置。

2.基本概念

(1)时间轴线:相当于电影胶片,用于记录动画中画面出现的先后次序及相应的内容。

(2)帧:即动画中的每一个画面,在时间轴线上表示为一个个小的画格。帧可分为实帧(有内容)和空白帧(没有内容),空白帧用白色小方格表示;实帧用灰色小方格表示。帧还分为普通帧和关键帧,空白关键帧用小方格中加一空心小圆点表示;实关键帧用小方格中加一实心小圆点表示。关键帧是动画变化的关键点。

(3)场景:是制作动画的工作环境

(4)图层:在制作复杂的 Flash 动画时,可以通过不同的图层来表现不同对象的运动。每一个图层都包含一条独立的动画轨道,在播放动画时,每一时刻所展示的图像是由所有图层中在播放指针所在位置的帧共同组成的。

(5)元件:作为动画的基本对象存在,元件分为"图形"、"电影剪辑"、"按钮"三种类型。

7.4.2 四种基本动画的制作

使用 Flash CS5 软件可以制作相当复杂的动画,但其基本的制作方式有四种:逐帧动画、形变动画、运动动画和遮照动画。

1.逐帧动画

逐帧动画就是每一帧都是关键帧,都有具体的图像,按一定的速率逐帧播放而产生动画效果。

①新建一个 Flash 电影文件,通过"修改"菜单的"文档"命令,打开"文档属性"对话

框,设置文档的大小为(300px×300px);背景颜色(白色);帧频(12fps),如图7.37所示。该设置也可以通过文档的属性面板来完成。

　　②选择"矩形工具",在场景中绘制一个矩形。使用"选择工具",选择绘制的矩形。通过属性栏,设置"笔触颜色(边框颜色)"为"无";"填充颜色"为"红色";矩形大小(50×50);位置(20,20),所设参数如图7.38所示。

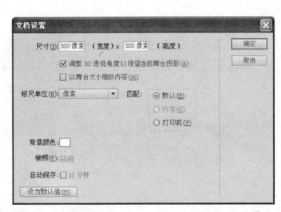

图7.37　"文档设置"对话框

图7.38　矩形设置属性框

　　③选择矩形图形,通过属性栏修改填充颜色为"黄色",选择并复制黄色图形,粘贴多次使其共产生16个正方形,通过属性栏,调整每个正方形的位置,使其均匀分布在场景中,如图7.39所示

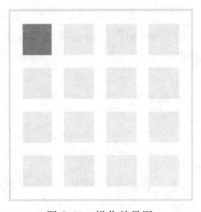

图7.39　操作效果图

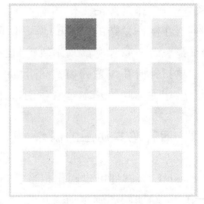

图7.40　操作效果图

　　④选择第2帧,右击,插入关键帧,通过属性栏,改变第1和第2个方块的颜色,如图7.40所示。

　　⑤如此类推,产生1至16帧,红色方块延外圈向内转动的效果,按【Ctrl】＋【Enter】,生成播放文件进行测试。

⑥单击第 1 帧,按住【Shift】键,单击第 16 帧(选择 1 至 16 帧),右击,复制帧,右击第 17 帧,进行粘贴帧操作。选择刚粘贴的 16 帧(17~32 帧),右击,翻转帧,反序排列 17 至 32 帧。按【Ctrl】+【Enter】,测试动画效果。

2. 形变动画

形变动画的效果就是从一种图形状态变成另一种图形状态。

①新建一个 Flash 电影文件,打开"文档属性"对话框,设置文档的大小(400px×200px),选择图层的第 1 帧,选择"文本工具",通过属性栏设置字体(隶书)、大小(70),在场景中单击,输入文字"A B C",输入后将光标点回工具箱中的"选择工具",输入结束。

②执行"修改"菜单→"分离"命令,将整体的文字分解为可以变形的点,再执行一次"分离"命令,达到彻底分离的效果。

③在第 30 帧,右击选择"插入空白关键帧"。选择工具栏中的"文本工具",输入文字"X Y Z",输入后将光标点回工具箱中的"选择工具",结束输入。选择 1 至 30 帧中的任意帧,通过属性栏,设置补间动画,类型为"形状",按【Ctrl】+【Enter】键,测试动画效果。

形变动画的特点是:动画的对象必须是图形,使用"工具箱"中的工具绘制的大多是图形(文字除外),在单击图形对象时,图形上会出现虚点。对于不是图形的对象,不能制作形状动画,必须将其分离,有的对象需要经过两次分离,才能变成图形。

3. 运动动画

运动动画的动画对象必须是元件,图形不能产生运动动画。通过单击运动对象,可以判断该对象是否是元件,元件在被选择后,周围会出现蓝色的边框,有中心点,表示其为一个整体。对于不是元件的图形,可以执行"修改"菜单→"转换为元件"命令,将其转换为元件。也可以通过"插入"菜单的"新建元件"命令,直接建立一个元件。建立的元件将存储在"库"中,可以通过"库"控制面板进行查看。

①新建一个 Flash 文档,通过文档属性对话框设置文档的属性,文档大小(400px×200px);背景颜色(白色);帧频(12fps)。

②执行"插入"菜单→"新建元件"命令,打开"创建新元件"对话框,定义元件的名称"ball";类型"图形",如图 7.41 所示,单击"确定"按钮。

③当前进入元件"ball"的编辑环境,使用工具箱中的"椭圆工具",通过工具栏或属性栏,设置"笔触颜色"为"无";"填充颜色"为渐变颜色,表示球面效果。如图 7.42 所示。

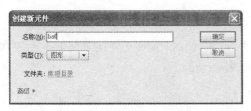

图 7.41　创建新元件 对话框

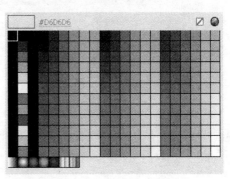

图 7.42　选择颜色 对话框

④在"ball"的元件编辑环境中,绘制一个正圆(使用【Shift】键)。

⑤单击工具栏中的"选择工具",使用鼠标拖动圆图形,调整其位置,使其中心点与"＋"重合。该操作也可以通过属性面板来完成,以准确调整其大小和位置。

⑥选择工具栏中的"文字工具",通过属性栏进行设置,字体(隶书);大小(20);颜色(红色),在"ball"元件中输入"5",将输入的文字拖动到球面上,如图7.43所示。

⑦单击"场景1",返回到场景中。通过"窗口"菜单,打开"库"工作面板,如图7.44所示。

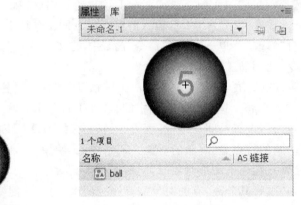

图 7.43　操作图示　　　　　　　　图 7.44　"库"控制面板

⑧将"库"工作面板中的"ball"元件拖到场景中,操作效果如图7.45所示。

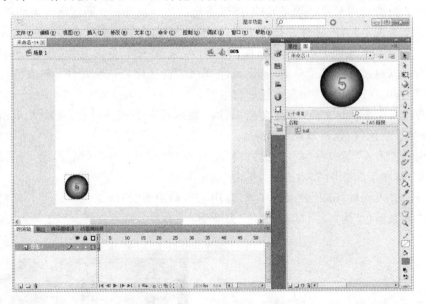

图 7.45　操作图示

⑨右击"图层1"的第30帧,插入关键帧,将第30帧的"ball"元件拖到场景的右下角。右击第1帧至第30帧区间任何一帧,创建传统补间动画。

⑩通过属性栏设置:旋转(顺时针);2次。

⑪按【Ctrl】+【Enter】测试结果。

4. 遮罩动画

遮罩动画的制作必须要有两层才能完成,上面的一层称为蒙版层,下面的一层称为被蒙版层。在蒙版层中的对象(无论填充有色彩还是渐变)将成为透明区域,而对象以外的区域将不透明。这样,被蒙版层的对象就在蒙版层的对象区域内显示出来。

①新建一个文档大小(400px×300px)、背景颜色(白色)、帧频(4fps)的 Flash 电影文件。

②修改图层的名称(背景),选择第一帧,执行"文件"菜单→"导入"→"导入到舞台"命令,在打开的"导入"对话框中,选择 Windows 共享图像中的"荷花"图像文件(Water lilies. jpg)。

③选择导入的图像,通过属性栏,设置图像的大小(400px×300px)和位置(0,0),使其正好盖住场景,成为一张背景图像。右击图层的第 40 帧,选择"插入帧"(使背景图像的显示延续到第 40 帧),操作效果如图 7.46 所示。

图 7.46　操作图示

④新建一个图层,命名图层(遮罩)。在"遮罩"图层的第一帧,选择工具箱中的"文本工具",通过属性栏设置字体(隶书);字体大小(300);颜色(任意),在场景中输入文本"花",并将文字放置在场景的左边。操作效果如图 7.47 所示。

图 7.47　操作图示

⑤右击"遮罩"图层的第 40 帧，插入关键帧，并将文字拖到场景的右边，创建该图层的动作补间动画。

⑥右击"遮罩"图层的名称处，选择"遮罩层"，按【Ctrl】+【Enter】键，测试效果。从结果可以看出，透过运动的文字，可以看到下层的"荷花"背景图像，而其他位置是看不到的。效果如图 7.48 所示。

图 7.48　遮罩动画效果图示

习题 7

一、填空题

1. 多媒体系统是指利用（　　　）和数字通信网络技术来处理和控制（　　　）的系统。

2. 媒体有以下五种：感觉、表示、显示、存储、传输媒体。其中核心是（　　　）媒体。

3. 多媒体的主要特征有：信息载体的（　　　）、（　　　）和（　　　）。

4. 视频采集是指将（　　　）转换成（　　　），并将其记录到文件上的过程。

5. 图形是一种（　　　）的图像，是把图像按照某个标准进行分析而产生的结果。

6. 位图的质量主要决定于其（　　　）和（　　　）。

7. 图像的分辨率是指图像在（　　　）方向上单位尺寸内的（　　　）个数。

8. 音频的数字化过程包括（　　　）和（　　　）两个步骤。

9. 影响数字化声音质量的因素主要有三个，（　　　），（　　　）和（　　　）。

10. 视频信息的数字化是指在一段时间内以一定的速度对（　　　）进行捕捉并加以采样后形成（　　　）的处理过程。

11. 图像的压缩方法可以分成两种类型：（　　　）和（　　　）。

12. MPEG 标准包括（　　　）、（　　　）和（　　　）三个部分。

二、简答题

1. 计算机中"多媒体"术语的内涵是什么？

2. 请归纳多媒体的主要特征？

3. 归纳计算机的多媒体功能？

4. 计算机媒体中，图形和图像的主要区别是什么？

5. 目前常用的声音文件有哪些格式，各有什么特点？

6. 常用的多媒体设备有哪些？主要功能是什么？

7. 你认为多媒体技术最重要的应用领域有哪些？

8. 按来源分类，声音文件有几种类型？

9. 计算 2 分钟长、44kHz、16 位、立体声音频文件所需要的存储空间？

10. 为什么视频文件在存储的过程中要进行压缩？

11. 常用的图像文件有哪些格式？

12. 怎样把模拟音频转化为计算机可处理的数字音频？

13. MIDI 数据有哪些优缺点？

14. 什么是矢量图？

15. Flash 的基本动画方式有几种，各是什么？

实验 1　Windows 基本操作

一、实验目的与要求

1. 掌握文件夹关联到库。
2. 练习桌面小工具应用。

二、实验内容与操作步骤

【第 1 题】　D 盘上有两个存放照片的文件夹"2012 届照片集"、"2013 届照片集",请将其关联到"图片"库中,关联后的结果如图 1 左上所示(D 盘上的文件夹结构如图 1 右侧所示)。

图 1　文件夹关联到库操作结果

操作步骤如下:

①打开 D 盘,选中 D 盘中需要关联的文件夹"2012 届照片集"。

②单击资源管理器的"包括到库中"右侧的按钮,在打开的下拉菜单中选择"图片"库。

③类似地,重复①~②的操作,可将"2013 届照片集"文件夹也关联到图片库中。

【第 2 题】　将"日历"摆放到桌面,结果如图 2 所示。

图 2　利用"桌面小工具"设置桌面日历和时钟

操作步骤如下：

①右击桌面空白处，在菜单中单击"小工具"，打开小工具窗口。

②在窗口中选择"日历"，鼠标双击或者直接拖动到桌面上松开。

③用鼠标拖移至桌面合适位置即可（如果不需要，鼠标移至日历点击关闭）。

【第 3 题】　为图 1 中的"2013 学生成绩"文件夹加密。

操作步骤如下：

①　选中 D 盘文件夹"2013 学生成绩"，右击选择"属性"。

②　选择"属性"对话框右下角的"高级"按钮，打开"高级属性"对话框。

③　勾选"加密内容以便保护数据"，单击"确定"后再单击"应用"按钮（当第一次使用文件加密功能，系统会提示备份密钥），"2013 学生成绩"文件夹显示为绿色，表示加密成功。

实验 2 Word 文字编辑与排版

一、实验目的与要求

1. 输入文本。
2. 设置字符格式。
3. 设置段落格式。
4. 应用样式。
5. 使用"格式刷"复制格式。
6. 设置项目符号与编号。
7. 设置边框与底纹。
8. 设置页眉、页脚与页码。

二、实验内容与操作步骤

【第 1 题】 按样张 1 输入文本,并设置字符格式和段落格式。

操作步骤如下:

①输入样张 1 的文本。

②选定第 1 段文字,在"开始"选项卡中,单击"样式"选项组中的"标题 1"样式,将其应用在选中的文字段落上,并设置段落"居中"。

③选定第 3 段文字,单击"开始"选项卡中"样式"选项组中的"对话框启动器"按钮,打开"样式"任务窗格(图 1)。将该段落文字应用"标题 2"样式,并设置其段落格式:左右缩进设置为"0"、特殊格式设置为"无"、段前/段后的间距设置为"0",行距设置为"单倍行距"。

④光标定位第 3 段,双击"开始"选项卡"剪贴板"选项组的"格式刷"按钮,将第 3 段的格式复制到第 5、7、9 段落。

⑤光标定位第 2 段,在"开始"选项卡中,单击"样式"选项组中的"正文"样式,将其应用在选中的文字段落上。单击"开始"选项卡"段落"选项组的"对话框启动器"按钮,打开"段落"对话框(图 2),在"段落"对话框的"缩进和间距"选项卡中,将左右缩进设置为"0"、特殊格式设置为"首行缩进"、"缩进值"设置为"2 字符"、段前/段后的间距设置为"0",行距设置为"单倍行距"。

⑥参照④的操作,将第 2 段的格式复制到第 4、6、8、10 段落。

设置效果见样张 1。

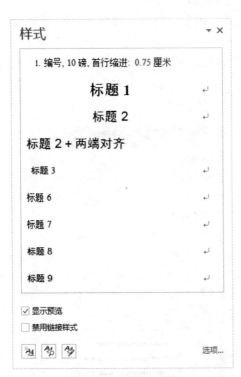

图 1　"样式"任务窗格

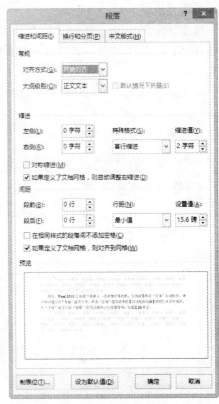

图 2　"段落"对话框

【第 2 题】　按样张 2 输入文本，并设置项目编号、边框、底纹、页眉、页码。

操作步骤如下：

①输入样张 2 的文本（段落开始的（1）…、1...、1）….可以不输入）。

②选定第 1 段，在"开始"选项卡中，单击"样式"选项组中的"标题 1"样式，将其应用在选中的文字段落上，并设置段落"居中"。

③选定第 2 段到最后一段，在"开始"选项卡中，单击"样式"选项组中的"正文"样式，将其应用在选中的文字段落上。然后，单击"开始"选项卡"段落"选项组的"对话框启动器"按钮，打开"段落"对话框（图 3），在"段落"对话框的"缩进和间距"选项卡中，将左右缩进设置为"0"、特殊格式设置为"首行缩进"、"缩进值"设置为"2 字符"、段前/段后的间距设置为"0"，行距设置为"多倍行距"，设置值为"1.25"。

④选定"商品名称、规格及……装运码头"各段文字，在"开始"选项卡中，单击"段落"选项组中的"编号"按钮选项，并选择"定义新编号格式"命令，打开"定义新编号格式"对话框（图 4）。在编号格式文本框的数字前后输入"（"和"）"，编号位置设置为"左对齐"，完成后单击"确定"按钮。

⑤选定"异议……"到"以本附加条款为准。）："，类似地按④设置项目编号。

⑥在"卖方"段落之前有 8 个空段，选中这 8 个空段，在"开始"选项卡中，单击"段落"选项组中的"边框"选项按钮，并执行"边框和底纹"命令。打开"边框与底纹"对话框，并参

照图 5 和图 6 设置参数。

⑦选中在中间 6 段的每一段文字,参照④设置项目编号。

⑧在"插入"选项卡中,选择"页眉和页脚"选项组中的"页眉"选项,选择一个适合的页眉样式。

⑨在"插入"选项卡中,选择"页眉和页脚"选项组中的"页码"选项,选择一个适合的页码格式。

设置效果见样张 2

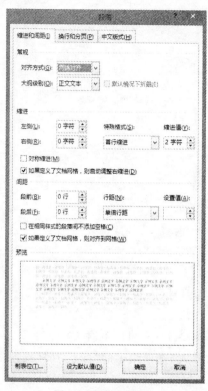

图 3 "段落"对话框

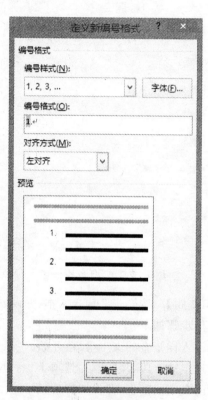

图 4 "自定义编号列表"对话框

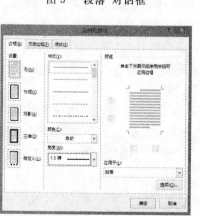

图 5 "边框和底纹"的"边框"选项卡

图 6 "边框和底纹"的"底纹"选项卡

样张 1：

Microsoft Office 2010 的优势

Microsoft® Office 2010 提供了一些更丰富和强大的新功能，让用户可以在办公室、家或学校里最高效地工作。可以在视觉上吸引观众的注意力并用自己的想法启发他们。可以让整个城市或世界不同角落的若干人同时协作并可实时访问自己的文件。 使用 Office 2010，用户可以控制工作任务进度并按照自己的计划创造惊人的成就。

更直观地表达想法

Office 2010 开创了一些设计方法，让用户可以将想法生动地表达出来。使用新增的和改进的图片格式工具（例如，颜色饱和度和艺术效果）可以将文档画面转换为艺术品。在 Office 2010 中，将这些工具与大量预置的新 Office 主题和 SmartArt® 图形布局配合使用，可以更淋漓尽致地表达出自己的想法。

协作效率更高

在团队工作中，大家集思广益可以获得更好的解决方案并能更快地在限期内完成工作。当使用 Microsoft® Word 2010、Microsoft PowerPoint 2010、Microsoft® Excel Web App 和 Microsoft OneNote Shared Notebooks 与其他人合作时，可以与他们同时处理一个文件，甚至可以身处各不相同的地方。

提供强大的数据分析和可视化功能

使用 Excel 2010 中的数据分析和可视化功能可以跟踪和亮显重要的趋势。使用新增的 Sparklines 功能可以在工作表单元格中使用小图表来清晰简洁地表达数据。使用 Slicers 功能可以在多个层对 PivotTable 数据进行过滤和拆分，从而可以减少格式设置时间，增加分析时间。

创建引人注目的演示文稿

可以在演示文稿中使用个性化的视频来吸引观众。可以直接在 PowerPoint 2010 中插入和自定义视频，然后修剪、添加淡化方式和效果，或者在视频中标出关键点来引起观众对选定场景的注意。现在，插入的视频默认嵌入在文件中，这为用户省去了管理和发送额外视频文件的麻烦。

样张2：

售 货 合 同

合同编号(Contract NO)：

签订地点(Signed at)：

签订日期(Date)：

买方(The Buyers)：

卖方(The Sellers)：

双方同意按下列条款由买方售出下列商品：

(1)商品名称、规格及包装：

(2)数量：

(3)单价：

(4)总值(装运数量允许有_____%的增减)：

(5)装运期限：

(6)装运口岸：

(7)目的口岸：

(8)保险：由_____方负责，按本合总值110%投保_____险。

(9)付款：凭保兑的、不可撤销的、可转让的、可分割的即期有电报套汇条款/见票/出票_____天期付款信用证，信用证以_____为受人，并允许分批装运和转船。该信用证必须在_____前开到卖方，信用证的有效期应为上述装船后第15天，在中国_____到期，否则卖方有权取消本售货合约，不另行通知，并保留因此而发生的一切损失的索赔权。

(10)商品检验：以中国_____所签发的品质数量/重量/包装/卫生检验合格证书作为卖方的交货依据。

(11)装运码头。

其他条款：

1. 异议：品质异议须于货到目的口岸之日起30天内提出，数量异议须于货到目的口岸之日起15天内提出，但均须提供经卖方同意的公证行的检验证明。如责任属于卖方者，卖方于收到异议20天内答复买方，并提出处理意见。

2. 信用证内应明确规定卖方有权可多装或少装所注明的百分数，并按实际装运数量议付。(信用证之金额按本售货合约金额增加相应的百分数。)

3. 信用证内容须严格符合本售货合约的规定，否则修改信用证的费用由买方负担，卖方并不负因修改信用证而延误装运的责任，并保留因此而发生的一切损失的索赔权。

1

售货合同

4.除经约定保险归买方投保者外，由卖方向中国的保险公司投保。如买方需增加保险额及/或需加保其他险，可于装船前提出，经卖方同意后代为投保，其费用由买方负担。

5.因人力不可抗拒事故使卖方不能在本售货合约规定期限内交货或不能交货，卖方不负责任，但是卖方必须立即以电报通知买方。如果买方提出要求，卖方应以挂号函向买方提供由中国国际贸易促进委员会或有关机构出具的证明，证明事故的存在。买方不能领到进口许可证，不能被认为系属人力不可抗拒范围。

6.仲裁：凡因执行本合约或有关本合约所发生的一切争执，双方应以友好方式协商解决；如果协商不能解决，应提交中国国际经济贸易仲裁委员会，根据该会的仲裁规则进行仲裁。仲裁裁决是终局的，对双方都有约束力。

7.附加条款(本合同其他条款如与本附加条款有抵触时，以本附加条款为准)：

1) _____
2) _____
3) _____
4) _____
5) _____
6) _____

卖方(Sellers)：　　　　　　　　买方(Buyers)：

日期：_____

实验 3　Word 表格及图文混排

一、实验目的与要求

1. 插入表格、编辑表格。
2. 插入图片。
3. 插入图表。

二、实验内容与操作步骤

【第1题】 在 Word 文档中创建图表

操作步骤如下：

①打开一个要插入图表的文档，并将光标定位在要插入图表的位置，然后，切换到"插入"选项卡，在"插图"选项组中，单击"图表"按钮。

②在打开的"插入图表"对话框中，已将所有内置的图表进行分类管理，选择一种图表种类，并选择一个具体的图表类型，然后，单击"确定"按钮。

③确保图表仍处于选中状态，在"设计"选项卡的"数据"选项组中，单击"选择数据"按钮，将包含数据源的 Excel 工作表显示在桌面的最前端，同时打开"选择数据源"对话框。然后，在工作表中选择包含数据源的单元格区域，如果目标数据源包含不止一个连续的单元格区域，可以配合【Ctrl】键来进行选择，选择的单元格区域会自动以地址引用方式填入"选择数据源"对话框的"图表数据区域"文本框中。

④在"选择数据源"对话框中，单击"确定"按钮，Word 文档中的图表会立刻更新，以展现指定数据源中的数据。

⑤关闭标题栏中显示为"Microsoft Office Word 中的图表"的临时 Excel 工作簿。

操作结果见样张 1。

【第2题】 利用表格实现快速图文混排

操作步骤如下：

①按照样张 2 的内容，准备必要的文本内容。

②打开预先准备好的 Word 文档，将光标定位在要插入表格的位置。

③切换到"插入"选项卡，在"表格"选项组中，单击"表格"按钮，并在下拉列表的"插入表格"区域中，绘制一个"2×3"的表格。

④将光标置于该表格中的任意位置，切换到"表格工具"的"设计"选项卡，单击"绘图边框"选项组中的"绘制表格"按钮，以便对当前表格开启绘制模式。然后，绘制出交错状态的表格边框。

⑤再次单击"绘制表格"按钮，以便关闭表格的绘制模式。然后，单击"擦除"按钮，开启表格的擦除模式，并将中间分割表格为 2 列的边框擦除。

⑥将文本和图片内容插入到该表格的对应单元格中,表格的每个单元格都会根据插入图片的大小或文字内容的多少来自动调整高度或宽度。

⑦为每段文本的标题内容应用适当的标题样式,然后,根据图片的宽度调整每行两个单元格之间的边框的位置,以便协调图片与文字之间的位置关系。

⑧选择目标图片,切换到"图片工具"的"格式"上下文选项卡,在"图片样式"选项组的"图片样式库"中,通过实施预览功能来预览各个图片样式的外观效果,并单击满意的一个,以便完成对图片的外观样式设置。

⑨将光标定位在表格中的任意位置,切换到"表格工具"的"布局"上下文选项卡,单击"表"选项组中的单击"选择"按钮,并执行"选择表格"命令。

⑩切换到"设计"上下文选项卡,在"表样式"选项组中,单击"边框"按钮右侧的下三角按钮,并执行"无框线"命令,以便将表格的边框隐藏起来。

操作结果见样张 2。

样张 1:

3．售价与利润空间预估

各个新产品的成本与利润在售价中所占的比例,如图表所示。

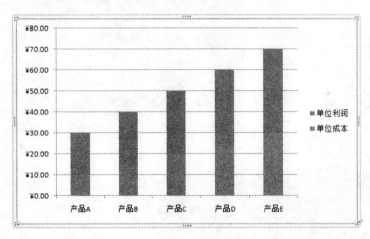

样张 2：

最新公司动态

"海尔润眼呵护健康，微软软件成就未来"大型公益活动

为促进我国信息化进程，农村信息化教育的组织推进，成为关键，8月15日，由海尔电脑携手微软，共同主办的以"海尔润眼呵护健康 微软软件成就未来"为主题的"微眼千县行"大型公益活动，在历史名城滁州隆重拉开帷幕。

在启动仪式上，滁州市人民政府副市长王会普、市述市委书记秘书等领导，以及微软 OEM 市场部市场总监高虹、太华中区新兴市场新渠道总监谭陵涛等嘉宾。海尔信息科技有限公司副总裁为焕松，共同开启了这场关爱青少年健康的大型公益活动，将捐赠了微软与软件的海尔润眼电脑送到河北滁州中学，滁州中学以及实验中学等学校的6名贫困学生的手中。

我公司派出多名技术人员参加了本次大型公益活动，并热心为市民、学生讲解微软产品的基本使用、维护。该场活动还将在全国其他四级~大级城市开展。

OFFICE 2007 校园体验会在北京大学进行

8月5日晚，微软与联想在北京大学举办了"掌握Office 2007，掌握美好未来"的巡展及专题推广会。在推广会上，来自微软的高级顾问，天翼博科技的技术经理李辉先生，向同学们概述了包括Word、Excel、PowerPoint 及 OneNote 等软件在内的Office 2007 各大软件，向同学们展示了世界 500 强企业对于员工在使用 Office 2007 中的一些基本要求，让同学们亲身体验了 Office 2007 强大功能带来的诸多奇妙感受。生动有趣的形式和演讲的语言博得了同学们的热烈掌声，活动过程中设立的互动问答环节更使现场气氛愈加活跃。

OFFICE 2007 校园体验会在黑龙江大学进行

微软与联想在哈尔滨的黑龙江大学，举行了一场以"掌握Office 2007，掌握美好未来"为主题的巡展与专题推广会。微软将的高级顾问，天翼博科技的技术经理李辉先生，向同学们详细讲解了 Office 2007 的一些最新功能，针对学生中的一些热点问题，如，如何制作简历、学习总结以及 PPT 演示文档等，李辉先生进行了基本讲解，同学们亲身体验了 Office 2007 强大功能所带来给我们的奇妙感受，活动现场气氛十分热烈，同学们认真聆听，踊跃提问，讲师与同学之间形成了非常良好的互动。

实验 4 Excel 基础操作与图表

一、实验目的与要求

1. 输入数据表格。
2. 自定义有序序列。
3. 使用相关函数对数据进行统计。
4. 将数据表中的数据做成图表。

二、实验内容与操作步骤

【第 1 题】

(1)按所给数据表格(图 1)输入数据并保存工作簿(操作步骤略,C26 输入－476.00)。

	A	B	C	D	E	F
1		上月结转余额:	211982.70		单位:元	
2						
3	本月统计					
4						
5						
6						
7						
8						
9	流水帐					
10	日期	收入	支出	余额	摘要	经办人
11	2005-7-4		525.00		员工一周的午餐费	白成飞
12	2005-7-4	8638.00			当天销售收入	王明浩
13	2005-7-4		5000.00		徐亮去杭州出差的借款	徐亮
14	2005-7-5		2735.00		广告费	许庆龙
15	2005-7-5		1823.00		公司电费	康建平
16	2005-7-5	13215.00			当天销售收入	王明浩
17	2005-7-5		305.00		邮费	康建平
18	2005-7-6	2000.00			预收订金	王明浩
19	2005-7-6		157826.00		支付货款	贾青青
20	2005-7-6	16023.00			当天销售收入	王明浩
21	2005-7-7	4985.00			当天销售收入	王明浩
22	2005-7-8		500.00		招待厂商代表晚餐费	刘超
23	2005-7-8		362.00		公司货车加油费	魏宏明
24	2005-7-8	8457.00			当天销售收入	王明浩
25	2005-7-9		275.00		办公费	魏宏明
26	2005-7-9		(476.00)		徐亮出差报销后还款	徐亮
27	2005-7-9	25783.00			当天销售收入	王明浩
28	2005-7-10		609.00		加班费	王明浩
29	2005-7-10		731.55		电话费	李敏新
30	2005-7-10		200.00		招聘会费用	魏宏明
31	2005-7-10		278.00		公司小轿车加油费	魏宏明
32	2005-7-10	29762.00			当天销售收入	王明浩
33						

7月份流水帐 / Sheet2 / Sheet3

就绪   大写

图 1 数据表格

(2)将"日期"、"收入"、"支出"、"余额"、"摘要"、"经办人"定义为一个有序序列。

操作步骤如下:

　　①选定 A10:F10 单元格区域,再选择"文件"选项卡选项→"高级"→"编辑自定义列表"。

　　②在"选项"对话框中选"自定义序列"标签页,单击"导入"→"确定"。(见图 2)

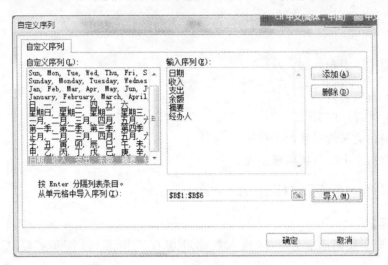

图 2　"自定义序列"对话框

【第 2 题】

在第 1 题的数据表中:

(1)计算每一天的余额。

操作步骤如下:

　　①在 D11 单元格中输入公式"=＄C＄1+SUM(＄B＄11:B11)-SUM(＄C＄11:C11)",如图 3 所示。

　　②再将鼠标放在单元格右下角"填充柄"位置,往下拖至记录结束。

图 3　余额公式

(2)统计有几笔收入、本月销售合计、本月预收订金合计、收入合计。

操作步骤如下:

　　①B3 单元格输入文本"本月收入笔数"。

②B4 单元格输入公式"＝COUNT(B11:B32)"。

③C3 单元格输入文本"本月销售合计"。

④C4 单元格输入公式"＝SUMIF(E11:E32,"当天销售收入",B11:B32)"。

⑤D3 单元格输入文本"本月预收订金合计"。

⑥D4 单元格输入公式"＝SUMIF(E11:E32,"预收订金",B11:B32)"。

⑦E3 单元格输入文本"收入合计"。

⑧E4 单元格输入公式"＝SUM(C4:D4)"。

图 4 为公式的显示形式,图 5 为对应公式得到的值。

(3)统计有几笔支出、本月支付货款合计、其他支出合计、总支出。

操作步骤如下:

①用户按下述说明输入相应的文本和公式。

②B6 单元格输入文本"本月支出笔数"。

③B7 单元格输入公式"＝COUNT(C11:C32)"。

④C6 单元格输入文本"本月支付货款合计"。

⑤C7 单元格输入公式"＝SUMIF(E11:E32,"支付货款",C11:C32)"。

⑥D6 单元格输入文本"其余支出合计"。

⑦D7 单元格输入公式"＝SUMIF(E11:E32,"＜＞支付货款",C11:C32)"。

⑧E6 单元格输入文本"总支出"。

⑨E7 单元格输入公式"＝SUM(C11:D32)"。

图 4 为公式的显示形式,图 5 为对应公式得到的值。

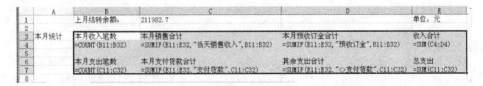

图 4　计算公式

	A	B	C	D	E
1		上月结转余额:	211982.70	单位: 元	
2					
3	本月统计	本月收入笔数	本月销售合计	本月预收订金合计	收入合计
4		8	106863.00	2000.00	108863.00
5					
6		本月支出笔数	本月支付货款合计	其余支出合计	总支出
7		14	157826	12867.55	170693.55

图 5　公式的计算结果

【第 3 题】　将数据表中的数据做成图表。

(1)将数据表中的数据做成柱形图。

操作步骤如下:

①　选定数据 A2:J5(如图 6 所示),然后鼠标单击"插入选项卡"→"图表"→"二维柱形图"→"簇状柱形图"。

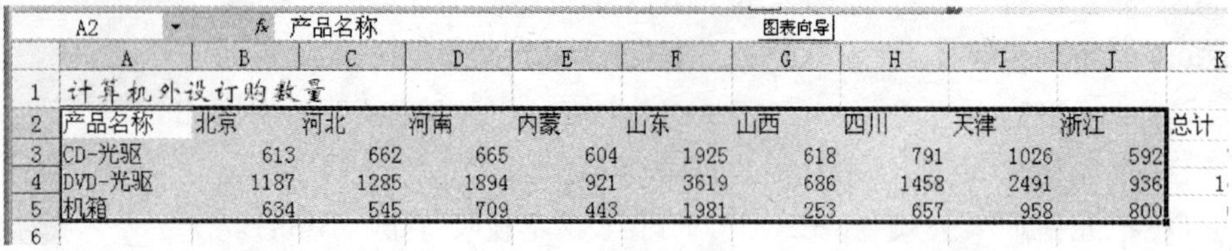

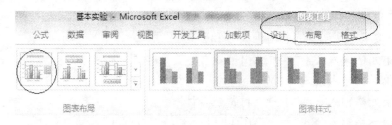

图 6　数据表

② 添加图表标题:选择图表,单击屏幕上端的"图表工具"标签(如图 7 所示),在"图表布局"组命令中选择一种布局,在图表的标题框中输入标题。

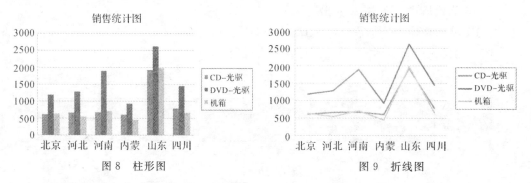

图 7　"图表工具"选项卡

生成的图表如图 8 所示。

图 8　柱形图　　　　　　　　图 9　折线图

(2)将数据表中的数据做成折线图。

方法 1:可以重复做柱形图的操作,在选择图表类型时选择折线图。

方法 2:也可以在柱形图的基础上进行一些更改得到折线图(如图 9 所示)。

操作方法如下:

①选中柱形图的绘图区,右击,选择"更改图标类型"命令。

②在"图表类型"对话框中,选择其中折线图表类型。

(3)将数据表中的数据做成饼图。

操作方法如下:

①选定数据 A2:G3(见图 11),然后鼠标单击"插入选项卡"→"图表"→"饼图"→"三维饼图"。

②添加标签,设置标签格式:选中饼图,右击,选择添加标签命令;在"设置数据标签格式"对话框(见图 10)中勾选"百分比"、"显示引导线"、"数据在标签外"命令,结果如图 11 所示。

图 10　"设置数据标签格式"对话框

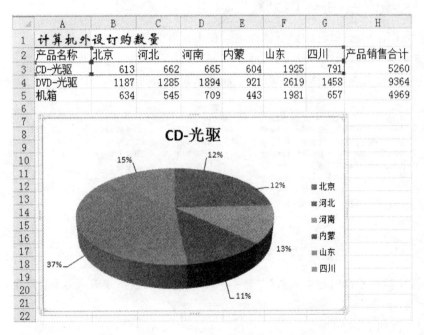

	A	B	C	D	E	F	G	H
1	计算机外设订购数量							
2	产品名称	北京	河北	河南	内蒙	山东	四川	产品销售合计
3	CD-光驱	613	662	665	604	1925	791	5260
4	DVD-光驱	1187	1285	1894	921	2619	1458	9364
5	机箱	634	545	709	443	1981	657	4969

图 11　饼图及数据表

实验 5　Excel 函数

一、实验目的与要求

1. 掌握统计函数与数学函数及其应用。
2. 掌握逻辑函数及其应用。
3. 掌握数据库函数及其应用。
4. 日期函数及其应用。
5. 掌握查找和引用函数及其应用。

二、实验内容与操作步骤

本实验共有 6 题,每题的数据已经输入在工作簿文件中。

【第 1 题】　统计函数与数学函数应用(一)

××年研究生入学考试成绩如图 1 所示(该表数据共有 5974 行)。

	A	B	C	D	E	F	G	H	I	J
1	ksbh	专业	外语	外语分	政治分	业务1	业务1分	业务2	业务2分	总分
2	100363011080001	金融学	统考英语	79	70	数学四	102	金融学综合	120	371
3	100363011080002	金融学	统考英语	47	49	数学四	48	金融学综合	73	217
4	100363011080003	金融学	统考英语	76	66	数学四	79	金融学综合	100	321
5	100363011080004	金融学	统考英语	30	55	数学四	70	金融学综合	70	225
6	100363011080005	金融学	统考英语	62	60	数学四	77	金融学综合	84	283
7	100363011080006	金融学	统考英语	53	81	数学四	130	金融学综合	116	380
8	100363011080007	金融学	统考英语	0	0	数学四	0	金融学综合	0	0

图 1　××年研究生入学考试成绩

要求:

(1)统计参加考试的考生人数(总分不为 0 的记录个数);缺考人数;总分在 350 分以上的人数。

操作步骤如下:

参加考试的考生人数:在单元格 O3 中输入公式"=COUNTIF(J2:J5974,"<>0")"

缺考人数:在单元格 Q3 中输入公式"=COUNTIF(J2:J5974,"=0")"

总分在 350 分以上的人数:在单元格 O4 中输入公式"=COUNTIF(J2:J5974,">350")"。

结果如图 2 所示。

	L	M	N	O	P	Q
3	1、参加考试的考生人数(总分不为0的记录个数)			5241	缺考人数	732
4	总分在350分以上的人数			489		

图 2　统计结果

（2）将参加考试的考生记录复制到表"第 2 题"中，为第 2 题的练习做准备。

操作步骤如下：

利用 Excel 对数据的自动筛选功能，将符合条件的记录筛选出来，再进行复制、粘贴操作。

①选定字段列标题行 A1：J1。

②单击"数据"→"排序和筛选"→"筛选"，则在每个字段列标题行旁出现下拉箭头。

③单击"总分"字段的下拉箭头，选择"自定义筛选"命令，则出现"自定义自动筛选方式"对话框，在对话框左侧"总分"框下选择"不等于"，右侧数值框中输入"0"，单击"确定"。

④选定单元格引用 A 列至 K 列（在列标题上拖动），执行"复制"命令。

⑤选定工作表标签"第 2 题"的 A1 单元格，执行"粘贴"命令。

【第 2 题】　统计函数与数学函数应用（二）

在工作表"第 2 题"中，按如下要求统计：

（1）统计表中各项成绩及总分的最高分、最低分、平均分、标准差、众度、中位数。

操作步骤如下：

①外语分最高成绩：在单元格 M4 中输入公式"＝MAX(D2：D5242)"。

②外语分最低成绩：在单元格 M5 中输入公式"＝MIN(D2：D5242)"。

③外语分平均成绩：在单元格 M5 中输入公式"＝AVERAGE(D2：D5242)"。

④外语分标准差：在单元格 M5 中输入公式"＝STDEV(D2：D5242)"。

⑤外语分众度：在单元格 M5 中输入公式"＝MODE(D2：D5242)"。

⑥外语分中位数：在单元格 M5 中输入公式"＝MEDIAN(D2：D5242)"。

其他成绩对应项目的统计方法类似，不再重复。统计结果如图 3 所示。

	L	M	N	O	P	Q
		外语分	政治分	业务1分	业务2分	总分
3						
4	最高分	95	94	146	156	421
5	最低分	0	0	0	0	5
6	平均分	52.07	61.12	69.78	86.60	269.58
7	标准差	15.50	14.19	29.11	29.21	70.26
8	众度	55	70	0	0	292
9	中位数	53	62	68	92	283

图 3　各项成绩及总分统计情况

（2）频度统计：分区间统计总分出现的频率及各区间人数的百分比。区间为：400 分以上；350～400；300～350；260～300；260 以下。

操作步骤如下：

①输入频率计算分段点：在 M16：M20 单元格中输入 259，299，349，399。

②选定 N16：N20，输入公式："＝FREQUENCY(J2：J5241，M16：M19)"。

③按【Ctrl】+【Shift】+【Enter】键即得出运算结果。

将结果填入工作表的 M12：Q12 区域。

各区间人数的百分比：

选定 M14，输入公式："＝M13/SUM($M$13：$Q$13)"，将公式复制到 N14：Q14

即可。运算结果如图 4 所示。

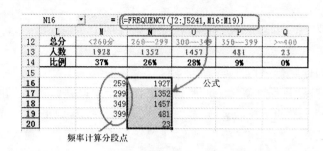

图 4   各成绩区间人数及比例统计情况

（3）将（2）统计结果复制到其他位置，分别使用取整函数"INT()"，将结果保留整数；使用四舍五入函数"ROUND()"将结果保留两位小数。

【第 3 题】 逻辑函数

复制工作表"第 2 题"中总分排在前 50 名的"ksbh"、"外语分"、"政治分"、"业务 1 分"、"业务 2 分"及"总分"字段（见图 5）的内容到表"第 3 题"。

	A	B	C	D	E	F	G	H	I	J
1	ksbh	外语分	政治分	业务1分	业务2分	总分	等级	基础业务均优	业务优	基础优或业务优并且总分高于400
2	100363011080028	63	68	138	125	394				
3	100363011080052	71	65	123	133	392				
4	100363011080151	79	71	132	126	408				
5	100363011080173	74	76	138	109	397				

图 5   总分前 50 名考生成绩情况统计

操作步骤如下：

利用 Excel 对数据的自动筛选功能，将符合条件的记录筛选出来，再进行复制、粘贴操作。

①选定字段列标题行 A1:J1。

②单击"数据"选项卡→"排序和筛选"→"筛选"，则在每个字段列标题行旁出现下拉箭头；

③单击"总分"字段的下拉箭头，选择"数字筛选"→"10 个最大值"命令，则出现"自动筛选前 10 个"对话框，将对话框中参数设置为显示"最大"、"50"、"项"，单击"确定"。

④单击"A"列标题，按住【Ctrl】键同时单击列标题"D"、"E"、"G"、"I"、"J"，执行"复制"命令；

选定工作表标签"第 3 题"的 A1 单元格，执行"粘贴"命令。

（1）按"总分"自动评出等级

等级标准为："优秀"：总分 400 分以上；"良好"：总分 350～400；"中等"：总分 300～350；"及格"：总分 260～300；"不及格"：总分在 260 以下。

操作步骤如下：

在单元格 G2 中输入公式"=IF(F2≥400,"优秀",IF(F2≥350,"良好",IF(F2≥300,"中等",IF(F2≥260,"及格","不及格"))))"，并将公式复制到区域从 G3 至本列记录结尾处。

(2)输入公式,以便判断该记录"基础业务均优"、"业务优"、"基础优或业务优并且总分高于 400"字段的值为"TRUE"或者为"FALSE"。

判断标准:

基础优:政治+外语在 150 分以上者。

业务优:业务 1+业务 2 在 250 分以上。

操作步骤如下:

业务优:在单元格 I2 中输入公式"=D2+E2>=250",将公式复制到从 I3 至本列记录结尾处。

基础业务均优:在单元格 H2 中输入公式"=AND(B2+C2>=150,I2)",将公式复制到从 H3 至本列记录结尾处。

基础优或业务优并且总分高于 400:在单元格 J2 中输入公式"=AND(OR(B2+C2>=150,I2),F2>=400)",将公式复制到从 J3 至本列记录结尾处。

计算结果如图 6 所示。

	F 总分	G 等级	H 基础业务均优	I 业务优	J 基础优或业务优并且总分高于400
2	394	良好	FALSE	TRUE	FALSE
3	392	良好	FALSE	TRUE	FALSE
4	408	优秀	TRUE	TRUE	TRUE
5	397	良好	FALSE	FALSE	FALSE
6	400	优秀	FALSE	TRUE	TRUE
7	401	优秀	TRUE	TRUE	TRUE

图 6 统计结果

注意:在操作完毕,要将工作表"第 1 题"和"第 2 题"的数据筛选去掉,以使计算结果正常显示出来,同时保证"第 4 题"能够正常进行。方法是:执行"数据"→"排序和筛选",使"筛选"命令按钮失效。

【第 4 题】 数据库函数

使用数据库函数在工作表"第 2 题"中按下列要求统计:

1.总分 400 分以上的记录个数。

2.总分为 350~400 的记录个数。

3.报考"国际贸易学"专业的总分 300 分以上的记录个数。

4.符合下述条件之一的记录个数:总分 300 以上;"业务 1 分"在 80 分以上;"业务 2 分"在 80 分以上。

5.报考"国际贸易学"专业总分的最高分。

6.报考"国际贸易学"专业总分的和平均分。

操作步骤如下:

● 构造条件区域:

本题第 1 问:在 A3 单元格输入"总分",在 A4 单元格输入">=400",则条件区域为"A3:A4"。

● 选择放置结果的单元格输入公式(数据库函数)。

本题第 1 问:在单元格 D2 中输入公式"＝DCOUNT(第 2 题!A1:J5241,第 2 题!J1,A3:A4)"。

本题的 1 至 6 问的各条件区域设置及各公式如图 7 所示,计算结果如图 8 所示。

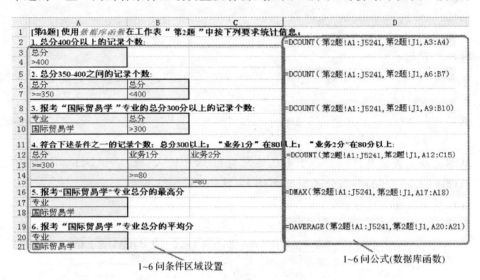

1~6 问条件区域设置 　　　　1~6 问公式(数据库函数)

图 7　区域设置及各公式

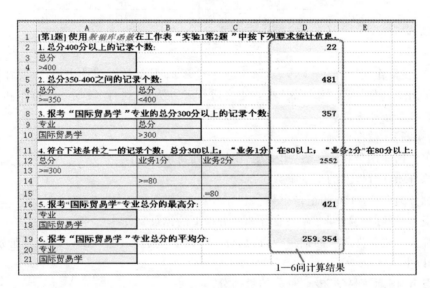

1—6 问计算结果

图 8　统计结果

【第 5 题】　财务函数

1. PMT 函数

(1)贷款 100000 元,年利率 6%,10 年还清,每月需还款多少元?

操作步骤如下:

①在单元格 A4:C4 区域中分别输入利率(年)、期数(年)、贷款额数值。

②在单元格 D4 中输入公式:"=PMT(A4/12,B8 * 12,C4)",结果如图 9 所示。

图 9　统计结果

(2)在年利率为 3%,每个月存款,连续存 5 年,5 年后存款额 50000 元,则每月需存款多少元?

操作步骤如下:

①在单元格 A8:C8 区域中分别输入利率(年)、期数(年)、存款额数值。

②在单元格 D8 中输入公式:"=PMT(A8/12,B8 * 12,,C8)",结果如图 10 所示。

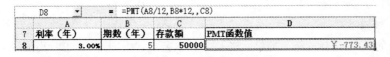

图 10　统计结果

2. FV 函数

每月月初存入 1000 元,年利率为 2.2.5%,30 年后是多少金额?

操作步骤如下:

①在单元格 A13:C13 区域中分别输入每期投资数(月)、期数(年)、年利率(年)数值;

②在单元格 D13 中输入公式:"=FV(C13/12,B13 * 12,A13,,1)",结果如图 11 所示。

图 11　统计结果

3. PV 函数

5 年内每年偿还 1000 元,年利率为 4.5%,用 PV 函数计算当前需要投资的金额。

操作步骤如下:

①在单元格 A18:C18 区域中分别输入每期偿还数(年)、期数(年)、年利率(年)数值;

②在单元格 D18 中输入公式:"=PV(C18,B18,A18,,1)",结果如图 12 所示。

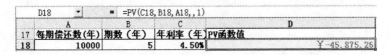

图 12　统计结果

【第 6 题】 查找与引用函数

1. 使用 VLOOKUP 函数根据图 13 中右侧表"××年度税额计算表"，查找"综合所得净额"（D12 单元格中的数值）适应的税率及累进差额（结果放在 D10、D11 单元格中）。

	A	B	C	D	E	F	G	H
4	个人综合所得税计算模式					××年度税额计算表		
5	综合所得税总额			750,000		所得	税率	累进差额
6	减：		免税额	−68000		0	6%	0
7			抚养亲属宽减额	−40000		100000	8%	1600
8			扣除额：			180000	10%	4800
9			标准扣除额	−27000		260000	12%	10000
10			薪资特别扣除	−60000		350000	15%	21400
11			储蓄特别扣除	−144574		560000	18%	27900
12	综合所得净额			410,426		730000	22%	67100
13			适用税率			1000000	26%	107000
14			累进差额			1500000	30%	163100
15	应付所得税额					1800000	34%	235100
16	扣缴税额					2500000	39%	350100
17						2880000	44%	490100
18						4000000	50%	700100

图 13　统计结果

操作步骤如下：

①适应的税率：选择放结果的单元格 D12，输入公式："＝VLOOKUP(D12,F5:H18,2)"。

②累进差额：选择放结果的单元格 D13，输入公式："＝VLOOKUP(D12,F5:H18,3)"。

2. 单元格区域 A26:A31 存放的是从工作表"第 3 题"中随机抽取的"ksbh"，要求使用函数在工作表"第 3 题"中查找这些考生的"外语分"、"政治分"、"业务 1 分"、"业务 2 分"及"总分"，将结果分别存放在单元格 B26:F31 中，如图 14 所示。

	A	B	C	D	E	F
25	ksbh	外语分	政治分	业务1分	业务2分	总分
26	10036301108005	71	65	123	133	392
27	10036301309576	73	78	139	130	420
28	10036301408128	80	83	111	124	398
29	10036302109529	79	72	112	138	401
30	10036305109711	93	71	108	120	392
31	10036306408114	74	71	123	135	403

给定的考生编号　　　　　从工作表"第3题"中找出的结果

图 14　统计结果

操作步骤如下：

①返回"外语分"：选择单元格 B26，输入公式"＝VLOOKUP(A26,第 3 题!A1:J56,2,0)"，并将公式复制到单元格 B27:B31 中。

返回"政治分"：选择单元格 C26，输入公式"＝VLOOKUP(A26,第 3 题!A1:J56,3,0)"，并将公式复制到单元格 C27:C31 中。

返回"业务 1 分"、"业务 2 分"及"总分"的方法相同，不再重复。

结果如图 14 所示。

实验 6 数据处理与管理

一、实验目的与要求

1. 掌握数据表的排序和筛选操作。
2. 掌握对数据表的分类汇总操作。
3. 使用数据透视表对数据进行分析。

（排序和筛选以附表1为数据表，分类汇总和数据透视表以附表2为数据表）

二、实验内容与操作步骤

【第1题】 排序操作（使用附表1，当前单元格为数据表的任意单元格）

(1)简单排序：按成绩分从高到低排序。

操作步骤如下：

单击"考试成绩"列的任一单元格，单击"数据"选项卡→"排序和筛选"→"降序"命令。

(2)使用排序命令进行排序：将每门课程按分数从高到低排序。

操作步骤如下：

①单击"数据"选项卡→"排序"。

②在"排序"对话框中，设置主要关键字为"课程号"、"升序"；次要关键字为"考试成绩"、"降序"，单击"确定"，如图1所示。

图 1 "排序对话框"(1)

(3)每门课程按学系编号划分将成绩从高到低排序。

操作步骤如下：

①单击"数据"选项卡→"排序"。

② 在排序对话框中，设置主要关键字为"课程号"、"升序"；次要关键字为"学系编

号"、"升序";第三关键字为"考试成绩"、"降序",单击"确定",如图 2 所示。

图 2　排序"排序对话框"(2)

【第 2 题】　筛选操作(使用附表 1)

(1)自动筛选,筛选出成绩为 80～89 分(包括 80)的学生信息。

操作步骤如下:

①单击"数据"选项卡→"排序和筛选"→"筛选"。

②在"考试成绩"下拉列表→"数字筛选"→"自定义筛选",打开对话框(如图 3)。

③在"自定义自动筛选方式"对话框中的设置参见图 3,(中间"与"、"或"两项中选择"与",表示上下两个条件要同时满足。),单击"确定"。

图 3　"自定义自动筛选方式"对话框

(2)自动筛选,筛选出学系号"06"、"海关 002"班级、"应用软件 Excel"课程不及格学生的信息。

操作步骤如下:

①学系编号选"06"。

②课程名称选"应用软件 Excel"。

③班级名选"海关 002"。

④考试成绩选"自定义"。

⑤在"自定义自动筛选方式"对话框的上两个文本框中选"小于"和"60"(下两个文本框为空白),单击"确定"。

(3)高级筛选:筛选出班级名中有"海关"字样的学生或课程名称是"应用软件 Excel"的学生的信息

操作步骤如下:

①在工作表的某个连续单元格区域(如图 4)设置筛选条件。

②将当前单元格为数据表的任意单元格,单击"数据"选项卡→"排序和筛选"→"高级"。

③在"高级筛选"对话框(如图 5)中,"列表区域"中的单元格区域系统会自动搜索到,用户将插入指针设置在"条件区域"右侧的文本框中,再在工作表中选定条件区域(A1:o8676),单击"确定"。

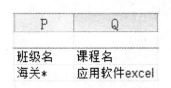

图 4　"高级筛选"的筛选条件　　　　　　图 5　"高级筛选"对话框

【第 3 题】　用分类汇总(使用附表 2)

(1)统计每个城市、每种产品名称的订购数量总和、实付金额总和。

操作步骤如下:

● 先排序

①当前单元格在数据区域内。

②单击"数据"选项卡→"排序",在"排序"对话框中,设置主关键字为"城市",次要关键字为"产品名称",第三关键定为"有标题行",单击"确定"。

● 后汇总

①当前单元格在数据区域内。

②单击"数据"选项卡→"分类汇总",在"分类汇总"对话框中,设置"分类字段"为"产品名称","汇总方式"为"求和","选定汇总项"选中"订购数量"和"实付金额",单击"确定"。

(2)统计每个省份、每个城市、每种产品名称的订购数量总和、实付金额总和。

操作步骤如下:

● 先排序

①当前单元格在数据区域内。

②单击"数据"选项卡→"排序",在"排序"对话框中,设置主关键字为"省份",次要关键字为"城市",第三关键字为"产品名称",单击"确定"。

● 后汇总

①当前单元格在数据区域内。

②单击"数据"选项卡→分类汇总,在"分类汇总"对话框中,设置"分类字段"为"产品名称","汇总方式"为"求和","选定汇总项"选中"订购数量"和"实付金额",单击"确定"。分类字段选"产品名称"。

【第4题】 用数据透视表方法统计(使用附表2)

用数据透视表方法进行统计时,不需要先排序。操作步骤如下:

①单击数据区域的任一单元格,选择"插入"选项卡→"数据透视表"→"插入数据透视表",弹出"创建数据透视表"对话框(见图6),在对话框中,"表/区域"是系统自动搜索到的,如果这个区域不是用户想选择的区域用户可以重新选择(通常要做数据透视表的数据区域中要包含标题行)。

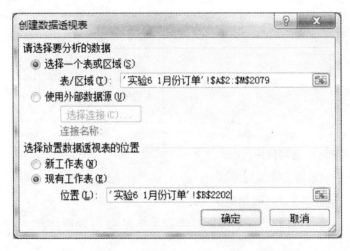

图6 "创建数据透视表"对话框

②在选"择放置数据透视表的位置"框中,选定"现有工作表",即数据汇总的结果显示与数据表在同一张的工作表中,单击"确定"命令按钮。

③在"数据透视表字段列表"中,我们要将某些字段拖到下面文字显示的4个区域中,才能得到数据透视表的结果数据。

上面的操作完成后,就可以根据需要进行具体的数据统计了。

(1)按产品型号统计当月的订购总数量。

操作步骤如下:

①在图7中,将"产品型号"字段从字段列表中拖到"将行字段拖至此处"的区域内。

②将"订购数量"拖到"将数据项拖至此处"的区域内,统计数据随即显示。

(2)统计每个省份、每个城市、每种产品名称的订购数量总和、实付金额总和。

(在做新的统计之前,要先取消上例的统计数据:将"产品型号"字段拖到"数据透视表字段列表"窗口中。)

图 7   数据透视表:按产品型号统计订购总数量

操作步骤如下:

①将"产品名称"字段从"选择要添加到报表的字段"列表中拖到"行标签"的区域内。

②将"城市"字段从"选择要添加到报表的字段"列表中拖到"列标签"区域内。

③将"省份"字段从"选择要添加到报表的字段"列表中拖到"报表筛选"的区域内。

④将"订购数量"和"实付金额"字段从"选择要添加到报表的字段"列表中拖到"数值"区域内,得到的汇总结果见图 8。

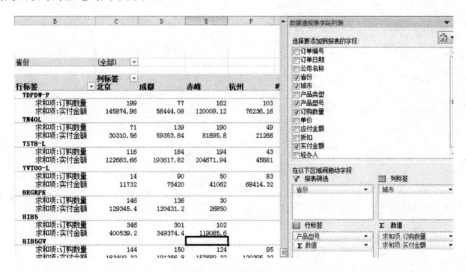

图 8   数据透视表:按省份、城市、产品名称汇总订购数量总和、实付金额总和

附表 1:学生表

学号	姓名	学系编号	班级名	课程号	课程名	考试成绩	学分	学时
A000403024	陆卫	11	财务003	CMP103	计算机应用基础	73	4	72
A000403023	卢华清	11	财务003	CMP103	计算机应用基础	87	4	72
A000403022	刘涓涓	11	财务003	CMP103	计算机应用基础	80	4	72
A000403021	刘京燕	11	财务003	CMP103	计算机应用基础	77	4	72
A000403020	刘宏宇	11	财务003	CMP103	计算机应用基础	79	4	72
A200120043	赵慧敏	12	法律013	CMP103	计算机应用基础	72	4	72
A200120045	张珺	12	法律013	CMP103	计算机应用基础	75	4	72
A200120060	张成	12	法律013	CMP103	计算机应用基础	74	4	72
A200120046	易晨霞	12	法律013	CMP103	计算机应用基础	80	4	72
A200006046	左石俊	11	工商003	CMP113	应用软件EXCEL	72	3	54
A200006049	朱小兰	11	工商003	CMP113	应用软件EXCEL	73	3	54
A200006055	周佩佩	11	工商003	CMP113	应用软件EXCEL	82	3	54
A200006058	郑鑫	11	工商003	CMP113	应用软件EXCEL	68	3	54
A200006054	郑珊珊	11	工商003	CMP113	应用软件EXCEL	70	3	54
A200006048	张洁	11	工商003	CMP113	应用软件EXCEL	68	3	54
A200006061	张春晓	11	工商003	CMP113	应用软件EXCEL	82	3	54
A200006062	余玺	11	工商003	CMP113	应用软件EXCEL	77	3	54
A200006060	姚佳奇	11	工商003	CMP113	计算机应用信息系统	63	3	54
A200006059	杨先扬	11	工商003	CMP113	计算机应用信息系统	65	3	54
A200006047	王征帆	11	工商003	CMP113	计算机应用信息系统	67	3	54
A200006056	史光磊	11	工商003	CMP113	计算机应用信息系统	73	3	54
A200008033	邹亚辉	13	营销002	CMP113	计算机应用信息系统	90	3	54
A200008021	朱芳	13	营销002	CMP113	计算机应用信息系统	80	3	54

附表 2:销售表

学号	姓名	学系编号	班级名	课程号	课程名	考试成绩	学分	学时
A000403024	陆卫	11	财务003	CMP103	计算机应用基础	73	4	72
A000403023	卢华清	11	财务003	CMP103	计算机应用基础	87	4	72
A000403022	刘涓涓	11	财务003	CMP103	计算机应用基础	80	4	72
A000403021	刘京燕	11	财务003	CMP103	计算机应用基础	77	4	72
A000403020	刘宏宇	11	财务003	CMP103	计算机应用基础	79	4	72
A200120043	赵慧敏	12	法律013	CMP103	计算机应用基础	72	4	72
A200120045	张珺	12	法律013	CMP103	计算机应用基础	75	4	72
A200120060	张成	12	法律013	CMP103	计算机应用基础	74	4	72
A200120046	易晨霞	12	法律013	CMP103	计算机应用基础	80	4	72
A200006046	左石俊	11	工商003	CMP113	应用软件EXCEL	72	3	54
A200006049	朱小兰	11	工商003	CMP113	应用软件EXCEL	73	3	54
A200006055	周佩佩	11	工商003	CMP113	应用软件EXCEL	82	3	54
A200006058	郑鑫	11	工商003	CMP113	应用软件EXCEL	68	3	54
A200006054	郑珊珊	11	工商003	CMP113	应用软件EXCEL	70	3	54
A200006048	张洁	11	工商003	CMP113	应用软件EXCEL	68	3	54
A200006061	张春晓	11	工商003	CMP113	应用软件EXCEL	82	3	54
A200006062	余玺	11	工商003	CMP113	应用软件EXCEL	77	3	54
A200006060	姚佳奇	11	工商003	CMP113	计算机应用信息系统	63	3	54
A200006059	杨先扬	11	工商003	CMP113	计算机应用信息系统	65	3	54
A200006047	王征帆	11	工商003	CMP113	计算机应用信息系统	67	3	54
A200006056	史光磊	11	工商003	CMP113	计算机应用信息系统	73	3	54
A200008033	邹亚辉	13	营销002	CMP113	计算机应用信息系统	90	3	54
A200008021	朱芳	13	营销002	CMP113	计算机应用信息系统	80	3	54

实验 7　Excel 数据分析 1

一、实验目的与要求

1. 掌握使用模拟运算表工具解决实际问题的方法。
2. 会使用方案管理器解决实际问题。
3. 掌握使用线性回归分析工具解决实际问题的方法。

二、实验内容与操作步骤

【第 1 题】 模拟运算表

(1)单变量单公式模拟运算表

模拟计算当月收入为 391000 元时，税款分别为 12%、14%、16%、18%、20%时应交纳的税费。(设：税费＝收入×税率)

操作步骤如下：

①输入计算模型(A1:B2)及变化的税率(A5:A10)，如图 1 所示。

②在单元格 B4 中输入公式“＝B2＊B1”。

③选取包括公式和需要进行模拟运算的单元格区域 A4:B10。

④单击“数据”选项卡→“数据工具”→“模拟分析”→“模拟运算表”，弹出“模拟运算表”对话框，在“输入引用列的单元格”中输入“＄B＄1”，如图 2 所示。

⑤单击“确定”按钮，即得到单变量的模拟运算表，如图 3 所示。

	A	B
1	税率	12%
2	月收入	391000
3		
4		=B2*B1
5	12%	
6	14%	
7	16%	
8	18%	
9	20%	
10	22%	

图 1　单变量模拟运算表

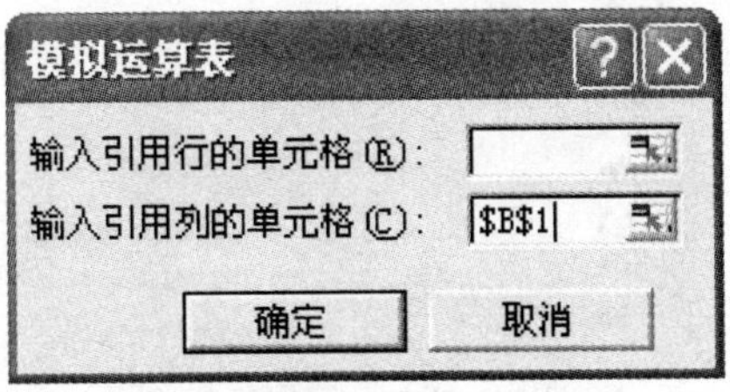

图 2　“模拟运算表”对话框

	A	B
1	税率	12%
2	月收入	391000
3		
4		46920
5	12%	46920
6	14%	54740
7	16%	62560
8	18%	70380
9	20%	78200
10	22%	86020

图 3　运算表结果

(2)单变量多(双)公式模拟运算表

若贷款 200000 元，期限 10 年，模拟计算当贷款年利率分别为 5.00%、5.25%……6.75%时，计算月等额还款金额及利息总额。

操作步骤如下：

①输入计算模型(A1:B3)及变化的利率(A6:A13)。

②在单元格 B5 中输入计算还款的公式"＝PMT(B3/12,B2 * 12,B1)"、在单元格 C5 中输入计算利息总额的公式"＝－B5 * B2 * 12",负号是为了使结果为正数,如图 4 所示。

③选取包括公式和需要进行模拟运算的单元格区域 A5:C13。

④单击"数据"选项卡→"数据工具"→"模拟分析"→"模拟运算表",弹出"模拟运算表"对话框,在"输入引用列的单元格"中输入"＄B＄3"。

⑤单击"确定"按钮,即得到运算结果。

图 4　单变量双公式模拟运算表

(3)双变量模拟运算表

若贷款期限 10 年,模拟计算当贷款分别为 200000 元、250000 元……500000 元,当年利率分别为 5.00％、5.25％……6.75％时,计算月等额还款金额。

操作步骤如下:

①输入计算模型(A1:B3)、变化的利率(A6:A13)及变化的贷款额(B5:H5)。

②在单元格 B5 中输入计算还款的公式"＝PMT(B3/12,B2 * 12,B1)",如图 5 所示。

③选取包括公式和需要进行模拟运算的单元格区域 A5:H13。

④单击"数据"选项卡→"数据工具"→"模拟分析"→"模拟运算表",弹出"模拟运算表"对话框,在"输入引用行的单元格"中输入"＄B＄1","输入引用列的单元格"中输入"＄B＄3"。

⑤单击"确定"按钮,即得到运算结果。

	A	B	C	D	E	F	G	H
1	贷款金额	200000						
2	付款期数	10						
3	年利率	5%						
4								
5	=PMT(B3/12,B2*12,B1)	200000	250000	300000	350000	400000	450000	500000
6		5.00%						
7		5.25%						
8		5.50%						
9		5.75%						
10		6.00%						
11		6.25%						
12		6.50%						
13		6.75%						

图 5　双变量模拟运算表

【第 2 题】　方案管理器

设有 3 种备选方案,使用方案管理器生成方案及方案摘要,从中选出最优惠的方案。

(1)工商银行:贷款额 300000 元,付款期数 120 期(每月 1 期,共 10 年),年利率 5.75％。

(2)建设银行:贷款额 300000 元,付款期数 180 期(每月 1 期,共 15 年),年利率6.05%。

(3)中国银行:贷款额300000元,付款期数240期(每月1期,共20年),年利率6.3%。

操作步骤如下:

①建立模型:将数据、变量及公式输入在工作表中,如图6所示。

②给单元格命名:选定单元格区域A1:B5,单击"公式"选项卡→"定义的名称"→"根据所选内容创建",在出现的"已选定区域创建名称"对话框中,选定"最左列"复选框。

③建立方案:单击"数据"选项卡→"数据工具"→"模拟分析数据"→"方案管理器",出现"方案管理器"对话框,按下"添加"按钮。出现"编辑方案"对话框:在"方案名"框中键入方案名"工商银行",在"可变单元格"框中键入"B1:B3",单击"确定"按钮。就会进入到图7所示的"方案变量值"对话框。

按图7所示设置对话框中参数,单击"添加"按钮重新进入"编辑方案"对话框中,重复上述步骤,输入全部的方案。当输入完所有的方案后,按下"确定"按钮,就会看到图8的"方案管理器"对话框。至此,已完成了三套方案的设置。

④生成方案总结报告:单击"方案管理器"对话框中的"总结"按钮,在出现的"方案摘要"对话框中的"结果单元格"中输入"B5"(见图9),按"确定"按钮,则会生成"方案总结"报告,如图10所示。

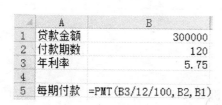

图6 建立模型　　　　　　　　　　图7 "方案变量值"对话框

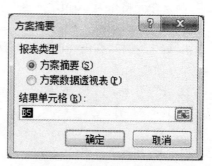

图8 "方案管理器"对话框　　　　　图9 "方案摘要"对话框

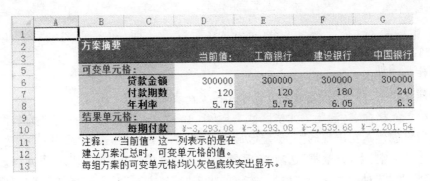

图 10 "方案摘要"报告

【第 3 题】 线性回归分析

(1)一元线性回归分析

某地高校教育经费(x)与高校学生人数(y)连续六年的统计资料如图 11 所示。

要求:建立回归直线方程,并估计教育经费为 500 万元的在校学生数。

操作步骤如下:

①建立数据模型。将数据输入到 Excel 表格中,如图 11 所示。

	A	B
1	教育经费x（万元）	在校学生数y（万人）
2	316	11
3	343	16
4	373	18
5	393	20
6	418	22
7	455	25

图 11 建立数据模型

②回归分析。

单击"文件"选项卡→"选项"→"加载项"→"分析工具库"→"转到",在"加载宏"对话框中,选中"分析工具库"复选框,单击"确定"按钮(若已加载数据分析宏,则此步骤可以省略)。

单击"数据"选项卡→"分析"→"数据分析",在"数据分析"对话框中,选中"回归"命令,单击"确定"按钮。则会出现"回归"对话框。

选择工作表中的 $B$1：$B$7 单元格作为"Y 值输入区",选择工作表中的 $A$1：$A$7 单元格作为"X 值输入区",在"输出区域"框中选择 $A$9 单元格,并设置对话框中的其他参数,如图 12 所示。

单击"确定"按钮,则出现回归分析数据结果,如图 13 所示。

③建立回归方程。

由图 13 可见,回归方程 $y = a * x + b$ 中,$a = 0.0955268546227748$;$b = -17.9201186538561$。

所以方程为:$y = 0.0955268546227748 * x - 17.9201186538561$

根据方程,当教育经费 X 为 500 万元时,在校学生数

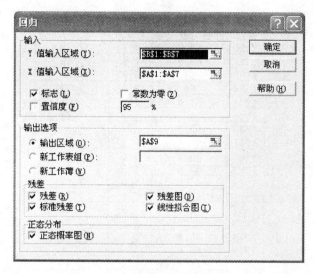

图 12 "回归"对话框及参数设置

	A	B	C	D	E	F	G	H	I
9	SUMMARY OUTPUT								
11	回归统计								
12	Multiple R	0.985399309							
13	R Square	0.971011799							
14	Adjusted R Square	0.963764749							
15	标准误差	0.929954122							
16	观测值	6							
18	方差分析								
19		df	SS	MS	F	ignificance F			
20	回归分析	1	115.8741	115.8741	133.9872	0.000318214			
21	残差	4	3.459259	0.864815					
22	总计	5	119.3333						
24		Coefficients	标准误差	t Stat	P-value	Lower 95%	Upper 95%	下限 95.0%	上限 95.0%
25	Intercept	-17.92011865	3.183487	-5.62908	0.004899	-26.7589145	-9.081322834	-26.7589	-9.08132
26	教育经费x (万元)	0.095526855	0.008253	11.57528	0.000318	0.072613754	0.118439955	0.072614	0.11844
30	RESIDUAL OUTPUT						PROBABILITY OUTPUT		
32	观测值	预测 在校学生数y (万人)	残差	标准残差			百分比排位	文学生数y (万人)	
33	1	12.26636741	-1.26637	-1.52918			8.333333333	11	
34	2	14.84559248	1.154408	1.387882			25	16	
35	3	17.71139812	0.288602	0.346971			41.66666667	18	
36	4	19.62193521	0.378065	0.454527			58.33333333	20	
37	5	22.01010658	-0.01011	-0.01215			75	22	
38	6	25.5446002	-0.5446	-0.65474			91.66666667	25	

图 13 回归分析结果

$$Y = 0.0955268546227748 * 500 - 17.9201186538561$$

$$= 0.0955268546227748 * 500 - 17.9201186538561 \approx 29.8 \text{ 万人}$$

（2）多元线性回归

在图 14 的数据中，假设劳动力参与率(Y)与失业率(X_1)和平均小时工资(X_2)之间满足线性模型：$Y = a_1 X_1 + a_2 X_2 + b$，用线性回归的方法估计劳动力参与率$(Y)$关于失业率$(X_1)$和平均小时工资$(X_2)$的线性方程。

操作步骤如下：

①建立数据模型。将数据输入到 Excel 表格中，如图 14 所示。

	A	B	C	D
1	年份	劳动力参与率	失业率	平均小时工资
2	1980	63.8	7.1	7.78
3	1981	63.9	7.6	7.69
4	1982	64	9.7	7.68
5	1983	64	9.6	7.79
6	1984	64.4	7.5	7.8
7	1985	64.8	7.2	7.77
8	1986	65.3	7	7.81
9	1987	65.6	6.2	7.73
10	1988	65.9	5.5	7.69
11	1989	66.5	5.3	7.64
12	1990	66.5	5.6	7.52
13	1991	66.2	6.8	7.45
14	1992	66.4	7.5	7.41
15	1993	66.3	6.9	7.39
16	1994	66.6	6.1	7.4
17	1995	66.6	5.6	7.4
18	1996	66.8	5.4	7.43
19	1997	68.01	6.5	7.01

图 14　建立数据模型

②回归分析。

单击"文件"选项卡→"选项"→"加载项"→"分析工具库"→"转到",在"加载宏"对话框中,选中"分析工具库"复选框,单击"确定"按钮(若已加载数据分析宏,则此步可以省略)。

单击"数据"选项卡→"分析"→"数据分析",在"数据分析"对话框中,选中"回归"命令,单击"确定"按钮。则会出现"回归"对话框。

选择工作表中的＄B＄1：＄B＄19 单元格作为"Y 值输入区",选择工作表中的＄C＄1：＄D＄19 单元格作为"X 值输入区",在"输出区域"框中选择＄A＄21 单元格,并勾选对话框中"标志"。根据需要可勾选其他选项。

单击"确定"按钮,则出现回归分析数据结果,如图 15 所示。

③建立回归方程。由图 15 可见,多元线性回归方程

$Y = a_1 X_1 + a_2 X_2 + b$ 中,$a_1 = -0.445368003888336$;$a_2 = -3.88005240341546$;$b = 98.090841587805$

所以劳动力参与率(Y)关于失业率(X_1)和平均小时工资(X_2)的线性方程为:

$Y = -0.445368003888336 * X_1 - 3.88005240341546 * X_2 + 98.090841587805$

	A	B	C	D	E	F	G	H	I
21	SUMMARY OUTPUT								
22									
23	回归统计								
24	Multiple R	0.941971527							
25	R Square	0.887310358							
26	Adjusted R Sq	0.872285072							
27	标准误差	0.440526912							
28	观测值	18							
29									
30	方差分析								
31		df	SS	MS	F	ignificance F			
32	回归分析	2	22.9207	11.4603453	59.054	7.74694E-08			
33	残差	15	2.91096	0.19406396					
34	总计	17	25.8317						
35									
36		Coefficients	标准误差	t Stat	P-value	Lower 95%	Upper 95%	下限 95.0%	上限 95.0%
37	Intercept	98.09084159	3.86823	25.35808406	1E-13	89.84590448	106.335779	89.84590448	106.3358
38	失业率	-0.445368004	0.08914	-4.996005178	0.0002	-0.63537582	-0.2553602	-0.63537582	-0.25536
39	平均小时工资	-3.880052403	0.53301	-7.279450845	3E-06	-5.01614648	-2.7439583	-5.01614648	-2.74396
40									
43	RESIDUAL OUTPUT					PROBABILITY OUTPUT			
45	观测值	预测 劳动力参与率	残差	标准残差		百分比排位	劳动力参与率		
46	1	64.74192106	-0.9419	-2.276254905		2.777777778	63.8		
47	2	64.86844178	-0.9684	-2.340345102		8.333333333	63.9		
48	3	63.97196949	0.02803	0.067738778		13.88888889	64		
49	4	63.58970053	0.4103	0.991533393		19.44444444	64		
50	5	64.48617281	-0.0862	-0.208245992		25	64.4		
51	6	64.73618479	0.06382	0.154216422		30.55555556	64.8		
52	7	64.67005629	0.62994	1.522327633		36.11111111	65.3		
53	8	65.33675489	0.26325	0.636160511		41.66666667	65.6		
54	9	65.80371458	0.09629	0.232684202		47.22222222	65.9		
55	10	66.08679081	0.41321	0.998565055		52.77777778	66.2		
56	11	66.41878669	0.08121	0.196260809		58.33333333	66.3		
57	12	66.15594876	0.04405	0.106454632		63.88888889	66.4		
58	13	65.99939325	0.40061	0.968109875		69.44444444	66.5		
59	14	66.3442151	-0.0442	-0.106850608		75	66.5		
60	15	66.66170898	-0.0617	-0.149126473		80.55555556	66.6		
61	16	66.88439298	-0.2844	-0.687266634		86.11111111	66.6		
62	17	66.85706501	-0.0571	-0.137903815		91.66666667	66.8		
63	18	67.99678221	0.01322	0.031942219		97.22222222	68.01		

图 15　回归分析结果

实验 8　Excel 数据分析 2

一、实验目的与要求

1. 掌握使用规划求解工具解决实际问题的方法。
2. 会使用相关分析工具的解决实际问题。
3. 掌握使用单因素方差分析工具解决实际问题的方法。

二、实验内容与操作步骤

【第 1 题】　规划求解

（1）求线性规划问题

在工厂的生产中，由于人工时数与机器时数的限制，生产的产品数量和品种受到一定的限制，例如某服装厂生产男服和女服，生产每件男服需要机工 5 小时，手工 2 小时，生产每件女服需要机工 4 小时，手工 3 小时，机工最多有 270 小时，手工最多有 150 小时。生产男服一件可得利润 90 元，生产女服一件可得利润 75 元，男服的数量不能超过 42 件。

问：如何安排男服和女服的数量以获得最多利润。

操作步骤如下：

设：生产男服数量为 X_1，女服数量为 X_2，问题化为求最大值 $\text{Max } Z = 90X_1 + 75X_2$

约束条件为：

机工时数约束：$5X_1 + 4X_2 <= 270$

手工时数约束：$2X_1 + 3X_2 <= 150$

男服数量约束：$X_1 <= 42$

用 Excel 求解 X_1、X_2 的数量。

加载规划求解命令：单击"文件"选项卡→"选项"→"加载项"→"规划求解加载项"→"转到"，在"加载宏"对话框中，选中"规划求解加载项"复选框，单击"确定"按钮（若已加载规划求解宏，则此步可以省略）

①建立数据模型。将上述变量、约束条件和公式，输入到工作表中，如图 1 所示。

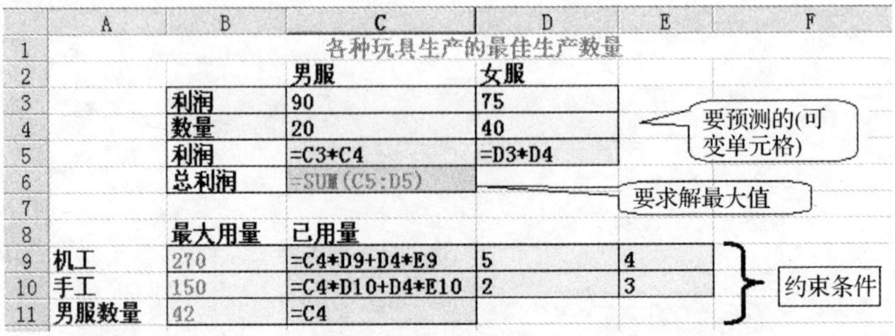

图 1　建立数据模型

其中单元格中的公式为：

C5：＝C3＊C4

D5：＝D3＊D4

C6：＝SUM(C5：D5)

C9：＝C4＊D9＋D4＊E9

C10：＝C4＊D10＋D4＊E10

C11：＝C4

②进行求解。

单击"数据"选项卡→"规划求解"，弹出"规划求解参数"对话框，如图2所示。

图2 "规划求解参数"对话框

在"规划求解参数"对话框中：

"设置目标单元格"框中输入"＄C＄6"；"等于"选"最大值"；"可变单元格"中输入"＄C＄4：＄D＄4"；在"约束"中添加以约束条件："＄C＄9：＄C＄11＜＝＄B＄9：＄B＄11"。

单击"求解"，则系统将显示如图3所示的"规划求解结果"对话框，选择"保存规划求解结果"项，单击"确定"，则求解结果显示在工作表上，如图4所示。

如果需要，还可以选择"运算结果报告"、"敏感性报告"、"极限值报告"及"保存方案"，以便于对运算结果做进一步的分析。

(2)求解非线行方程组

$$\begin{cases} 3x^2+2y^2-2z-8=0 \\ x^2-(x+1)y-3x+z^2-5=0 \\ xz^2+3x+4yz-10=0 \end{cases}$$

操作步骤如下：

①建立数据模型：在工作表中输入数据及公式，如图5所示。

图3 "规划求解结果"对话框

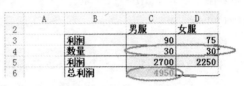

图4 运算结果

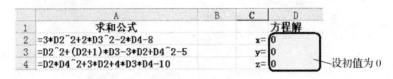

图5 利用"规划求解"工具求解方程组

单元格 D2:D4 为可变单元格,存放方程组的解,其初值可设为零(也可为空)。

在单元格 A2 中输入求和公式"＝3＊D2^2＋2＊D3^2－2＊D4－8"。

在单元格 A3 中输入求和公式"＝D2^2＋(D2＋1)＊D3－3＊D2＋D4^2－5"。

在单元格 A4 中输入求和公式"＝D2＊D4^2＋3＊D2＋4＊D3＊D4－10"。

②进行求解。

单击"数据"选项卡→"规划求解",弹出"规划求解参数"对话框,在"规划求解参数"对话框中,设置"目标单元格"为"＄A＄2";"等于"为"值为 0";"可变单元格"为"＄D＄2:＄D＄4";"约束"中添加"＄A＄3:＄A＄4＝0"。

单击"求解",即可得到方程组的解,如图 6 所示。

	A	B	C	D
1	求和公式			方程解
2	−9.6955E−08		x=	0.947067672
3	−2.61733E−08		y=	−0.04674193
4	1.21681E−08		z=	−2.65240938

图6 求解结果

【第2题】 相关分析

(1)单变量相关分析

某财务软件公司在全国有许多代理商,为研究它的财务软件产品的广告投入与销售额的关系,统计人员随机选择 10 家代理商进行观察,搜集到年广告投入费和月平均销售额的数据,如图 7 所示,用 Excel 的分析工具,分析广告投入与销售额的相关性。

操作步骤如下:

①建立数据模型:将数据输入到工作表中,如图 7 所示;

A	B	C	D	E	F	G	H	I	J	K
1 年广告费投入	12.5	15.3	23.2	26.4	33.5	34.4	39.4	45.2	55.4	60.9
2 月均销售额	21.2	23.9	32.9	34.1	42.5	43.2	49	52.8	59.4	63.5

图 7   相关分析数据模型

②单击"数据"选项卡→"数据分析",在出现的"数据分析"对话框中选择"相关系数",将弹出"相关系数"对话框,设置对话框内容如下:

输入区域:选取图 7 中 ＄A＄1:＄K＄2,表示标志与数据。

分组方式:根据数据输入的方式选择逐行或逐列,此例选择逐行。

由于数据选择时包含了标志,所以要勾选标志位于第一列。

根据需要选择输出的位置,本例为 ＄A＄4,如图 8 所示。

• 单击"确定",输出结果如图 9 所示。

图 8   "相关系数"对话框

4	年广告费投入	月均销售额
5 年广告费投入	1	
6 月均销售额	0.994198376	1

图 9   相关分析结果

分析结果表明:相关系数 $r=0.994198376$,表示年广告投入费和月平均销售额之间存在高度正相关关系。

(2)多变量相关分析

我国 23 个城市 2001 年的经济指标数据如图 10 所示。

	A 城市	B 固定资产投资总额(Y)	C GDP(x1)	D 工业总产值(x2)
2	1	52.9589	104.8208	87.1815
3	2	68.9508	485.6173	285.1619
4	3	69.2708	104.4875	84.6394
5	4	72.101	145.6452	100.1338
6	5	97.3925	211.1188	124.5826
7	6	122.7084	386.34	332.1319
8	7	124.3629	363.4412	355.3352
9	8	140.5708	315	251.7889
10	9	146.7685	302.747	258.8494
11	10	172.4216	348.7465	396.5228
12	11	178.7947	828.1974	640.0503
13	12	184.2512	558.3268	803.2877
14	13	199.2565	1003.0125	953.5921
15	14	207.7632	1074.2289	787.4438
16	15	253.0586	1235.64	1103.9275
17	16	256.9496	733.85	482.6105
18	17	257.8558	1066.2	786.7011
19	18	258.1724	1085.4284	860.8672
20	19	263.905	673.0627	411.003
21	20	279.8029	728.0774	370.0281
22	21	283.5581	1236.4727	757.1867
23	22	293.4728	1316.0846	1671.7464
24	23	311.7781	1120.1156	527.6195

图 10   我国 23 个城市 2001 年的经济指标数据(亿元)

要求用 Excel 分别计算两对变量间的相关系数,看看哪组变量的相关性强。

操作步骤如下:

①建立数据模型:将数据按图 10 的格式输入到工作表中。

②单击"数据"选项卡→"数据分析",在出现的"数据分析"对话框中选择"相关系数",将弹出"相关系数",设置对话框内容如下:

输入区域:选取图 10 中 $B$1:$D$24,表示标志与数据。

分组方式:根据数据输入的方式选择逐行或逐列,此例选择逐列。

由于数据选择时包含了标志,所以要勾选"标志位于第一行"。

根据需要选择输出的位置,本例为 $F$2。

单击"确定",输出结果如图 11 所示。

	固定资产投资总额(Y)	GDP(x1)	工业总产值(x2)
固定资产投资总额(Y)	1		
GDP(x1)	0.864005641	1	
工业总产值(x2)	0.685896497	0.8607506	1

图 11　多变量的相关分析结果

分析结果表明:

固定资产投资总额(Y)与 GDP(x_1)的相关系数 $r=0.864005640799187$ 为高度正相关关系。

GDP(x_1)与工业总产值(x_2)的相关系数 $r=0.860750603135641$ 为高度正相关关系;

固定资产投资总额(Y)与工业总产值(x_2)的相关系数 $r=0.685896497154397$ 为中度正相关关系。

【第 3 题】　单因素方差分析

国家统计局城市社会经济调查总队 1996 年在辽宁、河北、山西 3 省的城市中分别调查了 5 个样本地区,得到城镇居民人均年消费额(人民币元)数据如图 12 所示。

省＼地区	A	B	C	D	E	F
1	省＼地区	1	2	3	4	5
2	辽宁	3493.02	3657.12	3329.56	3578.54	3712.43
3	河北	3424.35	3856.64	3568.32	3235.69	3647.25
4	山西	3035.59	3465.07	2989.63	3356.53	3201.06

图 12　单因素方差分析数据模型

要求:用方差分析方法检验 3 省城镇居民的人均年消费额是否有差异(设 $\alpha=0.05$)。

操作步骤如下:

①建立数据模型:将数据输入到工作表中,如图 12 所示。

②单击"数据"选项卡→"数据分析",在出现的"数据分析"对话框中选择"方差分析:单因素方差分析",将弹出"方差分析:单因素方差分析"对话框。

③设置对话框的内容:如图 13 所示。

输入区域:选择分析数据所在区域 $A$1:$F$4。

　　分组方式:提供列与行的选择,当同一水平的数据位于同一行时选择"行",位于同一列时选择"列",本例选择"行";

　　如果输入区域的第一行或第一列包含标志,则选中"标志仅次于第一行"复选框,本例选取。

　　α:显著性水平,一般输入 0.05,即 95%的置信度。

　　输出区域:分析结果将以选择的单元格为左上角开始输出,本例选择"$A$6"。

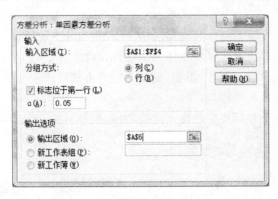

图 13　"方差分析:单因素方差分析"对话框参数设置

　　④单击"确定"按钮,则出现"单因素方差分析"结果,如图 14 中所示。

6	方差分析:单因素方差分析					
8	SUMMARY					
9	组	计数	求和	平均	方差	
10	省	5	15	3	2.5	
11	辽宁	5	17770.67	3554.134	22606.95	
12	河北	5	17732.25	3546.45	54584.24	
13	山西	5	16047.88	3209.576	41398.14	
16	方差分析					
17	差异源	SS	df	MS	F	P-value	F crit
18	组间	44601229	3	14867076	501.4537	4.999E-16	3.238867
19	组内	474367.3	16	29647.96			
20							
21	总计	45075597	19				

图 14　单因素方差分析结果

　　运算结果:本例中 F 统计值是 501.4537,远远大于 F 临界值 3.238867。所以,拒绝接受等均值假设,即认为 3 省城镇居民的人均年消费额有显著差距。从显著性分析上也可以看出,概率几乎为 0,远远小于 0.05。

实验 9 PowerPoint 演示文稿

一、实验目的与要求

1. 掌握 Word 文档与 PowerPoint 演示文稿之间的文本转换。
2. 用幻灯片母版对演示文稿的整体风格进行设计。
3. 掌握在幻灯片中插入图片、图表、视频文件的方法。
4. 掌握设置动画效果的技巧。
5. 能独立创建一个专题报告的演示文稿,专题内容自拟。

二、实验内容与操作步骤

【第 1 题】 Word 文档与 PowerPoint 演示文稿的转换

操作步骤(略)

【第 2 题】 母版练习

(1)首先创建有多张幻灯片的演示文稿。

(2)在"幻灯片母版"中插入图片(操作:"视图"选项卡,选中"幻灯片母版",在左侧列表选中要插入图片的版式。"插入"选项卡,选择要插入的图片对象),然后观察结果(操作:在"视图"选项卡,选中"普通视图",观察指定版式幻灯片同一个位置已经有插入的图片对象)。只有在"幻灯片母版"选中 Office 主题版式,插入的图片会出现在所有版式的幻灯片中,否则只出现在指定的版式幻灯片中。

(3)在"幻灯片母版"中改变"占位符"内的文字格式,然后观察幻灯片中"占位符"内文字格式的变化。在标题母版的"占位符"设置格式,然后观察使用"标题版式"的幻灯片的"占位符"内文字的格式变化(操作步骤与(2)基本相同,略)。

(4)在"幻灯片母版"中为"占位符"设置动画效果,放映后,观察所设置的动画效果已经应用到幻灯片(操作步骤与(2)基本相同,略)。

【第 3 题】 制作一个专题演示文稿

专题的题目自拟,例如:我的家乡、我的学校、我的宿舍、我的爱好、学习方法、学习计划等,或与最近发生的大事有关的题目。要求幻灯片个数 8~15 张,每一张幻灯片要设计动画效果,整体风格要贴切主体。要求幻灯片包含:

(1)幻灯片版式的幻灯片、标题版式的幻灯片。

(2)图片、图表(用图表的动画效果)。

(3)音乐或视频。

(4)组织结构图或流程图。

操作步骤(略)。

实验 10　图像处理

一、实验目的与要求

1. 掌握 Photoshop 软件中图像选取的方法。
2. 掌握 Photoshop 软件中图像组合的原理和方法。
3. 掌握图像加工的原理和方法

二、实验内容与操作步骤

【第 1 题】　图像合成

利用 Photoshop 软件，制作一幅图像，将自己的照片图像添加到一个背景当中去。

操作步骤如下：

①启动 Photoshop 软件，打开两幅图像文件，一幅为自己的照片，另一幅为作为背景的图像。

②选择自己照片的图像，根据图像的色彩或人物的轮廓等条件，选择合适的方法（魔棒工具、磁性套索工具等）生成人物的选区。对于人物边缘过于复杂的图像，使用上述方法不能实现时，可以使用"快速蒙版"的方法，选取人物选区，然后复制选区的内容。

③选择背景图像，粘贴，将复制的人物选区内容粘贴到背景图像中生成一个新的图层。

④选择新生成的图层，执行"编辑"菜单的"自由变换"命令，改变人物图像的大小、位置及角度。双击图像，结束自由变换。

⑤合并图层，保存文件。

【第 2 题】　图像加工

对图像进行修补、加工的方法有很多，现对如图 1 所示的图片进行加工，去掉图像中右侧的花瓶。

图 1　楼梯图像

　　对于具有"近大远小"透视效果的图像,在进行加工时,需要使用"消失点"滤镜来实现。

　　操作步骤如下:

　　①使用 Photoshop CS5 打开该图像(也可以使用其他图像),执行"滤镜"→"消失点"命令,进入如图 2 所示的界面。

图 2　"消失点"滤镜

　　②使用"创建平面工具",在图像右侧的墙面上,单击 4 次,创建一个平面。如图 3 所示。

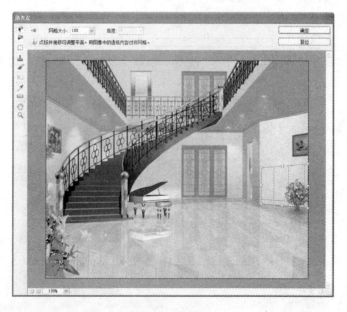

图 3　创建平面

③使用"框选工具",在创建平面内的墙面部分,绘制一个矩形。如图 4 所示。

图 4   创建选区   图 5   替换图像

④按住【Alt】键,在选区点击,选取"源"。

⑤将选区沿着地板和墙的交界向右拖动,即可替换"花瓶"部分。按【Ctrl】+【D】键,取消选区。效果如图 5 所示。

⑥点击创建的平面,使用【Backspace】键,删除该平面。使用同样的方法,替换地板上的花瓶部分。

实验 11　二维动画的制作

一、实验目的与要求

1. 掌握逐帧动画的制作方法。
2. 掌握形变动画的制作方法。
3. 掌握引导层动画的制作方法。
4. 掌握遮罩动画的制作方法。

二、实验内容与操作步骤

【第 1 题】　使用 Flash 软件,依据逐帧动画的制作原理,制作一个"月相变化"的动画。

操作步骤如下:

①启动 Flash 软件。

②通过菜单"修改"→"文档"命令,打开"文档属性"对话框,设置播放速度(4)、舞台大小(300×300 像素)、背景颜色(黑色)等,单击"确定"。

③在图层名上双击,修改图层的名称,如"月相变化"。

④使用"椭圆"工具在舞台上画一个无边框以白色填充的正圆(按住【Shift】键),表示月亮。绘制后,使用"选择工具"选取该圆,可以通过"属性"面板,准确地设置该圆的位置和大小(X:50;Y:50;宽:200;高:200)。

⑤选择第二帧,插入关键帧。在第二帧,使用直线工具(背景颜色),斜穿圆的上半部,划一条直线。单击"选择"按钮,将鼠标移近直线处,当鼠标的尾部出现一条弧线时,拖动鼠标,使直线变成向上弧度的曲线。操作效果如图 1 所示。

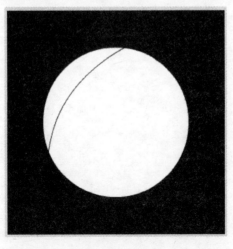

图 1　制作效果图

⑥由于有线的分割,使"月亮"变成了两部分,单击圆的上半部,删除。

⑦重复上步,在第三、第四、第五帧处,画出月相的不同时期状态,被切割的月亮越来越小。

⑧在第六帧插入空白关键帧,表示没有月亮的夜晚。

⑨选择第一至第五帧(配合使用【Ctrl】键或【Shift】键),在选择的多帧上右击,选择"复制帧"。右击第七帧处,选择"粘贴帧"。

⑩选择七至十一帧,在选择的多帧上,右击,选择翻转帧,将该5帧反序排列,产生"月亮"由小变大的效果。

⑪分别选择第七至第十一帧,使用菜单"修改"→"变形"→"水平翻转"命令,将每帧中的"月亮"图像水平翻转。

⑫按【Enter】键或【Ctrl】+【Enter】键,测试动画效果。

【第2题】　使用 Flash 软件,制作一个由矩形向圆形均匀转换的动画。

操作步骤如下:

①启动 Flash 软件,设置适当的场景大小、背景颜色、帧频。

②使用"矩形工具",在场景中绘制一个没有边框,有填充颜色的矩形。

③在第20帧,插入空白关键帧,使用"椭圆工具",在场景中绘制一个没有边框,有填充颜色(可以选择与前面不同的颜色)的椭圆。

④在第帧1至第19帧区间的任何帧上,右击,选择"创建补间形状",设置第1帧到第20帧区间的"形状"补间动画。

⑤按【Ctrl】+【Enter】键,测试动画效果。

【第3题】　引导层动画的原理,制作 Gif 图像沿路径运动的动画效果。

Gif 图像是一种多帧图像,即每个图像文件都由多个图片组成,自身就构成了动画。

操作步骤如下:

①新建一个 Flash 电影,适当设置场景的大小及帧频(6)等。

②修改图层的名称为"背景"。导入一幅图片,作为背景。选择图片,通过属性面板,设置图片的大小和位置,使其正好覆盖场景。

③在第40帧,插入帧,延续背景的显示。

④执行"插入"→"新建元件"命令,在对话框中进行如下设置。

名称:elephant;

行为:图形。

⑤在元件中,导入多帧的 gif 图像(象.gif),调整每帧的"对称点"与"中心点"重合。

⑥返回场景中,新建一个图层,并命名为"elephant"。在"elephant"层的第一帧,放置建立的元件"elephant",调整到合适的位置(左下角)。

⑦在第40帧,插入关键帧,调整该帧中大象元件的位置(右边),并创建该区间的"传统补间"动画。

⑧测试效果,大象在从起点向终点运动的同时,逐步变换 gif 中的各帧图像,从而产生跑动的效果。

⑨用同样的方法,可以加入其他的 Gif 动物图片,产生动画效果。如图2所示。

图 2　引导层动画

【第 4 题】　利用遮罩动画的原理,输入一行文字,制作文字逐个放大的"放大镜"效果。

操作步骤如下:

①新建一个 Flash 电影,设置场景

大小:600×200;

背景颜色:黑色;

帧频:4。

②建立 4 个图层,由上至下分别命名为"大字遮罩"、"大字"、"小字遮罩"、"小字"。

③选择"小字"图层的第 1 帧,选择文本工具,并设置文本的属性:

字体:隶书;

大小:70;

颜色:浅蓝。

④输入文字"放大镜的使用",并将文字居中放置。

⑤选择"大字"图层的第 1 帧,选择文本工具,设置文本的属性:

字体:隶书;

大小:90;

颜色:深蓝。

⑥输入文字"放大镜的使用"。选择该文字,执行菜单"修改""转换为元件"命令,将其转换为元件。

元件名称:大字;

元件类型:图形。

⑦在"大字"图层的第 40 帧处插入关键帧,在"小字"图层的第 40 帧处插入帧。

⑧调整"大字"图层的第 1 帧中的文字与"小字"图层的文字开头对齐,第 40 帧处的文字与"小字"图层的文字结尾对齐。创建该层的"传统补间动画"效果。

⑨选择"大字遮罩"图层的第 1 帧,使用"椭圆"工具,在场景中绘制一个无边框、红色、大小可以覆盖一个大字的正圆。选择菜单"修改"→"转换为元件"命令,在对话框中进行如下设置。

输入名称:圆;

选择类型:图形,将圆转换成图形元件。

⑩在第 40 帧插入关键帧,分别调整第 1 帧和第 40 帧中圆的位置,使其分别覆盖"放"字和"用"字。

⑪创建该图层的"传统补间"动画效果,并将该层设为遮罩层。

⑫测试动画效果,可以看到文字被放大现象。如果制作的是图像的放大,这样就可以结束了,但文字不行,因为文字是露空的,大字不能将小字完全盖住。还需要遮罩小字,将大字以下的小字盖住。

⑬选定"小字遮罩"图层,使用"矩形工具",在舞台上绘制一个无边框、非红色、高度大于圆的直径的矩形,该矩形要遮住"小字"图层中的文字,并在文字左边有同样的长度(可以使用"属性"面板将矩形的长度扩大 2 倍左右)。

⑭双击打开"圆"元件,复制"圆"元件中的图形。返回到场景中,选择"小字遮罩"图层的第 1 帧,粘贴。并设置位置与"大字遮罩"层中"圆"元件的位置相同。

⑮刚粘贴的圆处于被选择状态,和当前图层的矩形还没有融合在一起。单击场景中的空白处(释放了对圆的选择,圆和矩形构成一体),再重新单击粘贴的圆,由于圆和矩形的颜色不同,按"删除"键,将删除圆形部分的图像,成为中间缺少一个圆形的矩形图形。

⑯选择菜单"修改"→"转换成元件"命令,将图形转换为图形元件"矩形"。

在"小字遮罩"图层的第 40 帧处插入关键帧,并调整"矩形"元件的位置,使元件中露空部分位于"用"字之上。创建该层的"传统补间动画"效果,并将该层设为遮罩层。测试效果。如图 3 所示。

图 3　遮罩动画

参考文献

[1]黄都培.计算机基础知识与操作平台—大学文科计算机教程第一分册.北京:清华大学
出版社,2000

[2]杨尚群,乔红,蒋亚珺.计算机应用基础.北京:对外经济贸易大学出版社,2005

[3]中华人民共和国国家统计局 http://www.stats.gov.cn/

[4]王成春,萧亚云.Excel 2002 函数应用秘笈.北京:中国铁道出版社,2002

[5]王晓民.Excel 2002 高级应用.北京:机械工业出版社,2003

[6]韩良智.Excel 在财务管理中的应用.北京:人民邮电出版社,2004

[7]黄毅,尹龙.商业方法专利.北京:中国金融出版社,2004

[8]杨忻.知识产权理论.北京:电子工业出版社,2004

[9]朱三元主编.软件企业知识产权原理.北京:清华大学出版社,2005

[10]刘春茂.知识产权原理.北京:专利文献出版社,2002

[11]刘春田.知识产权法.北京:高等教育出版社,2003

[12]中华人民共和国知识产权局网站 http://211.157.104.66/sipo/zljs/default.htm

[13]中国知识产权网 2005 年 3 月 24 日知识产权战略:中国人才的欠缺

[14]蒋刚.探秘 MS Office 2003.杭州:浙江大学出版社,2005

[15]微软公司.面向企业用户的 Windows 7 产品使用指南

[16]微软公司.Office 2010 帮助

[17]微软(中国)有限公司 http://www.microsoft.com/china

[18]张显伟,胡静等.Word 综合应用.北京:清华大学出版社,2006